全国农业推广专业学位研究生教

ZHIWU ZAZHONG YOUSHI YUANLI YU LIYONG

植物杂种优势
原理与利用

主编 肖层林 张海清 麻 浩

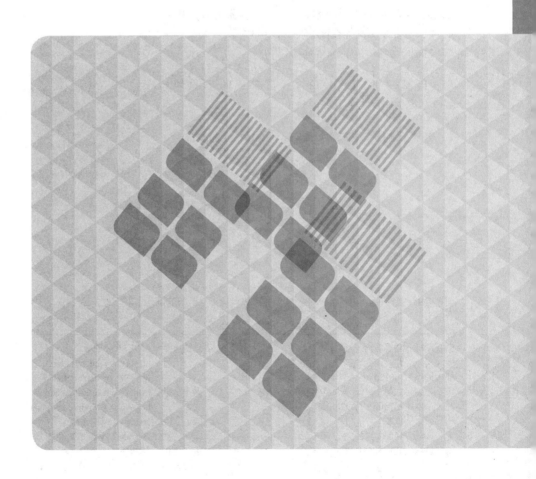

高等教育出版社·北京

内容简介

　　本教材主要阐述植物杂种优势的研究和利用概况、杂种优势的遗传学和生理学基础、植物雄性不育的基础和利用以及相关方法、生物技术在杂种优势中的利用等。本教材是农业推广硕士专业学位研究生必修课教材，也适用于遗传育种、种子科学和技术等全日制学术型研究生相关课程的教材，还可作为从事植物杂种优势利用的相关研究人员和种子企业的相关技术人员的参考书。

图书在版编目（ＣＩＰ）数据

　　植物杂种优势原理与利用/肖层林，张海清，麻浩主编 . -- 北京：高等教育出版社，2015.1
　　ISBN 978-7-04-041594-0

　　Ⅰ. 植… Ⅱ. ①肖… ②张… ③麻… Ⅲ. ①杂种优势－研究生－教材 Ⅳ. ① S334.5

　　中国版本图书馆 CIP 数据核字（2014）第 292777 号

策划编辑　孟　丽	责任编辑　孟　丽　李　融		封面设计　张　楠	
责任印制　张泽业				

出版发行	高等教育出版社	咨询电话	400-810-0598
社　　址	北京市西城区德外大街4号	网　　址	http://www.hep.edu.cn
邮政编码	100120		http://www.hep.com.cn
印　　刷	三河市华骏印务包装有限公司	网上订购	http://www.landraco.com
开　　本	787mm×1 092mm　1/16		http://www.landraco.com.cn
印　　张	17.5	版　　次	2015年1月第1版
字　　数	440千字	印　　次	2015年1月第1次印刷
购书热线	010-58581118	定　　价	38.00元

编 审 人 员

主　编　肖层林　张海清　麻　浩
副主编　马守才　陈烈臣　曾汉来　曲延英

编　者
第一章　肖层林（湖南农业大学）　　王伟平（湖南杂交水稻研究中心）
第二章　麻　浩（南京农业大学）　　张海清（湖南农业大学）
第三章　张海清（湖南农业大学）　　陈烈臣（湖南农业大学）
第四章　王伟平（湖南杂交水稻研究中心）　　肖层林（湖南农业大学）
第五章　曾汉来（华中农业大学）　　肖层林（湖南农业大学）
　　　　刘爱民（湖南隆平种业有限公司）
第六章　孙庆泉（山东农业大学）　　肖层林（湖南农业大学）
第七章　马守才（西北农林科技大学）　　何丽萍（云南农业大学）
第八章　曲延英（新疆农业大学）　　张海清（湖南农业大学）
第九章　陈光辉（湖南农业大学）　　李志军（新疆塔里木大学）
　　　　王　悦（湖南农业大学）

统稿审稿　陈烈臣　肖层林

前　言

　　杂种优势是生物界普遍存在的现象,人类在生产生活实践中逐步发现了这一现象。早在1400多年前的北魏时期,贾思勰的《齐民要术》中就有关于马与驴杂交,其后代骡表现杂种优势的记载。植物杂种优势利用的研究始于欧洲,18世纪60年代德国发现烟草杂种优势,建议在烟草生产上利用杂交一代。孟德尔通过豌豆杂交试验研究了杂种优势,首次提出了"杂种活力"的概念。至20世纪50年代,美国普遍推广了玉米杂交种,并创建了生产销售玉米杂交种子的种子企业,促进了玉米杂种优势的研究与利用。随后美国推广了杂交高粱,开创了常异交作物杂种优势利用的范例。水稻是典型的自花授粉作物,对杂种优势的发现、认识、研究、利用均迟于玉米、高粱。袁隆平在20世纪60年代发现水稻有较强的杂种优势。以袁隆平为首的科研团队,坚持不懈广泛深入开展水稻杂种优势利用研究,于1973年实现了籼型水稻"三系"配套,籼型杂交水稻领先于世界育成。棉花的杂种优势利用研究起始于20世纪初期。1908年Balls报道了陆地棉与埃及棉杂种一代在株高、开花期、纤维长度、种子大小等性状上表现有杂种优势。20世纪30年代对陆地棉品种间的杂种优势有了较系统研究。随后,研究者们又相继报道了海岛棉与陆地棉杂种一代有明显优势。1964年浙江农业大学配制了14个陆海间杂交棉组合,F_1的籽棉产量平均为陆地棉亲本的121.9%,为海岛棉亲本的225.9%,纤维绒长和细度均超过陆地棉亲本,且具有早熟优势。20世纪70年代后,中国开展了油菜杂种优势研究。1986年李殿荣发现并育成油菜雄性不育系陕2A,接着选配了油菜第一个有生产应用价值的"三系"法杂交组合——秦油2号。该组合较常规油菜品种增产20%~30%。20世纪90年代以来,中国实现了"三系"配套法、化学杀雄制种法并结合低芥酸、低硫代葡糖苷育种目标的油菜杂种优势利用,均居世界前列。在主要农作物杂种优势研究与利用的带动下,国内外许多小作物和蔬菜作物的杂种优势利用研究也相继取得了巨大成果,在生产上已广泛大面积推广了杂交蔬菜。

　　杂种优势的广泛利用,为农作物种业的发展带来机遇。从原始农业发展到古代农业的漫长历史阶段,农民种地自选自产自留自用的种子,都是作物常规品种的常规种子。杂种优势的利用,杂交种子生产途径和生产技术改变了传统的选种产种留种方式,农民种地不能留种,种子变成了商品化的农业生产资料。种子的商品化生产与加工、质量检验、市场营销的专业化要求,促进了种业的发展。随着杂种优势研究与利用的广泛而深入的展开,种业的迅速发展,又促进了种子科学与技术的发展。我国于2000年颁布了《种子法》,种业体制改革，种子市场放开，种业法律法规逐步完善，使中国种业得到了更快的发展。

2000年以来，种子科学与技术成为作物科学的二级学科。国内农业高等院校为了适应种业人才需求，加快培养种业人才，相继设置种子科学与技术专业，并逐步形成了专科、本科、硕士、博士各层次人才培养体系。2011年以来，种业领域人才培养规模扩大，尤其在硕士研究生培养层次上，专业技术研究与推广应用型研究生招生规模扩大。为了搞好种业领域研究生培养，全面提高培养质量，由全国农业推广硕士种业领域协作组申请立项编写《植物杂种优势原理与利用》。本教材由湖南农业大学主持编写，南京农业大学、华中农业大学、西北农林科技大学、山东农业大学、新疆农业大学、云南农业大学、新疆塔里木大学、湖南杂交水稻研究中心、湖南隆平种业有限公司参加了编写。在编写设计和编写过程中，得到了中国农业大学李健强教授、王建华教授、解超杰教授，山东农业大学张春庆教授，沈阳农业大学王玺教授，浙江大学胡晋教授，河西学院吕彪教授等支持与指导，在此表示衷心谢意！同时，在编写本教材过程中，为了力争内容系统、全面、深入，参阅了相关教材与大量文献资料，在此对相关教材与文献的作者一并致谢！

本教材为农业推广硕士专业学位种业领域研究生培养而编写，使该领域硕士研究生系统学习植物杂种优势利用的基础理论、杂种优势利用途径的原理与技术。同时该教材也适宜作为遗传育种、种子科学与技术学科全日制学术型研究生相关课程教材或参考教材，也可作为从事植物杂种优势利用研究的科技人员、种子企业相关专业技术人员参考书。

但是，由于植物杂种优势利用研究发展较快，编者的认识与知识所限，难免存在不妥甚至错误之处，恳请使用与参阅本教材的师生、专家谅解，并给予指正，以便再版时更新与提高，本教材所有编者向您致谢。

编　者

2014年6月

目　录

第一章　绪　论

第二章　杂种优势的遗传学与生理学基础

第三章　植物雄性不育性的基础

第四章　雄性不育性三系法杂种优势利用

第五章　雄性不育性两系法杂种优势利用

第六章　人工去雄制种法杂种优势利用

第七章　化学杀雄制种法杂种优势利用

第八章　杂种优势利用的其他途径

第九章　生物技术在作物杂种优势利用上的应用

植物杂种优势原理与利用

由两个具有遗传性差异的亲本杂交所产生的杂交种，第一代（F_1）在生活力、生长势、抗逆性、适应性以及产量、品质等方面超过其双亲的现象，称为杂种优势。杂种优势是生物界普遍存在的一种现象。人类在生产生活实践中逐步发现了杂种优势现象。中国在1 400 多年前的北魏时期，在贾思勰的著作《齐民要术》中已有马与驴杂交的后代骡，表现体大健壮，较双亲马和驴生命力强，更耐粗食和服强役，杂种优势很明显的描述。17 世纪中国出版的《天工开物》一书中也有桑蚕品种间杂交种表现杂种优势的记载。人类发现了生物界的杂种优势，从而开始研究与应用杂种优势。至今，杂种优势利用已成为大幅度提高农作物产量和改良农产品品质的主要途径之一，是现代农业科学技术进步的突出成就。同时，植物杂种优势的广泛应用，促进了农作物种子产业的发展，产生了巨大的经济效益和社会效益。

第一节 植物杂种优势研究与利用概况

植物杂种优势利用的研究最早开始于欧洲。18 世纪 60 年代，德国学者 Kölreuter 曾利用早熟普通烟草（*N. tabacum*）与迟熟心叶烟烟草（*N. glutinosa*）进行种间杂交，育成了早熟优质的烟草种间杂交种，并建议在烟草生产上利用杂交一代。1865 年孟德尔在豌豆杂交试验中也研究了杂种优势，并首次提出了"杂种活力（hybrid vigor）"的概念。达尔文在 1866—1876 年观察了植物界异花受精和自花受精后代的变异，研究了植物 30 个科 52 个属 57 个物种及其许多变种与其杂交第一代和繁殖后代在种子发芽率、株高、生活力、结实率等方面的差异，提出了"异花受精对后代有利，自花受精对后代有害"的论断。因此，达尔文是杂种优势理论的奠基人。

在达尔文理论影响下，学者们对玉米杂种优势利用开展研究，使玉米成为第一种在生产上大规模利用杂种优势的作物。19 世纪 70 年代，Beal 开始研究玉米品种间杂交，高产杂交组合较亲本的平均值增产达 50%。随后，Sanborn（1890）和 Mc‑Clure（1892）均证实了 Beal 关于玉米品种间杂交种优势超过双亲平均值的报道，进一步证实了玉米品种间杂种优势的普遍性。1893 年，Morrow 和 Gardner 指出地理远缘的品种间杂交种优势大于同地区亲本类型间杂交种，并制定了玉米杂交种子的生产程序。此后，Shamel、Shull、East 和 Collins 等在 20 世纪初期先后进行了玉米自交系选育的研究，并且指出，玉米自交后代表现性状衰退，而自交系间杂种一代的生长优势较一般品种间杂种一代强，因而从遗传理论上和育种模式上为玉米自交系间的杂种优势利用奠定了基础。但是，由于当时的玉米自交系产量低，使杂交种子生产成本高，玉米自交系间单交种未能应用于生产。1918 年

Jones 提出了玉米利用双交种的建议，使玉米自交系的杂种优势得以应用于生产上。随后在玉米生产上相继利用双交种、三交种、顶交种和综合种。至 20 世纪 50 年代，美国普遍推广了玉米杂交种，并创建了生产销售玉米杂交种子的种子企业，获得丰厚的利润后，又促进了玉米杂种优势的研究与利用。

高粱是雌雄同株同花的常异花授粉作物，其杂种优势现象几乎与玉米同期被发现。但是高粱不能采用人工去雄方法生产杂交种子，直至在高粱上发现了细胞质雄性不育材料，杂种优势利用才得以实现。1948 年，Stephens 在美国得克萨斯州柯斯农业试验站用"矮生黄迈罗"与"得克萨斯黑壳卡佛尔"进行正反交，在后代中发现并育成了细胞质雄性不育系，也称细胞核质互作型雄性不育系。由此，高粱杂种优势利用研究迅速开展，至 20 世纪 50 年代后期，美国推广了"三系法"杂交高粱，开创了常异交作物杂种优势利用范例。

水稻是典型的自花授粉作物，对杂种优势的发现、认识、研究、利用均迟于玉米、高粱。1964 年袁隆平在栽培稻大田中发现了雄性不育材料，1966 年发表了关于水稻雄性不育性的论文。同期，日本胜尾清和新成长友也进行了水稻雄性不育性研究，育成藤坂 5 号雄性不育系和 BT 型台中 65 雄性不育系，但因未能育成强优势杂交组合而未能得到应用。中国以袁隆平为首的科研团队，坚持不懈广泛深入开展水稻杂种优势利用研究。1970 年李必湖在普通野生稻中发现了雄性不育株（简称"野败"），通过与各地各种类型栽培稻品种的测交、转育、筛选，1973 年实现了雄性不育系、雄性不育保持系、雄性不育恢复系，即籼型水稻"三系"配套，并选配出强优势杂交组合。随后粳型"三系"杂交水稻也在中国转育成功。与此同时，"三系法"杂交水稻繁殖、制种技术也基本成功。从 20 世纪 70 年代中期起，杂交水稻迅速在中国推广应用，其面积达到了水稻种植面积的 60% 以上，杂交水稻较常规水稻增产 20% 左右，为粮食生产做出了巨大贡献。

关于水稻杂种优势利用途径，在进行"三系法"研究的同期，中国湖南、广东、江西曾开展了化学杀雄制种研究。由于化学杀雄制种配组自由，曾选配了一些化学杀雄制种的杂交组合在生产上应用，如赣化 2 号、赣化 6 号等组合，表现出强的杂种优势。但由于化学杀雄不彻底，杀雄技术不易操作，此后停止了该项研究。同期，中国安徽开展了利用指示性状区别不育系自交种与杂交种的研究。当不育系在制种时雄性不育性表现不彻底，收获的种子中存在自交种与杂交种，在秧苗期利用指示性状，除去自交种苗，保留杂交种苗，成功利用了杂种优势。后因水稻"三系"法配套成功，也停止了相应的研究。

1973 年，中国湖北的石明松在粳稻品种农垦 58 中发现光敏雄性核不育材料，1981 年首次发表论文，介绍了对该材料的研究进展。1986 年以来，在全国范围内开展以光敏雄性核不育材料为基础的"两系法"水稻杂种优势利用研究。1988 年，湖南邓华凤在水稻育种后代中发现籼型温敏雄性核不育材料"安农 S–1"，随后各地也相继发现了其他类型光、温敏雄性核不育材料，由此"两系法"杂交水稻的研究掀起热潮。此时，袁隆平提出了水稻杂种优势利用由"三系法→两系法→一系法"的战略设想。至 1995 年，光、温敏雄性核不育性的"两系法"杂交水稻研究成功，并应用于生产。由于"两系法"较"三系法"配组自由，能利用水稻种质资源中广泛存在的杂交优势，因此"两系法"已成为水稻杂种优势利用的另一重要途径。

自花授粉作物小麦的杂种优势利用研究始于 20 世纪 50 年代。1951 年日本木原均将普通小麦的细胞核与尾形山羊草（*Ae. caudata*）的细胞质结合，后代产生了雄性不育性。

1962 年，以提莫非维小麦（*T. timopheevii*）为母本与普通小麦 Bison 杂交，再以 Bison 为轮回亲本进行连续回交，获得了 T 型细胞质雄性不育系和 Bison 雄性不育保持系。与此同期，利用提莫非维的恢复基因育成了普通小麦 Marquis 恢复系，实现了核质互作型雄性不育性的"三系"配套。美国在 20 世纪 70 年代推广 T 型杂交小麦，但推广面积只有小麦种植面积的 1%，且后来杂交小麦种植面积未明显增加。在研究 T 型杂交小麦的同期，各国对普通小麦的亲缘关系均作过研究，并发现了 20 种以上的雄性不育细胞质。中国在 20 世纪 70 年代开展小麦雄性不育性研究，1972 年在小麦大田发现雄性不育材料，后经鉴定表明，其不育性受显性核不育单基因控制，即为"太谷核不育小麦（Tai）"。此外，中国利用 T 型雄性不育性材料导入显性矮秆基因，育成 T 型矮秆雄性不育材料；还育成了一批 K. V 型等新型雄性不育材料。20 世纪 90 年代初期，湖南发现了小麦光温敏核不育材料，拓宽了小麦杂种优势利用途径。至今，人们正在深入研究小麦三系法、两系法、化学杀雄制种法等多种杂种优势利用途径。

棉花的杂种优势利用研究起始于 20 世纪初期。1908 年，Balls 报道陆地棉与埃及棉杂种一代在株高、开花期、纤维长度、种子大小等性状上表现杂种优势。20 世纪 30 年代对陆地棉品种间的杂种优势有了较系统的研究。随后，研究者们又相继报道了海岛棉与陆地棉的杂种一代优势明显。Loden 和 Richmond（1951）在总结前 50 年棉花杂种优势利用研究时指出，海、陆棉杂种一代，在产量和品质方面均有明显杂种优势，而陆地棉品种间的杂种优势表现不规律。1964 年浙江农业大学配制了 14 个陆海间杂交组合，F_1 的籽棉产量平均为陆地棉亲本的 121.9%，为海岛棉亲本的 225.9%，纤维绒长和细度均超过陆地棉亲本，且具有早熟优势。Davis（1979）对两个海陆杂交种的测定表明，籽棉产量分别较陆地棉亲本高 48% 和 42%，皮棉产量分别高 33% 和 26%。中国从 20 世纪 70 年代以来对陆地棉品种间杂种优势进行了广泛研究，在生产上一般较常规品种可增产 15% 以上。河南（1976）、四川（1980）的试验结果表明，杂交种较常规种增产 30.9% 和近一倍。

关于棉花杂种优势利用的途径已有较多研究。棉花是常异花授粉方式的作物，花器大，较易手工去雄，一花多种，单位面积用种量较小。因此，人工去雄杂交制种仍为棉花杂种优势利用的主要途径。以苗期具有隐性性状的品种为母本，与具有相对显性性状的父本品种杂交，杂种一代根据苗期显性性状的有无，识别真假杂交种苗，这种方法具有一定的可行性。前人也曾试验化学杀雄制种，但由于化学药物去雄效果不够稳定，用药量与用药时期不易掌握，受自然条件影响较大，迄今棉花化学杀雄制种未能应用。棉花的二系法制种在生产上已有应用。四川选育的"洞 A"核雄性不育系的不育性受一对隐性核基因控制，表现整株不育，以正常可育姊妹株与其杂交，杂种一代分离出可育株与不育株各半，可一系两用。以不育株与正常可育品种杂交，生产杂交种子供大田生产应用。棉花杂种优势利用也可采用"三系法"途径。美国 Meyer（1975）育成了具有二倍体棉种哈克尼西棉细胞质的质核互作雄性不育系 DES—HAMS277 和 DES—HAMS16，育性稳定，农艺性状较好，但其恢复系的恢复程度变幅较大，应提高恢复系的恢复能力。此外，利用"三系法"制种还应研究传粉媒介问题。

中国对油菜的杂种优势利用研究较早。1943 年浙江大学孙逢吉首次报道了油菜杂种优势利用的研究进展，所配制的 42 个油菜品种间和种间杂交种，以芥菜型和白菜型品种间杂种优势最显著。1949 年后国内一些科研单位相继开展了甘蓝型油菜品种间杂种优势利用的研究，均获得杂交种优势明显的结果，较常规品种增产 20% ～ 30%。20 世纪 70 年代后，中国开展了甘蓝型油菜自交不亲和系和细胞质雄性不育系的选育。1972年华中农学院傅廷栋从甘蓝型油菜波里玛品种中发现了天然雄性不育株，1976年湖南省农科院首次利用该不育材料实现了"三系"配套。随后，中国其他科研单位也发现了其他雄性不育材料。1986年李殿荣发现并育成雄性不育系陕2A，接着选配了油菜第一个有生产应用价值的"三系"杂交组合—秦油2号，较常规油菜品种增产20%～30%。20世纪90年代以来，中国又开展了油菜细胞核雄性不育性、化学杀雄研究，将杂种优势利用与品质改良相结合，实现了"三系"配套法、化学杀雄制种法并结合低芥酸、低硫代葡糖苷育种目标的杂种优势利用。中国在油菜杂种优势利用研究领域，无论是各类雄性不育系选育，还是"三系法"、化学杀雄法杂交组合的实际应用，均居世界前列。

20世纪60年代，我国对粟的杂种优势利用开展研究，成功选育了第一个核质互作型雄性不育系——"延型"不育系。1969年开始利用指示性状选育核型高度雄性不育系与恢复系配套的两系法杂种优势应用应用。尔后，国内一些科研单位相继开展该项研究，通过种间远缘杂交、种内生态类型间杂交，获得了成功。如1986年崔文生等利用澳大利亚谷、吐鲁番谷等品种类型间杂交，选育出雄性不育系。1989年崔文生发现了粟的光温敏雄性不育性，光 A_1 在北方不育率为83.5%，在海南为5.8%，光292在北方不育率为99%以上，在海南表现育性正常。我国对粟的杂种优势利用研究较早，但至今尚未在生产上大面积推广应用。

在主要农作物杂种优势研究与利用的带动下，国内外许多小作物和蔬菜作物的杂种优势利用研究也取得了巨大成果，在生产上已大面积推广了杂交蔬菜，瓜菜类、豆菜类、茄菜类、椒菜类、薯菜类、葱蒜类，以及菠菜、甘蓝、萝卜、白菜、芹菜等等，均已成功利用了杂种优势。

第二节　杂种优势表现及评价方法

1　杂种优势的表现

杂种优势是杂交种第一代（F_1）的生长能力强于双亲的现象。Mendel（1865）和Shull（1914）分别将该现象定义为杂种活力（hybrid vigor）和杂种优势（hetrosis）。杂交种的生长能力表现在对环境的适应性、生长速度和生长量上，可以在其生长发育过程中被观测，并予以量化。因此，具有杂种优势的杂交种第一代（F_1），对环境条件的适应性强，生长速度和物质积累超过双亲，最终表现较双亲增产。由于杂种优势受双亲基因互作和与环境条件互作的影响，导致杂种优势的表现具有复杂多样性。

人们从育种学的角度出发，主要追求生产期望收获物的产量性状。以收获营养器官为生产目标的作物，则注重营养体的生长优势，如收获茎、叶的蔬菜，重视茎、叶生长优势的表现。以收获果实或籽粒为生产目标的作物，则注重果实与籽粒产量的优势，但营养体优势是果实或籽粒优势（即生殖生长优势）的基础，如水稻、玉米、油菜等作物则利用籽粒产量优势，杂交种第一代（F_1）营养体生长优势表现出苗迅速，根系发达，植株生长势强，枝叶茂盛，茎秆粗壮，植株不早衰。杂交水稻、杂交玉米突出表现根系发达，需肥量大，生长迅速，茎秆粗壮，穗大粒多。杂交棉花、杂交油菜表现植株生长迅速，分枝多，植株高大，铃大铃多和荚多粒多。生殖生长优势表现生殖器官发达，着果率结实率提高，果实或籽粒产量增加。

杂交种除具有营养生长和生殖生长优势外，在产品的品质性状方面也能表现优势。不过品质性状优势表现较营养生长优势和生殖生长优势复杂，不仅人们对不同作物品质性状要求不同，而且不同杂交组合表现较大差异，产量性状与品质性状往往难以协调统一。从杂交水稻育成以来，高产甚至超高产（如超级杂交水稻）组合层出不尽，但尚未育成高档优质杂交组合。据前人研究表明，玉米籽粒的淀粉含量和油分含量，绝大多数杂交组合均表现不同程度的杂种优势，而绝大多数杂交组合的蛋白质含量则表现不同程度的负向杂种优势，籽粒中赖氨酸含量变幅更大，多数杂交组合表现接近双亲中间性，少数组合表现超高优势或超低优势，超亲优势率为 81.4% ~95.7%。杂交种植株生长发育迅速，收获物成熟度一致，产品外观品质和整齐度提高，某些成分含量增加。

杂种优势在生理功能方面表现对环境条件的适应性增强，对不良环境条件的耐性增强，如耐高温、耐低温、耐涝、耐旱等特性增强；由于生长健壮，对病虫产生抗性或耐性。

2 杂种优势的评价方法

杂种优势的种种表现既有区别，又相互联系，人们根据作物生产目标利用有价值的杂种优势。为了便于研究与利用杂种优势，通常对杂种优势进行度量与评价。

2.1 中亲优势（mid-parent heterosis）

也称为平均优势，即杂交种第一代（F_1）的产量或某一数量性状的平均值与双亲（P_1、P_2）同一性状的平均值之差值的比率。计算公式如下：

$$中亲优势 = \{F_1 - [(P_1 + P_2) \div 2]\} \div [(P_1 + P_2) \div 2] \times 100\%$$

2.2 超亲优势（over-parent heterosis）

即杂交种第一代（F_1）的产量或某一数量性状的平均值与高值亲本（HP）同一性状的平均值之差值的比率。计算公式如下：

$$超亲优势 = [F_1 - (HP)] \div HP \times 100\%$$

杂交种第一代（F_1）某些性状的数值低于双亲的低值亲本（LP）的现象，即称为负向超亲优势。计算公式如下：

$$负向超亲优势 = [F_1 - (LP)] \div LP \times 100\%$$

2.3 超标优势（over-standard heterosis）

也称对照优势或竞争优势，即杂交种第一代（F_1）的产量或某一数量性状的平均值与当地推广品种（CK）同一性状的平均值之差值的比率。计算公式如下：

$$超标优势 = [F_1 - (CK)] \div CK \times 100\%$$

2.4 杂种优势指数（index of heterosis）

即杂交种第一代（F_1）的产量或某一数量性状的平均值与双亲同一性状的平均值的比

值，也用百分率表示。计算公式如下：

$$杂种优势指数 = F_1 \div \left[\left(P_1 + P_2\right) \div 2\right] \times 100\%$$

通过以上公式计算，可对杂交种第一代（F_1）的杂种优势进行客观的测定量化。中亲优势、超亲优势、杂种优势指数均表示杂交种第一代（F_1）的产量或某一性状的数值针对双亲值大小的表现，可以证明杂种优势现象的存在及其强度。从杂种优势的利用角度而言，要使杂种优势具有实际应用意义，不仅是杂交种第一代（F_1）要比其双亲优势，还必须优于当地当时生产上大面积推广应用的品种。因此，在杂交组合选育及鉴定的程序中，新杂交组合选配后，必须通过育种者的组合比较（品比试验）、种子管理部门设置的区域试验及生产示范等环节，并经品种审定委员会审定、命名、公告后，才具有合法的实际推广意义。

第三节　杂种优势利用的基本原则与主要途径

在作物杂种优势实际利用的意义上，无论何种繁殖方式（有性繁殖、无性繁殖）、何种授粉方式（自花授粉、常异花授粉、异花授粉）的作物，也无论采用何种杂交种子生产方式，要获得强优势杂交组合，并能在生产上大面积推广应用，应该遵循以下基本原则。

1　确定杂交组合选育目标

由两个亲本杂交的杂交种子，生产上只利用第一代（F_1代）的杂种优势，所以在专业术语中将杂交种第一代（F_1代）称为"杂交组合"。利用其他育种途径创造变异，在变异群体中选择符合育种目标的个体，通过多代纯合、选择、鉴定形成的品种，在专业术语中统称为"常规品种"。农作物品种广义概念内包括常规品种和杂交组合。

杂交组合是否优良必须符合育种目标。育种目标应与社会经济的发展，人们生活需求水平的提高，农业生产方式与技术的进步相适应。农作物高产、优质、稳产、适应机械化生产等特征特性是国内外育种的基本目标，其中高产是优良杂交组合最基本的条件。新育成的组合较生产上已推广的品种表现显著性增产，即具有超标（对照或竞争）优势，是生产上品种更换的重要条件之一。随着人口的增加，耕地面积的减少，提高作物单产是永恒的育种目标。提高品种的品质性状是提高农业生产效益，改善人们生活水平的需要。就作物产品用途而言，不仅专作工业原料作物的品质性状是重要条件，而且食用作物的品质性状也越来越受到重视。因此，育种者应协调考虑新选配杂交组合的高产与优质性状。

杂交组合的稳产性状指对生态环境的适应性、对病虫害的抗性。适应性广的组合对不良环境条件忍受能力强，如遇高温热害、低温冷害、干旱少水等不良环境表现生长能力较强。对病虫具有一定抗性的杂交组合，可减少农药的施用，不仅稳定产量，而且保持品质。适应机械化生产是现代农业对农作物品种的要求，规模化、标准化的农业生产要求品种株型紧凑，坚韧抗倒，生长整齐，成熟一致，不易裂荚，不易掉粒等。优良杂交组合的特征特性往往不是孤立表现，而是相互联系，相互影响。因此，要根据育种目标选择高产、优质、稳产、适应机械化等性状相互协调，即综合性状优良的杂交组合。

2　提高杂交亲本基因纯合性

杂交种第一代（F_1）能否在生产上应用，一是要求杂交种具有较强的超标（对照或竞争）优势，二是要求杂交种群体的一致性好。杂交种性状优势的表现型取决于基因杂合型。对于相对性状而言，只有双亲的基因型纯合，杂交种第一代（F_1）基因型才杂合。例如当甲亲本基因型为 AAbbCCDD，乙亲本基因型为 aaBBccdd，杂交种第一代（F_1）的基因型才能为 AaBbCcDd，其杂合程度达到最大。杂交种第一代（F_1）群体的一致性，取决于双亲群体内个体间基因型的一致性，只有双亲的群体一致性才能使杂交种群体的一致性。因此，要利用双亲的杂种优势，首先必须提高亲本的纯合性。

不同授粉方式的作物，群体基因型和个体基因型具有较大差异。

自花授粉作物，如水稻、小麦等，通过自交方式保持后代基因型的纯合是其遗传特点。但是，生物群体的纯合是相对的，不纯总是绝对的。低概率自然异交、环境因素导致的基因突变现象，都是自花授粉方式作物基因不纯的原因。通过人工选择，从变异群体中分离纯系，再利用纯系，作为杂交亲本。自花授粉作物利用雄性不育性生产杂交种子，是杂种优势利用最有效的途径。雄性不育性的稳定传种接代靠保持系，杂交种第一代群体的强优势、一致性，靠不育系与恢复系的纯合基因型决定，对保持系、恢复系按原种生产程序与方法保纯是杂种优势利用的重要环节。

异花授粉作物，如玉米、白菜型油菜等，通过异株异花的精细胞和卵细胞相结合繁殖后代，天然异交率高，群体的遗传基础复杂，不但同一群体内株间遗传组成不同，性状差异较大，且每一个体的基因型也是杂合体。因此，品种间杂交种第一代（F_1）群体生长不整齐，既不能充分利用显性基因的累加、互补和抑制作用使优良性状集中于杂交种第一代（F_1）的每个植株，也不能有效地发挥基因相互作用，使每个植株都具有同样的超亲性状。因此，异花授粉作物品种间的杂交种第一代（F_1）不能充分发挥整齐一致的优势。为了使异花授粉作物杂种优势利用亲本个体与群体基因型的纯合性和一致性，在品种群体中选择单株进行人工控制授粉。通过自交手段，使杂合体迅速趋向纯合，并分离出多种多样的纯合体，根据选育目标在选定的分离个体中，连续多代按表现型选株自交，育成基因纯合的自交系，再以自交系为杂交亲本，选配杂交组合。

常异花授粉作物，如甘蓝型油菜、棉花等，以自花授粉方式为主繁殖后代，是自花授粉作物和异花授粉作物的中间过渡类型。品种的群体中至少包含三种基因型，即品种基本群体的纯合同质基因型、杂合基因型、非基本群体的纯合基因型，三种基因型的表现型既反映本品种的基本群体的一致性，又包含不同比率、性状变异分离的个体。因此，用作杂种优势利用的亲本必须经多次选择，使群体基因型纯合一致，在繁殖过程中需严格防止生物学混杂。

3 选用配合力高的亲本

3.1 配合力的概念

配合力是在玉米杂种优势利用时选育自交系的环节中引出的概念，指一个自交系与其他自交系或品种杂交后，杂种一代的产量表现，表现高产为高配合力，表现低产为低配合力。由于亲本的配合力与杂种优势强弱有密切联系，配合力的概念被引申到其他作物的杂种优势利用中，作为对杂交育种亲本选择的条件。随着杂种优势在不同作物的研究与利用，一方面配合力的概念不仅在玉米杂种优势利用上应用，而被拓展至各类作物的杂种优势利用上，在自花授粉作物（如水稻、小麦等）的杂种优势利用中，用作亲本的品种、不育系、恢复系等均为纯合体，相当于异花授粉的自交系，同样需要对其测定配合力。另一方面，根据不同作物生产的收获目标不同，配合力的概念不仅指杂种一代籽粒产量的表现，而且被拓展至杂种一代生物学性状、经济性状等方面。

配合力有一般配合力和特殊配合力两种。一般配合力是指一个被测系（自交系、不育系、恢复系、品种）与一遗传基础复杂的群体品种杂交一代某一性状表现的能力；或者说，这个被测系与许多其他品种杂交后，所测杂交一代某一性状表现的平均值。特殊配合力是指一个被测系与另一个特定的系（品种）杂交一代某一性状表现的能力。因此可以认为，一个被测系的许多特殊配合力的平均值，就是一般配合力。在杂种优势利用实践中，为减少选配杂交组合的盲目性，选用一般配合力高的亲本配组，较易获得强优势的杂交组合。因此，一般配合力高的系（品种）是选配强优势杂交组合的基础。玉米育种者曾经为测定许多新选自交系的一般配合力，将其分别与品种"野鸡红"测交，根据杂种一代的产量表现，得知自交系"武105"的一般配合力高，不仅生产上推广了杂交组合"武105×野鸡红"，而且以自交系"武105"作亲本，在许多测交组合中表现具有特殊配合力，先后选配出一系列杂交组合应用于生产。水稻杂种优势研究与应用实践表明，在20世纪70年代初期育成的籼型"野败"雄性不育系"珍汕97A"、"V20A"，由于一般配合力高，先后选配出大批强优势杂交水稻组合在中国南方稻区推广，产生了巨大增产效应。其后福建育成的水稻高配合力恢复系"明恢63"，先后选配出以"汕优63"为代表的系列高产广适杂交组合，较长时期成为南方稻区主推组合。2000年以来，湖南亚华种业科学院与株洲市农科所育成的水稻光温敏核不育系"株1S"，湖南杂交水稻研究中心育成的"Y58S"，均具有一般配合力高的特点，二者均分别选配出一大批广适高产杂交水稻组合，其中均有被评为超级杂交水稻组合，并创造了超高产纪录。

3.2 配合力的测定

在测定配合力时，用来与被测系杂交的自交系、不育系、恢复系、品种等，统称为测验种，所产生杂交种统称为测交种。测验种影响测交种的性状表现，因此测验种的选择依测定目的而定。测定一般配合力时，选用遗传组成复杂的群体品种作测验种。该类品种在遗传基础上包含有许多遗传性不同的配子，这些配子与被测系的配子结合，所产生的测交种实质上是被测系与许多品种或系杂交一代的综合，因而体现了被测系的一般配合力。测定特殊配合力时，用基因型纯合的品种或系作测验种。从另一角度分析，测验种本身的配合力以及测验种与被测系的亲缘关系也影响测验结果。如果测验种的配合力低或者与被测系的亲缘关系相近，测得的配合力往往偏低。因此，测验种与被测系应为不同来源。同时，如果以测定配合力为主要目标时，应选用具有中等配合力的材料作测验种。目前各种作物杂种优势利用均是应用单交种组合，将测定配合力与选育单交杂交组合结合进行。在考虑亲缘关系的基础上，选择一、二个已知配合力高，其他性状也较优良的材料或在生产上应用的优良品种作测验种，既能测得特殊配合力，又可选配出优良杂交组合。测定配合力的方式分为共同测验种法和双列杂交法。

共同测验种法。选用一至三个材料作为共同测验种，分别与所有被测系杂交。根据作物种类和测交目的选用品种或自交系作测验种。如1、2、3为被测系，A为共同测验种，杂交方式为1×A、2×A、3×A，次年将这些测交组合进行比较试验。由于测交用的测验种相同，因此测交种间的差异是被测系的配合力差异。根据测交种性状表现的差异，评价各被测系的配合力高低，同时评选出优异的测交种，次年继续进行试验、鉴定，可选出能利用于生产的杂交组合。

双列杂交或互交法。各被测系互为测验种，两两互相成对杂交。如有 n 个被测系，相互配组杂交，不配反交组合，可配成 $n(n-1)/2$ 个杂交组合，次年将这些测交组合进行比较试验，根据各测交种性状表现的差异，评价各系的配合力高低。采用该法测定配合力，从理论上讲准确性高，并可同时测定特殊配合力和一般配合力。但是当被测系较多时，测交组合多，试验工作量大。因此，通常在育种工作中先筛选性状表现优良的材料，再进行配合力测定。

4 采用可行的杂交制种途径

杂种优势是杂交种第一代（F_1）的特性，因此杂种优势利用需要年年杂交制种。杂交制种的途径，一是要使制种产量较高，能满足大面积生产用种量需求，二是要使杂交种子纯度符合生产用种标准。由于不同作物的花器结构、开花结实特性及生产用种量的差异，因此每种作物应采用可行的杂交制种途径。至今，作物杂交制种的途径主要有人工去雄杂交制种法、利用雄性不育性制种法、化学杀雄制种法等。

4.1 人工去雄杂交制种法

至今，利用该途径生产杂交种子的作物主要有玉米、棉花、烟草、辣椒、茄子、瓜类等。从杂种优势利用的生产实际考虑，能够利用人工去雄杂交制种途径的作物必须符合以下条件：其一，花器较大，去雄容易。异花授粉和常异花授粉方式的作物，其花器特征为雌雄异花，或虽然是雌雄同花，但花器较大或雌雄不同熟，去雄容易。如玉米为雌雄异花，制种时父母本相间种植，使父母本花期相遇，在母本雄穗抽出后尚未散粉前去掉雄穗，让父本雄穗的花粉自由授给母本结实即可。棉花杂交制种时，在开花前一天手工去掉母本花朵内的雄蕊，并套袋，次日授以父本花粉即可。其二，一花多种，繁殖系数高。玉米一个果穗可结实数百粒种子，一个人工劳动日可去雄 1 000 株以上，所结实的杂交种子可供 1.5 hm^2 以上玉米大田生产用种。烟草、辣椒、茄子等茄科作物，一果内可结实数千粒种子，一株可生产数万粒种子，可供大面积生产用种。其三，大田单位面积用种量较少。玉米、棉花、烟草、瓜类等均为高大株型作物，杂交种植株个体优势易发挥，采用高肥水平、大株行距种植，单位面积用种量小，因此利用人工去雄生产杂交种子，是实现杂种优势利用的可行途径。

4.2 利用雄性不育性制种法

该法是作物杂种优势利用最广泛、最有效的途径。水稻、小麦等自花授粉作物，高粱等常异花授粉作物，雌雄同花同熟，花器小，一花一种，大田生产用种量大，采用人工去雄杂交法生产杂交种子，不能实现杂种优势利用。而利用雄性不育性制种法，使典型自花授粉方式的水稻成功利用了杂种优势。至今，水稻、玉米、高粱、油菜、小麦等作物均成功实现了"三系法""两系法"杂种优势利用。

自从人们在植物中发现雄性不育特性材料以来，认为找到了杂种优势利用的快捷途径。对于雄性不育性的发现或创制、遗传与生理机理、转育与利用等方面，人们已进行了较系统深入的研究。植物雄性不育性分为质核互作不育型、核不育型两类。质核互作不育型的利用必须实现雄性不育系、雄性不育保持系、雄性不育恢复系配套，实现"三系法"杂种优势利用。

核不育型又可分为普通核不育型和光温敏核不育型。普通核不育型材料早已被人们发现，当不育型与可育型杂交后，其后代育性的遗传方式符合孟德尔式的遗传规律，不易找到使不育性表现完全不育的保持系，利用这种核不育系配制杂交种子，其纯度不能达到大田生产用种要求。1973 年中国湖北石明松首次在粳型水稻品种中发现光敏核不育材料，随后湖南邓华凤在籼型水稻中发现温敏核不育材料。这种光、温敏核不育型在不同的临界光长、温度条件下能表达完全雄性不育性，用其制种能够使杂交种子纯度达到大田用种标准。至此，中国育成了"两系法"杂交水稻。从 20 世纪 90 年代以来，人们又先后在小麦、高粱、油菜等作物中发现了光温敏核不育型材料，使"两系法"杂种优势利用途径得到扩展。

4.3　化学杀雄制种法

化学杀雄的原理：雌雄配子对各种化学药剂的杀伤作用具有不同的反应，雌蕊对不良环境的抵抗能力强于雄蕊，对化学药剂的反应敏感性弱于雄蕊。利用具有杀伤或抑制雄蕊发育的化学药剂不能伤害雌蕊的特性，在作物生长发育一定阶段，选用某种化学药剂，配制一定的浓度，喷洒于用作杂交制种的母本上，直接杀伤或抑制雄性器官，造成雄性生理不育，以用作父本的花粉授粉，生产杂交种子。化学杀雄制种途径曾在水稻杂交制种上研究与应用，由于杂交水稻种子的纯度要求高，化学杀雄不彻底，杂交种子纯度达不到用种标准，雄性不育的"三系法"和"两系法"的成功，从而停止了水稻化学杀雄制种的研究。20 世纪 90 年代，油菜化学杀雄制种的研究获得了突破，使化学杀雄制种的杂交油菜得到了推广。近期来，小麦化学杀雄制种的研究取得了进展。随着研究的深入，化学杀雄制种法有可能得到更广泛研究与应用。

第四节　杂交组合竞争优势鉴定

杂交组合是否具有生产应用价值，必须通过竞争优势或对照优势鉴定，即经过一系列的试验和示范程序进行鉴定。对在试验和示范中表现真正优良的杂交组合，才能通过审定和推广。

杂交组合优势鉴定的试验和示范程序，包括组合观察试验、品比试验、区域预备试验、正式区域试验、生产示范等。所有试验都要设置对照. 对照应采用当地推广的同类型常规品种或杂交组合。

1　杂交组合观察试验

杂交组合观察试验是选配强优势组合的第一步，由育种者自己主持与实施。供试杂交组合数量一般较多，可多达数百个组合。试验方法较简单，每个组合种植一个 3~4 行，每行 10~20 株的小区，每 10 个小区设一对照品种，不设重复。为了便于分析，在安排试验时，可将同一母本不同父本组合顺序排列，以观察鉴定父本的配合力，或将同一父本不同母本组合排在一起，以观察鉴定母本的配合力。试验期间要做好观察记载，重点记载群体整齐度、生育期（根据作物试验要求确定记载内容，如水稻试验记载播种期、移栽期、抽穗期、齐穗期、成熟期，计算全生育期）、抗病性（田间自然发病率和发病程度）和抗倒伏性。收获前要根据记载观察结果，结合经济性状表现，与对照进行比较初选。对于初选的组合，取样考种。考种内容一般为：株高、穗（果）数、粒数、粒重、品质性状等，计算理论产量。按照育种目标，从上述初选组合中，决选 10~20 个组合参加下年度品比试验。

2 杂交组合品比试验

杂交组合品比试验由育种者主持与实施。试验可在育种者基地进行，并可在不同生态区域设 3~5 个点同时进行。供试组合一般不宜超过 20 个，用区域试验的对照品种为主要对主要对照，同时可增设试验区域推广的同类型品种作副对照，以便于选择。

试验应选择排灌方便，肥力水平中上，且均匀一致的田块，在该作物正常生产季节进行，以保证组合特征特性能顺利正常充分表现。试验方法可参照省级区域试方法，试验小区面积、种植株数因作物而定，重复 3 次，随机区组排列。试验过程中，应按照该作物区域试验要求，进行详细观察记载和抗性鉴定。在生长发育的重要阶段，如旺苗期、开花期、成熟期组织田间现场评议。收获前取样考种，获得产量构成因素，计算理论产量，并可进行实收测产，获得单位面积实际产量。根据田间观察记载资料、理论测产与实收测产结果，评选较对照在产量上有显著或极显著优势，或在品质、抗性等方面有明显优势的组合，申请参加区域试验的预备试验。

3 杂交组合区域试验

3.1 区域试验的目的意义

区域试验即区域化鉴定，是将各地育种单位选育的或引进的杂交组合在本作物生产地区的不同生态区域进行比较试验，测定杂种优势、生产应用价值、生态适应性，为杂交组合的审定及适宜推广的生态区域，品种布局区域化提供依据，同时也是防止生产上品种"多、乱、杂"，控制农作物生产风险的重要措施。

3.1.1 鉴定新组合特征特性

由于区域试验是在具有自然、栽培条件代表性地点进行，通过该试验能够在不同生态区域范围内客观鉴定新组合的丰产性、稳产性、适应性和品质性状，试验结果代表性强，准确性高，符合生产实际。

3.1.2 鉴定新组合适宜推广区域

新组合是在较窄的生态区域内育成的，由于任何一个杂交组合都具有区域适应性，只有在适应区域内才能表现较强的适应能力，在不适应区域种植可能减产甚至失收。只有通过在较多的生态条件进行试验，才能鉴定新组合是否具有较广泛的适应性，以确定新组合的最适宜推广区域，发挥其杂种优势。

3.1.3 为不同生态区域确定适宜推广的杂交组合

在同一农业生态区域内，推广的杂交组合不能单一，而应推广若干具有不同农艺性状和品质性状的组合，以便适应当地气候条件、耕作制度和经济发展的需求。通过区域试验，在供试组合中可以评选出各农业生态区域最适宜推广的高产稳产组合。

此外，通过在各农业生态区域自然和栽培条件下的区域试验，可以了解新组合适宜的栽培技术，以便在新组合审定后，良种良法相结合推广。

3.2 区域试验组织体系与工作内容

3.2.1 区域试验组织体系

我国农作物区域试验分为省内区域试验和国家区域试验，分别由各省（市、区）农业厅和国家农业部种子管理部门主持并组织实施。其职责是：制订区域试验方案，设置区域试验点，安排落实和组织考察工作，汇总试验资料，向品种审定委员会推荐被审品种。参加省内区域试验的品种，由育种单位提出申请，由省种子管理部门审查后，参加试验。参加全国区域试验的品种，先由育种单位提出申请，再由省（市、区）种子管理部门初审推荐，报农业部种子管理部门汇总审批后，参加试验。

区域试验工作任务一般由各地农业科研或教学单位承担。从事区域试验的工作人员必须经过严格培训，具有严谨的科学态度，客观公正、实事求是的工作作风，扎实的专业基础和熟练操作技能。

3.2.2 区域试验的年限及内容

新品种新组合审定前必参加连续 3 年同一级别区域试验。第一年为预试，对各地育种者选送的杂交组合的群体一致性、农艺性状、田间抗逆性和产量性状的优势等进行初步鉴定，通过鉴定筛选综合性状较好、杂种优势明显的组合参加初试。第二年初试，对通过预试保留组合进一步鉴定，选留农艺性状优良、产量性状杂种优势较对照显著的组合参加续试。第三年续试，对通过初试保留的杂交组合，继续进行农艺性状、产量性状优势鉴定，同时增加抗性（根据作物设计对某种病害、虫害、高温热害、低温冷害）、品质鉴定。

3.3 区验试验的方法

3.3.1 区域试验的选点

根据作物分布、自然区划和品种特性分区进行。省（市、区）内区域试验点在省内该作物生产具有代表性生态区域选择，一般是每个地级市、州、区设一个点；全国区域试验在国内该作物适宜生产的省（市、区）内，在各省（市、区）选择代表某一较大生态区域试验点。例如，我国水稻区域试验，南方稻区区域试验，在南方稻区各省（市、区）选点，北方稻区区域试验，在北方稻区各省（市、区）选点。南方稻区还可以分为长江中、下游稻区区域试验、西南武陵山区区域试验，分别在该区域内选点。我国玉米生产有春玉米区和夏玉米区，区域试验按品种特性分为春玉米区域试验和夏玉米区域试验，其中夏玉米区域试验，按自然区域划分为北方夏玉米区域试验和南方夏玉米区域试验。

3.3.2 区域试验地要求与的田间设计

进行区域试验，要注意试验地的选择和培养。试验地应具备灌溉水源充足，排灌方便，中上肥力水平，且肥力均匀一致，无严重病虫为害等条件。试验小区采用随机区组排列，重复 3 次。试验小区面积、种植规格、种植株数因作物而定。例如，水稻区域试验小区面积不小于 $13.3\ m^2$，杂交水稻种植株行距为 17 cm × 20 cm 或 17 cm × 23 cm 或 20 cm × 26 cm，每穴种植双株。试验地内四周留保护区，重复间留走道。

3.3.3 设置对照品种

为保证区域试验的可比性，通过试验评出优良品种，应统一以生产上大面积推广的某一品种作为共同对照。各试验点根据需要可加入当地一个当家品种作为第二对照。对照的种子质量必须符合国家标准。

3.3.4　田间现场考察与测产总结

试验过程中,应按照该作物区域试验要求、标准进行详细观察记载。在生长发育的重要时期,如开花期、成熟期组织田间现场观摩、评议。收获前按要求取样考种,获得产量构成因素,计算理论产量,进行实收测产,获得单位面积实际产量。根据田间观察记载资料、理论测产与实收测产结果,进行统计分析,评选较对照在产量上有显著或极显著优势,或在品质、抗性等方面有明显优势的组合。

4　杂交组合抗性鉴定

在进行区域试验的同期,要对新组合进行抗性鉴定。抗性鉴定由种子管理部门指定具有鉴定资质的机构或单位进行。抗性鉴定的内容包括抗病、耐逆性鉴定,根据作物生产上的要求而定。例如,杂交水稻的抗病性鉴定主要鉴定苗期、抽穗期对稻瘟病的抗性,结实期对稻曲病的抗性,耐逆性鉴定主要鉴定抽穗开花结实期对高温热害、低温冷害的耐性。杂交玉米抗性鉴定大斑病、小斑病、弯孢菌叶斑病、灰斑病、丝黑穗病、矮花叶病、腐霉菌茎腐病、镰刀菌茎腐病、纹枯病、黑粉病、玉米螟。

5　杂交组合品质分析

在进行区域试验的同期,要对新组合进行品质分析。品质分析由种子管理部门指定具有鉴定资质的机构或单位进行。品质分析的内容根据作物产品市场的要求而定。例如,油菜品质分析内容主要是含油量、芥酸和硫苷含量,新组合的含油量不得低于对照种;双低杂交组合要求芥酸含量小于 3% ,硫苷低于 30 μmol/g。水稻品质分析的内容包括稻谷加工品质、稻米外观品质和蒸煮品质、米饭食味品质。棉花品质分析包括纤维长度、强度、细度。玉米品质分析包括营养品质、加工品质、贮藏品质等,按饲用型玉米、食用型玉米、加工型玉米等分别制订了品质指标。

6　杂交组合生产试验与示范

在区域试验续试的同期,可选择有希望的组合进行生产试验和生产示范,还可进行相应的栽培技术试验,以便为新组合的审定和推广提供更充分的科学依据,同时也为在该试验示范地区尽快推广新组合起示范宣传作用。

生产试验和示范由区域试验的同级种子管理部门主持和组织实施。生产试验和示范由组织者指定对照品种。各组合(含对照品种)生产试验或示范面积根据作物要求而定。例如,杂交油菜新组合生产示范面积不得小于 300 m² ,杂交水稻新组合示范面积不得小于 667 m² ,如种子量较多,除设置正式生产试验或示范外,亦可在其他地点单独安排种植较大面积的生产示范。在生产示范期间,由同级种子管理部门组织相关单位的专家进行现场考察与评议。

种子管理部门根据区域试验和抗性鉴定、品质分析、生产试验与示范的结果进行综合分析和评定,报同级品种审定委员会审定,并提出被审定组合的适宜推广区域及相关栽培技术。

为了加快新组合的推广速度,对于在区域试验初试中表现突出的新组合,育种单位应从第二年参加续试期间开始,对杂交亲本进行小面积繁殖,对杂交组合亲本进行制种特性和组合制种技术研究及制种示范,总结亲本繁殖和杂交制种的技术与经验,为新组合推广作好种子生产的技术准备。

第五节 杂种优势研究与利用展望

1 深入研究杂种优势利用基础理论

1.1 雄性不育性机理研究

植物雄性不育性是开展杂种优势研究及利用的基础，雄性不育机理的深入研究对开展植物杂种优势利用具有重要意义。目前在植物界中发现了多种类型的雄性不育现象，包括可遗传的雄性不育（CMS、NMS）、生境敏感的雄性不育和生理性雄性不育等，不育机制复杂多样。至今，关于植物雄性不育的基础研究虽然取得了一定进展，但与雄性不育性应用已取得的巨大成就及效益相比，基础研究仍相对滞后。虽然有许多的学者从细胞学、生理生化、遗传学、分子生物学、基因组学等方面进行了研究，但由于受植物雄性不育材料物种、来源、类型、研究条件、研究方法等诸多因素的影响，研究结论各有不同，许多问题仍未阐述清楚，无法有效地指导实践。通过各学科的广泛参与，尤其是应用现代生物技术，深入开展植物雄性不育的分子机理研究，对于今后更好地指导作物杂种优势利用十分必要，也是发展方向之一。

1.2 杂种优势机理研究

杂种优势是生物界普遍存在的现象，已广泛应用于农业生产中。针对杂种优势的形成机理，不同时期的国内外学者从不同层面进行了相关研究与探索，并提出了众多的假说。早期提出的假说有显性假说（Bruce，1910；Jones，1917）、超显性假说（Shull，1908；East，1936）、异质结合假说（Shull，1910）、基因平衡与遗传平衡假说（Mather，1942；Turbin，1964）等。从古至今，国内外学者提出了一些关于杂种优势机理学说，包括基因网络系统及自组织理论（鲍文奎，1990；向道权等，1999）、活性基因效应假说（钟金城，1994）、杂合酶协同效应假说（谭远德，1998）、遗传振动合成学说（王得元，1999）等。应该说，上述假说对解析杂种优势机理有积极作用，但均缺乏完整的相关实验证据，没有任何一种假说能全面解释杂种优势现象，主要原因在于杂种优势是一个复杂的生理遗传现象，涉及众多数量性状的综合表现，而这些数量性状受多个基因及基因互作网络调控。近年来，随着分子生物学技术的广泛应用，许多学者借助于分子生物学的手段来研究杂种优势的遗传机理，包括基因差异表达与杂种优势的关系、遗传距离与杂种优势的关系、QTL效应与杂种优势的关系、上位性效应与杂种优势的关系、表观遗传与杂种优势的关系等，并提出了支持一些假说的分子方面的证据，找到了一些与杂种优势相关的QTL。但总的来说，研究进展有限，还需要大量的实验予以验证。总之，杂种优势是极其复杂的生物学现象，要全面阐明杂种优势的机理，必需应用现代分子生物学技术，针对特定的目标性状，从生理代谢、遗传基础、基因组学等角度，解析基因的表达和调控网络模式，将分子遗传与性状遗传紧密结合，系统进行杂种优势机理研究，可能使杂种优势理论取得重大突破。

此外，开展与杂种优势利用相关的杂交种子形成发育的异交生态学、杂交种子发育与劣变机理等基础理论研究，对于植物杂种优势研究与利用同样具有重要意义。

2 扩展杂种优势利用新途径与新方法

随着杂种优势在农业中的广泛应用，在提高作物产量、增加经济效益等方面所起的作用日益显著，推动了其利用的深度和广度。扩展杂种优势利用的新途径和新方法已成为有效利用杂种优势的发展趋势。

2.1 杂种优势预测

在作物杂种优势利用的实践中，育种家往往花费大量的时间和人力物力进行测交，然后通过配合力判断杂种优势的高低，具有投入工作量大、成本高、周期长等缺点，并具有一定的盲目性。开展杂种优势预测对于有效利用杂种优势、减少工作量和盲目性具有重要意义。目前开展杂种优势预测的方法有同工酶法、遗传距离法、杂种优势群法、叶绿体和线粒体互补法、分子标记法、基因差异表达法等。由于杂种优势是由一系列的生理生化过程控制并涉及细胞核与细胞质之间、细胞与细胞之间、细胞内外环境等在内的复杂的生物现象，而且杂种优势的表现形式多样，涉及产量、品质、抗性等多方面的性状，因此用单一方法或指标预测杂种优势有其局限性。随着现代生物技术的发展和人们对杂种优势机理认识的深入，开展杂种优势预测的技术方法将会不断发展和完善。

2.2 杂种优势"固定"利用

农作物杂交种子只能在生产上种植一代，杂种二代因产生分离而失去杂种优势，因此必须年年制种，周年性制种费工、费时、成本高。同时，由于制种上的一些技术不易掌握，常常造成亲本混杂退化，杂交种子纯度较难掌控；杂交制种受自然条件影响较大，常造成杂交制种的产量与种子质量不能满足需要。杂种优势是双亲杂交的 F_1 代基因型得以表现，保持双亲杂交种 F_1 代的基因型才能保持杂种优势，因此杂种优势的"固定"，实质上是通过技术方法使杂种优势"多次"利用，而并非是杂种优势真正得到"固定"。使杂交种 F_1 的优势多次利用，即所谓杂种优势"固定"，这一课题一直是杂种优势利用的难点和热点。"固定"杂种优势的方法包括选择固定法、无性繁殖法、无融合生殖法、双二倍体法、组织培养法、平衡致死法和染色体结构变异法等。目前研究较多的有无融合生殖法，已对各种无融合生殖方式进行了分类，并弄清了无融合生殖的发生机制和发育过程，在35科300多个种中发现有无融合生殖现象。早熟禾、栗草、柑橘等植物已育成无融合生殖品种并在生产上利用，但利用无融合生殖的原理把种子植物的杂种一代优势"固定"下来，实现杂种优势"一系法"利用，迄今未获得成功。甘薯、马铃薯等无性繁殖的种子植物可先通过有性杂交，再以无性繁殖体来保持 F_1 代基因型的杂种优势，实行 F_1 代的多次利用。随着植物组织培养技术的发展和成熟，利用体细胞规模化无性增繁、分化成苗，可望将 F_1 代杂种优势"固定"，省去杂种制种程序，实行一次制种，多次利用杂种优势。

3 发掘与创新杂种优势利用的资源

植物杂种优势随着亲本遗传多样性的递增而增加，发掘与创新杂种优势利用的种质资源是开展杂种优势利用极其重要的基础工作。

3.1 发掘与创新杂种优势种群

杂种优势群是指一组遗传基础丰富、共祖关系密切、主要特征特性趋向相近和一般配合力较强的自交系类群。每个杂种优势群内的自交系相互杂交，没有明显的杂种优势，而不同杂种优势群之间自交系相互杂交，则可能获得强优势组合。在对植物各物种种质资源广泛收集的基础上，通过遗传距离、亲缘关系、配合力等分析，构建遗传性状互补的优势种群，对于指导杂种优势利用有重要意义。例如，杂种优势群很大程度上提高了杂种优势利用育种工作的可预见性和可操作性，提高了育种效率。植物界同一种内不同生态群或生态型可能是不同杂种优势群分化的基础，因此，不断研究和开发植物新的生态群（型），并不断导入各优良基因，丰富群内的遗传基础，是创新和拓展杂种优势种群的重要途径。

3.2 利用基因工程技术创新杂种优势利用资源

利用基因工程技术创制不育系，能有效解决目前生产上生态环境型不育系不育性稳定性的问题，是扩展杂种优势利用的一条新的技术途径。至今，在烟草、牵牛花、油菜等植物中通过利用转基因技术、反义 RNA 技术等均得到了不育系，但仍存在不育性的稳定性问题，如能解决此类关键技术问题，则基因工程创造不育系必然在生产上有利于杂种优势的利用。

总之，随着植物分子生物学和基因组学研究的深入和发展，通过基因精细定位，杂种优势相关的 QTL 研究，并进一步解析其遗传效应和互作模式，分离克隆杂种优势 QTL 或相关基因，对杂种优势形成过程中的差异、基因表达及其调控网络进行深入分析，将对阐明杂种优势的遗传机理具有重要作用。通过包括分子技术在内的各类方法扩展杂种优势利用新途径，发掘杂种优势种群，创新杂种优势利用资源，必将促进植物杂种优势的广泛应用。

（本章编写人：肖层林　王伟平）

思 考 题

1. 回顾植物杂种优势研究与利用简史，展望植物杂种优势研究与利用前景。
2. 怎样评价植物杂种优势？杂种优势利用有哪些基本原则？
3. 什么叫一般配合力和特殊配合力？
4. 怎样鉴定杂交组合的竞争优势？
5. 试述作物新品种区域试验的目的与意义及试验程序。

主要参考文献

1. 卢庆善，孙毅，华泽田. 农作物杂种优势. 北京：中国农业科技出版社，2002：1-24

2. 潘家驹. 作物育种学总论. 北京：中国农业出版社，2004：82-105

3. 胡前毅. 湖南杂交水稻发展史. 长沙：湖南科学技术出版社，2001：4-30

4. 袁隆平. 杂交水稻学. 北京：中国农业出版社，2002

5. 李稳香，田全国，等. 种子生产原理与技术. 北京：中国农业出版社，2005：5-15

6. 陈静，吕金海. 水稻雄性不育机理的研究进展. 中国农学通报，2001，（03）：69 - 70

7. 李博，张志毅，张德强，等. 植物杂种优势遗传机理研究. 分子植物育种，2007，（S1）：36 - 44

8. 涂勇，陈常兵，陈爱武，等. 作物杂种优势的分子遗传研究进展. 中国农学通报，2003，（03）：102 - 104

9. 张义荣，姚颖垠，彭惠茹，等. 植物杂种优势形成的分子遗传机理研究进展. 自然科学进展，2009，（07）：697 - 703

10. 张晓科，张改生，王军卫. 小麦细胞质雄性不育机理的研究进展. 麦类作物，1997，（02）：4 - 7

11. 洪德林. 作物育种学实验技术. 北京：科学出版社，2010

12. 国家杂交水稻工程技术研究中心，湖南杂交水稻研究中心. 第一届中国杂交水稻大会论文集. 长沙：杂交水稻，2010

第二章

杂种优势的遗传学与生理学基础

    1763 年德国学者 Kölreuter 在烟草杂交中发现杂种优势并最早对其进行了系统研究。20 世纪 30 年代初开始大面积推广玉米杂交种以来，杂种优势利用已扩大到多种植物中，成为目前大幅度提高农作物产量重要的育种途径之一。可以这么说，目前杂种优势利用已占据了育种学的主战场。植物受遗传控制的雄性不育性分为细胞核雄性不育和细胞质雄性不育两类。杂种优势的遗传机理目前包括显性学说、超显性学说、基因平衡和遗传平衡理论、异质结合理论、有机体生活力理论等。由于杂种优势有着极其复杂的遗传机制，这些学说还不能完全诠释杂种优势的遗传基础。杂种在生理学方面的优势主要体现在光合作用、营养吸收和抗逆性等方面。

第一节　植物繁殖方式及遗传学特性

    植物的繁殖方式与其遗传组成紧密联系和相互影响，为了改进植物的各种性状而采用的育种方法和程序，自然也会受到植物繁殖方式的制约。了解植物的繁殖方式，可帮助育种者决定采用何种育种方法去改良植物的性状。植物的繁殖方式可分为两类。第一类是有性繁殖。凡由雌雄配子结合，经过受精过程，最后形成种子繁衍后代的，统称为有性繁殖。在有性繁殖中，因雌雄配子自同一亲本植株或不同亲本植株，又分为自花授粉、异花授粉和常异花授粉三种授粉方式。此外，还包括两种特殊的有性繁殖方式，即自交不亲和性和雄性不育性。第二类是无性繁殖。凡不经过两性细胞受精过程的方式繁殖后代的，统称为无性繁殖，其中又分植株营养体无性繁殖和无融合生殖无性繁殖两种方式。

1　有性繁殖方式

1.1　花器构造和开花习性对授粉的影响

    花器的形态构造、雌花和雄花在植株上的位置、开花习性等都会影响授粉的方式。具有完全花的植物，如水稻、小麦等，雌性和雄性器官生长在一朵花内，称为两性花。在一般情况下，这种花器构造有利于自花授粉。一朵花内只生长雄性器官的花称为雄花，一朵花内只生长雌性器官的花称为雌花，只有雄性器官或只有雌性器官的花叫单性花。如果雌花和雄花分别着生在同一植株的不同部位，称为雌雄同株异花，如玉米、蓖麻、瓜类等。如果雌花和雄花分别生长在不同的植株上，称为雌雄异株，如大麻、菠菜等。雌雄异花和雌雄异株都有利于异花授粉，但在异交程度（自然异交率）上有区别。前者虽可能有少量的来自同株雄花的花粉参与授粉而完成受精过程，但仍属于异花授粉。后者则是完全的异花授粉。

开花习性、雌雄蕊的生长发育特点都与授粉方式有关。有些植物，如大麦、豌豆以及花生植株下部的花，在花冠未张开时就已散粉受精，称为闭花受精，是典型的自花授粉。有些植物，如棉花等，一般是在花冠张开后才散粉，因而增加了异花授粉的机会，属于常异花授粉。有些植物，虽然具有完全花，但雌雄蕊异熟，有的是雌蕊先熟，如油菜；有的是雄蕊先熟，如玉米、向日葵等；或者雌雄蕊异长；或着生蜜腺，或有香气，能引诱昆虫传粉；或花粉轻小，寿命长，容易借风力传播。这些特征、特性都有利于异花授粉。雄性不育性和自交不亲和性是受遗传控制的两种特殊开花授粉习性。具有雄性不育的植株花粉败育，不能产生正常的雄性配子，但能形成正常的雌性配子。自交不亲和的植株，能形成正常的雌雄配子，但自花花粉落在柱头上，由于具有特殊的遗传生理机制，阻碍自身的雌雄配子结合，不能受精结实。因此，在自然条件下，只能通过异花授粉方式繁殖后代。

1.2 有性繁殖的主要授粉方式及其遗传学特性

1.2.1 自花授粉

同一朵花的花粉传播到同一朵花的雌蕊柱头上，或同株的花粉传播到同株的雌蕊柱头上都称为自花授粉。由同株或同花的雌雄配子相结合的受精过程称为自花受精，通过自花授粉方式繁殖后代的植物是自花授粉植物，又称自交植物。

自花授粉植物有水稻、小麦、大麦、燕麦、大豆、豌豆、绿豆、花生、芝麻、马铃薯、亚麻、烟草等。自花授粉植物的自然异交率一般低于1%，如大麦常为闭花授粉，自然异交率为0.04%~0.15%；大豆的自然异交率为0.5%~1%；小麦、水稻的自然异交率通常也低于1%，但因品种的差异和开花时环境条件的影响，自然异交率也可能提高到1%~4%。自花授粉植物群体表现以下遗传学特性：

① 一致性：即基因型和表现型一致。由于长期自交，自花授粉群体个体内基因型纯合，个体间基因型相对一致；遗传特性稳定，性状较一致，群体保纯较易。即使个别花朵偶然发生天然杂交，也会因连续几代的自花授粉而使其后代的遗传组成趋于纯合。

② 稳定性：即世代间遗传行为相对稳定。纯系的自交后代仍然是纯系，性状与上代一致，不通过人工自交都能较稳定地保持下去。群体内偶然出现的异交或基因突变，但因频率低，且随繁殖世代增加，纯合体比率增加。

③ 自交后代不退化：自花授粉方式是长期自然选择下产生和保存下来的，对于物种的生存繁衍有利的特性。因此，自花授粉植物具有自交后代不退化或退化缓慢的特点。

1.2.2 异花授粉

雌蕊的柱头接受异株花粉授粉的称为异花授粉，由异株的雌、雄配子相结合的受精过程称为异花受精。通过异花授粉方式繁殖后代的植物是异花授粉植物，又称异交植物。如玉米、黑麦、甘薯、向日葵、白菜型油菜、甘蔗、甜菜、蓖麻、大麻、木薯、紫花苜蓿、三叶草、草木樨等。异花授粉植物的自然异交率因植物种类、品种和开花时环境条件而不同，主要是由风力或昆虫传播异花花粉而结实，有些植物的异交率可达到95%以上，甚至100%。异花授粉植物群体表现以下遗传学特性：

① 异质性：即个体内基因型杂合，个体间基因型不同，故表现型也不同。

② 自交后代性状退化，杂交产生杂种优势：由于异花授粉植物长期异交，自交纯合后，隐性的劣质性状显现，虽然使性状趋于稳定，但表现性状退化。如果连续自交，可以获得纯合体，遗传来源不同的自交系间杂交，可获得杂种优势。

③ 亲代和子代间性状的变异性：后代分离，遗传性状不稳定。群体中选择的优良个体，后代出现性状分离，优良性状不能稳定遗传，需连续多代自交和多次单株选择才能获得较稳定的纯合后代和保证选择的效果。

④ 基因突变难于识别，难于纯合：异花授粉植物性细胞发生突变时，如果是显性突变，易淹没于群体后代多样性表现型中不易识别；若是隐性突变，异花授粉的结果，隐性性状将较长时间地在群体内保持杂质性，早世代不能表现，不易被发现。只有将突变体进行两次或两次以上的人为自交，才能使突变性状得以表现，并获得纯合的突变体。

1.2.3 常异花授粉

由自花授粉和异花授粉两种方式繁殖后代的植物称为常异花授粉植物，又称常异交植物。常异花授粉植物通常以自花授粉为主要繁殖方式，又存在一定比例的自然异交率（5%～50%），是自花授粉植物和异花授粉植物中间的过渡类型。

常异花授粉植物有棉花、甘蓝型油菜、芥菜型油菜、高粱、蚕豆、粟等。常异花授粉植物的自然异交率，常因植物种类、遗传型、品种、生长地的环境条件而变化较大。据测定，陆地棉在美国不同地点种植，其自然异交率的变幅为1%～18%，法国和德国测定的蚕豆自然异交率在17%～49%之间。甘蓝型油菜的自然异交率一般在10%左右，最高可达30%以上。常异花授粉植物群体表现以下遗传学特性：

① 群体遗传基础表现一定的多样性：从基因型分析，一个常异花授粉作物品种群体中至少包含3种基因型，即品种基本群体的纯合同质基因型、杂合基因型、非基本群体的纯合基因型。因此，群体的表现型既反映品种基本群体的一致性，又包含不同比率的性状变异分离的个体。

② 较耐自交：连续多代自交一般不会出现生活力显著退化现象。

1.2.4 自交不亲和性

自交不亲和性是指具有完全花并可形成正常雌、雄配子的某些植物，但缺乏自花授粉结实能力的一种自交不育特性。具有自交不亲和性的植物有甘薯、黑麦、白菜型油菜、向日葵、甜菜、白菜、甘蓝等。

具有自交不亲和性的植株通常表现出雌蕊排斥自花授粉的行为，使自花的雄配子在受精的不同阶段中受到阻遏：有的自花花粉在雌蕊柱头上不能发芽；有的是自花花粉管进入花柱中后生长受阻，不能达到子房，或不能进入珠心；有的是进入胚囊的雄配子不能与卵细胞结合从而完成受精过程。

自交不亲和性是一种受遗传控制的、提高植物自然异交率的特殊适应性。在杂种优势育种中，可以利用自交不亲和性植株作母本，通过异花授粉，获得大量的 F_1 杂交种子，因而是一种有实用价值的繁殖特性。

自交不亲和性植物的遗传学特性与异花授粉植物的遗传学特性基本相似，也表现为：① 异质性；② 自交退化，杂交产生杂种优势；③ 亲代和子代间性状的变异性；④ 基因突变难于识别，难于纯合等。

1.2.5 雄性不育性

植物的花粉败育、不能产生有功能的雄配子的特性称为雄性不育性。雄性不育性广泛存在于植物中，如水稻、玉米、高粱、大麦、粟、小麦、棉花、油菜、向日葵等都有各种雄性不育性类型，有的已用于配制杂交种。利用雄性不育性有利于避免自交，提高自然异交率，增强植物物种的生活力和适应性。在植物育种中，用雄性不育的植株作母本，通过异花授粉，可以得到大量的杂交种子，是利用杂种优势的极其宝贵的性状和亲本资源，现已在各种作物育种中广泛采用。

植物受遗传控制的雄性不育性分两大类：

（1）细胞核雄性不育性。这类雄性不育性是受核基因控制，多为隐性。但在少数植物中（小麦、粟等）也发现了显性核基因控制的雄性不育性。20世纪60年代在水稻中发现的核基因雄性不育性，是受隐性基因（msms）控制的雄性不育材料，用正常雄性可育的材料（MsMs）授粉产生的 F_1 中，全部雄性可育，F_2 个体的雄花育性按孟德尔方式分离。由于这类不育性难以找到保持基因，用这类材料作杂种优势利用制种的母本，不能生产符合纯度标准的杂交种子。因此，若要应用这种不育性利用杂种优势，必须采用特殊的育种技术。如采用标记性状、两系人工授粉法、重复—缺失易位体与隐性不育基因连锁、粒色与隐性不育基因连锁等。另外，受显性核基因控制的雄性不育性，有小麦的太谷显性核不育（Ta1），用正常雄花可育的小麦品种（系）授粉产生的 F_1，全部为雄花不育，F_2 个体的雄花育性也发生分离。它不能作为杂种优势育种的母本，但可作为特殊的育种材料使用。至20世纪70年代，石明松发现的湖北光敏感核不育水稻经初步研究确定，雄性不育性是受一对隐性基因控制，其光敏感性则受1-2对基因控制，因而其具有在长日照条件下诱导雄花不育，在短日照条件下诱导雄花可育，而杂交 F_1 又全部可育的特性。光敏感核不育水稻同一品系既可作母本不育系使用，又可自己繁殖后代，是一种十分宝贵的雄性不育资源。但由于自然光、温等条件的复杂性，不同年份和地区间，光、温条件的变化以及不同遗传背景的影响等，都可能造成育性的波动，所以在生产利用上应根据育性变化与光温条件的关系选择合适的气候条件。

（2）细胞质雄性不育性。细胞质雄性不育性的育性是受细胞质的育性基因与细胞核中相对应的育性基因互作决定，实际上是质核互作控制的雄性不育性。质核互作雄性不育性的遗传有下列三种基本模式：

① 当某种作物的一个品系具有细胞质雄性不育基因（S）和相对应的细胞核隐性雄性不育基因（rfrf）时，其质核基因型为 S（rfrf），表现型为雄性不育，就是细胞质雄性不育系。

② 当一个品系具有正常的细胞质基因（N）和雄性不育系相同的隐性核基因（rfrf）时，其质核基因型为 N（rfrf），表现型为雄性可育。用其花粉对雄性不育系授粉，质核基因型结构：S（rfrf）×N（rfrf）→S（rfrf），所产生的后代仍保持雄性不育性。这种能够使雄性不育性保持的品系称之为雄性不育保持系。

③ 当一个品系的细胞核具有与细胞质不育基因相对应的育性显性恢复基因（RfRf），细胞质基因 N 或 S，这种品系的基因型为 N（RfRf）或 S（RfRf），表现型均为雄性可育。用它的花粉对雄性不育系授粉，质核基因型关系为：S（rfrf）×N（RfRf）或 S（RfRf）→S（Rfrf），所产生的后代恢复雄性可育。这种细胞核具有恢复基因，能够使雄性不育性恢复的品系称之为恢复系。

细胞质雄性不育性在上述三种基本模式的质核互作控制下，因植物种类、细胞质类型和遗传背景的不同以及环境条件的差异，会使其受修饰因子的影响而发生不同程度的育性偏离现象，在育种上必须经过连续的定向选择，方能获得育性稳定的雄性不育系、保持系和恢复系，使三系配套用于繁殖与制种生产出大量的杂交种子，利用 F_1 的杂种优势。

利用细胞质雄性不育系配制杂交种，由于不育性较稳定，免除人工、化学药物或机械的去雄程序，既节省了劳力和种子生产成本，又提高了种子质量，有利于杂交种的推广利用和充分发挥杂种优势的潜力。因此，当前各种主要作物如水稻、玉米、高粱、油菜等都是以细胞质雄性不育性为主，采用三系配套的方式利用杂种优势。

2 无性繁殖方式

2.1 营养体繁殖及其遗传学特性

许多植物的植株营养体部分具有繁殖的能力，如根、茎、芽、叶等营养器官及其变态部分块根、球茎、鳞茎、匍匐茎、地下茎等，都可利用其繁殖能力，采取分根、扦插、压条、嫁接等方法繁殖后代。利用营养体繁殖后代的植物主要有甘薯、马铃薯、木薯、蕉芋、甘蔗、苎麻等。大部分的果树和花卉也是采用营养体繁殖后代。

由营养体繁殖的后代称为营养系或无性系。来自于母株的营养体，即由母体的体细胞分裂繁衍而来，没有经过两性受精过程，所以无性系的各个个体都能保持其母体的性状不发生（或极少发生）性状分离现象。因此，一些不容易进行有性繁殖又需要保持品种优良性状的植物，可以利用营养体繁殖无性系来保持其种性。

无性系的遗传学特性表现为：

① 同一无性系内的所有植株基因型相同，保持母体具有的特性，群体整齐一致。

② 无性繁殖植物，如果无性系是来自杂交种的 F_1 代，没有经过自交纯化，个体的基因型是杂合体。若用其种子进行繁殖，则后代出现性状分离。

2.2 无融合生殖

植物性细胞的雌雄配子，不经过正常受精、两性配子的融合过程而形成种子以繁衍后代的方式，称之为无融合生殖。无融合生殖有多种类型。由大孢子母细胞或幼胚囊败育，由胚珠体细胞进行有丝分裂直接形成二倍体胚囊，称为无孢子生殖。由大孢子母细胞不经过减数分裂而进行有丝分裂，直接产生二倍体的胚囊，最后形成种子，称之二倍体孢子生殖。由胚珠或子房壁的二倍体细胞经过有丝分裂而形成胚和由正常胚囊中的极核发育成胚乳而形成种子，称为不定胚生殖。在胚囊中的卵细胞未和精核结合，直接形成单倍体胚，称为孤雌生殖；进入胚囊的精核未与卵细胞融合，直接形成单倍体胚，称为孤雄生殖。具单倍体胚的种子后代经染色体加倍可获得基因型纯合的二倍体。上述各类无融合生殖所获得的后代，无论是来自于母体的体细胞或性细胞或来自父本的性细胞，共同的特点是都没有经过受精过程，即未经过雌雄配子的融合过程。因此，这些后代只具有母本或父本一方的遗传物质，表现母本或父本一方的性状，所以仍属于无性繁殖的范畴。

第二节 杂种优势的遗传学基础

尽管杂种优势的利用在生产实践中已发挥了巨大的作用，但由于杂种优势遗传基础的复杂性，以及研究方法等的局限性，其遗传基础研究一直落后于杂种优势利用的实践。可以这么说，目前对杂种优势遗传理论基础的认识基本上还停留在20世纪前期玉米杂交种开始大面积推广时期提出的理论水平。

1 杂种优势遗传机理的经典假说

1.1 显性学说

显性学说称为有利显性基因假说，也称显性假说。显性假说由 Bruce（1910）提出。1917 年 Jones 根据自己的研究资料，对 Bruce 的显性假说补充了连锁遗传的概念。该假说强调显性基因对杂种优势的贡献，认为多数显性基因有利于个体的生长和发育，相对的隐性基因则不利于个体的生长和发育；杂种一代综合了双亲的显隐性基因，来自一个亲本的隐性基因被来自另一个亲本的显性基因所掩盖，使杂种一代具有比双亲更多的显性基因组合，从而最终表现出杂种优势。同时，由于具有杂种优势的性状多数是数量性状，涉及许多基因，显隐性基因难免连锁，这样就很难获得显性基因全部为纯合状态的自交后代个体，因而也不可能获得一个生产性能同杂种一代一样的纯系。

显性假说强有力的试验证据是 Keeble 和 Pelew（1910）发表的豌豆品种杂交试验，用两个株高 1.53 ~ 1.83 m 的豌豆品种进行杂交，两个亲本一个是粗茎、节数多而节间短（含使节数增加的显性基因），另一个亲本是细茎、节数少而节间长（含使节间伸长的显性基因），杂种一代结合了两个亲本节数多和节间长的特性，使株高达到 2.14 ~ 2.44 m，表现出株高杂种优势。这一现象可以通过遗传分析来解释。假如控制节长的显、隐性基因分别是 AA 和 aa，控制节数的显、隐性基因分别是 BB 和 bb。如果纯合的等位基因 A 对节长的贡献是 10，等位基因 B 对节数的贡献为 8，相对应的隐性等位基因的贡献分别为 5 和 4，那么节间长的豌豆品种 $AAbb$ 的该性状值为 10 + 4 = 14，而节数多的豌豆品种 $aaBB$ 的该性状值为 5 + 8 = 13。若基因间没有显性效应，则 F_1（$AaBb$）的等位基因 Aa、Bb 的贡献值都等于相应的等位显性基因和隐性基因的平均值，即 F_1（$AaBb$）=（10 + 5 + 8 + 4）/2 = 13.5，正好是双亲的平均值，没有杂种优势。如果基因具有部分显性效应，则 F_1（$AaBb$）的性状值大于中亲值偏向高亲值，表现出部分杂种优势，即 F_1（$AaBb$）>（10 + 5 + 8 + 4）/2 = 13.5；如果基因具有完全显性效应时，则 $Aa = AA = 10$，$Bb = BB = 8$，其结果是 F_1（$AaBb$）= 10 + 8 = 18，由于双亲的显性基因的互补作用而表现出超亲杂种优势，因此杂交种的株高超过了双亲。关于显性有利基因的作用大体有如下 3 个方面：

（1）显性等位基因对不利隐性基因的抑制作用。由于突变，经常会产生不利的隐性基因，大量存在于群体中。杂交常常会使隐性基因处于杂合状态，显性等位基因形成对不利隐性基因的抑制作用。

（2）显性基因的累加效应（加性效应）。如果把一个复杂性状分解成构成此性状的若干组分，而这些组分又能在生化、生理和个体发育过程的水平上比较直接地与显性基因的加性效应相联系，那这种遗传分析将会很有意义。

Robbins（1952）依据在人工培养基上培养番茄切下的幼根尖来研究杂种一代的杂种优势的表现后，提出了根据加性效应拟定的明显的杂种优势的生物化学图式。在这样的生化培养中，发现两个番茄品系对培养基的化学成分存在不同的要求。一个亲本在加入 B 族维生素时，生长显著加快，而另一个亲本则在加入维生素 PP 时生长加快。由此得出结论，B 族维生素的生物合成在第一个亲本体内是相当不足的，而维生素 PP 的合成则可以满足生长，而第二个亲本则正好相反。然而这两个亲本杂交得到的杂种一代的幼根尖，在不添加这两种维生素的培养基上能茁壮生长，这表明杂种一代既能很好地合成 B 族维生素，又能很好地合成维生素 PP。这种现象充分地反映出在生化、生理和个体发育过程中，基因加性效应的存在。

Brewbaker（1964）提出了显性基因加性效应的数学图式。假定两个亲本（P_1 和 P_2）是纯合的，P_1 为 *aaBBccDDee*，P_2 为 *AAbbCCddEE*，5 个基因位点有不同的等位基因控制着所分析的性状，由双亲杂交产生的杂种一代（F_1）在所有基因位点上都是杂合状态。

$$P_1\ (aaBBccDDee)\ \times P_2\ (AAbbCCddEE)$$
$$\downarrow$$
$$F_1\ (AaBbCcDdEe)$$

假定每个基因位点的纯隐性基因型对所控制的性状大小的贡献为 2，而纯合的或杂合的显性基因型的贡献为 2，那么双亲杂交后的杂种一代的杂种优势为 10，超过双亲的 7 和 8。即：

$$P_1\ (1+2+1+2+1)\ \times P_2\ (2+1+2+1+2)$$
$$7\qquad\qquad \downarrow \qquad\qquad 8$$
$$F_1\ (2+2+2+2+2)$$
$$10$$

（3）非等位基因的互作效应（上位性效应）。关于非等位基因互作（上位性）的各种类型，现代遗传学有广泛的报道。非等位基因的某些互作类型，特别是互补基因的互作，在杂种优势的效应上能起实质性的作用。如果非等位基因的突变型可能表现出新陈代谢的某种缺陷，但在杂交后则能够获得没有上述新陈代谢缺陷的杂种一代。

为了从数量上鉴定上位性在玉米双交种的杂种优势中的作用，假定单交种杂种优势的大小在很大程度上取决于非等位基因的互作，那么双交种的产量应该永远大大地低于其两个单交种亲本的产量，因为在单交种中能获得有利上位效应的那些基因组合，由于形成配子时分开，并在双交种中不会重复。Lonnquist（1963）根据研究指出了这种可能性。图式为双交种（$P_1 \times P_2$）×（$P_3 \times P_4$），并采用 4 个双交种亲本成对杂交以获得单交种，即（$P_1 \times P_3$）、（$P_1 \times P_4$）、（$P_2 \times P_3$）和（$P_2 \times P_4$）。这些单交种不是双交种的亲本类型，其中有几个在产量上大大超过双交种。这种产量的增加主要靠上位性。

除异花授粉植物外，上位性在自花授粉植物品种间杂交种的杂种优势效应上也起着一定的作用。

显性学说是玉米、黑麦和其他异花授粉植物中选育高产的杂种群体（综合品种）的理论依据之一。显性假说虽然得到了许多试验结果的证实，但这一假设也存在着不少缺点：第一，在玉米杂种优势的利用中，所得杂种优势往往超过显性纯合亲本的 20% 以上，有的还超过 50%。可是按显性学说，这种情况是不可能出现的（Crow，1948，1952）；第二，显性学说只考虑了显性基因的作用，没有考虑到非等位基因间的相互作用，更没有考虑到杂种优势的性状大多是数量性状，是受多基因控制，基因效应是累加，并不表现为典型的显隐性关系；第三，群体遗传学证明，并不是所有隐性基因都是不利的。因此，这个假说还不能完美地说明杂种优势的原因。

1.2　超显性学说

超显性学说也称为超显性假说，又常称为单基因生长优势假说。超显性假说由 Shull（1908）和 East（1908）分别独立提出。这一假说认为，杂种优势的形成是由于没有显隐性差别的等位基因在杂种体细胞中杂结合，杂合等位基因的互作导致了杂种优势，也就是说，杂合等位基因的互作胜过纯合等位基因的作用，杂种优势是由双亲杂交的 F_1 的异质性引起，即 Aa > AA 或 aa，Bb > BB 或 bb，所以称为超显性假说，还称为等位基因异质结合假说。该假说认为杂合等位基因之间以及非等位基因之间是复杂的互作关系，而不是显、隐性关系。由于这种复杂的互作效应，才可能超过纯合基因型的效应。这种效应可能是由于等位基因各有本身的功能，分别控制不同的酶和不同的代谢过程，产生不同的产物，从而使杂合体同时产生双亲的功能。例如某些植物两个等位基因分别控制对同一种病菌的不同生理小种的抗性，纯合体只能抵抗其中一个生理小种的危害，而杂合体能同时抵抗两个甚至多个生理小种的危害。近年来一些同工酶谱的分析也表明，杂种 F_1 除具有双亲的酶带外，还具有新的酶带，都表明不仅是显性基因互补的效应，还有杂合性的等位基因间的互作效应。

East（1936）认为产生杂种优势的根本原因是亲本的异质性。两个自交系的基因型差别越大，杂种优势就越大。这种差别发生于同一基因位点上。同一基因位点上可以分化出许多微效基因，具有不同的结构和生理功能，微效基因之间无显隐性关系，但是它们的共同作用却能显示出超过显性的效果。

关于杂合性互作效应的机制，大体有如下 3 个生物化学模式上的作用方式：

（1）杂合等位基因间的互补作用。两个等位基因在遗传功能上存在差异，它们的基因产物——酶蛋白在催化活性和在新陈代谢的功能上有本质的区别。每一种纯合子（A_1A_1 和 A_2A_2）只能合成一种酶蛋白，而杂合子（A_1A_2）能合成两种酶蛋白。在这方面，它们的功能似乎可以互相补充，这也就赋予杂合子一定的优势。

（2）杂合性能选择生物合成的线路。选择生物合成线路是杂合子的另一个优势。例如，同一个基因位点的两个等位基因在相对不同的条件下（一个能在比较高的温度下，而另一个则是在比较低的温度下）能催化同一种生物化学反应。在杂合子情况下，不论外界环境温度如何变化，这个反应都能完成。因此，杂交种在这个性状上将具有杂种优势。

（3）杂合性能够合成适量的重要生命物质。合成适量的生命物质是杂合子具有的又一个优势。当一个等位基因是亚效等位基因时，其活性不足，另一个等位基因是超效等位基因，有比正常更高的活性。杂合子具有较高生物合成活性，可以适量合成必要的生命物质。如果一个等位基因是超效等位基因，而另一个等位基因是无效等位基因，是无活性基因，这种基因在纯合时能够产生致死效应，但其杂合子却具有良好的结果。许多学者在不同的研究材料上描述了在具有一个正常的而另一个是致死等位基因的杂合子中，存在着相似的超显性现象。在这些情况下，超效等位基因的一个"剂量"产生的效应比两个"剂量"的要高，这是支持超显性现象的最重要的依据。关于超显性现象可能的生物化学基础，另一种假设是把超显性与形成杂合等位基因具有的而其两个纯合子都缺乏的、合成新生命物质的能力联系起来。在这种情况下，这一对中的每个等位基因在杂合子中都控制着新生命物质的合成，这种新生命物质是任何一种纯合子所没有的，这种新物质有时称为"杂种"。近年来，许多学者在研究同功酶谱时发现，杂种 F_1 代除具有双亲的酶谱带以外，还具有新的酶谱带，都表明不仅是显性基因互补的效应，还有杂合性的等位基因间的超显性效应。

但超显性学说也存在某些片面性，它完全排除了事实上存在的、决定性状的等位基因之间的差别，不承认显性效应在杂种优势中的作用，而且在自花授粉植物中，一些杂种并不一定比其亲本表现优势，也就是异质结合不一定就有优势，这种现象与超显性假说是背离的（林建丽等，2009）。

1.3 基因平衡和遗传平衡理论

Mather（1942，1955）在总结自己的研究成果以及其他学者的科研成果的基础上提出了基因平衡假说，认为自花授粉物种的纯合体是经过长期选择保存下来的严格遗传平衡的基因组，能保证该物种在适应的环境下繁殖最有适应性的后代。Tulbin（1964，1967，1971）将此假说发展成为解释杂种优势现象的遗传平衡理论。这一理论的基本观点是，由于杂种优势形成原因的复杂性，再加上要考虑遗传基因的互作、细胞核与细胞质的互作、个体发育与系统发育的联系以及环境条件对性状发育的影响等因素，因此彼此不同的基因型的相互作用，会改变基因组的遗传平衡，而杂交产生的杂交种，是经选择创造出来的一种遗传平衡得相当好的异质结合体系，因而表现出杂种优势。这种所谓的遗传平衡体系包括核基因组、核质互作、个体发育与系统发育、环境与遗传体系等的平衡。

在自花受精和异花受精的物种之间，选择对于它们在形成遗传平衡控制体系的作用上存在着一定的差异。正如 Mather（1942）第一个指出的，在自花受精物种中，是纯合子受到选择的作用，因此它们在每个基因组的范围内达到了严格的遗传平衡，即在自花受精物种中，不仅二倍体本身，就连其所形成的孢子和配子也是遗传上平衡的。这样就保证了在自花受精的情况下，获得遗传学上平衡的合子，而从这种合子可以发育出完全有生活力和生殖力的后代，在该物种适应的环境条件下，长出最适宜的表现型。在异花受精物种中，是杂合子受到选择的作用，其结果达到了严格的遗传平衡。这种平衡不是在每个基因型的内部，而主要是在群体本身。这是基因型相对的、互相均衡的过程，这些基因型是异花受精形成的，它们组成了这个群体，从而保证了遗传上平衡的杂合子的繁殖。

从遗传平衡的观点出发来探讨杂种优势，并不排除孤立地研究决定杂种优势的遗传平衡的各个组成部分的可能性。最简单的杂种优势遗传模式是单基因杂种优势，即一个位点的等位基因相互作用的结果。等位基因互作的各种类型，显性基因抑制不利隐性基因的作用，一对等位基因中的任何一个都无害的情况下的显性效应；超显性，一对等位基因在杂合子中的效应比纯合子大。当然，在超显性中也可能有两种情形，一种超显性是由一对等位基因互作引起，其中任何一个等位基因在纯合下都未发现有害效应；另一种超显性是其中一个等位基因在纯合下是有害的。

在研究决定杂种优势大小的遗传平衡组分时，必须考虑到细胞核和细胞质之间的相互作用，这种互作能影响杂种优势的大小，在选育的正反交杂交种中能够观察到这种情况。Michaelis（1951，1954）研究了 *Epilobium* 的正反交杂交种。根据他的看法，细胞质和细胞核之间的不协调不总是削弱杂交种，有时也能促进杂交种。在玉米上也知道既有有害的，也有有利的细胞质效应。例如，*Euchlaena*（玉米近缘种）的细胞质能大大降低杂交种玉米在产量上的杂种优势。Stringfield（1958）发现，决定玉米雄性不育的某一类型细胞质，对玉米杂交种产量的杂种优势可以是有利的或者是中间型的。具有 T 型细胞质的雄性不育系与可育恢复系杂交，所得的杂交种产量显著地高，即表明不育细胞质与细胞核恢复基因的互作表现出对杂交种的杂种优势的显著效应。有趣的事实是，在自交系×品种情况下，母本自交系对杂交种产量有不利影响；相反，在品种×自交系情况下，品种母本对杂交种产量则有有利的效应。

环境因素对基因效应也有巨大影响。植物的杂种优势首先表现在植株的大小和产量的高低上。这些性状是新陈代谢过程的最终结果，代谢过程取决于遗传基因，但是由于外界环境影响的结果可以加速或减慢这一过程，因此，同一个杂交种在不同的条件下表现出不同的杂种优势强度。

特别值得注意的是遗传平衡的变化，如玉米籽粒产量，因为在构成这个性状的组分中，提高结实率与此有关，因此，这些组分取决于杂交种植株的旺盛和很好平衡的生长和发育，并取决于遗传平衡。这种遗传平衡不仅保证合成充足的有机物质，也保证营养生长和生殖生长过程的协调。例如，玉米植株的营养生长应该在一定阶段停止，以便能利用最大量的有机物质促进生殖生长并形成果穗。利用改善遗传调控体系以达到把生长限制在个体发育的一定阶段上，以及把杂交种旺盛的合成活性转变为提高杂交种结实率上。遗传体系的平衡表现在杂交种发育过程的稳定上，结实果穗数的增加上，籽粒重量的提高上，每行籽粒数的增多和最终表现在单株产量的增加上。

Tulbin 认为："遗传平衡的概念和理论，只是表达了对解释杂种优势原因总的见解，并没有解决奠定这种现象并成为遗传平衡组分的某些基因作用类型占有多大比重。遗传平衡的组分，在研究杂交种表现出杂种优势的各种性状时，可以有不同的含义。每个亲本自交系（品种）任何性状的平均大小，常常有适应性价值。如果它较显著地偏向任何一方，一般都会因遗传不平衡而引起杂交种对环境条件适应性的降低。但是，杂交种性状向增加方向移动可能产生经济价值并应用于生产。"遗传平衡理论虽然提供了解释杂种优势原因的一个途径，但不具体，因此很难掌握和预测。

1.4　异质结合理论

达尔文的一个著名论点"非近亲交配有益，多代近亲繁殖有害"是这一假说的最早依据。Shull（1909）在研究达尔文学术观点的基础上并根据自己的研究结果，提出了异质结合假说。这一假说的基本观点是，认为杂交导致遗传异质结合，由于异质性配子结合的生理刺激作用，产生了杂种优势。两种配子的异质性越大，产生的杂种优势也就越大。Shull是从生理学的观点来说明杂种优势产生的原因，认为异质结合状态是对有机体生理活动的刺激作用。后来，Shull 把配子的异质性具体归结到杂合子上，认为杂种优势是"一个改变了的细胞核和一个相对未改变的细胞质彼此相互作用的结果"。

在20世纪植物杂种优势育种实践中，有一个被广泛接受的重要观点，认为双亲在起源、类型和亲缘关系上差异较大的组合，通常显示出一定程度的杂种优势。近年来一些学者利用数量遗传学多元统计理论分析杂种优势的遗传基础，认为遗传距离与杂种优势呈抛物线关系，即一定范围内，亲本的遗传差异与杂种优势有正相关关系（明道绪等，2002）。杂交水稻强优势组合大多是我国南方矮秆籼稻不育系与起源于菲律宾的"国际稻"及其衍生系组配。杂交油菜"秦油2号"是日本油菜类型与欧洲油菜类型组配。20世纪80年代以来，我国大面积应用的玉米杂交种大多都是国内自交系与美国自交系 M107 及其衍生系组配。近年来籼稻×粳稻亚种间超级杂交稻、陆地棉×海岛棉种间杂交种的强大优势更加说明了这一点。

1.5　有机体生活力理论

这一解释杂种优势的理论是根据米丘林和李森科的研究工作而提出。米丘林在选育耐寒果树品种的育种实践中，总结出这样的规律，即"在两个不同的种间，或属同一个种但原产地相距很远的两个变种之间杂交，获得的所有杂交种对新地区的环境条件总是表现出具有最大的适应能力"，而"同一个植物种的两个近亲变种杂交，所获得的一切杂交种对新地区的适应性都比较弱。"米丘林广泛地运用这一规律进行杂交亲本的选择，并在杂交种发育的过程中，运用相应的环境条件来控制杂交种性状的发育。借此，米丘林选育出杂种优势很强和适应性很广的果树新品种。

李森科通过黑麦试验提出了一些新论点，将黑麦同一植株从分蘖节部位得到的 $10 \sim 15$ 个分蘖，分别栽植到不同环境条件下，在开花时将这些分蘖合并成一丛，让分蘖之间授粉，结实率很正常，其种子的后代也是完全正常的。而栽培在同一条件下的同一植株各分蘖的穗子互相授粉时，则很少结实，其后代生活力也低。由此，李森科提出了两个观点：其一，认为生活力和遗传性是有机体的两种不同属性，生活力"决定于受精时相结合的性细胞的差异程度"。在一定范围内，这种差异的程度越大，有机体的生活力就越强，并且把杂种优势看做是生活力很强的一种表现形式；其二，认为造成杂种优势的那些性细胞，其差异的根本原因在于生活条件或外界环境的作用。生长在不同条件下的有机体之间与生长在相同条件下的有机体之间相比，其性细胞的差异要大。用这样的有机体之间杂交，其杂交种生活力强，杂种优势也强。从而李森科认为，"在卵细胞受精时，造成胚的生活力强的那些性细胞，其差异的根本原因就是祖代有机体，特别是直接产生该性细胞的亲代有机体同化了所在的环境条件。"

此外，李森科还认为，环境条件的改变可以引起性细胞的差异，用这种已经有了差异的性细胞亲本进行杂交，可以得到生活力较高、杂种优势较强的杂交种后代。近亲繁殖主要是相对稳定和保持遗传性的手段，而杂交则主要是提高生活力的手段。有机体的生活力一般是由有性阶段的受精过程创造。有机体的生活力在种的范围内取决于受精时结合的两性细胞的差异程度，所以杂种优势就是杂交种的生活力。

由此可见，有机体生活力理论重申了达尔文的观点，与受达尔文学术观点影响较深的异质结合假说更接近。根据李森科的关于遗传异质性产生生活力与杂种优势的概念，前苏联的许多学者分别对比研究了优势杂种一代及其亲本在器官形成时期上的异质性，种子生物化学上的异质性，种子和叶片生理活性物质方面的异质性等。这些试验表明，遗传异质性表现在产生优势杂交种的双亲之间的形态、生理、生化等一系列特征特性的差异上。由此提出，只要能够揭示和正确地利用亲本的遗传异质性，就可以在一定程度上控制杂种一代生活力的形成，控制杂种优势。

1.6 有关杂种优势遗传学机理经典学说的评价

尽管都有试验结果支持，但现在还没有一种学说能完全解释杂种优势现象的理论，这说明杂种优势的复杂性。显性学说和超显性学说的共同点在于都承认杂种优势是来源于杂种 F_1 等位基因间和非等位基因间的互作；都认为基因互作效应的大小和方向是不同的，从而表现出正向或负向的中亲优势或超亲优势。不同点在于显性学说认为杂合的等位基因间是显隐性关系，非等位基因间是显性基因的互补或累加关系；就一对杂合基因而言，只能表现出完全显性或部分显性效应，而不能出现超亲优势，超亲优势只能由双亲显性基因的累加效应而产生。显性学说部分地说明了各种植物杂种优势的强弱，是受有利显性基因的互补效应，即显性基因的加性效应所决定。这样一来，显性学说对主要利用有利基因加性效应的一些育种方法，如一般配合力轮回选择法、自交系聚合改良法，以及选育综合杂交种等作出了合理的解释。超显性学说则认为杂种优势是异质等位基因间互作的结果，杂合性本身就是产生杂种优势的原因，一对杂合性的等位基因，不是显隐性关系，而是各自产生效应并互作，因此，一对杂合等位基因也可能产生超亲优势。如果再考虑到非等位基因间的互作，即上位性效应，出现超亲优势的可能性当然就更大。超显性学说也在一定程度上说明了各种植物杂种优势的强弱取决于等位基因间的互补效应。超显性学说对一些遗传现象和育种方法，作出了较好的解释，如双亲亲缘关系的远近与杂种优势的强弱有相关性，自交系亲本的产量与其杂交种的产量相关性不强，以及特殊配合力轮回选择法，自交衰退和杂种一代优势不能固定等。

纵观生物界杂种优势的各种表现，可以说在基因水平上的杂种优势是由于双亲有利显性基因的互补、异质等位基因及非等位基因的互作的综合结果，也就是说，显性学说、超显性学说是互相补充的，而不是对立的。然而这两种学说都只重视了基因水平上的杂种优势，没有考虑到染色体组及其他基因组在杂种优势表现上的整体作用，忽视了不同核基因组间的互作、细胞质基因组和核基因组间的互作、细胞质基因组间的互作对杂种优势的作用。线粒体和叶绿体遗传、细胞质雄性不育性遗传、某些性状表现的正反交差异以及核质杂种表现优势等事例，都证实了细胞质和核质互作效应的存在，染色体组—胞质基因互作模式显然弥补了显性学说与超显性学说这方面的不足。

遗传平衡理论只是把显性学说、超显性学说等几种理论综合起来解释杂种优势而已，强调杂种优势往往是一种多因子效应，因此，产生杂种优势的主要原因是由于各非等位因子间的相互累加效应，在杂种优势的总效应中，大部分甚至绝大部分是属于这种效应；而只有少部分、甚至极少部分效应是由于等位因子之间的超显性作用所造成；同时又只有在少数情况下，杂种优势才是由一对或二对等位因子之间的杂合状态引起的超显性作用所产生。

综合以上学说可以看出，杂种优势有着极其复杂的遗传机制，并在某种程度上也受环境的影响。上述学说虽各自从一个方面对杂种产生优势的机制进行了一定程度的解释，但却不能在所有的杂交试验中得到验证，而且这些学说也仅是从基因的角度或模糊的整体角度进行阐述，若要对杂种优势的遗传机制进行可信的深入分析，则必须从 DNA 分子水平，mRNA 序列表达及最终结合各种蛋白质的表达进行阐述，这些工作国内外的遗传学家们正在广泛地开展，也已得出了一些有益的结论。

2　杂种优势的分子机理

2.1　QTL 与杂种优势

体现杂种优势的基因多为数量性状基因（QTL），因此，杂种优势应与 QTLs 密切相关。现代分子遗传学和传统的数量遗传学相结合，产生了一门崭新的遗传学科——分子数量遗传学。人们通过定位控制数量性状的基因位点（QTLs），对所定位的 QTLs 进行系统研究，使得从分子水平理解杂种优势的遗传机理成为可能。

Xiao 等（1995）利用水稻一个籼粳杂交组合的重组自交系（F_7）分别与双亲杂交，得到相应的两个回交群体。用 141 个 RFLP 分子标记对籼粳杂种优势的遗传基础进行研究，结果表明检测到的 37 个与 12 个重要农艺性状有关的 QTLs 中有 27 个只能在一个回交群体中被检测到，在这 27 个 QTLs 中约 82% 的 QTLs 杂合子比各自的纯合子具有更高的表型值；另 10 个 QTLs 能在两个回交群体中被检测到，其杂合子表型介于两纯合子之间。因此，认为显性互补效应是水稻杂种优势的主要遗传基础。Li 等（2001）利用分子标记技术对一水稻重组自交系群体（RIL）进行研究，认为超显性和上位性是杂交水稻产生杂种优势的主要原因。

张启发（1998）选用生产上广泛应用的优良籼型杂交稻组合汕优 63 为材料，对该组合的 240 个 $F_{2:3}$ 家系，连续两年按随机区组设计进行田间种植，考察了包括产量及其构成因子在内的重要农艺性状，用 151 个多型性标记位点构建了覆盖整个水稻基因组的连锁图。以此为基础作 QTL 分析，两年共定位了 32 个控制产量和产量构成性状（有效穗、单株粒重和千粒重）的 QTLs，其中 12 个 QTLs 在两年均被检测到，另外 20 个 QTLs 只出现在一年的试验中。大多数产量 QTLs 上表现出超显性效应，而其他性状只在部分 QTLs 上表现出超显性效应。进而，以双向方差分析对全基因组所有可能的两位点组合作基因间互作效应显著性检验，发现了大量的上位性效应，其互作类型包括加性×加性、加性×显性和显性×显性等。这些上位性效应涉及大量的标记位点，分布遍及水稻的 12 条染色体，其中多数位点在作单位点分析时未检测到显著效应。尤其值得指出的是，许多上位性效应在两年试验中均被检测到，它们所涉及的基因位点组合乃至互作类型在两年试验间也表现出高度的一致性，说明其存在的真实性。另外，大多数 QTLs 都与至少一个其他位点显著互作，其上的由单位点分析所检测到的显性或超显性的表现受制于与其互作的位点上的基因型。研究结果表明，上位性效应在性状表现和杂种优势的形成中起重要作用。

Stuber 等（1992）用 RFLP 分子标记分析了一个优良的玉米单交种（Mo17 × B73）优势产生的遗传机制，发现绝大多数与产量有关的 QTLs 的杂合子表型值均高于任何纯合子，因此，认为超显性（或拟超显性）是玉米产生杂种优势的主要遗传基础。随后孙其信等（1997）在小麦的杂种优势遗传研究中也证实了这种超显性效应的作用。Yaniv 等（2006）利用一个西红柿片段置换系（ILS）群体进行研究，结果表明超显性是该群体在产量和适应性方面产生杂种优势的主要原因。

但是到目前为止，尚未克隆到真正与杂种优势有关的 QTL。

2.2 基因差异表达与杂种优势

从基因组到外部表现，基因表达和调控起着重要作用，因此，研究杂种与其亲本基因表达的差异，从而在基因表达和调控水平上解释杂种优势形成的机理显得更为直接和科学。随着分子生物学技术中高通量基因表达检测技术的日趋成熟，使研究亲本与 F_1 在不同发育时期、不同组织器官中的基因表达模式和表达水平差异，从而从基因表达模式和表达水平差异来揭示杂种优势的分子基础成为可能。

Bao 等（2005）采用 SAGE 技术研究了水稻两系杂交组合两优培九及其亲本在花粉成熟期幼穗、灌浆期叶片和分蘖始期根中的基因转录谱变化，发现大量基因在杂种与亲本之间存在显著性差异表达，其中多数差异表达基因与基础代谢和细胞生长发育相关。Zhang 等（2008）利用水稻全基因组表达芯片检测杂交水稻的亲本和 F_1 的表达差异，发现有 7% ~ 9% 的基因表达有差异，亲本自交系和 F_1 之间存在着多态性，因此认为基因表达差异的原因与基因上游的调控序列的多态性有着密切的联系。

Xiong 等（1998）研究了水稻基因的差异表达和杂种优势及其杂合性的关系，结果表明：① 基因表达差异程度与杂种优势（中亲优势）表现显著相关。粒重、生物学产量和株高的杂种优势与亲本中特异表达带数（UNP）呈显著正相关，而所有的杂种优势则与杂种中特异表达带数（$UNPF_1$）的数目呈显著负相关。② 基因差异表达与杂合性的关系：一般杂合性与 UNF_1 呈极显著负相关，6 个性状的特殊杂合性均与 UNF_1 表现显著负相关，4 个性状（产量、穗粒数、株高、生物学产量）的特殊杂合性均与亲本特异表达带数（UNP）表现显著正相关。③ 对单个基因的差异表达与杂种优势、杂种优势和杂合性的关系分析表明：绝大部分在杂种优势或杂合性数据中有显著效应的差异带很少对杂种表现有显著效应。在杂种优势或杂合性数据中检测到的显著效应占绝大部分（86%），而且绝大部分对杂种优势有显著效应的差异带，在杂合性数据中也显著。④ 基因差异表达有如下几个显著特点：不同基因差异表达方向不一样；不同生育期，同一基因表达差异的程度和方向也不一样。研究认为，产生杂种优势有关的基因与控制性状表现的基因有很大一部分是不同的。杂种优势似乎与显性类型基因的表达无关，而与亲本基因在杂种中抑制表达有关。

Tsaftaris 等（1993）研究了 2 个玉米杂交种（1 个强优势组合 HHF_1 和 1 个弱优势组合 LHF_1）及其 3 个亲本之间的基因差异表达情况。结果表明，有 35 个基因的 mRNA 含量平均值在 HHF_1 中高于亲本，也高于 LHF_1。在 HHF_1 中超亲表达的基因数目也明显多于 LHF1。在所测定的第一、第三时期，HHF_1 中超亲表达的基因数分别为 30% 和 63%；而在 LHF_1 中仅分别为 15% 和 57%，在 LHF_1 中有 28% 的基因表达弱于低效表达的亲本。Ruth（2006）利用芯片技术检测了玉米亲本 B73、Mo17 和其 F_1 的全基因组各种表达模式的基因表达状况，认为超显性在杂种优势产生的过程中扮演着重要角色。同样 Robert（2006）利用芯片技术研究玉米组合 B73 × Mo17 的基因表达状况，提出亲本中等位基因顺式作用元件的差异导致了 F_1 中基因的上调表达。在所检测的基因中，有 80% 的基因表现出了这种状况，另外 20% 的基因没有表现出来。程宁辉等（1996，1997）以玉米（黄早四，U8112 及其杂种一代掖单 4 号）和水稻（♀珍汕 97，♂明恢 63 及其杂种汕优 63）为材料，对亲本与杂交种基因差异表达进行了分析。结果表明亲本与杂交种基因表达的差异主要有以下几种类型：（1）特异表达；（2）超亲表达；（3）减弱表达；（4）沉默表达（包括双亲沉默表达和单亲沉默表达）。

2.3　代谢途径与杂种优势

杂种优势是一种表型效应。当人们衡量产量的杂种优势时，可通过对杂种的产量进行统计，再与亲本产量进行比较。假设每一个基因都是独立起作用的话，那么预期的杂种子代产量应该是双亲的平均值，然而却发现杂种子代的产量不仅超过了双亲中值，而且超过了最佳亲本的产量，因此有性杂交所造成的遗传基础的改变一定和这种现象有着一种直接或间接的联系，这种遗传基础（或称基因）与表型的联系，通过数量遗传学理论广泛的建立起来。然而，就在人们不断寻找杂种优势的遗传学基础而始终得不到满意答案的时候，一些学者认为造成这种局面的原因，是把精力过多地集中在基因型和表型的直接联系上，而忽视了中间一系列过程（Bains et al.，1999）。Rhodes 等（1992）给出一个理论上的推测，如果一种影响生长的物质（在代谢过程中处在瓶颈效应区）在杂种中增加 1.126 倍，则生长一段时间后杂种与亲本将会产生 2 倍以上的差别。这种推测合理，很容易理解产量性状的形成必然涉及各种复杂的代谢过程，而在这些过程中，至少两种效应是不应该被忽视，应该对杂种优势的最终形成起作用。第一点是级联效应。酶是由基因编码的一类特殊蛋白质，在代谢过程中通常起催化作用。但是，酶的催化作用不是单独完成，而是作用于一个网络结构中。在这个网络中，一个酶促反应的底物由上一级反应获得，而其产物又成为下一级反应的底物，只有第一个酶和终产物例外。如果编码其中某一步骤的关键酶基因出现问题则会影响接下来的各级反应，如果这个酶的作用相当关键，有可能将该代谢路径切断，造成植物的变异或死亡。第二点是瓶颈效应。例如，尽管一个杂合子（一个正常等位基因加上一个功能缺失的基因）的活性水平仅为纯合子（两个正常基因）活性水平的一半，但是在代谢通路中的功能是正常的，表现为显性效应。也就是说，不管基因位点上存在几个基因，只要该基因位点的表达产物达到代谢反应的要求，就不会影响后面的代谢反应，从而保证生物体的正常表型。因此，可以推断在表型上观察到的显性效应，在根据代谢理论解释时就成了加性效应。数量遗传学上研究的基因效应在分子水平上的实质，已经成为研究杂种优势必须解决的问题。

在杂种优势的本质或遗传机理研究至今仍未能取得明显进展的情况下，遗传学家和育种学家从杂种优势形成的生理基础方面对杂种优势的机理进行了大量研究，得到了不少有价值的研究结果。

第三节　杂种优势的生理学基础

为了研究植物杂种优势的生理学基础，杂种个体发育过程常被划分为：从受精开始到种子成熟；从种子发芽到开花期；从开花到授粉等 3 个发育阶段。许多学者对多种植物不同生育阶段杂种优势的生理学表现和特点进行了研究。这些生理学方面的优势主要表现在：① 光合作用的杂种优势；② 营养吸收的杂种优势；③ 抗逆性的杂种优势。

1　光合作用与杂种优势

1.1　杂种的光合速率的优势表现

单叶光合速率是衡量植物叶片光合作用效率和能力的有用指标。在水稻叶面积指数（LAI）一定的条件下，光合速率与产量呈显著正相关。张其德等（1994）指出，杂交水稻汕优 63 叶片对光有较强的吸收能力，叶绿体两个光系统之间激发能分配的调节能力大，使进入两个光系统的光量子在两个光系统之间的分配迅速达到平衡，不但有利于光合作用的高效进行，而且有利于更好地适应外界光环境的变化，以维持高的光合作用速率，是杂交水稻杂种优势和高产的重要生理原因之一。郭培国等（1997）研究了杂交水稻青优 159 和广优四号及其亲本功能叶片的希尔反应活性、光合磷酸化、ATP 含量及 ATP 酶活性等。结果表明两组杂交水稻功能叶片的希尔反应活性和功能叶片的光合磷酸化活性均有超亲优势，杂种 F_1 的两种 ATP 酶（Ca^{2+} – ATP 酶和 Mg^{2+} – ATP 酶）活性和叶组织中 ATP 含量均高于其亲本，亦表现出明显的杂种优势。王强（2002）研究证明，超高产杂交稻具有较高的光合速率，光系统 PS I 具有较高的捕光功能，而超高产杂交水稻较高的光合能力和较强的抗光抑制能力可能是其高产的生理基础。欧志英等（2005）报道了超高产杂交水稻培矮 64S/E32 比其亲本在光能捕获、转化和电子传递方面有超亲或中亲优势，较接近父本；而在光合碳固定、Rubisco 含量和最大光合放氧速率方面，具有超亲或中亲优势，更靠近母本；使该杂种有较强的光能吸收、转化和碳固定的光合特性，且生育后期的最大光合速率、PS II 原初光化学效率、PS II 电子传递的量子效率以及叶绿素荧光光化学猝灭系数下降速率慢，不易早衰，具明显的超亲优势。张其德等（1996，1998）在杂交水稻的光合优势研究中发现，杂种 F_1 光合功能有显著优势且杂种的光合功能与母本关系更密切，提出在配置杂交组合时，选择具有优良光合功能的母本的重要性。

赵明等（1997）研究发现，玉米杂交种的光合速率比自交系有 3.1%～23.4% 中亲优势和 2.4%～9.3% 超高亲优势。Mehta 等（1992）选取 8 个高、中、低不同光合速率的自交系进行所有可能的组配，又从中选出产量表现最好的 10 个杂交种进行分析测定，以揭示生产潜力、光合作用指数与产量构成因素之间的关系，发现光合作用的杂种优势至少需要有一个亲本具有中等或低的光合速率；而具有高光合速率的亲本其杂种优势或者不显著，或者为负优势；杂种优势仅在较低变幅亲本中出现。李少昆等（1998）通过对不同组合玉米光合速率的研究表明：开花后，随生育时期推延，玉米单叶光合速率逐渐下降，但不同组合间的变异增大；玉米类型间光合速率高低次序为：普通组合＞甜质玉米＞姊妹交＞自交系，但甜质玉米光合功能衰退得更快；平均光合速率（抽雄吐丝期、灌浆期和成熟期平均）与单株籽粒产量呈极显著正相关。与不同基因型玉米自交系叶片光合速率相比，杂交组合与自交系间光合速率的差异表现出 2 个特点：一是杂交组合的光合速率明显高于自交系的，具有较强的杂种优势；二是杂交组合间光合速率的差异明显小于自交系间的光合速率的差异。玉米杂交组合间叶片光合速率存在显著差异，主要表现在光合功能衰退期，且成熟期及籽粒产量形成期平均光合速率同产量呈极显著正相关（孙伯陶，1997）。这种光合作用方面的优势对进一步提高产量有重要意义。赵明等（1995）对 10 个亲本的自交系及其双列组配的杂交种进行光合速率测定，结果表明杂交种的光合速率高低与其亲本有密切的关系。一般表现为亲本光合速率高，其杂交后代也高；杂交后代的光合速率与母本的相关性比与父本的更加密切；一般杂种表现出光合速率正优势，这种优势在不同组合之间差别较大，高光合速率的亲本与中、低光合速率的亲本杂交时，多为明显优势；自交系间和杂交种间在籽粒建成期的光合速率变动不同。

Bhatt 等（1982）研究发现，陆地棉亲本 G67 和无蜜腺棉的光合速率分别为 42.2（$mgCO_2/dm^2 \cdot h$）和 36.0（$mgCO_2/dm^2 \cdot h$），而杂种 F_1 的光合速率高达 66（$mgCO_2/dm^2 \cdot h$），种间杂种光合速率有明显的超亲优势，杂种果枝叶的光合速率也比其双亲高得多，表现出显著的光合优势。郭海军（1994）研究指出，棉花冀杂 $29F_1$ 由于生殖生长活跃期的光合效率高而导致铃重明显增加，从而导致产量的杂种优势。李伶俐等（2006）试验认为，豫杂 35 主茎功能叶片功能期光合速率高、衰老慢、日变化幅度小、对强光利用能力强、全天光合速率较高等，是其具有显著高产优势的主要原因。Landiver（1983）等研究认为，杂种光合速率有无优势因海陆杂种和陆地棉品种间杂种而表现不同，海陆杂种的光合速率有 20%～40% 超双亲优势，陆地棉品种间杂种的光合速率居双亲之间。但沈淞海等（1992）、张金发等（1995）、邓仲篪等（1995）、汪斌等（1996）对陆海和陆陆杂交棉及其亲本的光合特性的研究结果却表明：陆海杂种的光合速率介于双亲之间，不表现杂种优势，陆陆杂种的光合速率亦接近双亲。陈祖海等（1994）发现杂交棉的光合速率优势表现因时期而异，在盛蕾期光合速率中亲优势达 30.89%，但在盛蕾期以后则无优势。该研究表明，杂种棉在营养生长与生殖生长协同并举的盛蕾期有较高的光合速率，有利于干物质的积累，给后来的生长竞争打下基础。这从一个侧面说明杂种优势来源于生长前期，而不在后期。Wells 等（1983）也曾表达了类似的观点。聂以春等（1994）在盛花期也没有发现同一组合世代或不同组合世代的光合速率有明显差异，但在结铃期 F_1 光合速率比 F_2 大，光合作用能力强，并指出不同组合世代子棉产量的大小与净光合速率呈高度正相关。同时也有杂种 F_1 各时期光合速率都表现出一定的超亲优势的报道，只是不同组合间和不同时期的优势表现差异较大。贾红梅等（2000）的研究表明，杂种 F_1 蕾期和盛花期的光合速率超亲优势与子棉产量超亲优势相关性较小，而铃期光合速率超亲优势与子棉产量超亲优势的变化趋势一致且高度相关（$r=0.974$），达极显著水平。贾红梅等同时提出在结铃期就可以根据光合速率的高低对杂交组合进行初步筛选。陈仲华等（2004）的研究也认为，杂交棉盛花至始絮期光合作用强度高，有利于积累较多的光合产物。董合忠等（2000）利用 LI－6400 光合测定系统对抗虫杂交棉鲁棉 15 号杂种及其父本、母本光合日变化的研究表明，F_1 的光合日变化在测定的 4 个生育阶段皆呈单峰曲线，未出现午休，其净光合速率在铃期前一直高于父本和母本，铃期界于父本和母本之间，表现出极强的光合能力，这是杂种 F_1 生长势强、产量高的重要生理基础。朱伟等（2005）报道，净光合速率与杂种产量的大多数性状呈正相关，其中与子棉产量相关性最大，铃数和铃重次之，果枝数最小。此外杂种光合优势还受亲本叶型的影响，超鸡脚叶和鸡脚叶杂种下层的光照强度、透光率、光合速率和气孔导度高于其他叶形杂种，其中超鸡脚叶杂种透光率和光合速率最大，分别比对照高 94.12% 和 45.54%，但上层叶和中层叶的光合速率较低。中鸡脚叶杂种上、中、下三层净光合速率和气孔导度高于正常叶杂种和对照，对于产量和品质优势的表达具有重要促进作用。

肖凯等（1999）在杂交小麦的研究中也发现杂种的光合作用表现倾向于母本的特点。苏联学者曾报道，将有优势的玉米杂种两个亲本叶绿体等比例混合，其叶绿体的希尔反应活性及环式光合磷酸化活性表现互补增益效应，而其他各组合均无互补效应。据此，人们曾提出用叶绿体互补反应预测杂种优势，但由于叶绿体互补效应的复杂性（孙大业等，1979），优势指数与互补效应间关系不显著而未能应用。植物产量是以植株单株为基础通过群体的方式来实现的，因此群体光合速率的大小与产量的关系更加密切。聂以春等（2005）试验表明，开花盛期、结铃期和吐絮始期的杂交棉的光合速率的群体正向平均优势显著，开花盛期和吐絮始期蒸腾速率分别具有显著的正向和负向的群体平均优势，不同时期测定的光合性状群体超亲优势以负向为主。刘植义等（1989）先后证实杂种小麦的光合强度有显著的杂种优势。王树安等（1994）对杂种小麦与普通小麦及杂种亲本的比较研究表明，功能期内杂种小麦旗叶和顶部二叶的光合速率日均值始终高于亲本。肖凯等（1996，1997）比较系统的研究了化杀型杂种小麦与普通小麦叶片光合特性，发现杂种小麦在群体光合速率、群体叶源量上的明显优势是其获得群体干物重优势及籽粒产量优势的重要生理基础。但在群体水平上，杂种在群体光合速率上的优势主要起因于其叶面积指数的增大。肖凯等（1999）研究发现，在不同生态因子下杂种小麦麦优 4 号的光合速率均高于亲本。在高温、高浓度 CO_2（$400\sim650\ \mu L/L$）、水分胁迫、高渗溶液和高氮素等逆境条件下，麦优 4 号能维持较高的光合速率而表现明显的杂种优势。周春菊等（1998）研究表明，杂种小麦的光合速率较其亲本具有明显优势表现，杂种小麦叶片功能持续期长，越到生育后期，光合优势越明显。张永丽（2004）对两个化杀型杂种小麦旗叶光合优势形成的生理基础进行研究的结果表明，F_1 旗叶光合速率在全展初期优势不显著或不具优势，但在旗叶衰老后期都高于亲本和对照，两个杂种旗叶的叶源量均高于亲本和对照，但优势来源不同，一个杂种的优势起因于其叶片光合功能期的延长，另一个的优势则由叶片光合功能期延长和光合速率提高共同作用所致。赵全志（2002）认为在大田条件下，杂种小麦及其亲本经济产量形成期的群体光合速率及伤流强度的杂种优势因杂种组合而不同。张其德等（2001）在冬小麦杂种的光合优势研究中发现，杂种 F_1 光合功能有显著优势且杂种的光合功能与母本关系更密切，因而提出在配置杂交组合时，选择具有优良光合功能的母本的重要性。

关于油菜光合性能的杂种优势，我国学者也做了许多工作，一致认为光合面积的优势是十分显著的。进一步研究认为，油菜杂种在光合性能上的杂种优势，主要表现在光合面积，其次是叶绿素含量的增加，而不是光合速率的提高。张书芬等（1994）也曾有油菜雄性不育系杂种的光合面积大，叶绿素含量高，但光合速率与亲本差异不显著的报道。

1.2　光合叶面积的优势表现

杂交种生物量优势与产量杂种优势密切相关，叶面积指数高的杂交种具有较高净光合速率和受光量，因而更具竞争力（Anderw，1921）。Muramoto（1965）等试验表明杂交种生长优势主要来自杂种更快的叶面积扩展速度，特别是对于种间杂种，而种内杂种这种相关性相对较弱。Wells（1986，1988）在多个环境中均发现杂种的总生物量显著大于亲本，杂种的生长早期叶面积扩展速率优势引起群体光合速率优势，后期优势减弱，但不论是单位叶面积的表观光合作用或是每个叶片的表观光合作用，杂种与其亲本之间都没有显著差异。

水稻最适叶面积指数（LAI）与稻谷产量呈极显著正相关。邹江石等（2003）以两优培九（培矮 64S/9311）和汕优 63（CK）等 7 个水稻品种（组合）为材料，分析了 20 项株型因素的相关关系，结果认为两优培九的光合优势主要表现在主茎绿叶数多、全生育期间的光合面积大、功能叶衰退较慢以及比叶重大、叶片厚等方面，因而具有比较明显的增产优势。

有研究表明：在相同的群体密度下，大部分玉米杂交种的叶面积指数大约 2 倍于自交系；在籽粒灌浆期，玉米杂交种维持着较大的叶面积指数，杂交种下部的衰老叶片少于自交系；杂交种截光率较叶面积指数变动大，截取的日光多于自交系；杂交种的植物生长率大约 2 倍于亲本自交系，杂交种由于持续保持着较大的叶面积和在此期间光合速率可能下降较少，所以在籽粒灌浆期间保持了较高的生长率；杂交种与自交系吐丝后生物产量的差异非常明显，这反映了杂交种的优势。赵明等（1997）对 5 个玉米自交系及其组配的 4 个杂交种光合性能的分析表明，杂交种较其亲本在光合面积上表现出居中、偏高亲、超高亲三种关系类型，而在光合时间上表现为负优势，在光合速率上表现为正优势。孙伯陶（1997）研究表明，自交系单株叶面积的特殊配合力最高，其特殊配合力效应方差数值较小，说明该系作为亲本能将单株叶面积较大的性状整齐地传递给各个 F_1 代，F_1 代单株叶面积与单穗粒重密切相关，单穗粒重的杂种优势程度与单株叶面积的杂种优势有关。白永新等（1999）研究表明，父本的叶面积对杂交种的叶面积大小的贡献较大；杂交种棒 3 叶叶面积和杂交种单株产量成正相关，杂交种棒 3 叶叶面积具有明显的杂种优势；棒 3 叶叶面积的大小可以作为衡量组合产量高低的重要标准，增强选育高产杂交种的预见性。

李大跃等（1991）对棉花川杂 4 号组合进行分析，表明杂种棉的光合叶面积较大、总生长速度较快、干物质积累较多较早、且分配在生殖器官和茎枝的比率较高；在源、库关系上，其叶干重和净同化速率在花铃期均具较大优势，故其株干重和株铃重的净积累优势也较明显。邓仲篪等（1995）也认为棉花的干物质生产杂种优势主要来自叶面积的增大，而不是光合速率的提高。徐立华等（2000）也得到了相似结论，认为杂交棉由于叶片数和单叶面积增加，使总叶面积增加，从而表现出干物质积累强度优势是杂交棉增产的物质基础，而杂交棉的叶绿素含量、光合强度、叶片厚度、叶组织自由水和束缚水含量等均与常规棉无明显差异。杜明伟等（2009）在田间自然条件下，以标杂 A_1、石杂 2 号为材料，研究了超高产（3 500 kg/hm² 以上）杂交棉冠层的叶面积配置、叶倾角和光分布等冠层特性的变化及与群体光合生产的关系。结果表明，超高产条件下杂交棉叶面积指数高且持续期长，群体叶面积配置与光分布较均匀，花铃期冠层中部有较好的透光性，吐絮期底部漏光损失较小，整个冠层仍保持较高的光吸收率。

1.3　叶绿素的优势表现

李平等（1990）研究认为，杂交水稻 F_1 代比亲本具有较强的叶绿素合成能力，势必具有较高的叶绿素含量，叶片叶绿体的大小和数目均与光合效率有关；杂交水稻 F_1 代黄化幼苗在光照条件下转绿也比亲本快，表现具有较强的叶绿素合成能力。刘贞琦等（1984）研究证明，水稻叶绿体含量与净光合速率呈显著正相关。

赵明（1997）研究认为，玉米杂种一代较其亲本增加了总的光合色素含量，其中主要是增加了叶绿素的成分，在叶绿素中主要增加了叶绿素 b 的成分，更有利于植株对弱光的利用。赵明等（1998）对 17 个玉米自交系 4 个主要生育时期的叶片色素含量和比值、比叶重及其与光合速率关系的分析表明：自交系间叶绿素含量和比叶重差异较大，叶绿素 a/b 和类胡萝卜素/叶绿素差异较小；大喇叭口期之后，主要叶片的叶绿素含量历经缓增和快速下降的过程，叶绿素 a/b 比值和类胡萝卜素/叶绿素比值相对稳定，仅分别在开花期和完熟期略有升高的趋势；叶绿素含量与光合速率以及类胡萝卜素/叶绿素比值与叶绿素含量分别呈显著的正、负相关关系。

吴小月测定了棉花 6 个杂交组合及其相应亲本不同生育期叶绿素 a 的含量。凡叶绿素总量，特别是叶绿素 a 含量高的品种，所配组合杂种一代多数表现增产，即杂种产量优势的表现，有与亲本材料叶绿素 a 含量成正相关的趋势。据此认为，叶绿素 a 的含量可作为选配亲本、预测杂种优势的参考指标。聂荣邦也报道了类似的研究结果。然而，沈淞海等（1992）分析四个栽培棉种叶片光合色素特性，发现从叶绿素（a + b）含量上看，陆地棉不仅低于海岛棉，而且还低于亚洲棉的含量，叶绿素 a 含量也不是最高的，这与陆地棉在四个棉种中最具高产潜力形成强烈对比。张金发等分析了陆地棉异种细胞质系的叶绿素含量与光合速率的关系，相关分析表明，叶绿素含量与光合速率呈正相关（$r = 0.515$，$r_{0.05} = 0.602$），但未达显著水平，说明叶绿素含量不一定是影响光合速率的主导因素。徐荣旗等（1996）分析 8 个陆地棉杂种及其亲本叶绿素色素含量，结果显示杂种产量优势与盛蕾期、盛花期的杂种叶绿素 a 含量及双亲叶绿素 a 含量的平均值不存在规律性的相关——杂种在蕾期叶绿素含量高于双亲，在花期则无规律可循。游俊等研究指出，陆地棉杂交种色素类性状（叶绿素 a、b、a/b、总含量及类胡萝卜含量）的中亲优势、竞争优势都为负值，并且在生长前期表现更大的负向优势，因此认为不能简单地把色素高含量与产量的高优势联系起来。该结论与吴小月的研究结果不太一致。

肖凯等（1997）研究认为，杂种小麦倒 3 叶、旗叶一生中叶绿素含量明显高于对照，叶绿素缓降期分别比母本、父本增加 5.35% 和 9%，较高的叶绿素含量和较长的叶绿素缓降期为小麦杂种叶片同化更多的光合产物提供了生理基础。

1.4　干物质积累和转运的优势表现

生长发育过程是产量形成的重要基础，在此过程中，生长动态优势恰是杂种高产的直接原因（Muryama，2002）。王慧珠等（2000）研究指出，水稻杂交种较其亲本在干物质积累等方面表现出明显优势，干物质积累早，干物质运转输出率和转化率高（Sarker，2002；王慧珠等，2000）。吕建林等（1995）试验表明，水稻杂交种干物质积累速度明显大于亲本同期速度值，各品种各器官的分配率差异主要发生在后期，杂交组合的分配率出现负值较迟，下降程度小，叶片衰老较慢，后期维持较强的生理活性有利于产出更多的干物质供应库。杂交种具有高而平稳的干物质生产能力，生育后期生产干物质较多，是产量优势形成的关键因素。段俊等（1996）对 4 种类型的水稻品种（组合）即常规稻、两系品种间杂交稻、亚种间杂交稻、三系杂交稻的籽粒灌浆特性及库源与结实性关系进行了比较研究。结果表明，秕粒的数量是影响这 4 个材料结实率的主要因素；与常规稻相比，杂交稻在灌浆前期启动灌浆的籽粒多，粒重增加快，但实粒出现迟且增加速度慢，实粒率达到最大值的时间晚；3 个杂交组合均有 2 个灌浆高峰，第一个高峰出现的时期都相同，但第二个高峰出现的时期因组合不同而存在差异；不同类型水稻品种（组合）的源库矛盾及其结实对生育后期功能叶片光合作用的依赖程度均不同。

我国于 1996 年启动了理想株型与亚种间杂种优势利用相结合为技术路线的超级稻育种计划，目前已育成约 80 个超级稻品种。这些品种产量高，兼顾品质与抗性，在试验示范区或特定气候条件下产量可达到 12 ~ 21 t/hm^2，展示了超级稻的巨大增产潜力。对于超级稻品种高产的原因，付景等（2011）概括为以下几个方面：与常规高产品种相比，超级稻品种每穗颖花数多、库容量大（即单位面积颖花数多）；叶面积指数大、绿叶面积持续期长、光合速率高、茎秆抗倒性强；抽穗前干物质累积量高，结实期茎叶中碳水化合物转运到籽粒中的量大；根量大、根系活性强。但是，超级稻品种在生产上也存在一些问题，突出地表现在两个方面：一是强势粒（着生在穗中上部、开花较早的籽粒）、弱势粒（着生在穗基部、开花较迟的籽粒）充实整齐性差；二是结实率低且不稳定。

史振声（1987）对玉米杂交当代的生理反应的研究表明：杂交籽粒粒重的增加伴随灌浆的全过程，是由灌浆初期至末期累积的过程，这意味着杂合基因型在灌浆的早些时候就起作用。灌浆中期的离体果穗继续进行的生理作用表明，在源不足的情况下杂交籽粒明显大于自交籽粒，说明在库不成为限制因子的情况下，即使在源不足时杂交籽粒比自交籽粒具有较强的吸收能力和积累能力，这为杂交当代籽粒对流的调节能力或物质分配效率的改善提供了证据。有研究表明，杂交籽粒粒重等的改善不仅得益于较大的同化源而且在很大程度上得益于灌浆持续时间的延长，杂交籽粒在当代表现出的优势现象是源、库、流共同作用的结果。由于杂合基因型产生了新的酶系统，进而促进了同化作用，增加了源；同时，酶系统又调节了流，提高了光合产物的分配效率，并且提高了物质的贮存能力扩大了库容。马富裕等（1995）连续两年以当地主栽品种半紧凑型玉米 Sc - 704 为对照，对紧凑型玉米掖单 12 号籽粒灌浆特性进行研究，表明掖单 12 号具有籽粒体积大、灌浆时间长、增产潜力大等特点；同时，籽粒体积、籽粒灌浆速率和含水量关系极为密切；灌浆速率和气温变化也表现一定的相关性。籽粒生理成熟后，在不影响后作的前提下，适当推迟收获期，能增加千粒重，提高产量。

棉花的营养生长时间较长，主要是营养生长和生殖生长并进的时间长，营养生长对棉花生殖产量的形成具有密切关系。White 和 Richmond（1963）认为杂交棉的皮棉杂种优势应归因于杂种更强的营养生长的干物质生产优势。Marani 和 Avieli（1972）研究不同播期对杂交棉杂种优势的表现的影响，结果表明，海陆杂种早播条件下在萌发时间、叶片数目、现蕾期方面有显著的杂种优势，两个播期下植株高度、叶面积指数和干物质重均有优势，且早播的杂种优势大于晚播；同时认为杂交种对温度变化有更好的表型稳定性。徐立华等（1996）研究苏杂 16 单铃子棉重的优势表现，纤维干重增加 10.0%，单铃种仁重增加 9.4%，单铃铃壳干重增加 12.5%，铃壳内全 N 含量高，最终铃壳率为 20.2%，低于对照的 21.3%，表明具有较强的库容优势，光合产物积累多，营养物质运转快。刘飞虎等（1999）也认为，杂交棉增产的直接原因是由于株高及叶片增加速度快，表现出较强干物质积累优势，这是杂交棉增产的物质基础，但有效铃数、叶绿素含量、光合强度、叶片厚度、叶片组织自由水和束缚水含量等均与常规棉无明显差异。从总干物质来看，杂种较其亲本有极明显的优势表现，一般植物杂种也都有不同程度的生物学产量优势。但经济产量优势表现程度则因植物种类、亲本而异，与经济系数有关。对于最终产量以收获种子纤维为目的的棉花而言，只有生物产量优势表现在纤维上才能表现产量杂种优势。海陆种间杂种的种子和幼苗活力强，萌发快，生长速率高，早期营养生长优势明显，其叶数、叶面积、株高、干物质均有明显杂种优势。但在我国黄淮棉区光温条件下海陆种间杂种铃小、衣分低的组合一般产量低于对照，说明光温条件对光合产物分配的影响能决定棉花产量优势的表现。而陆地棉品种间杂种主要光合产物转向了生殖器官，后期营养优势不明显，所以在我国陆陆杂种的产量优势一般大于陆海杂种。

为了给低温敏感雄性不育（BNS）型两系杂交小麦的选育及高产栽培提供依据，张亚娟等（2011）对 BNS 型两系杂交小麦杂优 3 号的灌浆特性及其杂种优势进行了分析，结果表明：在整个灌浆过程中，杂优 3 号籽粒干重变化呈 "S" 曲线，干重增幅大于父本 Bh001，具有明显的超高亲优势；与对照百农矮抗 58 相比，杂优 3 号在灌浆后期的优势较为明显；晚播可提高杂优 3 号最终千粒重和籽粒最大灌浆速率；杂优 3 号的籽粒灌浆速率呈正态变化曲线，在灌浆渐增期和快增期表现出明显的超高亲优势，在灌浆后期具有明显的超标优势。

黄永菊等（1994）分别于苗期、越冬期、薹期、花期取样对杂交油菜的干物质积累进行考察，结果发现杂交油菜干物质生长率冬前显著高于常规品种，而春后则低于常规品种；杂交油菜与其父母本相比也是冬前生长率高，春后生长率低。

2 营养吸收与杂种优势

杂交水稻生长势旺盛，营养优势强。与常规稻相比，杂交水稻表现为种子发芽快、分蘖力强；根系发达、分布广、扎根深、吸肥力强。陈进红等（2001）研究超高产杂交稻养分吸收利用特点结果表明，杂交稻植株对氮、磷、钾的吸收量增加，特别是对磷、钾的吸收量增加明显；成熟期在籽粒和茎中氮、磷、钾的分配较高，而在叶片和叶鞘中的分配比例相对较低；同时，杂交种的养分利用系数、养分收获系数及养分利用效率均明显提高，是超高产的重要物质基础。郎有忠等（2003）以籽粒充实程度一好一差两个亚种间杂交稻及其亲本为材料，观察分析了两组合根系特征及其与籽粒充实程度的关系。结果表明：亚种间杂交稻齐穗期上、下层根优势较强；形态方面，表现为根干重、根系总吸收面积、活跃吸收面积及不定根上一次及二次分枝根的数量等指标显著高于亲本和对照；生理方面，发根力强，伤流强度大，氨基酸合成量多，齐穗期根系氧化活力高；在各形态生理二级参数中，齐穗期的根系活性总量/库容、结实中期根系活性总量/库容以及上层根干重/地上部干重等与籽粒充实度间存在显著正相关关系。

从种子萌动发芽开始，玉米杂种一代便表现出非常强烈的生长优势。据李玉玲等（1998）观察，单交种一代的发芽率、发芽势和发芽指数随着杂种优势的产生而显著提高，而自交和回交的后代又随杂种优势的衰退而明显降低。正是由于杂种一代的种子具有较高的发芽率和较强的发芽势，在大田生产条件下，才能表现出苗全、苗壮、生长整齐一致的性状，为高产稳产奠定基础。

氮、磷、钾是植物生长发育必需的营养元素，在生理生化代谢过程中具有重要作用，对产量优势形成具有重要影响。李大跃等（1992）试验表明，棉花川杂 4 号与其亲本相比，养分净积累量在各生育期均较高，对氮、磷、钾吸收均呈 logistic 曲线，但二者吸收速度并不同步，养分吸收强度最大的时期在初花—盛铃期，杂种棉养分净累积率在各时期均较高，其养分吸收强度优势在初花—盛铃期最为显著，养分向生殖器官分配较早，再分配能力较其亲本强，从而为单株铃重和皮棉产量优势表现提供了保证。

肖凯（1995）在盆栽条件下，对杂种小麦的根系还原力等进行了研究，认为杂种小麦具有根系活力的优势，且与群体光合速率在拔节后的关系密切。

张书芬等（1994）研究发现，杂交种种子的吸水速度较快，平均吸水速度为 0.873 g/（5 g·h），亲本平均值为 0.661 g/（5 g·h），杂交种显著高于亲本（$p < 0.05$），平均优势率为 31.9%；吸水速度和种子脂肪酶活性与幼苗干重有显著的正相关关系，前者的相关系数 $r = 0.588$（$p < 0.05$），后者的相关系数 $r = 0.528$（$p < 0.05$）；杂交种苗期根系活力有明显优势，杂交种平均活跃吸收面积为 52.7%，亲本平均为 49.7%，平均优势率为 6.0%。

魏其克等（1994）对杂种油菜的研究表明，杂交种植株对氮、磷、钾的吸收高峰期长，整个生长发育期内，杂种油菜氮、磷、钾在植株和各器官中吸收累积量均高于常规品种，尤其是在生长发育后期保持了较高的氮、磷、钾吸收累积量，且营养在各个时期的分配利用及叶片、角果的光合作用交替与常规油菜相比更为协调，氮、磷、钾转化率相对较高，可为获得较高的产量奠定基础。油菜根系生长的杂种优势，不仅表现在幼苗期，而且表现在以后各个时期。油菜杂种根系生长的优势是油菜杂种营养生长优势的主要方面，反映出杂种根系发达，吸收能力强，杂种植株高度的杂种优势也较显著，对生长和产量形成有重要意义。

3　抗逆性与杂种优势

由于杂种在生长势等方面表现出优势，使得抵抗外界不利环境条件和适应环境条件的能力往往比亲本强。研究表明，水稻杂种一代在抗倒、抗旱、耐低温、耐瘠薄等方面都具有明显优势。在抗旱性方面，杂种优势尤为突出，大部分杂交稻组合均可作为旱直播品种种植，如黎优 57、辽优 3225、屈优 418 等组合，在京、津、鲁、豫等地作麦茬稻旱直播均表现出极强的抗旱优势；在抗寒性方面，杂交种的苗期耐寒性与母本不育系的相关性显著，而且表现出超亲优势；在抗稻瘟病和抗白叶枯病方面，杂种 F_1 一般均表现出正向优势。王荣富（2004）研究证明，超级杂交水稻两优培九在耐光抑制和抗早衰特性上具有一定的光合生理优势。

William 和 Griffing（1965）报道了玉米不同温度下的杂种优势表现的相似结果，发现当植株生长在最适温度以上的高温或高温热激以后或者适温以下低温环境中时，杂种显示更高的生长速率优势。因此研究者们加强了对杂交种及亲本在不同的光合环境、多个生育时期下的光合作用表现比较的研究。李霞等（2007）对玉米光合性能杂种优势率日变化进行分析表明，杂交种光合速率、蒸腾速率、气孔导度具有午后优势现象，而水分利用效率杂种优势率表现为上午高于下午，午后的环境条件更有利于杂交种抗性的发挥。

植物产量来自植物遗传基因与复杂环境互作，其过程中也不可避免受到各种生物和非生物逆境因子的影响，对光合物质生产、营养吸收、有机物的转运和分配以及生殖过程等一系列生理代谢均有不同程度的影响。以往研究结果证明，高温、干旱等对植物细胞原生质结构和细胞膜半透性均有破坏作用，导致细胞内电解质大量外渗，从而使组织浸出液的电导率增加。据此可以认为，在相同条件下，电导率低的品种表明其原生质和细胞膜稳定性好，抵抗逆境的能力强。刘飞虎等以泗棉3号、湘杂棉1号和2号为材料测定叶片浸出液电导率，结果以湘杂棉1号、2号较低。尤其是午后取样测定值同上午测定值比较，杂交棉增加较少，而常规棉增加较多，结果说明杂交棉的抗逆性比常规棉更强。一般认为，植物组织自由水含量比例大，则生长旺盛，但抗逆性往往降低，反之亦然。但杂交棉和常规棉在叶组织自由水及束缚水含量和比例方面未发现明确规律性，与生长发育特性也似无相关。杨国正等（2002）也发现，杂交棉具有较强的光合优势，同时抗（耐）旱能力也较强，表现为光合速率较高，伏旱期间下降不明显。以上研究结果均说明环境条件对杂种的优势表达有非常显著的影响，尤其是逆境条件下的优势表达，这也是杂种在抗逆性方面优势表现的重要方面。杂种的抗逆性优势也是杂种产量优势稳定表现的重要基础。

Yang 等（2006）研究杂交小麦及其亲本光合作用对高温、干旱和光抑制的耐受性，结果表明，逆境对杂交种剑叶光合速率的影响较小，杂种的叶绿素含量无显著下降，最大光化学效率和实际光化学效率下降幅度均小于亲本，杂种的光合作用对光抑制的抗性强于亲本，认为这种抗逆性光合优势是杂种高产的生理基础。张建恒等（2006）报道，在低磷条件下磷高效小麦品种（H1 和 H2）以及杂种叶片光合碳同化特性的相对提高，是由于其光合器官捕获光能的能力较强、光合作用气孔限制和非气孔限制的程度较低和暗反应速率较高综合作用的结果。其中，磷高效品种及杂种 F_1 叶绿体 Pi 供应量的增多，在维持光合器官的结构和功能中可能具有重要作用。

王秀莉等（2010）以按照 NCⅡ遗传交配设计配制的 20 个普通小麦杂交种及其亲本为材料，系统测定灌浆初期、中期和后期旗叶的 6 个光合碳同化相关性状，包括光合速率、气孔导度、胞间 CO_2 浓度、蒸腾速率、水分利用效率和原初光能转化效率，并与产量性状杂种优势进行相关分析。研究结果表明，杂种优势值因组合、性状和发育时期不同而差异很大；偏相关分析表明，光合碳同化性状与穗长和有效穗数杂种优势之间没有相关性，但与其他产量性状杂种优势之间存在显著的相关关系，特别是在植物籽粒产量形成最为关键的灌浆中期，光合速率、胞间 CO_2 浓度、水分利用效率和原初光能转化效率与穗粒数、千粒重、单株产量和主茎穗产量等性状的杂种优势呈显著或极显著正相关，说明较高的光合能力及水分利用效率可能是小麦产量杂种优势形成的重要生理基础之一。

肖凯等（1999）研究发现，供试化杀型（CHA）、T 型三系杂种小麦及各自亲本在旗叶一生中的净光合速率（P_n）、叶绿素含量和可溶蛋白含量均在全展时达到最大值，以后逐渐下降。在春季生育期中群体光合速率（CAP）的变化趋势呈单峰曲线，于开花期达到最大值。与亲本和对照相比，杂种小麦在生育期间于上述性状上多表现正向优势，且优势随生育进程不断增大。杂种小麦在旗叶叶绿素含量缓降期（RSP）、光合速率高值持续期（PAD）和叶源量（LSC）上的表现也优于亲本。LSC 与 RSP 和 PAD 呈显著正相关。在群体水平上，杂种和亲本、对照品种单位叶面积的光合速率值（CAP/LAI）相近，表明杂种在 CAP 上的优势主要起因于其 LAI 的增大。杂种小麦较亲本具有较高的叶绿素可变荧光/最大荧光（F_V/F_M）比值，这可能是其开花期间午间 CAP 衰减值低及表现较明显光合优势的原因之一。进一步改善杂种小麦的光合性能，增加光合产物向收获器官的转运效率，对于推动杂种小麦在生产中的早日应用可能具有重要作用。

何佳平等（2010）以杂交油菜杂油 719 和杂油 123 及其亲本为材料，通过检测其在低温胁迫影响下的各种生理生化指标，包括电导率、可溶性糖以及脯氨酸相对增量，揭示低温对杂交油菜的影响；通过检测重金属（Cd、Pb）胁迫和氧化（H_2O_2）胁迫下幼苗根长和鲜重的变化，揭示重金属胁迫和氧化胁迫对杂交油菜的影响。结果表明，与亲本相比，杂油 123 表现出对低温胁迫、重金属胁迫和氧化胁迫的抗性，显示出杂种优势，而杂油 719 基本上不具有杂种优势。

傅寿仲等对油菜杂种及其亲本叶柄细胞汁浓度和田间冻害程度进行对比研究，结果说明抗寒性有明显的杂种优势。张书芬研究证明，植株可溶性糖含量的杂种优势，虽然组合间差异较大，但约一半的组合有较强的杂种优势，通过筛选组合，获得抗寒性强的杂种是可能的。

李殿荣等（1993）对雄性不育系杂种秦油 2 号及其亲本，对照品种的茎秆解剖特点及田间抗倒性关系进行研究，结果发现杂种秦油 2 号综合了双亲的优点，茎秆木质部发达、木质化程度高、导管大、数目多、导管壁厚，即抗倒性强。

此外，官春云等（1980）研究了甘蓝型油菜几个生理指标的杂种优势表现。根据 3 个品种间杂交种和 3 个雄性不育杂交种的测定结果可以看出，杂交种在花期的叶面积指数、叶绿素含量、叶片厚度、光合作用强度、净光合率和根伤流量平均值均超过双亲平均值或恢复系亲本，其平均优势率分别为 40.1%、82.8%、10.2%、110.6%、44.1% 和 66.9%。这充分说明，甘蓝型油菜杂交种在花期其光合作用旺盛、根系活力强，为杂交种的产量形成打下雄厚的物质基础。

（本章编写人：麻　浩　张海清）

思　考　题

1. 试述有性繁殖的自花、常异花、异花三类授粉方式和自交不亲和特性植物的遗传学特性。

2. 试述植物细胞质雄性不育性与细胞核雄性不育性的遗传学特性。

3. 试述无性繁殖方式植物的遗传学特性和杂种优势利用途径及其关键技术环节。

4. 简述杂种优势遗传机理的显性学说、超显性学说、基因平衡和遗传平衡理论、异质结合理论、有机体生活力理论的基本要点及其相互间差异。

5. 怎样以分子水平、基因差异解释杂种优势现象？

6. 简述植物杂种优势在光合作用、物质代谢、物质积累等方面的表现。

1. 卢庆善,等.农作物杂种优势.北京:中国农业科技出版社,2002

2. 程宁辉,高燕萍,杨金水,等.玉米杂种一代与亲本基因差异的初步研究.科学通报,1996,41:451-454

3. 程宁辉,杨金水,高燕萍,等.水稻杂种一代与亲本幼苗基因表达差异的分析.植物学报,1997,39:379-382

4. 明道绪,张征锋,刘永建.作物杂种优势遗传基础的研究进展.四川农业大学学报,2002,2(2):177-181

5. 林建丽,朱正歌,高建伟.植物杂种优势研究进展.华北农学报,2009,24(增刊):46-56

6. 张亚娟,冯素伟,董娜,等.两系杂交小麦杂优3号的灌浆特性及杂种优势研究.麦类作物学报,2011,31(4):679-682

7. 王秀莉,胡兆荣,彭惠茹,等.普通小麦光合碳同化与产量性状杂种优势的关系.作物学报,2010,36(6):1003-1010

8. 邹江石,姚克敏,吕川根,等.水稻两优培九株型特征研究.作物学报,2003,29(5):652-657

9. 欧志英,彭长连,林桂珠.田间条件下超高产水稻培矮64S/E32及其亲本旗叶的光合特性.作物学报,2005,31(2):209-213

10. 郎有忠,杨建昌,朱庆森.亚种间杂交稻根系形态生理特征及其与籽粒充实度关系的研究.作物学报,2003,29(2):230-235

11. 杜明伟,冯国艺,姚炎帝,等.杂交棉标杂A₁和石杂2号超高产冠层特性及其与群体光合生产的关系.作物学报,2009,35(6):1068-1077

12. 肖凯,谷俊涛,邹定辉,等.杂种小麦及其亲本光合碳同化特性的研究.作物学报,1999,25(3):381-388

13. 姜磊,王旺华,李廷春,等.棕色棉与白色棉杂交F₁代吐絮期光合特性的杂种优势研究.棉花学报,2011,23(4):323-328

14. 张天真.作物育种学总论(植物生产类专业用).北京:中国农业出版社,2003

15. 付景,杨建昌.超级稻高产栽培生理研究进展.中国水稻科学,2011,25(4):343-348

16. 杜明伟,罗宏海,张亚黎,等.新疆超高产杂交棉的光合生产特征研究.中国农业科学,2009,42(6):1952-1962

17. 曾斌.三个陆地棉杂交种的产量生理基础.南京农业大学硕士学位论文,2008

18. 李平,王以柔,刘鸿先.籼型杂交水稻F₁代高产优势的生理基础研究.中国农业科学,1990,23(5):39-44

19. 段俊,梁承邺,黄毓文,等.不同类型水稻品种组合籽粒灌浆特性及库源关系的比较研究.中国农业科学,1996,29(3):66-73

20. 李博,张志毅,张德强,等.植物杂种优势遗传机理研究.分子植物育种,2007,5(S):36-44

21. 李少昆,赵明,王树安,等.不同玉米基因型叶片呼吸速率的差异及与光合特性的关系.中国农业大学学报,1998,3(3):59-65

22. 李少昆,赵明.玉米杂交组合光合特性的研究.新疆农业科学,1999,(1):8-10

23. 赵明,王美云.玉米亲本及杂交种光合速率的关系.北京农业大学学报,1995,21(3):265-269

24. 赵明,王美云,李少昆.玉米不同自交系叶片色素及其与光合速率关系的研究.中国农业大学学报,1998,3(1):83-87

25. 孙伯陶.夏播玉米品种叶面积与杂种优势的关系.北京农业科学,1997,15(3):18-20

26. 白永新，王早荣，钟改荣，等. 玉米高配合力亲本自交系、杂交种棒三叶的性状分析及叶面积的相关性分析. 玉米科学，1999，7（2）：24－26

27. 马富裕，李少昆，孔祥莉，等. 紧凑型玉米掖单 12 号籽粒灌浆特性研究. 新疆农业科学，1995，（6）：235－237

28. 史振声. 关于玉米 F_0 代杂种优势理论与实践的探讨. 辽宁农业科学，1987，（4）：31－33

29. 孙其信，倪中福，陈希勇，等. 冬小麦部分基因杂合性与杂种优势表达. 中国农业大学学报，1997，2（1）：64，116

30. 肖凯. 杂种小麦叶片光合特性、根系生理活性及籽粒产量潜力的研究. 南京农业大学博士学位论文，1995

31. 黄永菊，赵合句，李培武. 杂交油菜生理特性的初步研究. 湖北农业科学，1994，（6）：4－8

32. 何佳平，张从合，陈金节，等. 杂交油菜及其亲本对不同胁迫的响应. 合肥工业大学学报（自然科学版），2010，33（8）：1241－1244

33. 张启发. 水稻杂种优势的遗传基础研究. 遗传，1998，20（增刊）：1－2

34. Bao JY, Lee SY, Chen C, et al. Serial analysis of gene expression study of a hybrid rice strain (LYP9) and its parental cultivars. Plant Physiology, 2005, 138（3）：1216－1231

35. Li ZK, Luo LJ, Mei HW, et al. Overdominant epistatic loci Are the primary genetic basis of inbreeding depression and heterosis in rice I. Biomass and grain yield. Genetics, 2001, 158：1755－1771

36. Robert MS, Nathan MS. Cis－transcriptional variation in maize inbred lines B73 and Mo17 leads to additive expression patterns in the F_1 hybrid. Genetics, 2006, 173：2199－2210

37. Ruth A, Swanson W, Yi J, et al. All possible modes of gene action are observed in a global comparison of gene expression in a maize F_1 hybrid and its inbred parents. Proc Natl Acad Sci USA, 2006, 103：6805－6810

38. Stuber CW, Lincoln SE, Wolff DW, et al. Identification of genetic factors contributing heterosis in a hybrid from two elite maize inbred lines using molecular markers. Genetics, 1992, 132：823－839

39. Tsftaris AS, Polldoros AN. In：proc XⅢ eucarpia maize and sorghum conference. Bergamo, Italy, 1993, 283－292

40. Xiao JH, Li JM, Yuan LP, et al. Dominance is the major genetic basis of heterosis in rice as revealed by QTL analysis using molecular markers. Genetics, 1995, 140：745－754

41. Xiong LZ, Yang GP, Xu CG, et al. Relationships of differential gene expression in leaves with heterosis and heterozygosity in a rice diallel cross. Mol Breed, 1998, 4：129－136

42. Yaniv S, Jonathan N, Ninder M, et al. Overdominant quantitative trait loci for yield and fitness in tomato. Proc Natl Acad Sci USA, 2006, 103：12981－12986

43. Zhang HY, He H, Chen LB, et al. A genome－wide transcription analysis reveals a close correlation of promoter INDEL polymorphism and heterotic gene expression in rice hybrids. Molecular Plant, 2008, 1：720－731

第三章

植物雄性不育性的基础

被子植物雄蕊原基分化形成之后，至有功能的成熟花粉粒形成之前这一段时期，要经历一系列生理生化、形态等方面的变化，如果这些变化中的任一过程受阻，雄性就不能正常发育，导致不能形成有生活力的花粉，这种现象叫做雄性不育。雄性不育的遗传类型可以分成下列三种：细胞质雄性不育类型、细胞核雄性不育类型和核质互作雄性不育类型。据不完全统计，已经在多达43科、162属、320个种的617个亚种或种间杂种中发现了雄性不育现象。利用雄性不育系配制杂交种是简化制种的有效手段，可以降低杂交种子生产成本，提高杂种率，扩大杂种优势的利用范围。目前，在玉米、水稻、高粱等作物上，利用雄性不育生产杂交种已经得到了广泛的应用。近年来，探索雄性不育机理一直是一个非常活跃的研究领域，从形态学、组织细胞学、生理生化、遗传学及分子生物学等方面对植物雄性不育做了大量研究工作，且取得了一些新成果。

第一节　植物雄性不育的形态学与细胞学基础

1　植物雄性不育的类型、表现型及鉴定方法

1.1　植物雄性不育的类型

雄性育性是植物发育过程中基因型与生境互作的结果。因此，雄性不育既有遗传因素占主要的，又有生理因素占主要的，还有特定基因型需在特定条件下才能表达雄性不育的（又叫做生态不育类型）（图3-1）。

雄性不育根据其是否可以遗传分为两类。一类是不遗传的，如生理不育类型，是正常可育基因型植株雄性发育过程中遇到不利条件，如极端温度、光照不足、干旱、化学药物处理等引起的，这种不育随着不利条件的消失，雄性恢复育性；还有染色体组不平衡、非整倍体等引起的不育，这类不育不只限于雄性不育，雌性也高度不育。另一类是可遗传的，它既可能纯粹由核基因突变所致，也可能由雄性育性基因处在不利细胞质条件下不能正常表达引起。因此，往往把遗传的雄性不育类型又分为核不育（NMS）和细胞质—核互作不育（CMS）类型。

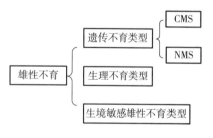

图3-1　植物雄性不育的分类

生境敏感雄性不育是具有不育基因型的植株在一定条件下雄性不育，而在适当条件下

恢复可育的不育类型。尽管这种不育类型像生理不育类型一样只要条件适合就能恢复育性，但其不育性是可遗传的，是由特定的基因型决定的。因此，也归属于核不育类型。

1.2 雄性不育的表现型

不同的雄性不育类型有着不同的败育表现。由于败育发生的早迟，雄性不育有下列几种表现型：

（1）雄蕊退化或变形。如败育发生在雄性器官分化的早期，可能使整个雄蕊的发育失败，例如雄蕊退化只剩痕迹，或雄蕊变成花瓣，或花丝缩短花药弯曲畸形等。这种严重退化的雄蕊，其花药严重退化完全没有花粉，或在少数不正常花药中带有极少量花粉。

（2）花药异常。雄蕊除花药外形状正常或基本正常，但花药瘦小干缩，或有非正常色泽而变白或变褐，或不正常开裂或不开裂，花药内一般无花粉，少数有败育花粉或少数正常花粉。

（3）孢子囊退化。花药外形接近正常，但由于花药内没有造孢细胞，或孢母细胞减数分裂不正常，或在四分体时期败育，从而使花药内没有花粉或只有极少量花粉。

（4）小孢子退化。一般花药近于正常，花药内有败育花粉。根据花粉败育程度不同，常常又分为典败、圆败和染败。典败为单核期小孢子败育；圆败为单核中后期至双核早期发生败育，花粉圆形，无淀粉积累；染败是在双核后期已能染色时停止发育。

（5）花粉功能缺陷。花粉形态正常，也能染色，但在正常条件下不能萌发，只在某些特定条件下才可能萌发，形成花粉管。

1.3 雄性不育的鉴定方法

雄性不育的鉴定方法，归纳起来可分为四类：目测法、染色法、花粉离体培养法和活体测定法。

（1）目测法。目测法主要根据雄性不育性相关的形态性状，如花蕾形状、花丝长短、花药颜色和形状、花瓣大小等来判断雄性不育性。雄性不育植株与雄性可育植株之间形态差异便于观察，因此为田间鉴别和选择提供了一种简便、实用的方法，在油菜、棉花等许多作物的育性鉴定工作中应用。但是，应当指出的是，目测法是一种经验性方法，应根据每一种植物或每一种不育类型确定与雄性不育性相关的性状。且这种方法是一种定性方法，对微量花粉程度的鉴别是不实用的。

（2）染色法。染色法根据染色剂与一定物质发生化学或生物化学反应使可育花粉与不育花粉之间形成差别来鉴别雄性育性。依据染色原理的不同，染色法有许多种具体方法，如适用于禾谷类作物富含淀粉一类花粉育性鉴别的 I_2—KI 染色法，就是依据淀粉遇碘变蓝这一原理，不育花粉不积累淀粉，用 I_2—KI 染色不着色；再如红四氮唑（TTC）法是根据无色的 TTC 在生物体脱氢酶催化生成的氢还原下变成红色的 TTCH 而将有活力的花粉染成红色，无活力的花粉不染色而鉴别花粉育性的。染色是化学或生物化学反应的结果，因此，应特别注意满足反应所需的条件，如是否有底物（取决于取材时间和保持活性）、染色需要的时间、染色剂浓度、反应温度等。染色法可以定量估测花粉育性（以可染花粉百分率反映），但可能与花粉真正活力有偏差。

（3）花粉离体培养法。这类方法首先将花粉撒在培养基上培养一段时间，如将花粉置于含 1%（W/V）琼脂、20%（W/V）蔗糖和 20 mg/L 硼酸的培养基上在 20 ℃下培养

30～40 min，然后用显微镜计数萌发的花粉率，测定花粉活力。采用适当的培养基是这类方法能否准确测定花粉活力的关键。

（4）活体测定法。活体测定法直接在植株上进行试验，包括（套袋）自交和用不育系（株）花粉给雄性可育株（去雄或不去雄）授粉两种方法。这类方法是最有生产实际意义的方法：（套袋）自交结实情况有利于指导不育系的繁殖、利用，而用不育系（株）花粉给可育株授粉可研究不育系（株）花粉的竞争活力，对于杂交种子生产有指导意义。但是，这类方法需要较长的时间，且其结果受授粉以后的环境条件以及植株生长发育状况影响很大，在一些种属中还可能受到自交不亲和性的干扰。

上述四类雄性育性鉴定方法，有时会得到不尽一致的结果。在育性鉴别时应根据简便、更符合供试材料和研究目的的原则加以选择。随着科学技术的发展，分子生物学的运用越来越广泛，植物不育性的观察和鉴定，也可借助分子生物学的手段进行，从而可以从基因水平上了解不育性的机理。

2 植物雄性不育的细胞学研究

雄性不育细胞学研究的目的在于阐明雄性育性发生败育的时期和方式以及雄性败育与药壁组织间的关系，为弄清雄性不育的机理、划分雄性不育类型提供依据。

2.1 花药分化和雄配子体发育

植物经过一定时期的营养生长后，由植物自身因子和光温等环境因子诱导从营养生长向生殖生长转变，形成花序分生组织，然后由花序分生组织逐渐转变为花分生组织，进而分化形成花器原基，最后发育为成熟的花器官。典型的花器官具有 4 轮基本结构，由外到内依次为花萼、花瓣、雄蕊和心皮，雄蕊处于第三轮。根据花发育的 ABC 模型，控制花结构的基因按功能可划分为 A、B 和 C 三大类：A 组基因控制第一、二轮花器官的发育，其功能丧失会使第一轮萼片变成心皮，第二轮花瓣变成雄蕊；B 组基因控制第三、四轮花器官发育，其功能丧失会使第三轮雄蕊变成花瓣，第四轮心皮变成萼片。即同一组基因控制相邻两轮花器官的发育，花的每一轮被 1 组（第一、四轮）或相邻 2 组（第二、三轮）基因控制。也就是说，花的 4 轮结构花萼、花瓣、雄蕊和心皮分别由 A、AB、BC 和 C 组基因决定（图 3 - 2）。该模型还指出：①A、C 组基因是互相抑制的，C 组基因不能在 A 组基因控制范围内表达，即 A 控制 C 在第一、二轮中的表达；反之亦然。②B 组基因的表达同 A 组，C 组基因表达是独立的。在 ABC 3 组功能基因都缺失的突变体中，所有花器官都表现为叶片的特征。

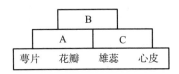

图 3 - 2 花发育的 ABC 模型

Laser 和 Lersten（1972）把从造孢细胞到成熟花粉粒形成分为 8 个时期（图 3 - 3），实际上是花药分化和雄配子发育的一部分，未把花药原基形成到造孢细胞产生时期包括在内。花药原基形成到造孢细胞产生这一阶段与雄性育性有密切关系，许多雄性不育类型是在这一阶段产生的。

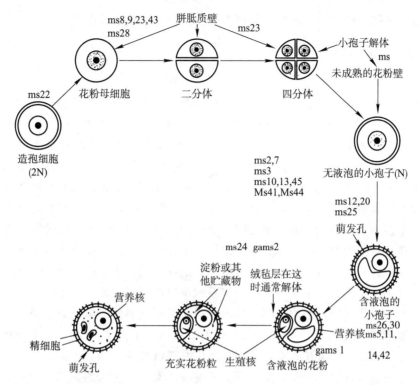

图 3 – 3 玉米花粉发育过程和核不育突变体雄性败育时期（根据 Palmer 等，1992 补充）

2.2 雄性败育的主要时期和过程

（1）雄性败育的主要时期

Laser 和 Lersten（1972）对 13 科 38 种植物的 62 例 CMS 类型花粉败育时期进行了统计，Gottaschalk 和 Kaul（1974）对 12 科 48 种植物的 99 例 NMS 类型花粉败育时期进行了统计，结果表明四分体时期以后败育的比例达到 70%。Kaul（1988）统计的结果是减数分裂前、减数分裂和减数分裂后各时期败育的比例大体相等。值得注意的是，这些统计是根据多种不同植物且每种植物只观察过少数几种雄性不育类型的结果作出来的。如果一种植物的雄性不育突变达到饱和，则败育时期的分布比例可能并不如此，如番茄各个时期败育的 NMS 突变体比例大体相等。通过 EMS 诱变等途径获得的拟南芥 NMS 突变体，在花粉发育的不同时期都有败育。再如玉米目前已发现了许多天然 NMS 突变体，对其中的 26 个突变体进行细胞学研究，结果显示从造孢细胞至二核花粉阶段各时期均可发生败育。

应该说上述败育时期是指花粉（或小孢子）群体大量发生败育的时期，但不是唯一时期。有少数雄性细胞在败育时期到来之前可能已经败育，但也有一些雄性细胞在败育时期出现之后才败育，甚至不败育，从而引起部分可育。

（2）雄性败育的过程

雄性不育往往是一系列事件的结果。在雄性大量败育之前，经常可见到许多异常现象，如没有孢原细胞分化、药室合并、造孢细胞相互粘连、花粉母细胞异常、花粉母细胞败育、花粉母细胞无丝分裂、花粉母细胞减数分裂异常、减数分裂后胞质不分裂、异常四分体、四分体不分离等。

不同植物或同一植物的不同雄性不育类型，其败育过程表现出较大差异。

2.3 药壁组织与雄性不育的关系

（1）绒毡层与雄性不育的关系

绒毡层是药壁的最内一层，它包围着花粉母细胞或小孢子，在花粉形成和发育中起着重要作用：① 转运营养物质，保证小孢子发生的需要。② 合成胼胝质酶，分解包围四分体的胼胝质壁。③ 提供构成花粉外壁的孢粉素。④ 输送成熟花粉粒外被的脂类和胡萝卜素。⑤ 产生外壁蛋白。⑥ 解体后的降解产物可作为花粉合成 DNA、RNA、蛋白质和淀粉的原料。光、热、干旱以及碳水化合物和矿物质缺乏等因素引起的绒毡层行为异常总会导致小孢子发生过程不能正常进行。在生境敏感型雄性不育的花药中，可育花粉总是靠近绒毡层的。在雄性不育花药的组织学和细胞学研究时，常常观察到绒毡层发育和行为的异常。不育花药绒毡层细胞中线粒体数量和结构都不及可育花药，如玉米可育系花药绒毡层细胞中线粒体数目从前胼胝质期开始显著增加，最终达到其体细胞的 40 倍，而在 T – CMS 系却未见增加，相反自单核早期开始，不育系绒毡层线粒体膨大、解体。

胼胝质起着隔离花粉母细胞或四分体的作用，胼胝质酶提前出现导致胼胝质不适时解体被认为是矮牵牛和高粱 CMS 的主要原因。Worrall 等（1992）构建了一个能在绒毡层中表达、改造过的 β1，3 – 葡聚糖酶基因的嵌合基因并将其导入烟草，在绒毡层专一的启动子作用下表达酶活性的转基因植株雄性部分或完全不育，减数分裂前期 I 时胼胝质提前解体，小孢子有着异常薄的细胞壁，绒毡层过度增生。这一项基因工程研究说明了胼胝质提前解体足以引起雄性不育。

绒毡层无论是结构异常还是生理异常，都可能引起雄性不育，在早期绒毡层发育和行为正常是花粉正常发育所必需的。

（2）其他药壁组织与雄性不育的关系

维管束连接着花药、花丝与花，起着吸收水分和运输养料的作用。在许多 CMS 系观察到维管束发育不良或退化，直接导致不育植株花器官物质代谢发生障碍。

湖南师范大学生物系（1975）对水稻 WA 型二九南 1 号、湘矮早 4 号、玻璃占矮等不育系及其保持系的药隔维管束作了比较观察。保持系的维管束发达，分化良好，维管束鞘细胞较小，而在 WA 型相应的不育系中，药隔维管束欠发达，而维管束鞘的细胞却很大，像通气组织一样，明显表现出不育系维管束欠发达。中山大学遗传组（1976）对水稻 WA 型二九矮 4 号、二九南 1 号和 BT 型不育系及其相应的保持系，在花粉的单核至三核期的花药隔维管束发育情况进行了比较，观察到不育系与保持系有明显差别。二九矮 4 号和二九南 1 号保持系的药隔维管束分化良好，清楚地看到木质部和韧皮部，其药壁细胞质比较丰富，单层的维管束鞘薄壁细胞体积较大，整齐地排列在维管束的外围，而不育系无论是单核还是二核花粉期，药隔维管束的发育都比较差，表现在细胞皱缩，韧皮部和木质部分化不好，维管束鞘不明显，并且细胞退化，排列紊乱。不育系维管束发育的不良程度与花粉的败育和花粉囊的退化程度有关。当花粉败育初期时，花粉囊形状比较圆大，维管束发育不良程度较轻；当花粉囊呈皱缩时，花粉只留下残迹，维管束就处于极端退化状态，甚至连细胞的界线都不大清晰。BT 型不育系维管束，在单核、二核和三核期均比保持系差，主要表现在维管束内及维管束鞘细胞排列不够整齐，但仍能区分为木质部与韧皮部，比二九矮 4 号和二九南 1 号不育系的维管束发育得好些，其花粉的败育也来得迟些和轻些。

徐树华（1980，1984）在水稻 HL 型华矮 15 不育系中也观察到相邻的花丝合并的现象。花丝的合并有二联和三联型，在药隔部分有薄壁细胞排列紊乱、大小不均匀和维管束分化不全、发育不良等异常现象；而 WA 型华矮 15 不育系，除了药隔薄壁细胞排列紊乱程度更为严重外，药隔维管束发育不全现象亦更为严重。可看到维管束的极度退化，甚至发生缺失或中断，在药隔维管束发育异常的区段，还可以观察到败育或正在败育的花粉。

王台等（1992）观察到水稻农垦 58S 的可育花药的药隔组织与普通水稻品种相似，但农垦 58S 不育花药在小孢子母细胞时期和花粉母细胞减数分裂期，药隔维管束的薄壁细胞的壁薄发育差，在维管束中无导管和筛管。在单核晚期，虽有完整的木质部和韧皮部，但只有分化较差的导管和筛管，并且其薄壁细胞也发育不良或退化，鞘细胞皱缩，由绒毡层的细胞质构成的原生质团不解体。田惠桥等（1993）对农垦 58S 药隔维管束鞘细胞的结构进行了研究。在可育花药中，维管束最外层与药隔薄壁组织紧靠的维管束鞘细胞是由一层电子密度很高的扁平状细胞组成。这层细胞的特点是不具大液泡，但含有丰富的细胞器。在不育花药中，维管束鞘细胞是由一团高度液泡化的细胞所组成，这层细胞的特点是细胞的大部分体积被一个大液泡占据，细胞质被挤到细胞周缘区域，细胞器较少。另外，在这圈维管束鞘细胞之间的相邻壁上有壁内突结构。

中层、药室内壁和裂腔都与花药开裂有关。中层细胞异常已在水稻 WA - CMS 系、玉米 T - CMS 系、向日葵 CMS 系和水稻农垦 58S 中观察到，一般是径向增长，挤压绒毡层细胞。药室内壁加厚是由绒毡层控制的，在一些雄性不育花药中观察不到药室内壁的纤维状加厚。在水稻 WA - CMS 系还观察到裂腔发育不良的状况。这些药壁组织的异常与雄性不育的关系尚不清楚。

2.4　影响雄性败育时期和过程的因素

雄性不育是核质基因和生境互作的结果，影响雄性败育时期和过程的因素有三：

（1）核背景

玉米同一 CMS 类型在不同核背景下，败育过程各种异常现象的数量以及绒毡层等药壁组织的异常均有差异。如同为 C 型的二南 24、Mo17 和黄早 4 不育系，仅 Mo17 CMS 系绒毡层细胞在终变期如正常可育品系可见到清晰的双核，其余 2 个 CMS 系基本上是单核的；有些绒毡层细胞发生不规则的平周分裂，形成局部双层绒毡层；有的细胞不进行核的复制分裂，只有胞质分裂，产生无核的细胞。四分体时期以后，不育系与保持系差异愈趋明显。Mo17 CMS 系绒毡层细胞迅速液泡化，显著地辐射状膨大，单核早期已几乎占据整个药室并逐渐失去着色能力，小孢子在单核早期败育，但有少数花药的绒毡层细胞膨大程度较轻，小孢子败育时间推迟；黄早 4 CMS 系的绒毡层细胞在四分体时期开始轻度液泡化，但以后不像 Mo17 CMS 系那样高度液泡化和辐射状膨大，胞质着色较浅，而有些药室的绒毡层细胞依然着色很深，并有降解迹象，大多数小孢子发育到单核前期开始退化，在单核中期大量败育，在开花前绒毡层崩溃，药室内存留大量小孢子残体；二南 24 CMS 系在四分体时期以后，绒毡层细胞的液泡化和辐射状膨大程度介于上述 2 个 CMS 系之间，小孢子在单核前期到单核中期败育，抽雄后有的花药绒毡层仍然完整，有的已部分崩溃。陆地棉 ms14 核不育系洞 A 与由它转育的 473A 在绒毡层的发育行为上不同，前者绒毡层细胞延迟退化，后者绒毡层正常。

（2）细胞质

同一核背景下，不同细胞质类型的 CMS 败育时期、败育过程以及绒毡层等药壁组织的异常相差很大。小麦同核异质的 85EA、89AR 和 T CMS 系和珍珠粟同核异质的 A_1、A_4 和 Av CMS 系的小孢子发生过程细胞学观察也证实了这一点。Gourret 等（1992）用光镜和电镜研究油菜 ogu－CMS 系与 6 个胞质杂种的雄性不育性表达时发现，6 个胞质杂种的雄性不育性表达可以分为 3 种类型：第一种类型仅包括部分可育的 23 号胞质类型，大部分药室只有解体后留下的空花粉外壁，极少数药室含有正常花粉粒，靠近这些药室的药室内壁加厚；第二种类型包括稳定、彻底不育的 27、58 和 85 号胞质杂种，在正常大小的 4 个药室中，小孢子在单核液泡期死亡，绒毡层自减数分裂完成后不断液泡化，四分体或游离小孢子早期迅速解体，因此提前消失，药室壁的亚表皮层不形成特征性加厚，花药不开裂，只含有解体后留下的相互粘连的空瘪花粉外壁，这些最接近于原始的萝卜 ogu－CMS 的特征；第三类有 77 和 118 号胞质杂种，除小孢子囊败育外，还出现雄蕊雌化。油菜 ogu－CMS 系具有第二类和第三类的特征，绒毡层提前解体、小孢子败育和缺乏真正的药室内壁。

（3）生境条件

在一定的条件下，雄性育性的表现可以发生逆转。在达不到逆转效果的生境条件下，对雄性败育时期和过程也有重要影响。Izhar（1975）用 2 个具有 Rosy Morn 核背景，但败育时期不同的矮牵牛 CMS 系及保持系研究温度对小孢子发生的影响，结果表明：只有在昼温 20 ℃以下、夜温 15 ℃（20 ℃/15 ℃）下才能部分或完全恢复 CMS 植株雄性育性，且在这种温度条件下花芽分化已达到减数分裂前 II 期或前期 I 早期即偶线期的 CMS 系转入 35 ℃/15 ℃下进行 2～4 h 高温处理才出现小孢子败育，减数分裂前 II 期时进入高温处理的部分恢复可育的 CMS 系在前期败育；完全恢复可育的 CMS 系在四分体时期败育，偶线期进入高温处理的分别在四分体时期和四分体到小孢子早期败育，而 2 个可育的保持系即使在上述 2 个时期进行高温处理也能产生正常花粉。油菜 ogu－CMS 系在 28 ℃/23 ℃下雄蕊具有典型的花药、花丝，花药变形，有 1～4 个药室，有时可见到小孢子；在 23 ℃/18 ℃下雄蕊具有雄蕊和心皮两者的特征，花药花丝明显可见，花药有 1～4 个药室，有时可见四分体，通常在花药基部可见到外胚珠，在花药的一侧见到柱头表膜；在 18 ℃/15 ℃下大部分雄蕊心皮化，具有柱头表膜和外胚珠，没有花丝的形成，而正常可育保持系在所有温度条件下均具有相同的形态（Polowick 和 Sawhney，1987）。细香葱（*Allium schoenoprasum*）CMS 系在四分体时期绒毡层不解体，反而高度增生，之后小孢子败育，但由于核基因的影响，CMS 系对高温和四环素敏感。温度敏感的 CMS 基因型用 24 ℃/24 ℃处理 10～14 d 小孢子发生类似可育基因型，雄性不育花变为可育花，用四环素连续处理对四环素敏感的 CMS 基因型 3 次，可使小孢子发生恢复正常，育性转变，但败育小孢子高于温度处理的，绒毡层也未完全解体（Ruge 等，1993）。生境条件对雄性育性表达的调控可能是通过植株内部的生理、代谢变化实现的。

第二节　植物雄性不育的生理生化基础

雄性不育的生理生化研究以往只利用不同基因型材料静态比较雄性不育与雄性可育之间的生理生化差异，即在以 CMS 为研究对象时，比较 CMS 系及其同核异质可育保持系由细胞质效应引起的和 CMS 系与育性恢复了的杂种一代或同质恢复系由于核的效应引起的生理生化性状差异；在以 NMS 为研究对象时，比较同一群体中的不育株与可育株之间的差异。这种比较起初只分析一个时期，后来结合对供试材料的细胞学检查，鉴定花粉的发育时期，在小孢子发生过程的各个阶段对雄性不育与可育花药进行生理生化分析。近年来，由于生境敏感雄性不育类型的发现和研究，重新认识了生境对雄性育性表达的调控作用，建立了一些雄性不育类型由雄性不育转变为雄性可育的生境系，因此现在雄性不育的生理生化研究，不仅比较不同基因型材料之间的差异，而且同时可比较同一基因型材料不同育性态（不育态、可育态）之间的差异。尽管比较研究可以认识雄性不育的一些生理生化特征，但完全阐明雄性育性表达的生理生化过程依赖于实验研究。花药、小孢子或花粉特异表达基因的克隆和转化研究将有助于阐明植物雄性育性表达的生理生化过程。

1 植物激素与雄性育性表达调控

1.1 内源激素与雄性不育

内源激素是植物细胞自身产生的，能调节植物生理生化反应的微量活性物质。植物有五类内源激素：生长素、赤霉素（GAs）、细胞分裂素（CTK）、脱落酸（ABA）和乙烯。它们既是代谢反应的产物，又在各个水平上调控着植株的生命活动。在植物生长、发育、代谢及抗逆等过程中都受到一种或多种内源激素协同调控。目前，通过对小麦、水稻及棉花等雄性不育系的研究，表明雄性不育发生与内源激素失衡有着密切的关系。

汤继华等进行了玉米温敏核雄性不育系琼 6Qms 及可育系琼 6 中吲哚乙酸（IAA）含量的分析，表明在整个雄穗发育时期，不论是叶片还是花药，琼 6Qms IAA 含量都比琼 6 低，特别是在花药中差异达到显著水平。解海岩等对棉花细胞质雄性不育花药败育过程的研究发现，从造孢细胞增殖期到花粉成熟，IAA 含量在 3 种可育材料（保持系、恢复系和杂种 F_1）花药中均呈先升后降的变化趋势，且都显著高于对应时期的不育花药，而在不育系花药中其含量维持在较低水平。同样，在其他雄性不育系研究中也得到了类似的结果。从以上研究中不难发现，雄性不育花药败育过程中 IAA 含量都发生亏损，只是不同雄性不育材料发生败育的机理有所差异，可能最终导致 IAA 变化趋势不同。另外，不育花药中 IAA 亏损使得维管束发育异常，影响水和营养物质正常分配到花药而导致败育，这一点被许多从细胞组织水平探索雄性不育的研究所证实。然而，刘齐元等研究烟草花蕾内源激素与雄性不育的关系时却得到相反的结果，IAA 含量在不育系中反而明显比保持系高，分别达到保持系的 134.82% ~ 281.63%，认为花蕾中 IAA 含量较高是无雄蕊型败育材料的一个共同现象。

赤霉素（GAs）与植物花药发育和花粉成熟有着密切的关系，在幼穗中保持较高含量是花粉正常发育所必需的。解海岩等研究了棉花细胞质雄性不育花药败育过程，在 3 种可育材料（保持系、恢复系和杂种 F_1）花药中 GAs 含量都高于不育系，差异最大值出现在花粉母细胞减数分裂时期，此时不育花药仅为可育花药的 27.5% ~ 39.3%。关天霞等也在亚麻温敏雄性不育系花蕾发育过程中发现，不育花药和可育花药中 GAs 变化趋势均为先降后升，但可育系中明显高于不育系，尤其小孢子单核期和小孢子双核期。另外，烟草、玉米和水稻中也得到了类似结果。这些结果表明，在植物雄性不育花药中 GAs 含量严重亏损，可能是导致雄性不育的一个原因。

脱落酸（ABA）是一种抑制生长的植物激素，对细胞分裂和伸长有抑制作用。花药组织 ABA 含量与花粉育性有着重要相关性已被大量研究证实。棉花细胞质雄性不育花药 ABA 含量在整个花药发育期间都高于可育的，这与其他激素相反；在造孢细胞增殖时期和花粉母细胞减数分裂时期，不育花药中 ABA 含量是可育花药的 3~6 倍，而在可育花药中缓慢上升，至花粉成熟期才达到最高值。因此，高 ABA 含量可能与花粉败育有着密切的关系。亚麻花蕾发育时期，ABA 含量在不育系中始终呈上升趋势，而可育系中缓慢下降。同时，也有研究比较了不同烟草雄性不育材料，尽管在花蕾发育期间不同材料的变化趋势有所差别，但是总体上雄性不育系花蕾中 ABA 含量比保持系的高。另外，孟祥红等通过电镜定位到光敏细胞质不育小麦种在长日照条件下，ABA 分布比短日照的高。在花粉走向败育的过程中，伴随着 ABA 含量的显著提高，这可能是由于 ABA 阻止赤霉素及细胞分裂素对植物细胞促进生长发挥作用的缘故。然而，也有不少研究中得到相反的结果。赵玉锦等研究了光照条件对水稻光敏雄性不育系农垦 58S 花粉生理生化特性的影响。结果表明，在长日照不育条件下农垦 58S 繁殖器官中 ABA 含量低于农垦 58，且只有短日照条件下农垦 58S 的 33.5%。总之，研究结果的差异可能来自于材料的不同、取材时间的不同及测定方法不同。但是，它们的共同点都是 ABA 含量发生了变化，使得激素平衡被打破，最终可能导致雄性不育的发生。

另外，解海岩等选用不同育性的棉花材料，在不同生育时期对花药玉米素（ZR）含量进行研究，发现不育花药 ZR 基本维持在低水平，且始终明显低于可育花药。通过比较发现在正常可育花粉中，IAA 和 GA 比 ZR 先达到最高值。在辣椒花蕾整个发育过程中，细胞质雄性不育系花蕾玉米素含量明显低于可育材料。相反，在亚麻 p1 和烟草中发现不育花药 ZR 含量高。

因此，植物雄性不育的发生并不是仅仅取决于某种激素含量的变化，更重要的是各种激素间的平衡关系。近年来，在许多植物雄性不育材料中，对内源激素平衡关系进行了研究。结果显示，IAA/ZR、IAA/ABA、IAA/GA，及 GA_3/ABA 比值等在不育与可育材料之间存在明显差异。激素作为一种微量强活性物质，正常情况下各种激素间维持平衡状态。一旦这种平衡状态被打破，最终可能导致育性改变。

1.2 外源施用植物激素对雄性育性表达的效应

外源施用激素包括两个相对应的方面：一是用激素或其类似物处理雄性不育基因型植株使其暂时恢复雄性可育，通常将这叫做"化学复育"；另一方面是在雄性可育基因型植株生长发育的一定时期（减数分裂前后）喷施激素或其类似物诱导产生雄性不育，这个通常叫做"化学杀雄"。

化学复育能为找到调节花粉发育的激素提供线索。GAs 对小孢子发生似乎十分重要。外施 GAs 可使玉米多蘖、无花粉型显性 NMS 突变体获得近乎正常的雄性育性，用 GAs 处理番茄 Sl_1、Sl_2、ms15、ms33 等多个 NMS 突变体都能促进雄蕊和花粉正常发育，但如果同时施用 GA 生物合成抑制剂 1 - 氯乙基 - 三甲基氯化铵（CCC）则 GAs 的恢复效应受阻。GA_3 处理同低温处理一样，能促进拟南芥 ms33（msZ）突变体花丝伸长（Fei 和 Sawhney，1999）。在花前 6~12 d 用 10 mg/L GA 处理番茄减数分裂、四分体和小孢子时期败育的 NMS 突变体使雄蕊伸长，花粉恢复可育，GA_7 的效果优于 GA_3（Ma 等，1999）。用 IAA 处理玉米 CMS 系可使雄性育性逆转（夏涛和刘纪麟，1994）。用乙烯生物合成抑制剂氨基乙氧乙烯基甘氨酸（AVG）注射水稻 WA－CMS 系珍汕 97A 第二次枝梗原基分化期的幼穗，可使珍汕 97A 可育花粉由 0.4% 提高到 5.4%，并能推迟败育发生的时间；用乙烯生物合成前体 1－氨基环丙酸－1－羧酸（ACC）处理保持系珍汕 97B，使花粉育性由 93.5% 降低到 68.0%（田长恩等，1999）。

数十种化学药剂具有杀雄活性，其中包括五类内源激素及其类似物。长日诱导大蔓樱草（*Silene pendula*）雄性不育是通过改变 IAA 含量起作用的（Heslop－Harrison 等，1958）。乙烯利、杀雄剂 2 号（甲基肿酸钠）等处理水稻诱导雄性不育时刺激乙烯的形成。乙烯利处理小麦诱导雄性不育主要是通过分解为乙烯而实现的。水稻幼穗中，乙烯生成增加，与多胺合成竞争底物 S－腺苷蛋氨（SAM），降低蛋白质、DNA 和 RNA 含量以及蛋白酶、RNA 酶和 DNA 酶活性，降低 CAT 和 SOD 活性，提高 POD 活性，使 O_2^- 的生成速率和 MDA 含量上升，从而影响花粉的育性。

1.3 花器离体培养研究

离体实验研究可按照预定目标，分析不同层面的相互关系，研究人工培养条件中各因子的作用。根据所需研究的层面（花蕾与营养体、雄蕊与其他花器官、与花粉发育直接有关的细胞即雄性细胞与其他雄蕊组织）的相互关系，离体实验系统可建立在三个不同层次上，即花蕾、雄蕊原基和雄性细胞上。雄性细胞在不同时期分别为花粉母细胞、小孢子和精细胞。这些细胞均已能分离、培养，小孢子还可诱导离体成熟。这些分离的雄性细胞与绒毡层等二倍体组织之间没有联系，可用来研究不同花药组织、细胞对花粉形成和发育的影响、雄性败育时期相应的生理代谢链的断点及其调控因子的性质和来源。然而由于分离、培养等方面的技术困难，只有成熟花粉培养已用来研究黄酮醇在花粉萌发和雄性育性的作用。利用细胞特异表达的基因的启动子构建嵌合基因进行转基因使某类细胞程序化死亡，可以绕过分离、培养障碍，是一个新的发展方向。

前两个层次的实验系统已用来研究激素对育性表达的调控作用。Hick 等（1981）进行烟草 CMS 系幼嫩成花分生组织培养是花蕾培养方面的开创性工作。他们研究的结果是在基本培养基上，花蕾不长大，分化出花萼、花瓣和雄蕊原基，但不分化心皮原基；在添加激动素的培养基上，上述 4 种花器都按正常顺序分化，并表现出雄性不育表型，加入 GA_3 可抑制激动素诱导的花器形成。CMS 系花蕾与正常可育系花蕾发育对激素的要求不同，后者诱导心皮原基分化不需添加激动素。Rastogi 等（1988）分离处于花萼原基期的番茄 Sl_2 突变体花蕾进行培养。在对照培养基上，花蕾不长大，只有花瓣、雄蕊原基分化；在培养基中加入 6－苄基氨基嘌呤（BAP），所有花原基都得以分化，花蕾中花萼充分发育，花瓣小，有未成熟的雌蕊；在加有 BAP 和 GA_3 的培养基上，突变体花蕾能发育为成熟的花，许多雄蕊具有突变体雄蕊的特征（外胚珠）。BAP 为正常可育和 Sl_2 突变体花蕾离体生长和发育所必需，而 GA_3 只为突变体花蕾所必需。因而认为赤霉素是雄蕊发育所需的重要成分（但非唯一因素），可能与植株营养器官来源的其他因子共同抑制育性表达，在 Sl_2 突变体中赤霉素生物合成或代谢可能受到影响。进一步用 GA 生物合成抑制剂 CCC 和 GA 效应拮抗剂 ABA 进行的研究证实了 GA 为番茄雄蕊发育所必需，10^{-6} mol/L CCC 和 10^{-8} mol/L ABA 可抑制雄蕊生长，并诱导其发育异常。但 GA_3 并不恢复番茄 Sl_2 突变体离体培养花蕾和烟草、油菜 oguCMS 系雄性育性，玉米 ms14 和 ms24 突变体雄穗在有 GA_3 的培养基上培养未见花粉正常发育（Pareddy，1990），说明花粉的正常发育需要 GA_3 以外的其他因子。

雄蕊原基培养方面，Hick 和 Sand（1977）进行了开创性研究。他们分离烟草 CMS 系未分化的雄蕊原基进行离体培养，结果在所有处理中，CMS 系雄蕊都具有典型的柱头状外观。激动素促进雄蕊过度朝雌性生长，GA_3 几乎无效，当激动素和 GA_3 同时加入时，GA_3 不能逆转激动素的效应。没有任何一种激素处理，能使 CMS 系的表型回复到正常状态。因而认为雄性不育基因型雄蕊在离体培养条件下能自主发育，其发育结局在个体发育早期已经决定。Rastogi 和 Sawhney（1988）进行番茄正常可育和 $S1_2$ 突变体雄蕊原基离体培养研究，结果表明在 BAP 和 GA_3 同时存在时，突变体雄蕊可长至与植株上生长相当的大小，但不会达到正常可育雄蕊的大小；突变体的一些特征也在培养的突变体雄蕊上表达出来，但两种基因型的雄蕊都没有形成小孢子。因而认为其他花器提供了小孢子发生所需的刺激因子。上述两个雄性不育类型研究表明：① 离体雄蕊原基生长发育需要营养因子和生长物质，且雄性不育和雄性可育基因型雄蕊要求有所不同。② 发育途径似是在早期决定的。③ 发育过程既可能是完全自主的，也可能部分依赖于其他花器。但是这两个层次的研究还只是初步的，没有完全弄清营养因子和生长物质的性质，也不能在离体培养条件模拟花粉发育过程和使雄性不育基因型恢复可育。

上述研究说明，激素是雄蕊正常发育的重要成分，几乎所有的激素都直接或间接与雄蕊发育有关，一种或几种激素含量改变可导致雄性不育。雄性不育可由下列一种或几种原因产生：① 内源生长素含量增加。② 乙烯过度产生。③ GAs 含量下降。④ ABA 含量增加。⑤ CTK 尤其是 CTK 核苷酸减少。CTK 是花生长发育所必需的，CTK 减少不仅影响雄蕊发育而且影响雄性不育花的大小。激素怎样调节雄性不育的表达目前尚不清楚，但推测可能是通过改变各激素的比例影响雄蕊和花粉发育特异的下游基因的表达（Sawhney 和 Shukla，1994）。许多与激素生物合成有关的酶的基因已经分离克隆出来，用这些基因转化雄性可育基因型和雄性不育基因型植株将有助于阐明植物激素与雄性不育的关系。

2　活性氧、膜脂过氧化与雄性不育

活性氧是植物体内正常代谢的产物，主要包括超氧物阴离子自由基、羟自由基和过氧化氢等。虽然它们在植物体内不断地产生，但是由于防御体系的存在，正常情况下保持其代谢平衡，使得植物机体能够正常生长。许多研究中证实，在花粉发生败育情况下，活性氧产生速率明显加快。蒋培东等研究表明，棉花细胞质雄性不育花药中，超氧物阴离子自由基和过氧化物从造孢细胞开始升高，至花粉母细胞减数分裂时期达到最高峰，整个时期都明显高于保持系和 F_1。同样在棉花胞质雄性不育系中，Jiang 等发现在败育初始阶段，超氧物阴离子自由基和过氧化氢略高于保持系和 F_1，到了败育高峰期花粉母细胞时期不育系中剧烈上升。同时，在其他植物雄性不育系研究中也得到了类似结果。活性氧能够引起脂类、蛋白质及 DNA 等生物大分子损伤，因此它在植物中的积累被认为是导致雄性不育的重要原因之一。

研究发现，有两类物质参与了活性氧的清除：一类是酶保护系统，主要有超氧化物歧化酶（SOD）、过氧化氢酶（CAT）、过氧化物酶（POD）和谷胱甘肽还原酶（GR）等；另一类是抗氧化物质，主要有还原型谷胱甘肽、抗坏血酸、维生素 E 和类胡萝卜素等。在正常条件下，可以使植物体内活性氧的产生和清除处于一种平衡状态，且活性氧水平比较低，不会对细胞造成伤害。然而，通过大量研究发现，在雄性不育材料中这两类物质明显发生变化。在辣椒雄性不育系花蕾发育不同阶段，CAT 活性在不育系中明显低于相应保持系，而 POD 活性显著高于或低于保持系。同时，从花药减数分裂前开始，不育系中 SOD 活性持续低于保持系和恢复系。在甜椒胞质雄性不育研究中，CAT 活性同样低于保持系，而 POD 和 SOD 活性稍高于保持系。在其他作物雄性不育研究中，SOD 和 CAT 活性普遍呈下降趋势，而 POD 活性则不尽相同。因此，CAT 和 SOD 酶活性降低可能是导致败育的真正原因，POD 活性的变化可能只是机体一种应激反应，具体机理有待于进一步研究。

与此同时，不少人对同工酶酶谱进行了研究。戴亮芳等发现在幼叶和小花蕾时期，POD 酶谱在不育系和保持系上基本没有差别，但是在大花蕾和特大花蕾时期，POD_{2C} 和 POD_{4B} 只出现在不育系中；同时通过细胞学观察，发现花蕾期不育系花粉发育正常，由此推断 POD 酶谱的变化早于细胞学变化。张子学等选用雄性不育的棉花为研究材料，其花药同工酶酶谱条带比可育的强而多，而子房则少而低。同时，在开花之前不育株和可育株花药中 POD 同工酶酶谱存在显著差异。

另外，有人发现甜椒细胞质雄性不育系花蕾中抗坏血酸过氧化氢酶（APX）显著高于保持系，然而抗坏血酸（AsA）和谷胱甘肽（GSH）含量却明显较低。但在棉花败育高峰花粉母细胞时期，APX 活性反而剧烈下降。到了后期上升，但始终没有保持系和 F_1 高。

在植物细胞中对活性氧最为敏感的部位是细胞膜，它可以使细胞膜中不饱和脂肪酸发生过氧化或脱脂化，逐级降解为小分子物质 MDA。而 MDA 作为交联剂，使膜蛋白、酶及 DNA 等大分子发生交联反应，最终导致代谢紊乱、膜脂过氧化。一般认为 MDA 在植物体内积累是活性氧毒害的表现，它的含量是判断膜脂过氧化程度的一个重要指标。在雄性不育花药发生败育的过程中，MDA 通常会发生剧烈的升高。蒋培东等在棉花细胞质雄性不育花药研究中发现，MDA 从造孢细胞开始持续剧烈升高，且对花药的损伤更具持久性。宋喜悦等研究 Ys 型小麦温敏不育系 A3314 育性转换时发现，叶片中 MDA 含量基本无差异，而不育系幼穗中的含量高于可育系，且到三核花粉时期二者差异达到最大值。在其他作物的大量研究中也得到了一样的结果。由此可知，在雄性不育发生过程中，膜脂过氧化增强，必然产生大量的活性氧，导致 MDA 升高，这可能是败育的一个重要原因。

3　物质代谢与雄性不育

小孢子发育过程中需要积累大量的营养物质，例如淀粉、氨基酸和蛋白质等。在植物雄性不育发生过程中，代谢发生紊乱必然导致许多物质的剧烈变化。

3.1　淀粉或可溶性糖

正常发育的花药和花粉在发育过程中会积累一些物质。积累淀粉是许多植物花粉的特征，可向日葵、胡萝卜、小麦、小黑麦、高粱、玉米和水稻等作物的 CMS 系和水稻农垦 58S 花药中几乎不积累淀粉，调节淀粉含量的酶如 α - 淀粉酶、β - 淀粉酶和磷酸化酶 I 的活性也明显降低。宋喜悦等对 Ys 型小麦温敏雄性不育系 A3314 育性转换研究表明，其幼穗内还原糖和可溶性糖的变化大体一致：在整个花粉发育期，不育条件下的 A3314 中二者含量不仅低于可育条件下的 A3314，更是显著低于保持系。李巍等测量了小麦温敏雄性不育系在育性敏感时期的生理生化指标，发现在整个幼穗发育时期，可育条件下幼穗可溶性糖比不育条件低 35.91% ~ 94.07%，其中三核期差异达到最大。由此可见，花药中糖类对小孢子的发育极为重要，含量的多少与花粉败育有着密切的关系。另外，在棉花核雄性不育系花药败育过程中，其内淀粉含量显著低于可育，同时结合细胞学分析，认为花粉败育可能是由于可溶性糖运输或淀粉合成受阻使得花药得不到充足的营养物质所致。但是，也有在辣椒和紫菜薹的研究中得到相反结果。不同不育材料雄性不育发生机理不同，可能最终导致所得结果不同。王学德等对棉花不育系中淀粉酶同工酶进行了分析，发现随着花粉发育，不育花药中缺少的酶带数增加。由此认为不育花药中淀粉酶的不完整性和低活性可能与不育花药缺乏受淀粉积累的诱导有关。曾维英等从蛋白质水平上分析大豆质核互作不育系，结果发现淀粉分支酶在不育系花药中不表达，由此推测淀粉合成受抑制导致花粉内缺少淀粉积累而败育。总之，碳水化合物含量及相关酶活性可能与雄性不育的发生有着密切的关系。

3.2　游离氨基酸和蛋白质

游离氨基酸是植物花药内蛋白质的组成部分，其含量的变化必然影响到新陈代谢。在植物花药中，脯氨酸可以与碳水化合物相互配合提供营养，促进花粉发育和伸长。富含游离脯氨酸是正常花粉的又一重要特征。由于脯氨酸在花药发育中的重要性，目前对不育系花药游离氨基酸的研究主要集中在脯氨酸上。自从 Fukasawa（1954）对雄性不育小麦和玉米花药中的游离氨基酸含量进行分析以来，对 CMS 水稻、高粱、小麦、玉米、甜菜（*Beta vulgaris*）、矮牵牛（*Petunia parodii*）和萝卜、NMS 小麦和花椰菜、水稻农垦 58S 以及杀雄剂 1 号诱导水稻产生的雄性不育花药进行了游离氨基酸含量分析，结果表明不育花药严重缺乏游离脯氨酸的积累，比可育花药低得多。在 Ys 型小麦温敏雄性不育系 A3314 中，游离脯氨酸含量在不育条件下剧烈下降，而可育条件下呈上升趋势，且前者明显低于后者。另外，可育条件下的不育系稍低于恢复系，这可能是不育系没有完全恢复育性的缘故。同时，还发现总氨基酸也呈现与脯氨酸类似的变化趋势。不育花药中游离脯氨酸含量减少的可能原因有二：一是由营养体以主动方式向不育花药运输发生障碍，二是花药中脯氨酸合成能力减弱。不育花药中游离脯氨酸含量降低可能是不育的结果，而不是导致不育的原因。其他游离氨基酸含量在不育花药与可育花药之间有时也表现出差异，其中较一致的是不育花药中天门冬酰胺的过量积累。

随着植物功能基因组的深入研究，作为基因功能体现者和执行者的蛋白质越来越受到重视。大量研究表明，雄性不育系叶片和花器官在发育阶段蛋白质含量明显低于相对应的可育材料。刘金兵等报道，不论在花芽分化期还是盛花期花蕾发育不同阶段，甜椒不育系叶片和花药中可溶性蛋白质都明显低于保持系，且都随着花蕾的生长发育呈下降趋势。同样，在辣椒和烟草雄性不育材料中也发现其蛋白质含量低于保持系。可溶性蛋白质包括各种酶原、酶分子和代谢调节物等，在小孢子和花药发育过程中具有决定意义，它们的改变必然使得代谢紊乱，导致败育。另外，曾维英等从蛋白质水平上分析了大豆质核互作不育，结果发现淀粉分支酶在不育系花药中不表达，据此推测淀粉合成受抑制导致花粉内缺少淀粉积累而败育。王世刚等采用双向凝胶电泳等分析了辣椒细胞质雄性不育系 W9A 和保持系 W9B 花期叶片蛋白质组，发现它们存在着蛋白质（多肽）差异，认为这可能与雄性不育的形成有关。这些不育系与保持系间差异表达的蛋白质信息，将有助于进一步认识植物雄性不育发生机理。

组蛋白和肌动蛋白是两类具有重要生理功能的蛋白质。组蛋白是一类与核中 DNA 结合、具有调节基因表达功能的蛋白质。组蛋白在花药原基的所有细胞中有大体相同的表达，以后从表皮开始至绒毡层依次积累组蛋白，造孢细胞中组蛋白变化与小孢子发生时期有关，在小孢子形成时不断增加，在成熟的花粉粒中达到最高含量。比较分析 CMS 系及其保持系植株花药的游离组蛋白含量，发现不育花药中的组蛋白含量低于可育花药。组蛋白电泳分析表明，两系间还表现出区带的差异。已分析过的苏丹草（*Sorghum sudanenes*）、水稻和高粱 CMS 系花药的游离组蛋白均比保持系区带数少。肌动蛋白构成细胞骨架中的微丝系统，参与有丝分裂、减数分裂、染色体运动、细胞器流动等生命活动，在生长、发育过程中起着重要作用。肌动蛋白基因在四分体和小孢子中是不转录的，到花粉形成早期才开始表达，mRNA 不断的积累，花粉成熟期达到高峰。植物正常花粉中含有丰富的肌动蛋白，纯化 5 g 玉米花粉可获得 1 mg 肌动蛋白。比较小麦、玉米和白菜 CMS 系及其保持系花药中的肌动蛋白，SDS – PAGE 显示小麦等保持系花粉中的肌动蛋白区带十分明显，而 CMS 花药中的肌动蛋白区带很弱，对其电泳凝胶片用双光束波长分光光度计扫描显示，小麦 CMS 系与其保持系花药中存在的肌动蛋白在含量上存在显著差异。

CMS 系及其同核异质可育系花药的酯酶、过氧化物酶、细胞色素氧化酶、多酚氧化酶、邻苯二酚氧化酶和超氧化物歧化酶等的同工酶比较研究结果表明，雄性不育花药的同工酶谱组成与其同核异质可育花药的不同，发生了变化。显性 NMS 的小麦、亚麻（*Limum asitatissimum*）不育株及同一群体中的可育株雄蕊酯酶和过氧化物酶同工酶和水稻酯酶同工酶的分析表明，不育植株具有不同的酶谱特征。上述同工酶的变化是与雄性败育时期一致的，且不论雄性不育的类型，不育花药同工酶变化的趋势基本相同，说明在可育花药中表达的同工酶基因是雄性正常发育所必需的结构基因。支持这一观点的证据是生境敏感的雄性不育类型，在满足其育性表达条件、育性回复正常时，花药的同工酶表达也趋于正常。

3.3 核酸

核酸是植物体内细胞的重要组成成分，与新陈代谢密切相关，对细胞正常发育有重要影响。李巍等发现不育条件下的小麦温敏不育系幼穗 RNA 含量比可育条件下减少的快。在甘蓝型油菜雄性不育系花药败育过程中，RNA 含量均极显著低于对应保持系；相反，核糖核酸酶活性和游离尿苷酸显著高于保持系。由此认为在雄性不育材料中核糖核酸酶活性的提高，引起了 RNA 含量的下降，影响了蛋白质的合成，使得代谢发生紊乱，最终导致了花药败育。陈建军等发现，不育花药的核酸含量均显著低于可育花药，尤其是 RNA 含量，这主要是 RNA 水解酶活性提高、出现新的同工酶所致。

3.4 多胺与乙烯

多胺包括腐胺（Put）、亚精胺（Spd）、精胺（Spm）和尸胺，由鸟氨酸（Orn）和精氨酸（Arg）合成（图 3 – 4），能与羟基肉桂酰基（hydroxycinnamoyl）、烷基肉桂酰基（alkylcinnamoyl）、香豆酰基（coumaryl）、二羟肉桂酰基（caffeoyl）和阿魏酰基（feruloyl）结合形成多胺共轭化合物（Polyamine – con – iugates）。二氟甲基鸟氨酸（DFMO）和二氟甲基精氨酸（DFMA）分别能专一地抑制鸟氨酸脱羧酶（ORNdc）和精氨酸脱羧酶（ARGdc），甲基乙二醛双（脒腙）（MGBG）能竞争性抑制 S – 腺苷甲硫氨酸（SAM）脱羧酶（SAMdc）活性，环己胺（CHA）抑制亚精胺合成酶（SPDSyn）活性。多胺合成与乙烯合成存在代谢上的竞争。多胺具有重要生理活性，能调节花的分化和发育、花粉萌发和花粉管生长等许多生长发育过程（Evan 和 Malmberg，1989）。

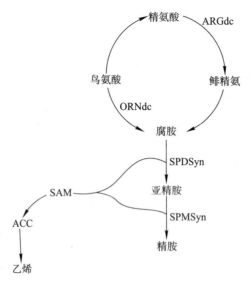

图 3 - 4　多胺生物合成途径（Evan 和 Malmberg，1989）

玉米 T - CMS 和 C - CMS 系花药缺乏多胺共轭化合物羟基肉桂酸酰胺（hydroxycinnamic acid amides），而可育花药中多胺共轭化合物含量高，CMS 系育性被恢复基因恢复的杂种花药中多胺共轭化合物含量也高。天南星科（Araceae）一些植物的雄性可育花药中含有大量羟基肉桂酸酰胺 - 多胺共轭化合物，而不育花药中完全没有。水稻农垦 58S 及其原始品种农垦 58 在长日照和短日照条件下不同发育时期幼穗和花药的游离多胺含量测定结果表明，农垦 58S 属多胺水平高的类型，只有在短日照诱导下使每穗多胺含量成倍增长并出现亚精胺峰，才能诱导花药中多胺含量的明显增长，尤其是亚精胺与总量比值提高，才能形成可育花粉。短日条件下与长日条件下相比，幼穗和花药中多胺含量成倍增长，幼穗中的多胺水平受光敏色素间接调控并与育性转换密切相关。乙烯释放抑制剂 C_0Cl_2 能减少农垦 58S 的乙烯释放，提高自交结实率，同时幼穗的多胺含量也提高（冯剑亚等，1992）。用 MGBG 处理的短日可育株中 Put 增加，Spd 和 Spm 水平、花粉可育度和自交结实率都下降，用 Spa 补充长日不育株多胺含量，其花粉可育度有提高，Spd 和 Spm 减少可能是育性下降的原因之一。水稻 WA - CMS 系珍汕 97A 与其保持系珍汕 97B 幼穗在发育过程中多胺含量先急剧下降后稳定或略回升，ARGdc 活性快速下降，而二胺和多胺氧化酶活性缓慢下降；从雌雄蕊形成期至花粉母细胞形成期，CMS 系的多胺含量和 ARGde 活性明显低于保持系；外施 D - Arg 抑制两系的 Put 和 Spd 合成，外施 MGBG 抑制 Spd 和 Spm 合成，促进乙烯释放，外施 D - Arg 或 MGBG 对 CMS 系花粉育性影响不大，但明显降低保持系花粉育性，D - Arg + MGBG 对花粉育性的降低效应更强，Put 和 Spd + Spm 可完全或部分抵消 D - Arg 和 MGBG 的效应，Put + Spd + Spm 能使 CMS 系花粉的育性得以轻度恢复；外施乙烯前体 ACC 生物合成抑制剂氨基乙氧乙烯基甘氨酸（AVG）抑制乙烯释放，促进多胺合成，并使 CMS 系花粉育性部分恢复。油菜 polCMS 系花蕾的多胺代谢不同于保持系，CMS 系花蕾中 Put、Spd 和 Spm 含量及三者之和在发育早期明显低于保持系，ARGdc 活性一直下降，在花药发育过程中始终低于保持系。多胺氧化酶在早期明显低于而后期高于保持系，外施 Put + Spd + Spm 对保持系花药发育影响不大，但使 CMS 系的可育株率、可育花率和可育花药率都得以提高。乙烯与多胺（Spd 和 Spin）的生物合成竞争 SAM，多胺不足可能与雄性不育有关。

4　能量代谢与雄性不育

4.1　呼吸速率

呼吸速率既可以表示生物体内呼吸作用的强弱，又能宏观地反映生物体能量代谢的程度。大量研究表明，植物雄性不育系中呼吸速率要低于可育材料，说明雄性不育花药中呼吸作用的某些步骤出现了缺陷。邓明华等比较了辣椒核质互作雄性不育系与保持系间呼吸速率和抗氰呼吸，发现从小花蕾时期开始，不育系中总呼吸速率呈下降趋势，而保持系则相反，从中花蕾开始差异达显著水平。周凯等在对萝卜雄性不育系呼吸作用研究中，发现早期花蕾中呼吸强度与保持系基本相同，但是中后期明显低于保持系，而抗氰呼吸强度不论在叶片还是在花蕾中，不育系明显低于保持系。另外，水稻雄性不育研究中也得到了一致的结果。抗氰呼吸是指当植物体内存在与细胞色素氧化酶的铁结合的阴离子（如叠氮化物等）时，仍然可以继续呼吸。不育系抗氰呼吸速率减弱或者缺乏就有可能导致活性氧形成增多，从而影响小孢子的正常发育。从以上研究结果不难发现，花药败育过程中总呼吸速率都减弱，这必然导致供应小孢子发生和发育所需的能量不足，导致雄性不育。

4.2　呼吸代谢途径

植物中存在着多种呼吸途径，主要包括糖酵解、糖酵解 – 三羧酸循环和磷酸戊糖途径。在雄性不育花药中以呼吸底物降解的糖酵解 – 三羧酸循环（TCA）途径为主。

高等植物导致氧还原有两条电子传递途径：对氰化物敏感的细胞色素氧化酶（cytochrome oxidase）途径和对氰化物不敏感的交替氧化酶（alternative oxidase，AOX）途径，即通常所说的抗氰呼吸途径。许多因素如编码 AOX 的核基因表达提高，代谢水平上还原态辅酶 Q、线粒体 NADPH 和丙酮酸积累都会促进电子通过抗氰呼吸传递。细胞色素氧化酶途径和抗氰呼吸途径的比例是动态的，取决于线粒体中碳的可利用性和还原力强弱。不育花药缺乏抗氰呼吸途径。MuSgrave 等（1986）研究玉米 CMS 系及其保持系花药的总呼吸和抗氰呼吸，发现 CMS 系缺乏抗氰呼吸途径，而保持系抗氰呼吸途径正常存在。矮牵牛 CMS 系花药的抗氰呼吸强度低于可育的同核异质系，育性恢复抗氰呼吸强度也恢复正常水平。玉米同核异质系花药呼吸强度测定结果表明：C – CMS 和 S – CMS 系花药总呼吸强度降低至少部分是由于抗氰呼吸途径消失所致，T – CMS 系花药总呼吸强度降低主要是由于细胞色素氧化酶途径出现了缺陷。水稻 WA – CMS 系花药的总呼吸速率和抗氰呼吸占总呼吸比例均低于保持系。这些都说明抗氰呼吸与雄性育性有关。

许多研究表明，雄性不育系花药中与这些途径相关的酶活性普遍降低。例如，黄晋玲等发现琥珀酸脱氢酶（SDH）活性在棉花晋 A 细胞质雄性不育系花粉发育时期均低于保持系。细胞色素氧化酶（COD）是电子传递链的末端氧化酶，位于线粒体内，在控制电子传递中起着非常重要的作用。它是直接关系到能量代谢的一种重要的酶。在棉花、水稻及葱（*Alliam fistulosum*）等不育系花药发育研究中，也发现花粉或花蕾 COD 的含量均低于可育的。它的活性下降使得花粉中能量供应不足，必然影响花粉的正常发育。傅军如等对萍乡显性核不育水稻不育株叶片 COD 同工酶酶谱进行了研究，发现基本与可育株相同；而在单核期和三核期花药中却少了两条 COD 同工酶带。这与王永军等在小麦雄性不育系及任雪松等在甘蓝胞质雄性不育系研究中所得结果相反，可能由于材料或雄性不育发生机理的不同所致。总之，雄性不育花药中 COD 同工酶酶谱的改变和花粉败育存在着某种密切的关系。另外，姚雅琴等通过细胞化学定位对小麦雄性不育系和保持系花药 COD 进行研究。在花药二核期前基本无差异，伴随着花粉发育成熟，保持系花粉中 COD 活性逐渐增强；到花粉成熟前夕其内线粒体含有丰富的 COD，然而不育系花粉粒线粒体中的 COD 活性持续下降直至消失。因此，他们认为 COD 亏缺不仅导致呼吸受阻，不能为花粉发育提供充足能量，而且会增加活性氧含量，致使 MDA 积累引起膜结构和生理完整性的破坏。

4.3 呼吸酶活性

糖酵解—三羧酸循环有氧呼吸涉及多种酶，其中包括线粒体基质的标志酶——琥珀酸脱氢酶和苹果酸脱氢酶（malate dehydrogenase）。细胞化学研究表明，水稻、高粱等 CMS 系花药的琥珀酸脱氢酶活性低于可育花药（刘忠松，1987）。有研究表明，在生物组织中红四氮唑是专门接受琥珀酸脱氢酶催化生成的氢而还原的。刘忠松和官春云（1990）根据这一原理，在研究化学药物诱导油菜雄性不育的机理时，用红四氮唑染色，乙酸乙酯提取，分光光度法测定不同育性植株来源的花药各时期的琥珀酸脱氢酶活性，研究表明雄性育性与花药的琥珀酸脱氢酶活性呈现出明显的正相关，不育花药的琥珀酸脱氢酶活性低。王秀珍等（1986）应用类似方法测得玉米保持系花药的琥珀酸脱氢酶活性为 CMS 系的 2.11 ~ 4.60 倍，高粱为 4 倍。水稻 WA - CMS 系珍汕 97A 二核期花药苹果酸脱氢酶活性只有其保持系的 22%（张明永等，1998）。

细胞色素氧化酶是线粒体内膜的标志酶和线粒体电子传递链的末端氧化酶。这种核质共同编码的酶在不育花药中的同工酶带数少于可育花药，不育花药的细胞色素氧化酶活性在明显败育之前已低于可育花药。Ohmasa（1983）对玉米 T、C、S 3 种不育胞质不育花药和正常胞质（N）可育花药的细胞色素氧化酶活性进行了测定，发现可育花药与 CMS 花药的细胞色素氧化酶活性在二核期表现出明显差异，此时可育花药的细胞色素氧化酶活性迅速增加而明显地高于 CMS 花药。在此基础上，进一步对正常胞质的雄性可育株、具有不育胞质的育性已恢复的杂种植株以及育性未恢复的杂种植株花药的酶活性进行分析，结果表明含有不育胞质育性恢复的杂种植株花药的细胞色素氧化酶活性与正常胞质雄性可育植株相似，高于育性未恢复的杂种植株。夏涛和刘纪麟（1994）对玉米 3 种同核异质的 CMS 系和正常胞质可育系花药的细胞色素氧化酶活性进行了测定，结果表明，在整个小孢子发育过程中，可育花药细胞色素氧化酶活性均高于 3 种不育胞质 CMS 系，3 种 CMS 系花药细胞色素氧化酶活性的变化趋势基本一致，在花药组织细胞色素氧化酶总活性中，线粒体部分所占比例最大。水稻 WA - CMS 系珍汕 97A 二核期花药细胞色素氧化酶活性只有其保持系的 52%。

4.4 ATP 含量

ATP 酶广泛存在于植物体内，它可以催化 ATP 水解释放能量，供各种物质运输、信号传导及物质合成分解等代谢活动所需。ATP 酶活性降低导致氧化磷酸化效率低，不育花药中的 ATP 含量低于可育花药。早在 1990 年，邓继新等在比较光敏核不育水稻不育花药和可育花药之间 ATP 含量差异，发现从花粉发育早期前者的就明显低于后者。Bergman 等发现雄性不育花蕾中的 ATP/ADP 值明显低于可育植株。在研究油菜细胞质雄性不育突变体时，发现除绿叶之外，ATP 在花分生组织、花蕾等中的含量都比常规可育油菜低。苗锦山等以葱胞质雄性不育系为材料，研究表明整个花蕾发育时期 ATP 酶活性都低于保持系，特别是中蕾期后达到显著差异。夏涛和刘纪麟（1994）利用荧光素—荧光素酶法测定了玉米3 种不育胞质 CMS 系和正常可育胞质系不同时期花药的 ATP 含量，结果发现 C - CMS 和T - CMS系在单核早期至单核中期花药 ATP 含量显著地低于可育花药，S - CMS 系在单核中晚期至二核花粉期花药 ATP 含量低于可育花药，但在此之前各 CMS 系有一显著的 ATP合成与积累高峰，在 T - CMS 和 C - CMS 系花药中这一高峰出现在花粉母细胞至减数分裂期，在 S - CMS 系花药中这一高峰出现在减数分裂至单核早期。ATP 合成与积累高峰时期在花粉败育之前，说明在败育之前花药组织消耗了大量的能量，这与可育花药在整个小孢子发育过程中 ATP 含量始终维持在一个平稳的浓度范围内形成鲜明的对比。任雪松等对甘蓝不育系和保持系 ATP 同工酶酶谱进行了分析，发现一般情况下保持系 ATP 酶活性都要比不育系高，并且保持系中的逐渐增强而不育系的下降。同时，二者之间酶谱带数也存在差异。除此之外，在雄性不育花药中 ATP 酶的定位研究也取得了一定的结果。

综上所述，可以认为：第一，雄性不育花药中核酸和蛋白质合成受阻，基因表达偏离正常程序，花粉发育有关的基因表达受到抑制，能量代谢降低，缺乏生理活性物质积累，有毒物质大量形成（图 3 - 5）；第二，上述过程在 CMS 和 NMS 之间有很多相似之处，说明这些基因表达和代谢过程为花粉正常发育形成所必需，不育花药中的上述异常现象是不育基因直接或间接作用的结果。

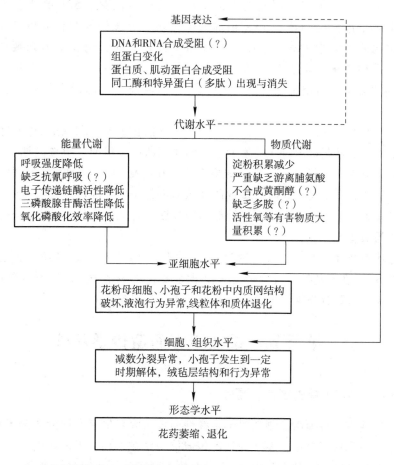

图 3 - 5　与可育花药比较，不育花药在各个水平上的异常表现（改自刘忠松，1987）

5 生态因素调节雄性育性表达的生理生化过程

植物雄性育性表达受到生境条件的调控。在不同生境条件下，雄性育性会发生转换，育性转换有时是量变式的，有时是质变式的。这种转换为人工生理调控雄性育性创造了条件。生境条件可分为两类：一类是生态环境或叫自然环境，如温度、光照；另一类是人工创造的植物生长发育环境，即人工环境，如化学药剂处理。

光温敏核不育水稻在长日高温条件下的花粉败育过程，总是伴随着一些生理和生化物质的变化。目前研究较多的是关于三羧酸循环以及呼吸链电子传递过程中一些酶活性的变化。不同的研究结果存在一定程度的差异，但较一致认为：在长日条件下，不育系的叶片中或花药组织中，从单核早期到成熟期，不育花药的细胞色素氧化酶、ATP酶的活性普遍低于短日条件下的可育材料。但不育花药一般表现较高的超氧化物歧化酶活力、膜脂过氧化物作用加强，导致细胞的结构受到损伤。温敏不育系在同一发育时期保护酶SOD、POD、CAT活性基本呈现不育条件下比可育条件下低的趋势，特别是在减数分裂期后表现更加明显。

在内源激素方面也有一些研究。张能刚报道，长光处理农垦58S叶片中脱落酸含量比短光处理高一倍左右。骆炳山研究认为，育性转换期间农垦58S的幼穗中乙烯释放速率同时受光周期和温度共同调节，并推测乙烯参与育性转换的调节是花粉败育的一个关键影响因素。赵玉锦研究表明，在长光处理下，农垦58S雌雄蕊形成期的叶片和花粉母细胞形成期的幼穗中IAA相继发生亏缺。李德红等综合分析了光敏核不育系与育性相关的主要激素IAA、乙烯、ABA对育性表达的影响，认为光敏核不育系的育性表达主要受内源激素平衡关系的综合调节，三种激素中乙烯被认为是育性转换中起关键性作用的激素，可能原因是乙烯作为第二信使通过内源激素综合平衡关系的调节而影响育性表达。

在物质代谢研究方面，肖翊华以光敏核不育水稻农垦58S和农垦58为材料研究发现，在人工控制长、短日条件下对花粉发育的不同时期即单核早期、单核晚期、二核期和三核期花药的游离氨基酸进行比较分析，结果表明，在所检测的17种氨基酸中，与花药败育有关的是脯氨酸，其次是丙氨酸。多数研究认为不育条件下的可溶性糖含量和淀粉含量均明显低于可育条件下含量，由于可溶性糖运输或淀粉合成受阻使得花药得不到充足的营养物质导致花粉败育。

在能量代谢方面，陈良碧等研究认为，育性敏感期不管高温还是低温条件下安农S-1、衡农S-1在颖花发育过程中其ATP含量变化均表现为递减。高温条件下，在花粉母细胞形成期和减数分裂期，ATP和呼吸速率表现均迅速下降。

第三节 雄性不育的遗传学基础

1 细胞核雄性不育的遗传学基础

细胞核雄性不育系即由控制花粉正常育性的核基因发生突变而形成的不育系。细胞核雄性不育型，简称核不育型，表现为细胞核遗传。已在水稻、玉米、大麦、小麦等许多作物中发现核不育基因。已知番茄中有30多对核基因能分别决定雄性不育，玉米中有14个基因决定雄性不育性。

多数核不育性均受一对隐性基因（ms）所控制，纯合体（msms）表现为雄性不育，这种不育性能为相对显性基因（Ms）所恢复。雄性不育株与正常株杂交，F_1植株为雄性可育（Msms）；F_1自交产生的F_2，可育株与不育株之比为3∶1。因此，用普通方法不能使整个群体均保持这种不育性。这是核不育性的一个重要特征，也是人们利用核不育性的最大障碍。

核不育性的花粉败育过程发生在花粉母细胞减数分裂期间，不能形成正常的小孢子，败育十分彻底。因此可育株与不育株有明显的界限。

因隐性核不育系难以找到有效的保持系，故不能大量产生不育系种子供制种用；但可用杂合可育株给不育株授粉，在正常育性受1对显性基因控制的情况下，其子代将按1∶1比例分离出纯合不育株和杂合可育株。用杂合可育株对不育株授粉，下一代育性分离仍是1∶1的比例。采用这种做法可以较大量地繁殖不育株与可育株的混合群体。这种群体内既有不育株又有保持不育性能力的植株，有人因此称之为两用系。杂交制种时，必须在开花前剔去母本群体内的可育株，以保证制种的纯度。一般栽培品种都可作隐性核不育系的恢复系，因此易于配出强优势组合。但要在混合群体开花前的短时间内剔除全部可育株，对于繁殖系数低、用种量大的作物常因十分费工而不易做到。1965年，美国R. T. 拉梅奇为解决大麦核不育系种子繁殖的困难，提出利用"平衡三级三体"的遗传机制：即在正常染色体上具有隐性雄性不育和隐性稃色正常的基因，在额外染色体上有相应的显性可育基因，并在其附近设法引入一个能使稃壳有色的显性标志基因，两者紧密连锁。额外染色体一般不能由花粉传递，只能以30%的比例由雌配子传给下代。这样的三级三体自交后将产生二体和三体两类植株，二体植株具纯合的雄性不育基因和正常稃色；三体植株带有一个显性可育基因和有色稃壳。通过光电比色装置对种子稃色进行筛选，可将带雄性可育基因的有色种子剔除，以繁殖纯不育系。这一设想后来得到了实现，育成了1个大麦杂交种，并在生产上推广。但在推广繁殖过程中，发现额外染色体通过雄配子的传递率比预期的高，上述机制受到干扰，而且杂种优势不够强，因而停止应用。对于繁殖系数高、用种量少的作物如番茄等，则可直接应用两用系作母本，于开花前逐株检查育性并剔除可育株，授以父本恢复系花粉，产生杂交种子。总之，核不育系由于难以找到保持系，目前在生产上仍不能有效利用。

亦有显性基因控制的雄性不育，其正常可育的基因型为msms，而经显性突变后产生的杂合基因型Msms会由于Ms的显性作用表现为雄性不育，当它被正常育性植株msms授粉结实时，其子代按1∶1比例分离出显性不育株和隐性可育株，并依此方法代代相传。1972年中国在山西省发现的由显性单基因控制的太谷核不育小麦就属此类。在太谷显性核不育小麦没有作出标志基因之前，只能作为常规育种中开展轮回选择和回交育种的亲本之用。

2　质核互作雄性不育的遗传学基础

2.1　质核互作雄性不育的概念

由细胞质基因和核基因相互作用共同控制的雄性不育类型，简称为质核互作型雄性不育性。

在玉米、小麦和高粱等作物中，这种不育类型的花粉败育多数发生在减数分裂以后；在水稻、矮牵牛、胡萝卜等植物中，败育发生在减数分裂过程中或在此之前。质核互作型不育性的表型特征一般比核不育要复杂。

质核互作型不育性由不育的细胞质基因和与其相对应的核基因所决定。胞质不育基因用 S 表示，对应的可育基因用 N 表示；核内不育基因用 r 表示，对应的可育基因用 R 表示。不但需要细胞质有不育基因 S，而且需要细胞核里有纯合的不育基因（rfrf），二者同时存在，方能使植株表现为雄性不育。如胞质基因为可育 N，则不论核基因是可育（RfRf）还是不育（rfrf），都表现为雄性可育。同样，如核里具有可育基因（RfRf）或（Rfrf），则不论胞质基因是可育 N 还是不育 S，也都表现为雄性可育。这种由核—质互作形成的雄性不育系，其遗传组成为 S（rfrf），不能产生正常的花粉，但可作为杂交母本。由于能找到保持系 N（rfrf），用它与不育系杂交，所产生的 F_1 仍能保持雄性不育。可将各种杂交组合归纳为以下三种情况：

① S（rfrf）（♀）×N（rfrf）→S（rfrf），F_1 表现不育。

其中：N（rr）个体具有保持母本不育性在世代中稳定的能力，称为保持系（B）。S（rr）个体由于能够被 N（rr）个体所保持，其后代全部为稳定不育的个体，称为不育系（A）。

② S（rfrf）（♀）×S（RfRf）或 N（RfRf）→S（Rfrf），F_1 全部正常可育。F_1 植株自交产生 F_2，所以在农业生产上可以广泛应用。

N（RR）或 S（RR）个体具有恢复育性的能力，称为恢复系（R）。

③ S（rr）×N（Rr）或 S（Rr）→S（Rr）+S（rr），F_1 表现育性分离。

N（Rr）或 S（Rr）+S（rr）具有杂合的恢复能力，称为恢复性杂合体。

若 S（Rr）自交，能够选出不育系 S（rr）和纯合恢复系 S（RR）。N（Rr）自交，能够选出纯合的保持系 N（rr）和恢复系 N（RR）。由于细胞质基因和核基因的互作，既可以找到保持系而使不育性得到保持，又可以找到相应的恢复系而使育性得到恢复。若一不育系既找到了保持系，又找到了恢复系，称之为三系配套。雄性不育系可以免除人工去雄，节约人力，降低种子生产成本，还可保证种子的纯度。目前水稻、玉米、高粱、洋葱、蓖麻、甜菜和油菜等作物已经利用雄性不育系进行杂交种子的生产。对其他作物的雄性不育系，也正在进行广泛的研究。

2.2 质核型不育系的遗传特点

2.2.1 孢子体不育和配子体不育

孢子体不育是指花粉的育性受孢子体（植株）基因型控制，而与花粉本身所含基因无关。若植株的基因型为 rr，则全部花粉败育；基因型为 RR，全部花粉可育；基因型为 Rr，也是全部花粉可育，尽管有一半的花粉含有 r 基因。杂合体自交后代表现为株间分离。玉米 T 型不育系属于孢子体不育类型。

配子体不育是指花粉育性直接受雄配子体（花粉）本身的基因型所控制。若配子体内的核基因为 R，则该配子可育；若配子体内的核基因为 r，则该配子不育。杂合株的花粉一半可育，一半不育，表现为穗上的分离。杂合体自交后代中，有一半植株上的花粉是半不育的。玉米 M 型不育型属于配子体不育类型。

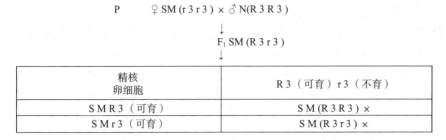

图 3 - 6 配子体不育类型的遗传特点

2.2.2 胞质不育基因的多样性与核育性基因的对应性

同一物种内，可以有多种质核不育类型。由于胞质不育基因和核内不育基因的来源和性质不同，在表现型特征和恢复特性上表现出明显的差异。

普通小麦中有 19 种不同来源的胞质不育基因。这些基因与特定的核内不育性基因相互作用，都可以使雄性不育。

玉米中有 38 种（39 种）不同的质核互作不育性。根据它们对恢复基因的反应，大体可将它们分为 T、S、C 三组。用不同的自交系（恢复系）进行测定，有些恢复系对三组的育性都能恢复，有的只能恢复其中的一组或两组，有的自交系对三组的育性均不能恢复（表 3 - 1）。

表 3 - 1 玉米自交系对 3 组雄性不育细胞质的恢复性反应

自交系名称	细胞质组			恢复特性
	T	C	S	
Ayx187y - 1	恢复	恢复	恢复	能恢复 3 组
Oh43	不育	恢复	恢复	能恢复 2 组
NyD410	恢复	不育	不育	能恢复 1 组
Co150	不育	恢复	不育	能恢复 1 组
Oh51A	不育	不育	恢复	能恢复 1 组
SD10	不育	不育	不育	保持 3 组

对于每一种不育类型而言，都需要某一特定的恢复基因来恢复，也就是说恢复基因有某种程度的高效性或对应性。

这种多样性和对应性实际上是细胞质中和染色体上有许多对应的基因座位与雄配子的育性有关。

若用 N1，N2，N3…Nn 代表细胞质中的正常可育基因，相应的不育胞质基因为 N1→S1、N2→S2、N3→S3…Nn→Sn；同时核内染色体上相对应的不育基因分别为 r1、r2、r3…rn，其对应的恢复基因为 R1、R2、R3…Rn。核内的育性基因若是与细胞质中的育性基因发生对应的互作，r1→R1 对 N1→S1、R2→r2 对 N2→S2 等，每一个体的育性表现决定于有关质核对应基因的互作关系。

2.2.3 单基因育性和多基因育性

核不育型表现为单基因遗传，很少有多基因的报导。质核互作型既有单基因控制的，又有多基因控制的。

单基因不育性是指一对或两对核内主基因与对应的不育细胞质基因决定的不育性。一对或两对显性的核基因就能使育性完全恢复。

多基因不育性是指两对以上的核内基因与对应的胞质不育性共同决定的不育性。核内基因之间有累加效应。不育系与恢复系杂交，表现为数量性状的遗传，F_1 的育性视恢复系携带的恢复因子的多少而有所差异，F_2 的分离范围较广，有育性较好到接近不育等多种过渡类型。小麦的 T 型不育系和高粱 3197A 不育系就属于多基因不育系。

质核互作不育性易受环境条件的影响，尤其是多基因不育性。

2.3　雄性不育的发生机理

胞质基因 S 可能来自突变，也可通过核置换将栽培品种的核通过多次回交法导入远缘的属、种、亚种以及地理远缘品种的胞质中，利用核质间不协调而产生雄性不育性。如水稻野败型、高粱迈罗型、玉米 T 型和 C 型、小麦提莫菲维型和拟斯卑尔脱型等雄性不育系都属于这一类。

雄性不育的发生机理至今仍不很清楚，仅有一些假说，正因为如此，仍吸引着许多科学家在不断地探索。

2.3.1　胞质不育基因的载体

有许多证据支持线粒体基因组是雄性胞质不育基因的载体。也有人认为，有一种决定育性的游离因子，这种因子既可以整合到核内染色体上，又可以进入细胞质中。当它进入 S 型细胞质中时，使个体正常能育，当它进入细胞核中时，则使个体变成恢复系。如果个体中没有这种游离因子，则导致雄性不育。

2.3.2　关于质核不育型的假说

质核互补控制假说认为，细胞质不育基因存在于线粒体上。在正常情况下（N）mtDNA 携带能育的遗传信息，正常转录为 mRNA，并在线粒体内的核糖体上合成蛋白质，从而保证雄蕊发育过程中全部代谢活动的正常进行，最终形成结构、功能正常的花粉。当 mtDNA 上的某个或某些区段发生变异，使可育的胞质基因 N 变为 S 时，破坏了花粉形成过程中的正常代谢，导致花粉败育。mtDNA 发生变异以后，是否一定导致花粉败育，还要看核基因的作用。当核基因为 R 时，携带可育的遗传信息，通过 mRNA，在细胞质核糖体上翻译成蛋白质，使花粉正常可育。当核基因为 r 时，不能形成正常花粉。

只要核质双方有一方携带可育遗传信息，无论是 N 还是 R，花粉都可育。R 可以补偿 S 的不足，N 可以补偿 r 的不足。只有 S 与 r 同时存在时，相互不能补偿，才表现不育。

2.4　质核互作雄性不育性的利用

质、核互作雄性不育系的优点是易于三系配套。基因型为 N（rfrf）的一般栽培品种都可成为保持系，而基因型为 S（RfRf）或 N（RfRf）的栽培品种或杂交选系可成为恢复系。1970 年中国在海南岛崖县（今三亚市）发现野败型水稻不育株，经选用栽培稻品种连续回交数代，育成了野败型不育系，上述轮回亲本便分别成为相应的保持系。此后又经测交筛选，发现 IR24 等引入品种对野败型不育系具有很强的恢复力。此外，还用杂交导入恢复基因等方法选育出一批优良恢复系。

质、核互作不育系在生产利用上比较简便，只要设置两个隔离区，即不育系繁殖区和制种隔离区，就可以生产大量杂交种。现已广泛应用于水稻、高粱、玉米、甜菜、洋葱、蜡烛稗（*Pennisetam glaucum*）等作物，收到了很大的经济效益。但也发现某些不育胞质会带来一些不利影响。例如，玉米 T 型不育胞质是小斑病菌 T 小种专化侵染的对象，美国一度因此受到较大的经济损失；T 型不育胞质使小麦杂交当代种子皱瘪和发芽率降低等。但随着育种研究的进展，这些缺点正在得到克服。质、核互作不育系作为杂种优势利用的有效手段正在日益发挥着重要的作用。

2.5　植物雄性不育细胞质的遗传分类

CMS 有多种不同来源，许多作物已发现数十种甚至上百种 CMS 材料。为了方便研究和应用，有必要阐明这些不同来源的 CMS 材料之间的关系，对 CMS 细胞质进行分类。分类可用不同的标准，这里讨论的是遗传分类。Beckett（1971）最先开展雄性不育细胞质的遗传分类研究。现在用于雄性不育细胞质分类的方法主要有两大类。

一是根据雄性不育恢复基因与细胞质互作分类。

（1）测交法

根据特定恢复基因对特定不育细胞质的恢复专效性原理（如 Rfl 基因只对 S1 细胞质有效，却不能恢复具 S2 细胞质的雄性不育系的育性），利用大量的自交系和纯合的品系对各种来源不同的雄性不育系进行测交，根据 F_1 育性的不同而鉴别雄性不育系的细胞质类型。在实际工作中，可以通过建立测验种（或鉴别系）来区分雄性不育细胞质类型。如果所用的测验种越少，鉴别的 CMS 细胞质类型越多，就越有效。这种方法对孢子体雄性不育和配子体不育均是适用的，而且简单易行，结果可靠。

（2）交叉测交法或共同恢复系法

这种方法只适合于配子体细胞质雄性不育类型，它要求必须具有共同的恢复系。其具体方法有交叉测交法和交叉杂交法两种。

交叉测交法。这种方法是用某一不育系与另一不育系的杂种一代杂交，然后调查其复交 F_1 代育性表现的一种方法。其具体做法如下：不育系（甲和乙）×共同恢复系，得到杂种 F_1 代；交叉测交，即不育系甲×（不育系乙×共同恢复系）和不育系乙×（不育甲×共同恢复系），得到复交 F_1 代；调查复交 F_1 代的育性分离情况。若复交 F_1 代植株间出现育性分离，则说明甲乙两个不育系的细胞质不是同一细胞质；若复交 F_1 群体中无不育株出现，则说明二者的细胞质为同一类型。

交叉杂交法。这种方法是用甲、乙两个不育系与共同恢复系杂交的 F_1 代再相互交配的一种方法，即：（不育系甲×共同恢复系）×（不育系乙×共同恢复系）或（不育系乙×共同恢复系）×（不育系甲×共同恢复系）。其具体做法如下：不育系甲、乙×共同恢复系，得到杂种一代；杂种一代相互交配，得复交 F_1 代；调查所得到的复交 F_1 群体植株的育性表现情况。若复交 F_1 群体中所有的植株可育，则说明甲、乙不育系的细胞质属于同一类型；若复交 F_1 群体中出现不育株，则说明它们的细胞质不是同一类型。

二是直接检测细胞器基因组的分子生物学分类。

应用分子生物学技术鉴别细胞质类型的依据是不同细胞质具有特异细胞器 DNA 序列，合成特异的多肽或蛋白质。细胞器 DNA 通过限制酶切、电泳和分子杂交，线粒体离体翻译蛋白质直接通过电泳，不同细胞质间的差异就能检测出来。

（1）根据细胞器 DNA 酶切片段电泳图谱差异鉴别细胞质类型，如玉米、高粱、水稻的雄性不育细胞质分类。

（2）利用 mtDNA 特异片段进行 Southern 杂交鉴别细胞质类型，如油菜的雄性不育细胞质分类。

（3）根据线粒体离体翻译蛋白质电泳差异鉴别细胞质类型，如玉米、高粱的雄性不育细胞质分类。

（4）根据线粒体质粒状 DNA 差异鉴别细胞质类型，如玉米雄性不育细胞质分类。

综合运用上述各种方法对主要农作物的 CMS 细胞质类型进行了分类，结果见表 3 - 2。

表 3 - 2　主要农作物的 CMS 细胞质类型

作物	主要的 CMS 细胞质类型
油菜	Pol、ogu、nap、tour
水稻	WA、BT、HL
菜豆	Ci、Da、Hq、Mo、Sp
高粱	A1、A2、A3、A4、A5、A6、9E
玉米	T、C、S、Y、EP

3　光温敏核雄性不育的遗传学基础

3.1　光温敏核雄性不育的普通遗传学研究

光温敏核不育系在遗传学上的表现具有多样性，因为不育性是一种十分复杂的光温生态现象，不育基因表达需要有严格的光温条件，而自然条件下的气候又是复杂多变的。国内外学者开展了光温敏核不育水稻包括农垦 58S、安农 S - 1、衡农 S - 1 和 5460S 等各类光温敏雄性不育资源的不育性遗传规律的大量研究，明确了一些基本的遗传规律。

最早研究的水稻光敏核不育系农垦 58S 的育性转换受控于 1 对隐性基因，在长日照条件下，F_2 代可育株与不育株呈 3∶1 分离，与农垦 58S 的回交一代中，可育株与不育株呈 1∶1 分离。雷建勋等研究认为，农垦 58S 的育性转换特性受 2 对独立的隐性主基因控制。盛孝邦则认为，控制农垦 58S 光敏不育系雄性不育性的 2 对基因在不同类型粳稻品种中其互作方式不同，除 2 对主效基因外，还存在温（Tn）、光（Pn）两组微效基因修饰。张启发等研究认为，农垦 58S 的雄性不育性可能受 3 对隐性核基因互补作用共同决定。朱英国等也认为农垦 58S 与早籼品种杂交，可能表现 3 对基因或多基因分离。梅国志等认为，农垦 58S 的雄性不育性的遗传具有质量—数量性状的遗传特点。薛光行等提出还存在强烈的修饰基因的作用。张廷壁等研究认为，光敏雄性不育性不符合孟德尔规律。

李新奇对 W6154S、安农 S - 1、123S、5460S 四个材料的不育性进行了遗传行为研究，认为 4 个核不育材料的育性转换主要受温度控制，日照长短影响不大，且安农 S - 1 的不育性完全由 1 对隐性主基因控制。邓华凤等通过对温敏核不育系安农 S - 1 的遗传学研究表明，安农 S - 1 的不育基因属点突变型，其不育性受 1 对隐性核基因控制，且与农垦 58S 的不育基因不等位。由农垦 58S（粳稻）转育出了一大批光温反应特性不同的光敏、温敏核水育系，由安农 S - 1（籼型）作不育基因供体，也选育出一大批温敏核不育系。陈立云等提出了水稻光温敏核不育机理新设想，认为水稻光温敏不育系中不存在光敏不育基因和温敏不育基因，其育性转换是主效不育基因与发育感光基因或（和）发育感温基因相互作用的结果，即发育感光、感温基因与主效不育基因的互作是导致水稻光温敏核不育系育性转换的实质，而微效不育基因可影响光温敏核不育系的不育起点温度。

综上所述，由于对光温敏核不育水稻的研究采用的供试材料与育性统计方法不同，造成杂交后代 F_2 育性的分离模式多态性，即同一性状因不同品种之间的杂交后代分离有 1 对、2 对、3 对或 3 对以上基因的分离模式。大多数研究结果主要有：（1）单基因遗传模式；（2）双基因遗传模式；（3）多基因遗传模式；（4）质量—数量基因模式；（5）非典型分离模式（也称生态性遗传）。由于采用 F_2 群体进行研究，群体中单株的生育期分离很大，育性诱导阶段所遇光温条件相差甚远，导致对光敏核不育性遗传模式的误判。

3.2　光温敏核不育水稻育性的基因组学研究

目前关于光温敏核不育基因的研究与定位方法主要有形态标记、生化标记和分子标记等方法。张端品等利用农垦 58S 作母本与 22 个粳稻标记基因系杂交，通过分析农垦 58S 的光敏核不育基因与标记基因的连锁关系，将农垦 58S 的一个光敏感雄性不育基因 $pmsl$ 定位在水稻的第 5 染色体上，并与标记基因大黑矮生基因（$d-l$）连锁遗传，遗传距离约为 42 cM。张启发等利用 RFLP 分析检测技术在水稻第 7 染色体 $pms1$ 基因所在区段上构建了一个高密度、低分辨率的分子标记连锁图，其一连锁最紧密的分子标记与 $pmsl$ 的距离 <1.5 cM。胡学应等采用同工酶标记法将光敏不育基因定位于第 6、第 11 染色体上。王斌等利用来源于不育系安农 S – 1 和 5460S 进行 RAPD 和 RFLP 分析，已找到了多个与 TGMS 基因连锁的 RAPD 标记并已定位在第 8 染色体上。Jia 等以"安农 S – 1 × 南京 11"组合的 F_2 分离群体为定位群体，采用 AFLP、RFLP 和 SSR 等分子标记技术，将安农 S – 1 的温敏雄性不育基因定位于第 2 染色体短臂的 RM394 和 RM174 之间，并命名为 $tms5$，其中 RM394 距 $tms5$ 为 2.5 cM，RM174 在该群体中与不育基因共分离。Wang 等以"安农 S – 1 × 南京 11"的重组自交分离群体（RIL）为材料，用 SSR、AFLP、RAPD、STS 和 CAPs 等分子标记技术，将 $tms5$ 定位于第 2 染色体上的 STS 标记 C365 – 1 和 CAPs 标记 G227 – 1 之间，与两者之间的遗传距离为 1.04 cM 和 2.08 cM。这些初步的结果一方面表明不育基因的复杂性，同时也说明定位方法上还有待进一步完善和探索。

学者们已发现并取得定位的光温敏核不育基因有 $pmsl$、pms、$pms3$、$tms1$、$tms2$、$tms3$、$tms4$、$tms5$、$tms6$、$rtmsl$、$Ms-h$、TMS、$TGMS$，反温敏核不育基因仅见 $rptmsl$、rpt-$ms2$ 及 $rtms1$。在分子标记鉴定和基因定位研究基础上，先后构建了温敏核不育水稻 5460S 的 BAC 文库、温敏核雄性不育系水稻 Tb7s 的 cDNA 质粒文库、温敏核雄性不育系水稻培矮 64S 的 BAC 文库。邢俊杰等以不同温度条件下处理的培矮 64S 及两优培九自交后得到的 F_2 群体为材料，从转录水平和翻译水平上分别筛选不育基因相关的 24 个特异表达基因以及 6 个特异表达蛋白质，24 个差异表达 EST，经过功能分析后，发现其与光合作用、DNA 的转录以及植物的生物钟等功能有关，这也反映了水稻育性相关基因研究的复杂性。2011 年由中国主导的 50 个水稻基因组重测序及遗传变异数据库构建顺利完成，为全面了解水稻全基因组的遗传变异特征，实现规模化挖掘优良基因奠定了基础。2012 年中国成功地克隆了光温敏核不育水稻培矮 64S 的温敏核不育基因 $tms12-1$ 和农垦 58S 的光敏不育基因 $pms3$。

（本章编写人：张海清　陈烈臣）

思 考 题

1. 植物雄性不育有哪些表现型？举例说明。
2. 植物雄性不育的鉴定有哪些方法？在实际中如何利用？
3. 药壁组织与雄性不育有何关系？
4. 影响雄性败育时期和过程的因素有哪些？
5. 雄性不育植株花药有哪些生理生化特征？
6. 乙烯和多胺与雄性不育有何关系？
7. 外源施用植物激素对雄性育性表达有何影响？
8. 简述激素与雄性不育的关系。

主要参考文献

1. 刘忠松，官春云，陈社员. 植物雄性不育机理的研究及应用. 北京：中国农业出版社，2001
2. 冯小磊，范光宇，苏旭，等. 植物雄性不育生理生化研究进展. 作物杂志，2012，(3)：6－11
3. 刘忠奇，唐先亮，邓晓娟，等. 水稻光温敏核不育机理研究进展与展望. 作物研究，2011，25（5）：515－520
4. 陈立云. 两系法杂交水稻研究. 上海：上海科学技术出版社，2012

植物杂种优势原理与利用

第四章

雄性不育性三系法杂种优势利用

雄性不育三系是雄性不育系、雄性不育保持系和雄性不育恢复系的统称。雄性器官发育不正常，花粉败育，不能自交结实，雌性器官发育正常能接受外来花粉而受精结实，这种雄性不育特性能稳定遗传的品系叫雄性不育系（简称不育系），其遗传组成为 S（rfrf）（S 代表细胞质不育基因，rf 代表细胞核不育基因）。由于不育系不能通过自花授粉繁衍后代，必须要有一个正常可育的特定品种给不育系授粉才能结实，使不育系的后代仍保持其雄性不育特性，这种能使雄性不育性一代一代保持下去的特定品种称为雄性不育保持系（简称保持系），其遗传组成为 N（rfrf）（N 代表细胞质可育基因）。一些正常可育品种的花粉授给不育系后产生的杂种一代，雄性恢复正常，能自交结实并具有较强的优势，这种能够恢复不育系雄性可育的品种叫雄性不育恢复系（简称恢复系），其遗传组成为 S（RfRf）或 N（RfRf）（Rf 代表细胞核可育基因）。雄性不育三系相互间的关系是：S（rfrf）（♀）×N（rfrf）（♂）→S（rfrf）（F$_1$，不育），S（rfrf）（♀）×N（RfRf）（♂）→S（Rfrf）（F$_1$，可育）。雄性不育系、保持系及恢复系之间的配套应用叫三系法杂种优势利用。植物界普遍存在雄性不育现象，三系法杂种优势利用已在水稻、油菜、小麦、玉米、辣椒、棉花等作物中得到广泛应用，尤其以三系水稻的应用历史最早、最成功。中国在 1973 年成功实现了杂交水稻三系配套，至今三系法杂交水稻占杂交水稻总推广面积的70% 左右。

第一节　质核互作雄性不育材料的发现与创制

质核互作雄性不育材料是三系法杂种优势利用的基础，自然突变和人工创制是获得质核互作雄性不育材料来源的两大途径。

1　自然突变

通过自然突变株的收集与鉴定，是植物质核互作雄性不育材料来源及其利用的重要途径。在水稻、油菜、玉米、辣椒等作物三系法杂种优势利用的过程中，质核互作雄性不育材料的发现发挥了关键作用。

1970 年，李必湖等在中国海南岛崖县的普通野生稻群落中发现了一株雄性不育的自然突变材料，其株型匍匐、叶片窄、茎秆细，分蘖力强，谷粒瘦小，芒长而红，柱头外露发达，花药淡黄色、瘦小、不开裂，内含畸形败育花粉，经鉴定证实为质核互作雄性不育材料。利用该野败不育材料，选育出 20 世纪生产上大面积应用的野败型不育系，如 V20A、珍汕 97A 等，使三系配套法杂交水稻率先在中国大面积应用。

1972 年，傅廷栋从苏联引入的甘蓝型油菜品种波里马群体中首次发现 19 个天然雄性不育株，称为波里马细胞质雄性不育，并在短期内实现了"三系"配套，成为目前世界上应用最广的油菜细胞不育质源。此外，Ogura（1968）在日本鹿尔岛的一个日本萝卜群体中发现了天然雄性不育株，成为萝卜（*Raphanus sativus*）胞质雄性不育型的来源。

玉米胞质雄性不育（cytoplasmic male sterility，CMS）最早发现于 1930 年（Rhoades M M，1930），1932 年苏联在黄硬粒地方品种中发现 C 型 CMS 材料，1937 年又发现了 S 型 CMS 材料 USDA，1944 年在美国 Mexican June 地方品种中发现并定名了 T 型 CMS。迄今为止，已发现的玉米 CMS 材料有 100 多种。依据育性恢复专效性原理将发现的各种 CMS 进行了分类（表 4－1）。玉米 T 型细胞质不育系的杂种优势利用曾于 20 世纪 60 年代在美国普及，但由丁遭受玉米小斑病 T 小种的专化侵染被迫停止。70 年代先后选育并研制玉米其他不育型的利用方式。中国自 70 年代后期开始利用 C 型、S 型雄性不育材料，目前在生产上大面积应用的主要为 S 型（唐徐、双、EL）胞质不育系。

表 4－1　玉米 CMS 材料分类（孙庆泉等，2003）

组群	CMS 材料名称
S 型	S（USDA）、B、CA、D、E、EK、F、G、H、I、J、K、L、M、ME、ML、MY、PS、R、S、SD、TA、TC、VG、W、唐徐、双、徐远小黄、大黄、二咸……
T 型	T（Texas）、HA、P、Q、RS、SC、IA、7A、17A……
C 型	C（Charrua）、Bb、E、Es、PR、RB……

辣椒雄性不育主要来源于自然突变，目前国内外报道的辣椒雄性不育系多数是自然突变株转育而成。Peterson（1958）最早在小果型红辣椒 USDA PI164835 野生材料中发现天然雄性不育株，随后 Shifriss 等（1971）、Novak（1971）、Ohta（1973）、Hirose（1975）、Murty（1979）等相继有雄性不育株发现的报道。在国内，杨世周等（1984）最先从向阳椒后代中发现一颗雄性不育株（8021A）；徐毅等（1985）在邵阳线椒中找到天然雄性不育源 81－1A；沈火林等（1994）从 8663 株系中发现天然雄性不育株 8907A；赵华仑等（1995）从国外材料 Lanes 中发现不育株并转育了 21A、8A 和 17A；戴祖云（1996）从国外极晚熟羊角椒材料中发现不育株并转育成 93－13A、92－33A 和 92－32A；王兰兰（1998）在 9108 株系中发现天然雄性不育株 8A；邹学校等（2000）在 21 号牛角椒中发现不育株 9704A，等等。

此外，大豆（马国荣等，1993）、棉花（曾慕衡，1995）等作物中也有质核互作雄性不育自然突变材料的报道。

2　人工创制

2.1　杂交创制

通过杂交方式创造雄性不育材料是目前获得植物质核互作雄性不育资源的主要途径，根据物种亲缘关系的不同，包括远缘杂交、亚种间杂交、不同类型品种间杂交等。在水稻、小麦、棉花、玉米、油菜等作物的杂种优势利用中，杂交方式创制雄性不育性发挥了重要作用。

2.1.1　远缘杂交

1958 年，日本东北大学的胜尾清利用中国红芒野生稻与日本粳稻品种藤坂 5 号杂交，从杂种后代中获得了雄性不育株，并进而培育成了具有中国红芒野生稻细胞质的藤坂 5 号不育系。1969 年，美国加州大学的 J. R. Ericson 用"非洲光身稻"作母本，分别与美国的 3 个粳稻栽培品种 Caloro、Calrosa、Colusa 杂交，获得了质核互作光身型不育材料。20 世纪 70 年代，我国的许多研究机构利用各种生态类型的普通野生稻与普通栽培稻杂交，培育出了具有各种野生稻细胞质的水稻雄性不育系（表 4 - 2）。

表 4 - 2　利用普通野生稻/栽培稻获得的主要细胞质雄性不育材料（袁隆平等，2002）

材料名称	杂交组合	培育单位	育成年份
广选 3 号 A	崖城野生稻/广选 3 号	广西农业科学院	1975
六二 A	羊栏野生稻/六二	广东肇庆农业学校	1975
京育 1 号 A	三亚红野/京育 1 号	中国农科院作物所	1975
莲塘早 A	红芒野生稻/莲塘早	武汉大学	1975
二九青 A	藤桥野生稻/二九青	湖北省农业科学院	1975
金南特 43A	柳州红芒野生稻/金南特 43	广西农业科学院	1976
柳野珍汕 97A	柳州白芒野生稻/珍汕 97	湖南省农业科学院	1974
广选早 A	合浦野生稻/广选早	湖南省农业科学院	1975
IR28A	田东野生稻/IR28	湖南省农业科学院	1978

小麦是自花授粉作物，过去一直认为难以利用杂种优势。1962 年美国 J. A. Wilson 与 W. M. Ross 以提莫非维小麦（*T. timopheevi*）为母本，普通小麦 Bison 为轮回亲本连续回交，得到了提型胞质 Bison 不育系，并同时利用提莫非维的恢复基因育成普通小麦 Marquis 恢复系，实现了三系配套。此后几年，提莫非维细胞质普通小麦细胞核的雄性不育系（T 型 A 系）被迅速传播到许多国家，成为当时世界各国研究小麦杂种优势利用的主要材料。20 世纪 60 年代后期，中国贵州农学院的张庆勤利用通北野燕麦与普通小麦杂交，育成了 Q 型不育系，为探索新型小麦雄性不育三系的利用创造了新的基础材料。

棉花质核互作雄性不育最早是通过远缘杂交方式实现的。1961 年，Richmond 等利用亚洲棉变种×瑟伯氏棉（*G. thurberi*）的双二倍体与陆地棉进行杂交，获得雄性不育材料。随后，Meyer 通过陆地棉与哈克尼西棉（*G. harknessii*）种间杂交，然后分别用岱字棉 16 和 Delcot277 回交，育成了具有哈克尼西棉细胞质的质核互作雄性不育系 DES - HAMS277 和 DES - HAMS16（D2 - 2）及其相应的恢复系，在世界上首次实现了棉花的三系配套。随后，Stewart JMCD（1992）采用类似方法育成了具三裂棉（*G. trilobum*）胞质的不育系 D8ms 及相应恢复系 D8mf；同时，还先后育成了具亚洲棉（*G. arboreum* L.）、异常棉（*G. anomalum*）等胞质基础的雄性不育系。我国棉花质核互作雄性不育系研究起步较晚，但在较短时期内，通过棉花种间远缘杂交，实现了三系配套。1996 年，袁钧等从（陆地棉×瑟伯氏棉）×（亚洲棉×陆地棉）种间杂交后代选育出晋 A 雄性不育系，不育彻底，一般陆地棉均可作为其保持系，实现了三系配套。此外，华金平等（2003）和范万发等（2008）分别利用远缘杂交和海陆杂交筛选到稳定的胞质雄性不育系，均实现了三系配套。

大豆细胞质雄性不育的研究主要集中在中国。1983年，孙寰等启动了大豆的远缘杂交技术，目的之一是选育细胞质雄性不育系。其在全国设立6个杂交圃，南起福建泉州，北至吉林省公主岭，横跨19个纬度。1985年，发现"栽培大豆167（汝南天鹅蛋）/野生大豆035（5090035）"的F_1高度不育。正反交实验表明，167含有不育细胞质，经5代核置换回交，于1993年育成了RN型细胞质雄性不育系OA及同型保持系OB，1995年实现了三系配套。

2.1.2 亚种间杂交

亚种间杂交创制质核互作雄性不育材料主要应用在水稻领域。1966年，日本学者新城长友用印度籼稻品种"Chinsurah Boro Ⅱ"与中国台湾的粳稻品种"台中65"杂交，获得不育材料，再用"台中65"与不育材料连续回交，育成了DT型台中65不育系。

1969年，中国学者李铮友在粳稻品种"台北8号"与云南高海拔地方籼稻品种审粉的后代植株中发现不育株，并用云南地方粳稻品种"红帽缨"连续回交，育成了中国第一个稳定的粳稻不育系——滇1型不育系。此后，中国学者用东南亚籼稻、中国南方籼稻地方品种及云贵高原籼稻与粳稻品种杂交，获得了一大批雄性不育材料（表4-3）。

表4-3　利用籼粳交方式选育的雄性不育材料（杨仁崔等，1996）

核置换类型	细胞质来源	细胞核来源	CMS类型	不育系来源
籼稻×粳稻	云南高海拔籼稻	红帽缨	滇1	云南
	峨山大白谷	红帽缨	滇3	云南
	钦苏拉·包罗Ⅱ	黎明	BT	辽宁
	包胎矮	红帽缨	滇5	云南
	春190	红帽缨	滇7	云南
	胜利籼	新西兰	南新	湖南
	Li Up	京引83		江苏
	田基度	藤坂5号	田藤	湖北
	IR24	秀岭	辽	辽宁
	井泉籼糯	南台粳	井	福建
	莲塘早	黎明		湖北
	神奇	农垦8号		福建
	矮禾水天谷	安农晚粳	矮	湖南
	印尼水田谷6号	坪壤9号	印水	湖南
	印尼水田谷7号	安农晚粳	印水	湖南
	秋谷矮2号	安农晚粳	秋	湖南
	泰国稻选	安农晚粳	泰	湖南
	圭陆矮8号	安农晚粳	圭	湖南
粳稻×籼稻	科情3号	台中1号	滇8	云南

2.1.3　不同生态类型或地理上远距离品种间杂交

利用不同生态类型或地理上远距离的同物种品种间杂交，是创制质核雄性不育材料的重要途径。在水稻、高粱、油菜等作物中得到广泛应用。

1972 年，国际水稻研究所用我国台湾省籼稻"台中本地 1 号"作母本，与印度籼稻"Pankhari 203"杂交，获得不育材料，用"Pankhari 203"回交，育成了 Pankhari 型不育系。中国在采用地理远距离品种间杂交创制不育材料方面做了大量富有成效的工作，利用籼籼交或粳粳交，创制了一批胞质雄性不育材料（表 4－4）。如四川农学院用原产西非的籼稻品种冈比亚卡（Gam Biaka Kokum）与中国长江流域的早籼品种矮脚南特杂交，后代中产生不育株，育成了冈型不育系；广东省水稻杂种优势利用协作组用饶平矮/广二矮的杂交不育后代育成了 228 型不育系；湖南省农业科学院用地理远距离籼稻品种杂交，在印尼水田谷 6 号/珍鼎 28、IR665/圭陆矮 8 号、古 Y－12/珍汕 97、秋塘早 1 号/玻粘矮等组合中均获得了质核互作雄性不育材料，并分别育成了不育系。亲缘关系比较远的不同生态型粳稻间杂交也可以创制雄性不育材料，如云南农业大学用古老农家高原粳稻昭通背子谷和现代粳稻品种科情 3 号杂交，正、反交均获得了不育株，分别育成了滇 4 和滇 6 型不育系；用麻早谷与农台迟杂交，育成了滇 2 型不育系。

表 4－4　水稻品种间杂交创制的不育细胞质类型

核置换类型	不育细胞质来源	细胞核来源	CMS 类型
籼稻 × 籼稻	冈比亚卡	朝阳 1 号、矮脚南特	冈
	饶平矮	广二矮	228
	Dissi	珍汕 97	D
	古 y－12	珍汕 97	古
	印尼水田谷 6 号	珍鼎 28	印尼
	莲塘早	Vasvasiatata	莲引
	金南特 43b	朝阳 1 号	金野
	朝阳 1 号 c	朝阳 1 号	朝 5
	秋谷矮 2 号	珍科	秋谷矮
	沙县逢门白	军协	沙县逢门白
	IR665	株选早	IR66
	秋塘早 1 号	V41	秋塘早
	平鉴	珍科	平鉴
粳稻 × 粳稻	昭通背子谷	科情 3 号	滇 4
	科情 3 号	昭通背子谷	滇 6
	麻早谷	农台迟	滇 2

高粱雄性不育植株早在 1929 年就被人们所发现，但经过 20 余年的研究，利用许多方法均未能将雄性不育性状固定下来。Stephens 和 Holland 在 20 世纪 50 年代，在西非高粱双

矮生黄迈罗为母本与南非高粱得克萨斯黑壳卡佛尔作父本的杂交后代中，发现了质核互作雄性不育材料，经过回交转育育成了世界上第一个可遗传的雄性不育系319A及保持系319B，使高粱的杂种优势利用成为可能。1978年，美国高粱育种家Schertz和Ritchey用IS12662C和IS5322C杂交，在F_2代中分离出不育株，用IS5322C成对回交，育成了第一个非迈罗高粱细胞质雄性不育系——A2Tx2753，其细胞质属于顶尖族（Caudutum race）的顶尖－浅黑高粱群（Caudutum – nigricans Group），产自埃塞俄比亚；细胞核IS5322C源自几内亚族（Guinea race）的罗氏高粱群（Roxburghii Group），产自印度。

1976年，中国陕西渭南农业科学院李殿荣，从来源于欧洲的甘蓝型菜油品种S74 – 3与本地甘蓝型品种丰收4号与7207的复交后代中发现雄性不育株，并于1982年育成了不育系陕2A、保持系陕2B及恢复系垦C – 1、垦C – 2等，实现了油菜三系配套。1983年育成的双高（高芥酸、高硫苷）杂种"秦油2号"（陕2A/垦C – 1）是国际上第一个通过品种审定且大面积应用于生产的三系油菜杂交种。

利用不同生态类型或地理上远距离品种间杂交创制雄性不育材料，应注意以下规律：（1）进化阶段比较低，分布在低纬度、低海拔地区的材料，在细胞质中含有不育胞质基因（S）和核内可育基因（Rf）的可能性比较大，在杂交中适合作母本；（2）进化阶段比较高，分布在高纬度和高海拔地区的材料，含有可育的胞质基因（N）和不育核基因（rf）的可能性大，适合作杂交的父本。根据上述原则配制杂交组合时，父母本差异越大，越容易获得不育系；差异越小，获得不育系材料越难。但差异过大，也会造成不育系的恢复系来源少，不便于三系配套。用与当地品种亲缘关系较近，而进化阶段较低的品种作母本，用当地品种作父本，可能获得恢复系较多的不育材料。

2.2 诱变创制

2.2.1 化学诱变

化学诱变是采用化学诱变剂处理植物种子或植株，诱发质核内的育性基因发生不育性突变，产生质核互作雄性不育材料。常用的化学诱变剂有秋水仙碱、甲基磺酸乙酯（EMS）、乙烯亚胺（EI）、硫酸二乙酯（DES）、亚硝基乙尿烷（NEU）和抗生素等。D. F. Petrov等（1971）、G. W. Burton等（1982）、C. C. Jan等（1988）利用链霉素和丝裂霉素等抗生素分别在玉米、珍珠粟和向日葵等作物上诱导获得了稳定的细胞质雄性不育系。1994年，北京农业大学孙其信等利用链霉素诱导小麦产生了细胞质雄性不育系。一般而言，化学诱变产生的雄性不育以核不育类型居多，质核互作类型较少。受诱导频率、化学试剂毒性等因素影响，此法应用不多。

2.2.2 物理诱变

物理诱变是利用X射线、γ射线、快中子和激光等物理因素处理植物种子、幼穗等器官，诱发产生雄性不育突变的一种有效方法。在小麦、玉米、高粱、辣椒等作物中均取得了一定进展。中国农科院原子能所利用电子束和中子辐照等技术，培育了稳定的小麦细胞质雄性不育系85EA和原辐A，并已实现三系配套。河北农科院旱作所赵风悟等（1988）用γ射线处理普通小麦翼麦21和法307，在M_1代诱导出雄性不育株，经连续回交，选育出8101A和辐4A两个稳定的细胞质雄性不育系。

玉米雄性不育性的诱发与利用在国内成效较突出。辽宁省昭乌达盟农科所以20kR[60]

Coγ射线辐照品种间杂交种赤交 26 的 F₁ 种子，于 1963 年选育出细胞质雄性不育系 26A，同它组配的杂交种赤单 4 号曾在生产中发挥重要作用。辽宁省农科院育种所玉米室（1981）用 25kR^{60}Coγ 射线辐照玉米杂交种 K24 – 3 – 2 × 替 423 的 F₁ 种子，从以辽金 107 为轮回父本的回交后代中选育出稳定遗传的细胞质雄性不育系辽金 107L2。研究表明，该不育系对 T 小种小斑病表现高度抗性，且不同于现有的 T、M、C 及双 26A 型不育胞质，增强了玉米 CMS 的多样性。

在其他植物胞质雄性不育材料诱导方面，吉林农业大学陈学求等（1980，1989）通过^{60}Coγ 射线诱导创制出中国高粱 CMS 系吉农 101A 和吉农 105A，已用于优势组合筛选。Daskaloff（1968）将保加利亚辣椒品种 Pazardjiska Kapia No.794 的干种子用 X 射线照射处理，得到了 M₂ 雄性不育突变体，并育成了不育系。1986 年，日本学者利用 10kR 的 X 射线处理带有 CMS 基因的烟草原生质体，再与未经照射处理的正常烟草原生质体配合，选育出了稳定遗传的细胞质雄性不育烟草，成功实现了烟草 CMS 基因的转移。

第二节　质核互作雄性不育系与保持系的选育

1　雄性不育系的选育

1.1　选育细胞质雄性不育系的标准

雄性不育系是选配杂交组合的基础，一个优良的雄性不育系必须具备以下几个条件：

（1）不育性稳定。雄性不育系的不育性不因保持系多代回交而使不育性变化，也不因环境条件的变化而使不育性发生波动。

（2）可恢复性好。指恢复系的恢复谱广，用其配制的杂交组合结实率高而稳产，不会由于环境条件方面的原因而影响结实率。

（3）配合力好。配合力的强弱与双亲的遗传距离和血缘关系有关，适当加大不育系和恢复系之间在主要性状上的遗传差异，且性状能够互补，容易组配出强优组合，是一个优良不育系具备好的配合力的重要条件。

（4）异交习性好。异交性包括花器结构大小、开颖角度、开花习性、柱头生活力等，异交性好的不育系有利于异交授粉，提高制种产量。

（5）抗性强，适应性广。对主要病虫害表现一定抗性，且具有较广的生态适应性，有利于选配抗性强、生态适应广的杂交组合。

1.2　细胞质雄性不育的核代换回交转育原理与方法

各种方法创制的雄性不育材料在生产应用之前，往往在农艺或经济性状方面存在某些不足，大多不能直接应用，需要进行遗传改良。同时，为不断提高作物的产量或品质，也需要对生产上利用的不育系进行改进和提高。对已有胞质雄性不育材料（系）进行核代换回交转育是培育新的同质不育系最有效、最经济的方法。

核代换回交转育的基本原理：选取候选保持系的品种作父本与拟改良不育材料（系）杂交，通过连续多代回交、选择，将不育系的细胞核置换为轮回亲本候选保持系的细胞核，培育出与改良不育系同类型细胞质但细胞核不同的新不育系。

转育方法分三步：第一步：测交筛选。选用性状符合育种目标的常规品种（系）或人工制保材料为父本，与胞质互作型雄性不育株或不育系杂交，根据测交 F_1 花粉败育情况决定是否回交，F_1 必须表现完全不育。

第二步：择优成对回交。在测交 F_1 出现的不育株中，选择不育度高、花粉败育的单株作母本，再与父本成对回交，并将成对回交父母本种子成对收获保存。

第三步：连续回交选择。将上年成对回交的父母本种子分别相间种植，选择不育性好，性状表现像父本的植株进行连续回交，直到后代群体全部不育而且育性稳定，其他性状完全像父本并且整齐一致不再分离为止，即可转育成新的不育系。下面以高粱原新1号A的选育，说明核代换过程（图4-1）。

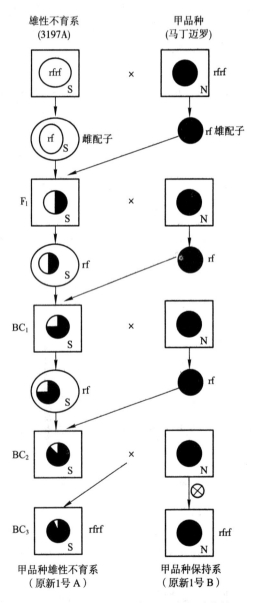

图4-1 不育系回交转育核代换图解（郭平仲等，1987）

回交选育不育系的群体大小依据使用的轮回亲本不同而有所区别。按理论计算，一般回交到 BC_2，母本核物质被完全置换的概率是 1.56%，即在 300～400 株的 BC_2 群体中，能找到 5～6 株与父本完全同型的回交后代。回交这些单株，BC_3 就可完成转育过程，形成稳定的新不育系。若 BC_2 群体达到 300～400 株有困难，那么到 BC_3 时只要群体达到 50～100 株，也会找到 5～10 株被完全核置换的单株（概率 12.5%）。由于 BC_3 中被完全核置换的概率较高，有经验的育种工作人员一般在 BC_4 代就可以转育成新的不育系。在实际育种工作中，为更加快捷、准确，一般从 BC_2 到 BC_3 每个组合应维持 5～10 个回交株系，每个株系种植 20～30 株；在 BC_3 对所有株系进行各种性状的全面鉴定。选择最优株系扩大 BC_4 群体，群体一般要求 1 000 株左右，并对各种性状的整齐度和育性进行鉴定，如各项指标均符合不育系要求，即可投入生产试验。

对某些优良的保持材料，有希望育成不育系的，为了缩短育种时限，也可在其还处于低世代分离阶段就开始测交转育，然后对测交后代和父本进行同步选择、稳定。但这要求父本和子代都保持较大的群体，而且要增加回交父本株系，否则难以达到选育目标。父本在低世代各株系应保持的群体大小，可视父本材料的分离情况而定。分离大的群体应适当增大，随着世代增高，符合育种目标的单株分离得越来越多，可相应缩小群体并舍弃较差的株系。对于用性状差异很大的亲本杂交选育保持系的低世代材料，由于它们会在相当多的世代中出现严重分离，一般不宜进行同步稳定转育。

2 雄性不育系育性与其他性状选择鉴定

2.1 雄性不育系不育花粉的形态分类

雄性不育系花药中的花粉发育不正常，畸形或完全退化的现象称花粉败育。按花粉败育形态一般可分为无花粉型、典败型、圆败型和染败型四种，各类型特征如下（表 4-5）：

（1）无花粉型。这种不育材料的花药瘦小，色淡黄，不开裂，花药内没有或只有极少数败育的花粉粒。其花粉败育有两种：其一，花药的造孢细胞不能发育成花粉母细胞。造孢细胞以细胞核出芽方式进行无丝分裂，形成两个子细胞，接着继续以这种方式不断分裂，越分越小，最后消失。其二，造孢细胞虽能发育成花粉母细胞，进行减数分裂，但到二分体或四分体时，以细胞核出芽的方式分裂而消失。例如湖南的水稻 C 系统不育材料、辣椒雄性不育系 8214A 等均属于此类型。

（2）典败型。花粉形态不规则，呈梭形、三角形等，遇 I-KI 溶液不染色。花粉败育主要发生在单核花粉形成阶段的不同时期，亦称单核败育型。水稻野败型不育系、玉米 T 群、S 群和 C 群不育系等属于此类型。

（3）圆败型。花粉呈圆形，对 I-KI 溶液反应不染色。花粉败育主要发生在双核花粉发育阶段的不同时期，亦称双核败育型。水稻的红莲型不育系等属于此类型。

（4）染败型。花粉呈圆形，对 I-KI 溶液呈部分染色或浅染色反应。花粉败育主要发生在三核花粉发育阶段的不同时期，亦称三核败育型。水稻的 BT 型不育系等属于此类型。

表 4 – 5　水稻败育型花粉与正常花粉的比较

项目	典败型	圆败型	染败型	正常可育
花粉形状	不规则形	圆形	圆形	圆形
遇碘反应	不染色	不染色或少量浅蓝色	蓝色或染色不均匀	蓝黑色
套袋自交结实情况	不结实	不结实	不结实	结实

2.2　雄性不育系不育性的鉴定方法

对各种植物雄性不育材料进行育性鉴定是其利用的前提条件，一般采用植株形态、花粉育性镜检和套袋自交鉴定等方法。

（1）植株形态鉴定

植株形态鉴定是指对雄性不育材料从株型、分蘖（枝）、穗（果）型、花型、花药、花时动态等方面进行初步鉴定，不同作物性状侧重点不同（表 4 – 6 至表 4 – 8）。应指出的是，植株形态鉴定仅能对不育材料进行初步定性鉴定，要断定一个不育材料是否有利用价值，还需与花粉镜检、套袋自交等方法相结合。

表 4 – 6　水稻雄性不育系与雄性不育保持系植株形态比较

性状	不育系	保持系
株型	较紧凑，植株较矮	较松散，植株较高
分蘖特性	分蘖力较强	分蘖力较弱
抽穗开花时间	花时较长，较分散	花时较短，较集中
穗颈表现	抽穗卡颈	吐颈正常
花药特征特性表现	瘦小、干瘪、白色或淡黄色水渍状，不开裂	肥大、饱满、黄色、开裂

表 4 – 7　玉米雄性不育系与雄性不育保持系植株形态比较

性状	不育系	保持系
雄穗	不发达	发达，松散
小穗着生	在主轴上着生稀而扁平	饱满而个体大
颖花开放	关闭，不开放	开放，花丝伸长
花药形态	短小，干瘪，浅褐色，不伸出颖片外，不开裂	大而饱满，黄绿色，开花时伸出颖片，开裂散粉
花粉	无花粉或花粉败育，不散粉	花粉量很多，散粉

表 4 – 8　油菜雄性不育系与雄性不育保持系植株形态比较

性状	不育系	保持系
花蕾	瘦小，色浅	肥大饱满，色深
花瓣	较小，基部较细，色浅	较大，色深
花药	短小，约为正常的 1/2，顶端无钩，白色	较长，肥大，鲜黄色
雌蕊	较短，呈短颈瓶状，色浅，形状略弯	较长，呈长颈瓶状

（2）花粉镜检

选取即将开花的穗或花序，从中选择花药已伸长达到颖壳（或花蕾）2/3 的花朵 3 ~ 4 个，剥开内外颖花（或花瓣）；从每朵花中取花药 3 个左右作镜检制片。将花药分别置于载玻片上，用镊子轻轻捣碎，滴上一小滴 1% I – KI 溶液染色，去掉药壁后，盖好玻片，用吸水纸吸去多余的 I – KI。将制好的玻片置于 100 倍显微镜下观察。每片各选择有代表性的视野 2 ~ 3 个观察花粉粒的形状和染色反应，正常花粉因有较多淀粉粒，遇 I – KI 呈紫黑色圆形状，不正常花粉则染色浅或不染色。计数每个视野内不育花粉粒的数量，可计算不育花粉的百分率，最后根据不育花粉率，判定花粉不育等级（表 4 – 9）。

不育花粉率（%）＝不育花粉粒数/总花粉粒数 × 100

表 4 – 9 水稻花粉不育性分级标准

不育等级	正常可育	低不育	半不育	高不育	全不育
不育花粉率/%	< 50	50 ~ 69	70 ~ 94	> 95	100

（3）套袋自交法

套袋自交法是鉴定育性最准确、最可靠的方法。即在不育系中选取刚抽穗或尚未开花的花序 10 个，每穗或花序 5 ~ 10 朵花，套上羊皮纸袋，用回形针固定让其自交结实。15 天后取掉纸袋，分别统计其自交结实情况。凡套袋的株（穗）有一粒结实的就判定为结实株（穗），再计算不育株（穗）率和不育度。

$$不育株（穗）率（\%）＝\frac{不育株（穗）数}{套袋总株（穗）数} × 100$$

$$不育株度（\%）＝\frac{不育花（朵）数}{总花（朵）数} × 100$$

最后根据不育度，确定不育度等级（表 4 – 10，表 4 – 11），不同作物不育系不育度的等级划分稍有不同。

表 4 – 10 水稻、油菜不育系不育度分级标准

不育等级	全不育	高不育	半不育	低不育	正常可育
水稻不育度/%	100	90 ~ 99	50 ~ 89	20 ~ 49	< 20
油菜不育度/%	100	> 80	50 ~ 80	10 ~ 50	< 20

表 4 – 11 玉米雄花育性分级标准

级别	雄花育性	育性分类
0	花药不外露，无花粉或花粉败育	全不育
1	花药外露 5% 左右，花药干瘪，花粉败育	高不育
2	花药外露 25% 以下，花药小，半开裂，有少量可育花粉	半不育
3	花药外露 50% 以下，花药稍小，半开裂，有较多可育花粉	半可育
4	花药外露 75% 左右，花药饱满，正常散粉，有少量败育花粉	高可育
5	花药全部外露，花药饱满，正常散粉	全可育

2.3 雄性不育系其他性状的选择

一个优良的不育系除了具有不育性稳定、不育株率和不育度都达到100%以外，还要求具有农艺性状好，且整齐一致，柱头外露率高，开花习性良好，有利于提高制种产量等特性。不同作物按其应用的要求不同，对不育系的其他性状要求不同。例如水稻胞质雄性不育系要求：① 株叶形态良好，剑叶不披长，分蘖力强，株高为矮秆或半矮秆株型；② 开花习性好，花时集中，开颖角度大，开花时间长；柱头外露率高，外露柱头生活时间长；③ 配合力好，恢复谱广，容易选配强优组合；④ 米质好，包括外观品质、蒸煮品质、营养品质等具有较突出的特性；⑤ 抗性好，对当地的主要病虫害表现多抗，至少抗1~2种主要病虫害。

3 雄性不育保持系的选育

3.1 测保筛选的原理与方法

质核雄性不育保持系主要从栽培品种、人工杂交后代材料中测保筛选而来。测保筛选的原理与方法：当发现雄性不育株后，用生产上的栽培品种或人工杂交后代材料分别与不育系测交。分别采收和种植每个测交组合及父本的单株种子，在 F_1 开花时，对花粉育性分别镜检，若群体植株均为可育花粉，则确定测交父本不能用作保持系，应予淘汰；若 F_1 群体植株花粉有分离，则选择具有雄性不育特征而套袋自交不育的植株，从 F_1 雄性不育测交组合的父本品系内，再选一些单株分别给它们的 F_1 不育株授粉。种子成熟后分别采收，然后将杂种及其父本按系谱配对编号、种植，并继续选择和回交4~6次后，便可转育成与保持系各种性状相似的新不育系，其父本便是保持系。以水稻红莲型不育系的选育，说明测保筛选原理（图4-2）。值得注意的是，用栽培品种测保应保持一定的遗传隔离。一般来说，同一生态类型的品种中难以找到保持系，而不同地理生态条件的品种中相对容易找到保持系。例如，长江流域的早籼稻品种对来源于东南亚的不育材料普遍具有保持能力。

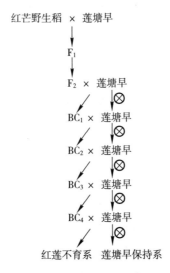

图4-2 保持系测保筛选图解（朱英国，1974）

3.2 雄性不育保持系的选育

一个优良的保持系应具有株叶形态良好、配合力强、抗性好、品质优、异交习性好、散粉能力及保持力强等优点。从栽培品种中测保筛选获得的保持系往往难以达到上述标准，人工制保是选育保持系的主要途径，包括杂交选育、回交转育两种方法。

杂交选育：指利用现有的保持系与一个或几个优良亲本杂交，在其后代中选择新的保持系。根据杂交方式，可以分为单交和复交两种类型。例如水稻保持系新香 B 由 V20B 和香 2B 单交选育而成（图 4-3）。香 2B 品质优良，但保持能力差，所转育的不育系香 2A 育性不稳定，难以在生产上应用，用保持性能较好的 V20B 与香 2B 杂交，于其后代中选育的新香 B，不仅品质优良，而且保持性能良好。再如水稻优质保持系 Q2B，采用金 23B/中九 B//58B/Ⅱ-32B 的复交方式，从后代群体中选优良单株与野败细胞质回交选育而成（图 4-4）。

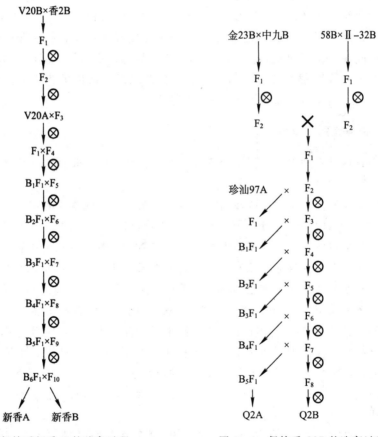

图 4-3 保持系新香 B 的选育过程
（周坤炉等，1995）

图 4-4 保持系 Q2B 的选育过程
（李贤勇等，2004）

回交转育：指用一个具有某一优良特性的非轮回亲本与需要改良的保持系（轮回亲本）杂交并连续回交，以达到改良轮回亲本保持系的某一性状的选育方法。例如水稻抗稻瘟病保持系广抗 13B，就是用抗稻瘟病的保持系福伊 B 为母本与保持系 K17B 杂交，将广谱抗性基因与强配合力基因有效聚合，后代材料经稻瘟病重发区自然诱发抗性鉴定并进行连续多代择优回交选育而成。

第三节　三系法恢复系的选育及杂交组合选配

1　雄性不育恢复系的选育

1.1　优良恢复系的标准

不同作物雄性不育恢复系的选育具体指标虽有所不同，但有一些共性标准，包括：① 恢复力强，所配组合育性恢复正常、结实率高且稳定；② 一般配合力好，与多个不育系配组，杂种优势明显；③ 开花习性好、花粉量足；④ 抗性较强，适应型广；⑤ 品质较优。

就水稻而言，恢复系的选育标准一般是：① 株叶形态优良，株高适宜，分蘖力强，穗粒结构合理，结实率高，丰产性好，米质优；② 恢复力强，所配杂种组合在不同年份、不同季别种植，结实率波动性小且稳定；③ 开花习性好，花期较长，花药肥大，花粉量充足，开花时间集中；④ 适应性广，对光温反应不敏感，不同年际间同一季别种植，生育期的变化幅度小；⑤ 一般配合力好，与多个不育系配组，杂种优势明显；⑥ 耐肥抗倒，抗或中抗稻瘟病、白叶枯病和稻飞虱等主要病虫害。

1.2　恢复系的选育方法

雄性不育恢复系的选育包括测交筛选、杂交选育、回交转育、理化诱变等方法。

1.2.1　测交筛选

测交筛选是利用原始材料或栽培品种与不育系杂交，观察并测定 F_1 的结实率和杂种优势情况。如 F_1 结实率高，说明该材料具有好的恢复性，杂种优势大则说明配合力高，经进一步复测后就可以成为该不育系的恢复系。测交筛选一般分为初测和复测两步。

初测：从符合育种目标的原始材料、品种（系）中选择典型单株与目标不育系进行成对杂交，每对杂交的种子一般要求 30 粒以上。成对杂交的杂种（F_1）和父本相邻种植，杂种和父本各种植 10 株以上，单本插值。并简单地记录生育期等主要经济性状，开花期检查杂种的花药开裂情况及花粉充实度，若花药开裂正常，花粉充实饱满，成熟后结实性好，表明该品种（系）具有恢复能力。若杂种（F_1）的育性或其他性状如生育期等有分离，则表明该品种（系）还不稳定，对于这类品种（系）是继续测交，还是淘汰，视杂种的表现而定；若杂种（F_1）优势明显，其他性状又符合育种目标，可从中选择多个单株继续进行成对杂交，直到稳定为止。

复测：经初测鉴定具有恢复力且其他性状无分离的品种（系），可进行复测。复测的杂交种子要求 150 粒以上，杂种（F_1）种植 100 株以上，并设置对照品种。详细记录生育期及其他经济性状。成熟时考察结实率，如结实正常表明该品种（系）确有恢复力。对结实性好，杂种优势表现突出的杂种要进行测产。结合生育期、产量及其他经济性状综合评价后，淘汰那些杂种（F_1）优势不明显、产量极显著低于对照品种和抗性差的相对应的品种（系）。经复测后当选的杂种（F_1）相对应的品种（系），便可作为恢复系利用。

测交筛选选育恢复系方法简单、育种年限短，是作物选育恢复系及筛选恢复资源的经济、有效方法。20 世纪 70 年代，水稻野败型不育系培育成功后，采用这种方法，从东南亚品种中成功筛选出了一批具有恢复力的品种，如 IR24、IR26、IR661、泰引 1 号、古154 等，为三系法杂交水稻的配套推广应用奠定了基础。杂交高粱恢复系如三尺三、康拜因 60、鹿邑歪头、大花蛾等也是利用这种方法从高粱原始材料中筛选获得。

1.2.2 杂交选育

通过杂交方式对已有恢复材料进行遗传改良，是选育新恢复系的主要方法之一，已在作物中得到广泛应用。杂交选育新恢复系，在亲本的选择上一般应遵循以下原则：① 双亲优点多、缺点少，且优缺点互补；② 保持适当遗传距离的亲缘关系，尽量不用或少用亲缘关系近的品种或材料杂交；③ 选择一般配合力好的品种或材料杂交；④ 选择恢复力强的品种或材料杂交。按照杂交方式的不同，可以分为单交和复交。

（1）单交

即一次杂交选育法，有"恢复系/恢复系"、"不育系/恢复系"、"恢复系/保持系"（或"保持系/恢复系"）等多种方式。

恢复系/恢复系（简称恢/恢）。"恢/恢"是将两个恢复系的优良性状综合在一起，或改良某一亲本的某一性状，如品质、抗性等。"恢/恢"的两个亲本都具有恢复基因，就恢复性状而言，杂交后代各世代单株基因型相同，均具有恢复能力。因此，在"恢/恢"杂交组合中选育恢复系，低世代不需要测交，待各个单株的主要性状基本稳定后，便进行初测和复测，从中选择恢复力强、各个性状优良、杂种优势明显的单株，育成新的恢复系。"恢/恢"模式已成为选育新恢复系简便有效的方法，已在水稻、高粱等作物中得到广泛应用。如水稻恢复系明恢 63（圭 630/IR30）、蜀恢 361（蜀恢 362/明恢 77）、湘恢 299（R402/先恢 207）的选育，高粱恢复系铁恢 5（熊岳 191 – 10/晋辐 1 号）、锦恢 75（恢 5/八叶齐）、同粱 8 号（7384/三尺三）等的选育均由此杂交方式而来。

"恢/恢"杂交后代选择恢复系的方法，目前主要有两种：一是系统选择法（又称系谱选择法）；二是集团选择法（又称集团育种法或群体育种法）。

系统选择法指从"恢/恢"F_2 代开始选单株，中选单株进入 F_3 种植，每个单株形成一个系统，每个系统一般种植 50 ~ 100 株，从每个系统中选择 3 ~ 5 个单株进入 F_4 种植，每个单株又形成一个新的系统，如此反复选择，至 F_5 代时大多数性状已趋或接近稳定，便可以进行恢复力和杂种优势鉴定，F_6 根据各个单株测交后代的表现，选择符合育种目标的优良单株，淘汰那些杂种优势不明显、抗性差的单株系。一般而言，F_2 群体要求足够大，以便有更多的选择几率，一般要求种植 5 000 株以上，F_2 单株选择标准不能过严，单株的选育要根据优良单株出现的频率而定，优良单株出现多的组合多选，出现优良单株少的组合少选，特别是表现差的组合可不选；低世代宜对遗传力高的质量性状进行选择，对受多对基因控制的数量性状要适当放宽选择标准。

集团选择法是依据杂种后代中基因的分离、重组和纯合遗传规律提出的。这种方法在早世代不进行选择，采用混播、混插和混收的方法进行。当杂种后代各个性状趋于稳定后才开始选择。选择世代的确定，应根据育种目标中主要性状控制的基因对数而定。杨纪柯（1980）根据水稻数量性状遗传理论（表 4 – 12）提出了只有大多数性状在群体中出现80% 以上纯合基因时即 F_6 才开始选择。

表 4-12 F_1 自交后代中纯合基因个体占群体的百分率（杨纪柯，1980）

等位基因对数		1	2	3	4	5	6	7	8
世代数	F_2	50.00	25.00	12.50	6.25	3.13	1.56	0.78	0.39
	F_3	75.00	56.25	42.19	31.64	23.73	17.80	13.25	10.01
	F_4	87.50	76.56	66.99	58.62	51.29	44.88	39.27	34.36
	F_5	93.75	87.89	82.40	77.25	72.42	69.89	63.65	59.67
	F_6	96.88	93.85	90.91	88.07	85.32	82.86	80.07	77.57
	F_7	98.44	96.60	95.35	93.87	92.43	90.98	89.56	88.16
	F_8	99.22	98.44	97.67	96.91	96.15	95.40	94.66	93.92

为了提高集团选育的育种效果，在 $F_2 \sim F_6$ 中应注意：① 对原始亲本应尽早检测配合力，从而选定优良组合；② 把群体放在特殊环境中栽培，以便淘汰其中不适应的个体；③ 对遗传力高的质量性状，如抽穗期、株高等可以在早期初选，对少量明显不符合育种目标的可以早期淘汰；④ 如早期发现特别优良的植株，随时进行单株选择。采用集团选择法可以大大减少早世代田间选择的工作量，但育种群体及面积适当增加，育种年限延长。

不育系/恢复系（简称不/恢）。"不/恢"杂交模式选恢原理是杂种 F_1 通常为杂合基因型 $S(R_1 r_1 R_2 r_2)$，F_1 自交后，F_2 群体中可分离出多种基因型单株。根据育性分离与恢复基因的关系，$S(R_1 - R_2 -)$ 基因型单株表现可育，而 $S(R_1 - r_2 r_2)$、$S(r_1 r_1 R_2 -)$ 和 $S(rr_1 r_2 r_2)$ 基因型单株表现部分可育和不育。同理，在 F_3、F_4 及以后各个世代，同样只有 $S(R_1 - R_2 -)$ 基因型单株表现可育。根据此原理，在"不/恢"组合中选育恢复系，只要从 F_2 开始，每代都选择性状优良的可育株，到 F_4 或 F_5 群体中的大多数单株育性稳定，结实正常，通过测交，便可选出具有纯合恢复基因型的单株，育成新的恢复系。由于这种恢复系的细胞质来自不育系，又称为同质恢复系。采用这种方法育成的有水稻同质恢复系同恢 601、同恢 616 和 621，高粱恢复系晋辐 1 号、河农 16-1 等。

除了从"不/恢"后代中选育同质恢复系外，用核代换杂交选育不育系时，也可以培育同质恢复系，如水稻滇三型不育系及同质恢复系的选育（图 4-5），利用峨山大白谷与科情 3 号杂交，再用红帽缨复交，后代出现高育、半育和不育三种类型，不育株再用红帽缨回交选育出滇三型不育系。高育株和半育株自交，分离出低育、半育和可育株，选自交结实率正常的单株通过多代自交和系统选择，育成滇三型同质恢复系。

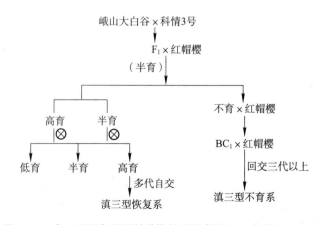

图 4-5 滇三型不育系及同质恢复系选育过程（李铮友，1975）

需要指出的是，采用"不/恢"杂交后代选育出的同质恢复系，由于与不育系遗传差异小，配组时杂种优势有限或不明显，故采用该方法选育恢复系较少。

恢复系/保持系或保持系/恢复系（简称恢/保或保/恢）。采用"恢/保"或"保/恢"组配方式选育恢复系在水稻中常用，如先恢 207（432/轮回 422）、R198（DT/明恢 63）、蜀恢 202（蜀恢 881/Lemont）等恢复系的选育。采用此杂交模式选育恢复系，由于双亲中只有一个亲本具有恢复基因，彼此杂交后，从 F_2 开始，杂种后代中将分离出多种恢复基因型单株。随着自交世代的增加在杂种后代群体中纯合恢复基因型单株也逐渐增加。不同的恢复系，由于自身恢复基因数量不同，因此杂交后代各世代出现恢复基因型的单株比例也不同（表 4-13）。另外，由于恢复基因型单株与非恢复基因型单株在植株形态特性上不能区分，因此必须通过测交考查后代育性表现，才能筛选出恢复基因型单株。

表 4-13　含有 n 对恢复基因 F_1 自交后代纯合恢复基因型单株出现的几率（%）（袁隆平等，2002）

世代	恢复基因数量（对）		
	1	2	3
F_1	0	0	0
F_2	25.00	6.25	1.56
F_3	37.50	14.06	5.27
F_4	43.75	19.14	8.37
F_5	46.88	21.97	10.30
F_6	48.44	23.46	11.36

（2）复交

即多次杂交选育法，指通过两次以上的杂交将多个亲本的优良性状聚集到一个恢复系品系中，有"（恢/恢）F_1//恢"、"（恢/保）F_1//恢"、"（恢/保）F_1//保"、"（恢/保）F_1//（恢/保）F_1"等多种模式。

（恢/恢）F_1//恢。在该杂交模式中，由于参加杂交的每个亲本都是恢复系，具有相同的纯合恢复基因型。因此，通过两次杂交后，就恢复基因而言，一般不发生分离，F_2 及以后各个世代群体中所有单株都具有相同的纯合基因型。在这类组合中选育恢复系，不必考虑每个单株的恢复力，应注意其他性状的选择。

（恢/保）F_1//恢。利用该杂交方式选育恢复系，由于第一次杂交的两个亲本一个为恢复系，一个为保持系，杂交种（F_1）为 $F(R_1r_1R_2r_2)$ 杂合基因型。杂合基因型单株分别产生 R_1R_2、R_1r_2、r_1R_2、r_1r_2 四种雌配子，以此基因型单株作母本，用恢复系作父本进行第二次杂交，杂种（F_1）将出现 $F(R_1R_1R_2R_2)$、$F(R_1R_1R_2r_2)$、$F(R_1r_1R_2R_2)$ 和 $F(R_1r_1R_2r_2)$ 四种基因型单株。第二次杂交的 F_1 自交后，F_2 产生分离，出现多种基因型，其中具有 $F(R_1R_1R_2R_2)$ 纯合基因型单株占群体总数的 39.06%，F_3 为 47.26%，F_4 为 51.66%，F_5 为 53.93%，随着自交世代的增加，逐渐接近 56.25%。可见，在该杂交方式中，杂种各个世代纯合恢复基因型单株出现的频率均较高，无论哪个世代单株与不育系进行测交，都可以选到纯合恢复基因型单株，育成新的恢复系。在实际育种实践中，受人工去雄杂交生产杂交种子数量的限制，F_1 群体中难以出现均等的四种基因型单株，因此 F_2 及以后各个世代群体中纯合基因型单株出现的几率会有偏差。但无论如何 F_2 中纯合恢复基因型单株出现的几率肯定大于 6.25%。只要与不育系测交，从中一定能选到纯合恢复基因型单株。

（恢/保）F_1//（恢/保）F_1。在这种杂交模式中，第一次杂交都是"恢/保"，F_1均为F（$R_1 r_1 R_2 r_2$）杂合基因型，F_1中的每一个单株都产生$R_1 R_2$、$R_1 r_2$、$r_1 R_2$、$r_1 r_2$四种雌雄配子，两个F_1再进行杂交，若各个配子都有相等授粉受精机会，第二次杂交的F_1将出现多种基因型单株，其中具有F（$R_1 R_1 R_2 R_2$）纯合恢复基因型单株占群体数的6.25%，F_2为14.06%、F_3为19.14%、F_4为21.97%，随着自交世代的增加，纯合恢复基因型单株逐渐接近总群体数的25%。在实际育种中，受人工去雄杂交限制，生产的杂交种子数量少，雌雄配子授粉受精的几率不均等，第二次杂交后纯合恢复基因型出现的几率有偏差。因此，在这种杂交模式中选育恢复系，最好从F_2开始测交。若测交后代的育性都表现恢复，表明被测交的单株为F（$R_1 R_1 R_2 R_2$）纯合恢复基因型。若测交后代育性发生了分离，出现可育、半不育和不育株，表明被测交单株为S（$R_1 - R_2 -$）杂合基因型。这些基因型单株的恢复基因尚未纯合，需要从中继续选择单株进行测交，直到测交后代的育性不再发生分离为止。若测交后代为半不育或完全不育，说明被测交的单株可能是S（$R_1 - r_2 r_2$）、S（$r_1 r_1 R_2 -$）或S（$r_1 r_1 r_2 r_2$）基因型，这些基因型单株恢复力弱或无恢复力，应及早淘汰。

（恢/保）F_1//保。此种杂交模式选育恢复系有一定难度。因为第一次杂交的F_1为F（$R_1 r_1 R_2 r_2$）杂合基因型单株，将产生四种配子，而第二次杂交的父本为保持品种只产生一种配子，杂交后只有F（$R_1 r_1 R_2 r_2$）基因型在F_2中能分离出F（$R_1 R_1 R_2 R_2$）纯合恢复基因型单株，其他三种基因型在F_2中分离出的单株均无恢复力。根据恢复基因遗传规律，在F_2中纯合恢复基因型单株仅占群体总数的1.56%、F_3为3.51%、F_4为4.7%，随着自交世代的增加逐渐接近6.25%。可见，此杂交后代纯合恢复基因型单株出现的频率很低，给选择带来一定难度。在水稻粳型恢复系选育中，由于粳稻的恢复基因来源于籼稻，籼稻和粳稻分属两个不同亚种，籼粳亚种间杂交杂种不亲和，具有恢复基因的籼稻品种不能直接用作恢复系。为了把籼稻的恢复基因导入粳稻品种中，又要缓和籼粳亚种间杂种不亲和的矛盾和加快杂种后代的稳定，一般采用"（恢/保）F_1//保"的配组方式进行恢复系选育。例如粳型恢复系C57的选育，就是利用丰产性好、具有恢复基因和半矮秆基因的IR8作母本，以科情3号作父本进行杂交，F_1再与京引35进行复交，经多代选择与测交育成。选育经过见图4-6。

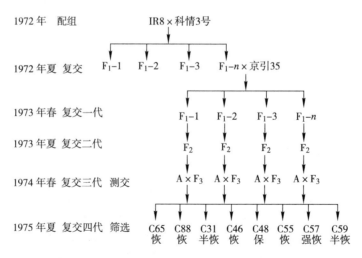

图4-6　C57的选育过程（李振玉等，1981）

1.2.3 回交转育

回交转育，即定向转育法，指将恢复基因导入到某一无恢复力的优良品种的选恢方法。具体做法是：以"恢/自交系（或保持品种）"的 F_1 作母本，以自交系品种或保持品种作父本进行杂交，在后代中选可育株与自交系品种回交 4~5 代，然后自交 1~2 代，从中选择性状和育性稳定的结实正常株，与不育系测交，选择测交后代都恢复的单株，便育成了自交系品种的同型恢复系，如双低油菜恢复系 90-1579 的选育（图 4-7）。多次回交转育的恢复系，除了恢复基因与其连锁的少数性状是来自恢复系外，其余大多数性状来自自交系品种，其遗传基因与自交系品种十分相似。采用这种方法选育三系恢复系，应注意以下两点：① 在每次杂交或回交时，尽可能地多生产一些杂交种子，扩大 F_1 及其回交世代（BC_1、BC_2……）的群体数；② 发现杂种（F_1）或 BC_1、BC_2……群体中没有正常可育株出现，选育工作应停止，淘汰所有材料，重新开始进行杂交。

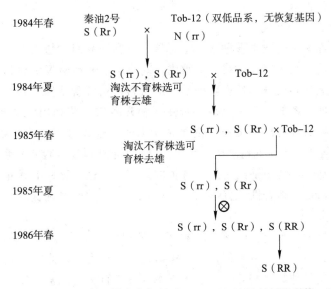

图 4-7 回交转育法选育双低油菜恢复系 90-1579 过程（刘后利等，1995）

1.2.4 辐射诱变选育

辐射诱变是指利用 $^{60}Co-\gamma$ 射线、宇宙射线、激光等处理恢复材料，获得某一或多个性状得到改良的恢复系新突变材料，包括人工辐射诱变和航天诱变两种方式，在水稻恢复系的选育中常用。人工辐射诱变选育恢复系主要有以下三种方法：

（1）对现有的恢复系进行辐射处理

对现有的恢复系进行辐射处理诱发突变，从中选择突变体材料，经鉴定育成恢复系。如水稻恢复系 36 辐、辐 06、辐恢 63-1 等是用 $^{60}Co-\gamma$ 射线分别辐射处理 IR36、泰引 1 号和明恢 63，诱发突变后从中筛选育成，新选育的恢复系均比原恢复系生育期缩短，表现早熟。另外，武汉大学生物系利用激光处理广陆矮 4 号，从突变体中选出激光 4 号恢复系，并选配出杂交组合在生产中试种。

（2）对杂种后代进行辐射处理

以杂种后代为诱变材料进行辐射处理，诱发突变，从其后代中选择突变体材料，育成新的恢复系。如长江流域杂交晚籼恢复系晚 3 的选育，是用 $^{60}Co-\gamma$ 射线处理明恢 63/26

窄旱的杂种一代，从中选出优良单株选育而成。用晚3恢复系曾选配出汕优晚3、威优晚3等一批中熟杂交晚稻组合，在长江流域大面积推广。向跃武等（1997）选取籼型水稻恢复系明恢63和紫圭为供试亲本，配制明恢63/紫圭杂交组合，抽穗后于花粉粒单核靠边期取F_1幼穗给予$1kR-^{60}Co\gamma$射线急性照射处理，辐射处理后的材料置于$6\sim10$℃条件下预处理7 d，然后进行常规花药培养，获得双倍体植株通过测交筛选，选育出恢复系川恢802，表现株型良好、分蘖力强、穗大粒多，恢复度和配合力均强，已选配出Ⅱ优802等杂交组合推广应用。

（3）辐射处理与杂交方式结合

以现有恢复系为诱变材料进行辐射处理，从中选择突变体为杂交亲本进行杂交，从杂种后代中育成新的恢复系。如水稻强优恢复系辐恢838的选育，是利用$^{60}Co\gamma$辐射处理恢复系明恢63，产生突变株系r552，再与226（糯稻）杂交选育而成。新恢复系辐恢838表现茎秆粗壮，叶色青绿，千粒重大，配合力强，恢复力强，用其组配出我国南方稻区中稻的主栽杂交组合之一"Ⅱ优838"。

航天诱变也称为空间技术育种或太空育种，是利用返回式航天器和高空气球等将育种材料送到空间环境，利用宇宙射线、微重力、高真空、弱地磁场等对植物的诱变作用以产生有益变异，再进行鉴定选择选育新种质、新材料，培育新品种（系）的育种新技术。航天诱变在水稻等恢复系的选育中已取得成果。福建省农科院利用明恢86干种子通过卫星搭载进行高空辐射后选育出水稻强优恢复系航1号、航2号等，已配组出特优航1号、Ⅱ优航2号、两优航2号等一批超高产杂交水稻组合。航天诱变选育恢复系应注意以下几点：

第一，种子筛选。种子筛选是航天育种的第一步，这一程序非常重要，带上太空的种子必须是遗传性稳定、综合性状好的恢复系材料种子，并严格确保种子纯度，这样才能保证太空育种的意义。

第二，种子数量。由于空间诱变是利用卫星和飞船等太空飞行器将植物种子带上太空，再利用其特有的太空环境条件，如宇宙射线、微重力、高真空、弱地磁场等因素对植物的诱变作用产生各种基因变异，由于诱变率一般为百分之几甚至千分之几，而有益的基因变异更少，因此搭载的种子要保证一定数量。

第三，测恢与性状选择同步进行。将空间诱变后的材料收回播种后，一般从第二代开始筛选突变单株，然后将选出的种子再播种、筛选，让其自交繁殖，如此繁育3~4代后，才有可能获得遗传性状稳定的优良突变恢复系。在选择农艺性状优良株系的过程中，应同步进行恢复力测定，将结实率不高、恢复力弱的株系应在早期阶段淘汰，保留恢复力强的株系，再进行其他性状的选择与稳定。

2 三系法杂交组合选育

2.1 三系法杂交组合育种程序

三系法杂交组合育种程序，主要分为亲本选育阶段和杂种优势鉴定两个阶段。每一阶段又可以分为若干试验圃。

2.1.1 第一阶段：三系亲本选育

（1）原始材料圃

原始材料圃的主要任务是根据育种目标，收集、研究各种三系材料和其他具有不同农艺性状和生物学特性的品种资源，供杂交、测交和选育三系亲本利用。

种植方式：一般的品种资源，每个材料种植 10～20 株；利用杂交、诱变等方法选育的亲本材料种植的株数，视世代高低而不同，低世代材料种植株数应较多，高世代材料种植株数较少，均采用单本（株）种植。用于测交的不育系，应分批次分期播种。

（2）测交观察圃

该圃的主要任务是对杂种一代进行育性鉴定、综合性状考查，筛选恢复系、保持系。

种植方式：一般每个测交组合种植 20～30 株，每隔 10～20 个测交组合设正常品种作对照，一般采用单本（株）种植。

回交或复测：若测交种表现完全不育，且该测交种的父本性状符合育种目标，则可利用测交种与其父本进行回交选育不育系。若测交种表现结实率高，育性恢复正常，且产量等性状超亲，表现优势强，则表明该测交种的恢复度高，应再用该测交种的父本与原不育系复测。若测交种表现半恢半保（即半可育），一般应予以淘汰。

（3）复测鉴定圃

该圃的主要任务是进一步鉴定复测种表现，即父本的恢复力和观察杂种的优势程度。若复测杂交种仍结实正常，表现优良，该测交种的父本将成为恢复系，该组合即可进入下一阶段试验。

种植方式：每一组合种植 100 株左右，采用单本（株）种植，用父本或母本和生产上正在应用的标准品种作对照。

（4）回交圃

该圃的目标是选育优良的不育系及其保持系。

种植方式：回交杂种与父本成对种植，一般回交 4～6 代。当回交后代的不育性稳定、性状与父本基本一致、群体达 1 000 株以上时，即可作为不育系，其相应父本就是保持系。

2.1.2 第二阶段：杂种优势鉴定

（1）配合力测定圃

该圃主要任务是用多个不育系与多个恢复系进行相互配组比较，以选出配合力优良的不育系、恢复系和强优组合。

种植方式：每个杂交组合种植 100～200 株，单本（株）插植，并设重复，用标准品种或生产上主栽组合作对照。

（2）组合优势鉴定

该环节主要任务是对经配合力测定圃入选的杂交组合进行比较，根据供试组合的产量、品质、抗性、生育期等主要经济性状进行考查并综合分析，筛选出优良组合参加相关级别的区域试验。

种植方式：试验小区面积一般 20 m^2 左右，用标准品种或生产上主栽组合作对照，设 3 次重复，随机区组排列。

（3）区域试验

区域试验的主要任务是育种单位将初步筛选的杂交组合选送参加由各级种子管理部门统一组织区域试验，以确定新选育的杂交组合的丰产性和生态适应性。在进行区域试验的同时，可进行生产试验、制种技术等方面的研究，为新选育的杂交组合的推广应用提供技术基础。

2.2 强优组合选配原则与方法

杂交组合优势的强弱取决于双亲。根据遗传学原理，从育种学实践以及杂交组合生产应用角度出发，优良强优势杂交组合的选育应遵循以下亲本选配原则。

2.2.1 双亲遗传差异较大

双亲的遗传差异是产生杂种优势的基础，也是选择双亲应遵循的原则之一。植物在长期的演变进化过程中逐渐形成了不同种、亚种和不同生态类型，彼此之间具有不同程度的遗传差异。如水稻有进化类型野生稻和栽培稻，亚种类型籼稻和粳稻，生态类型水稻和陆稻，生育期特性类型早、中、晚稻等。育种实践证实，杂种优势的强弱与双亲的遗传差异大小密切相关，在一定范围内，双亲的遗传差异愈大，杂种优势愈强，反之遗传差异小则优势弱或无。湖南省农业科学院的研究表明，水稻同一生态类型的相同生育期特性品种配组（早稻×早稻、中稻×中稻、晚稻×晚稻），杂种产量优势约为超过最高亲本10%左右，而不同生态类型的不同生育期特性品种（早稻×中稻、中稻×晚稻、早稻×晚稻）或地理远距离的品种配组，产量优势可超过最高亲本20%～30%。在杂交油菜新组合选育中，志贺敏夫（1976）研究了三种类型杂交组合共62个，包括欧洲油菜×欧洲油菜、欧洲油菜×日本油菜、日本油菜×日本油菜，其中以欧洲油菜×日本油菜的组合产量最高，均比高值亲本增产30%左右。傅廷栋（1978）测试的甘蓝型油菜品种间大量杂交组合，同样证实了欧洲和亚洲品种间杂交的杂种优势强。

应指出的是，在选配杂交组合时，并非双亲遗传差异越大越好，其遗传差异应控制在一定范围内；超过一定范围，由于遗传生殖隔离，优势可能反而下降。如野生稻与栽培稻杂交，难以直接筛选到优良强优势的杂交组合。

2.2.2 双亲农艺性状优良且互补

一般而言，杂种一代（F_1）的性状与双亲性状的中亲值密切相关，双亲农艺性状良好，中亲值越大，优良性状杂交组合出现几率越大，选育优良组合的机会越多。赵安常等（1982）研究表明，水稻杂种第一代（F_1）中，每穗总粒数、每穗实粒数、千粒重、有效穗数、生育期和株高等性状与双亲平均值存在极显著相关关系，在选配杂交稻组合时，选择穗粒性状均优良的双亲，可以配组出产量高的组合。我国水稻生产中大面积推广应用的优良杂交组合汕优63、金优207、Ⅱ优838等，双亲的农艺性状均表现良好。

另外，大多数杂种优势的强弱，取决于双亲性状间的相对差异和互补，双亲间相对性状的优缺点越能彼此互补，其杂种优势就越强。因此，双亲彼此间的缺点应尽可能少一些，尤其不要有共同的缺点。同时，必须对相对性状的显隐性关系和一些主要性状的遗传力的大小有所了解，利用一些性状的遗传特性及遗传力合理搭配双亲，提高选育优良杂交组合的效率。杂交水稻组合威优46，其母本威20A株叶形态良好，但分蘖力较弱，抗性较弱，生育期较短等，父本密阳46分蘖力强，较抗稻瘟病，生育期较长，以威20A与密阳46配组，杂交组合威优46综合了双亲的优点，抗稻瘟病、生育期中熟偏迟、分蘖力强等，表现较理想的互补性状。

2.2.3 选择配合力高的双亲配组

配合力是指一个亲本（纯系、自交系或品种）材料在由其所产生的杂种一代或后代的产量或其他性状表现中所起作用相对大小的度量。在作物杂种优势利用中，配合力常以杂种一代的产量表现作为度量的依据。在作物杂交组合选育中，双亲配合力的高低常与杂种

植物杂种优势原理与利用

性状优劣密切相关。据周开达等（1982）研究表明，籼型杂交水稻产量、结实率与双亲一般配合力高低的关系是：高×高＞高×中或中×高＞中×中＞高×低或低×高＞低×低，说明任何一个优良组合至少要有一个一般配合力较高的亲本。杂种优势利用中除一般配合力外，还应注意特殊配合力的选择。特殊配合力的分析往往对杂交组合亲本选配起重要作用。练进旺等（1999）为进一步明确一般配合力（gca）和特殊配合力（sca）对杂交水稻性状表现的作用，选用 4 个不育系、3 个恢复系按不完全双列杂交配组 12 个组合，测定了 11 个产量与品质性状的配合力，结果表明杂交水稻大多数组合的产量与品质性状主要受不育系和恢复系的一般配合力控制，同时受组合特殊配合力的影响，稻米垩白面积则主要受特殊配合力的制约。某一性状双亲一般配合力均较高，所配组合该性状也必定表现较好。性状表现优良的组合不管其特殊配合力高低，至少有一个亲本的一般配合力较高。因此，在选配杂交组合时，不仅要注意亲本的一般配合力选择，还必须进行广泛测交和对杂交组合的评鉴。

第四节　三系法杂交水稻研究与应用

1　三系法杂交水稻研究与应用动态

1.1　三系法杂交水稻育种概况

1.1.1　不育系选育

1926 年，美国人 Jones 首先提出了水稻具有杂种优势，引起了各国育种家的重视。但由于水稻是典型的自花授粉作物，且花器小，杂种优势利用难度大。各国科学家对水稻杂种优势利用的研究，首先从不育系的选育开始。1958 年，日本东京大学的胜尾清用中国红芒野生稻与日本粳稻藤坂 5 号杂交，经连续回交，育成了具有红芒野生稻细胞质的藤坂 5 号不育系。1966 年，日本琉球大学的新城长友用印度春籼 Chinsurah. Boro Ⅱ 与中国粳稻台中 65 杂交并回交，育成了 BT 型台中 65 不育系。随后，美国和菲律宾等国也相继育成各种细胞质的不育系。但这些不育系或由于没有找到恢复系，或因为不育系和恢复系属于近等基因系，杂种优势不强，最终未能在生产上应用。1964 年，袁隆平从长江流域籼稻品种洞庭早籼、胜利籼等中发现雄性不育株后开始水稻杂种优势利用的研究。1970 年，袁隆平的助手李必湖和冯克珊从中国海南岛崖县的普通野生稻（*Oryza rufipogon*）群落中，找到了花粉败育株不育材料（俗称"野败"）。1972 年，用该不育材料育成了珍汕 97A、V20A、二九南 1 号 A、二九矮 4 号 A 等不育系及其保持系。1973 年，测交筛选出了 IR24、泰引 1 号、IR661、古 154、IR26 等恢复系，从而成功实现了"三系"配套，使水稻杂种优势在生产中的利用成为现实。随后，利用野败不育系，中国成功转育了一大批具有野败不育胞质的野败型不育系，如枝 A、博 A、新香 A、福伊 A、29A、粤丰 A、天丰 A、中浙 A 等，推动了三系法杂交水稻在生产中的大面积应用。在野败不育系选育的同时，一些新的细胞质雄性不育资源先后被发现和创制，包括矮败不育系、冈型不育系、D 型不育系、红莲型不育系、印尼水田谷型不育系、K 型不育系等。以各种不育胞质资源转育成了 100 多个核质互作新不育系并在生产中应用（表 4－14），其中大面积应用的有 10 多个，包括 V20A、珍汕 97A、Ⅱ－32A、冈 46A、K17A、协青早 A、中 9A、优 IA、金 23A、T98A、D 汕

A、博 A 等，为"三系"法杂交水稻在中国的大面积推广提供了丰富的不育系配组材料。

表 4 – 14　主要细胞质核互作不育类型及不育系

类型	不育胞质来源	转育新不育系
野败	海南崖县野生稻花粉败育株	珍汕 97A、金 23A、新香 A、枝 A、T98A、秋 A、丰源 A、中浙 A、H37A、福伊 A、资 100A、湘丰 70A、湘州 113A、玉香 A、天丰 A、T55A、荆楚 814A、福 eA7、T78A、灵红 A、绮 A、糯龙特 A、龙特浦 A、H28A、天 A、广 23A、三香 A、金谷 A、803A、粤丰 A、标 5A、川香 29A、苏 1A、绵 2A、绵 3A、恩 A、花 1A、N7A、谷丰 A、玉 A、穗丰 A、旭 29A、湘 8A、博 A、29A、扬籼 2A、内香 1A、内香 2A、内香 3A、中 A、Q1A、Q2A、江农早 2 号 A、江农早 4 号 A
矮败	江西引进的矮秆野生稻不育株	协青早 A、红矮 A、京福 2A、美 A、博白 A、京福 1A、绿永 A
冈型	西非籼稻品种与矮脚南特杂交后代不育株	冈朝阳 1 号 A、冈 46A、万 6A
D 型	Dissi D52/37//矮脚南特杂交后代不育株	D702A、D62A、D 香 A、D26A、宜香 1A、D 奇宝 A、D297A 川香 28A
红莲型	红芒野生稻与早籼莲塘早杂交后代不育株	青四矮 2 号 A、华矮 15A、泰引 1 号 A、红莲 A、粤泰 A、丛广 41A、珞红 3A、绿三 A、竹籼 A
BT 型	引进日本的台中 65A	黎明 A、农虎 26A、秀岭 A、辽 30A、嘉 60A、甬粳 2 号 A、辽 105A、徐 9201A、863A
滇一、滇三型	台北 8 号群体不育株；峨山大白谷与科情 3 号杂交后代不育株	丰锦 A、76 – 27A
印尼水田谷型	印尼水田谷 6 号群体不育株	Ⅱ – 32A、优Ⅰ A、白丰 A、中 9A、中 A、中 5A、中 1A、45A、振丰 A
K 型	K52/泸红早 1 号//珍新粘 2 号杂交后代不育株	K 青 A、K17A、K18A、K19A、K88A、K42A、K17eA、绵 5A、K22A

1.1.2　恢复系选育

我国三系杂交水稻恢复系的选育大体经历了两个阶段。一是发展初期的测交筛选。包括从国内地方品种、东南亚、东亚的外引品种中筛选出了一批恢复系，如 IR24、IR26、IR30、IR64、IR661、泰引 1 号、密阳 46、圭 630、测 64 等。二是人工杂交制恢。人工杂交制恢是以初期测交筛选出的恢复系为主体亲本，通过遗传改良或恢复基因转育，培育了一大批新的骨干恢复系，如明恢 63、明恢 77、测 64 – 7、桂 99、二六窄早、晚 3、辐恢 838、蜀恢 527、CDR22、多系 1 号、R402、先恢 207、绵恢 725、湘恢 299 等。利用骨干恢复系作亲本杂交改造，又培育出了 200 多个衍生恢复系，为"三系法"杂交水稻组合的选配提供了丰富的恢复系材料。

在粳稻恢复系选育方面，由于粳稻中恢复基因极其匮乏，早期在利用粳型不育系 BT 型选育杂交粳稻组合时，均找不到理想的恢复系。1975 年，杨振玉等利用"籼粳架桥"技术育成了高配合力的粳型恢复系 C57，实现了杂交粳稻的"三系"配套。之后，利用 C57 作为亲本，选育了一批 BT 型恢复系，如 C418、C4115、C52、皖恢 9 号等。同样利用"籼粳架桥"，以 IR8 作恢复基因源，育成了宁恢 3 - 2、南 34、滇农 R - 3 等一批粳型优良恢复系，推动了杂交粳稻的生产应用。

国外在恢复系选育方面，主要是开展水稻栽培品种和优良品系的测恢筛选，分别从 IRRI、印度尼西亚、马来西亚、越南、菲律宾、韩国、泰国、哥伦比亚的一些品种中鉴定筛选出了数百个 CMS - WA 类型强恢复系，包括一批有应用潜力的优良水稻品种（表 4 - 15）。CMS - WA 系统恢复系的鉴定和筛选为包括中国在内的恢复系的选育提供了数量丰富的恢复基因资源。事实上，中国"三系"法杂交水稻配套成功，得益于从上述东南亚的品种中首先测交筛选出了一批恢复材料。

表 4 - 15　各国鉴定为 CMS - WA 系统恢复系的优良品种及其来源（Sant S. Virmani, 1994）

来源	品种名称
IRRI	IR24、IR26、IR28、IR36、IR42、IR46、IR48、IR50、IR54、IR58、IR64R、IR66、IR70、IR72、IR74、IR9761 - 19 - 1R、IR10198 - 66 - 2R、IR20933 - 68 - 21 - 1 - 2R、IR28238 - 109 - 1 - 3 - 2 - 2R、IR29723 - 143 - 3 - 2 - 1R、IR32809 - 26 - 3 - 3R、IR40750 - 82 - 2 - 2 - 3R、IR54742 - 22 - 19 - 3R
印度尼西亚	Sadang、Cimanuk、S 487b - 358、Krueng Aceh、M66b - 33 - 1
马来西亚	MR48、MR71、MR77、MR79、MR81、MR94、MR109、Muda
越南	OM 80、OM 90、NN 4B
印度	PR 103、PR 106、PAU 1106 - 2 - 4、CSR 10、Pushpa、Pusa 150 - 9 - 3 - 1、UPR 79 - 118、Govind、Narendra、Swarna、Vajram、Pratibha、ADT 36、CO 39、Vani、Prasad
菲律宾	BPI Ri 10、PR 23342 - 5、MRC 18624 - 1466、MRC 11055 - 432 - 23
韩国	密阳 46、密阳 54、水源 287
哥伦比亚	CICA 8、Campeche A80

1.1.3　杂交组合选育

（1）中国三系法杂交水稻组合的选育

中国三系法杂交水稻育种的历程，从 20 世纪 70 年代初开始，迄今已育成了数以百计的杂交稻组合在生产上大面积应用。从组合的选育及品种衍变来看，大体经历了 3 个发展阶段。

一是胞质类型单一化时期（1976—1985 年）。中国三系法杂交籼稻组合的选育最初是以野败不育胞质利用开始，从 20 世纪 70 年代至 80 年代初，先后育成了二九南 1 号 A、V20A、珍汕 97A、V41A、二九矮 4 号 A、常付 A、朝阳 1 号 A 等一批野败型不育系，其中应用较多的为 V20A、珍汕 97A 两个不育系，两个不育系选配的组合占不育系选配组合的 70% 以上。利用从国际水稻所引进的一批恢复资源，大量测交配组，选育了南优 2 号、南优 3 号、南优 6 号、威优 2 号、威优 3 号、威优 6 号等一批杂交组合推广应用。20 世纪 80 年代初期，又先后育成了汕优 2 号、汕优 3 号、汕优 6 号、汕优 63、汕优桂 33、威优 64、威优 35、威优 48、威优 49、威优 1126 等一批推广面积较大的杂交组合。在杂交粳稻组合选育方面，利用 BT 型不育系黎明 A、秀岭 A、京引 66A、秋光 A 等分别育成了黎优 57、秀优 57、中杂 1 号、秋优 20 等一批适应中国北方种植的杂交粳稻组合；利用农虎 26A、六千辛 A、当选 2 号 A 等选育了虎优 1 号、虎优 115、六优 1 号、六优 C 堡、当选 C 堡等一批适应长江流域的杂交粳稻组合。这一时期选育组合的特点是细胞质单一化，主要为野败和 BT 型，大多数组合米质不优、抗性较弱。

二是多胞质组合选育时期（1986—2004 年）。20 世纪 80 年代初期，我国用于杂交籼稻组合选育的不育系细胞质大多数来自野败，80 年代中期以后，除了野败不育系外，新不育质源的组合陆续出现，使杂交组合选育呈现多质源、多类型、多熟期、多抗性的特点。

冈型组合。四川农业大学水稻研究所于 1985 年以西非晚籼品种冈比亚卡（Gambiaka kokum）为母本，中国矮脚南特为父本杂交，利用其后代分离的不育株转育了一批不育系，如冈朝阳 1 号 A、冈 46A、万 6A 等，统称为冈型不育系。由冈型细胞质雄性不育育成的不育系，其恢保关系、雄性不育的遗传特性与野败基本相似，但雄性不育的可恢复性比野败雄性不育类型好。冈型不育系应用较多的主要是冈 46A，已选育出了冈优 22、冈优 12、冈优 725、冈优 527 等一批中籼迟熟组合在长江上游一季稻区推广。

D 型组合。四川农业大学水稻研究所于 1972 年从 Dissi D52/37 矮脚南特的 F_7 株系选不育株连续用意大利 B 等 21 个品种测交、回交，至 B_6 代不育性稳定。然后从珍汕 97A 中选择穗型较大、生育期偏迟的单株与 D 意大利 B 测交，并连续回交，培育成了 D 珍汕 97A 不育系，随后又转育成了 D297A、D62A、D702A、宜香 1A、川香 28A、二汕 A 等一批 D 型不育细胞质不育系，其遗传特性为孢子体不育，恢保关系与野败类似，开花习性较好，异交率较高。利用 D 型不育系选配的组合有 D 汕 63、D 汕 64、D 优 501、D 优 162、D 优 68、D 优 527、宜香 1577、二汕优 501 等一批中迟熟中籼组合。

矮败组合。安徽省广德县农业科学研究所从江西引进的矮秆野生稻中发现一株雄性不育株，用矮败/竹军//协珍 1 号的三交后代不育株与协青早杂交并回交，选育出育性稳定的不育系协青早 A，随后又转育成了红矮 A、京福 2A、美 A、博白 A、京福 1A、绿永 A 等一批矮败不育胞质不育系，其恢保关系与野败相同，雄性不育的遗传特性属于孢子体不育。矮败不育系应用较多的为协青早 A。利用协青早 A 选配出了协优 64、协优 63、协优 46、协优 432、协优赣 15、协优 9308、协优 57、协优 527 等 20 多个早、中、晚籼类型组合。

红莲型组合。红莲型不育细胞质是武汉大学遗传研究室以海南红芒野生稻为母本，早籼品种莲塘早为父本杂交、回交筛选获得。红莲型杂交水稻的恢保关系与野败型杂交水稻不同，其遗传特性为配子体不育。红莲型胞质不育系有青四矮 2 号 A、华矮 15A、泰引 1 号 A、丛广 41A、红莲 A、粤泰 A、珞红 3A 等。选配的杂交组合主要有粤优 938、粤优 206、粤优 8 号、红莲优 6 号、广优 4 号、广优青、丛优 9919 等。

印尼水田谷型组合。湖南杂交水稻研究中心从印尼水田谷 6 号群体中发现的不育株筛选而成，其恢保关系与野败型相同，遗传特性属于孢子体不育。印水型不育系有 Ⅱ－32A、优 Ⅰ A、白丰 A、中 9A、中 A、中 5A、中 1A、45A、振丰 A 等，其中应用较多的是 Ⅱ－32A、优 Ⅰ A、中 9A，共选育了 Ⅱ优 838、Ⅱ优 162、Ⅱ优 725、Ⅰ优 402、Ⅰ优 77、国稻 1 号、中优 207 等 80 多个杂交组合推广于生产，其中 Ⅱ－32A 是我国目前选育组合最多、推广面积最大的三系不育系。

K 型组合。四川省农业科学院水稻高粱研究所于 1986 年利用从 K52/泸红早 1 号//珍新粘 2 号的 F_2 群体中发现的不育株，用泸红早 1 号、红突 5 号、丰龙早/青二矮等回交转育成不育系。由于不育胞质来源于 K52，因此称为 K 型不育系，其恢保关系与野败型相似。K 型不育系主要有 K 青 A、K17A、K18A、K19A、K22A、绵 5A 等。选配的杂交组合有 K 优 5 号、K 优 047、K 优 77、K 优 818、K 优 404、K 优 877、一丰 8 号等 20 多个。

此外，还利用一些其他类型的胞质不育系如 Y 华农 A、马协 A、红矮 A、荆楚 814A、新露 A 等选育了华优 86、华优桂 99、马协 63、红优 527、荆楚优 148、新优赣 16 等一批生态类型多样、熟期不同的杂交组合推广应用。

这一阶段选育的杂交组合不但质源多、类型多、熟期多样、抗性丰富，而且在生产上主推组合增多。在稻米品质上也有较大的改良，如利用优质不育系金 23A、新香 A、T98A、岳 4A、Y 华农 A、五丰 A、天丰 A 等选育的组合金优 207、新香优 80、T 优 207、岳优 9113、华优 86、华优 998、五优 308、天优 122 等，稻米品质均达到农业部优质稻三级以上标准，部分组合米质达到一级标准。

三是超级杂交水稻组合选育时期（2005 年至今）。这一时期主要是利用多胞质类型的不育系，通过理想株型与亚种间杂种优势利用相结合的技术手段，选育在单产水平上比普通主推品种有大幅度提高的超级杂交水稻。自 2005 年农业部首次实行超级稻品种确认办法以来，已确认并发布超级稻品种 7 批次共 105 个。其中三系杂交水稻组合占 45 个，包括早籼组合荣优 3 号、金优 458、春光 1 号、03 优 66、新丰优 22 等，中籼组合协优 9308、Ⅱ优明 86、Ⅱ优航 1 号、特优航 1 号、D 优 527、D 优 202、珞优 8 号等，晚籼组合丰优 299、金优 299、五优 308、丰优 T025、天优华占、深优 9516 等，粳型组合辽优 5218、辽优 1052、Ⅲ优 98，其中以中籼品种居多。

（2）国外三系法杂交水稻组合的选育

受中国三系法杂交水稻成功经验的鼓舞，除中国以外还有 16 个国家和 2 个国际研究机构（IRRI 和 IRAT）同期在进行三系杂交水稻研究，其中在组合选育方面较为成功的有朝鲜、韩国、日本、印度、越南、孟加拉、菲律宾以及 IRRI 等。

朝鲜是中国以外第一个育成杂交水稻的国家，1988 年选育出了杂交水稻 Donghae1，该组合在 1986—1988 年的试验中，比对照品种平均增产 1.2 t/hm^2。韩国选育三系杂交水稻主要是利用从中国和 IRRI 引进的 CMS 系和自身培育的 tongil 型（籼/粳衍生系）品种测交配组筛选，由于 tongil 型品种具有 75% ~90% 的籼稻血缘，因此在优良的 tongil 型品种中短期内筛选出一批 CMS - WA 型恢复系，如密阳 46、密阳 54、水源 287、水源 29、水源 318、Iri362 等，测配选育了 V20A/水源 294、V20A/密阳 46、HR1619A/Iri362、IR54756A/水源 318、IR54756A/水源 333 等一批组合在试验示范中增产优势明显，但由于米质普遍较差，没有被韩国稻农所接受。日本在 20 世纪 80 年代末至 90 年代初期，也选育了一些杂交水稻组合，包括 Wakahonokihari、Wakahonomegumi、Wakahonomimori、Kanto组合 1、Ouu 组合 1、Shu 组合 4781 等，这些组合杂种优势强，产量比常规对照品种增产 5% ~19%，但也是由于米质较差，食味不能适应日本人的需求，最终未能推广应用。

印度自 1989 年重新启动杂交水稻研究后，至 2007 年，共育成了 27 个杂交水稻新组合（表 4 – 16），显著比对照增产。其中 Pusa RH 10、KRH 2、DRRH 2 是通过中央品种发放委员会审定的品种。Pusa RH 10 是第一个品质特别好的杂交香稻，具有 Basmati 的品质，成熟期110~115 d，产量潜力达到10 t/hm²，比对照 Pusa Basmati 1 增产超过30%。KRH 2 是一个适应性广的高产杂交水稻组合，DRRH 2 是具有高产潜力的杂交早稻。另外，还育成了适合盐碱地区域种植的杂交水稻 Narendra Usar Sankar Dhan 3。

表 4 - 16　印度选育的杂交水稻组合（Viraktamath et al, 2006）

杂交组合	育成年份	生育期/d	产量/t · hm⁻²		增产幅度/%
			杂交组合	对照	
APHR 1	1994	130~135	7.14	5.27（Chaitanya）	35.5
APHR 2	1994	120~125	7.52	5.21（Chaitanya）	44.3
MGR 1	1994	110~115	6.08	5.23（IR50）	16.3
KRH 1	1994	120~125	6.02	4.58（Mangala）	31.4
CNRH 3	1995	125~130	7.49	5.45（Khitish）	37.4
DRRH 1	1996	125~130	7.30	5.50（Tellahamsa）	32.7
KRH 2	1996	130~135	7.40	6.10（Jaya）	21.3
Pant Sankar Dhan 1	1997	115~120	6.80	6.20（Pant Dhan - 4）	9.7
PHB 71	1997	130~135	7.86	6.14（PR 106）	28.0
CORH 2	1998	120~125	6.25	5.20（ADT 39）	20.2
ADTRH 1	1998	115~120	7.10	4.90（ASD - 18）	44.9
Sahyadri	1998	125~130	6.64	4.89（Jaya）	35.8
Narendra Sankar Dhan 2	1998	125~130	6.15	4.94（Sarjoo - 52）	24.5
PA 6201	2000	125~130	6.18	5.03（Jaya）	22.9
6444	2001	135~140	6.11	4.91（Jaya）	24.4
Pusa RH 10	2001	120~125	4.35	3.11（Pusa Basmati 1）	39.9
RH 204	2003	120~126	6.89	5.62（Jaya）	22.6
Suruchi 5401	2004	130~135	5.94	4.97（Jaya）	19.5
Pant Sankhar Dhan 3	2004	125~130	6.12	4.99（Pant Dhan - 12）	22.6
Narendra Usar Sankar Dhan 3	2004	130~135	5.15	3.86（Narendra Usar Dhan）	33.4
DRRH 2	2005	112~116	5.35	4.29（PSD - 1）	24.7
Rajlakshmi（CRHR 5）	2006	130~135	5.71	4.47（Tapaswini）	27.7
Ajay（CRHR 7）	2006	130~135	6.07	4.47（Tapaswini）	35.8
Sahyadri 2	2006	115~118	6.50	5.20	25.0
Sahyadri 3	2006	123~126	7.50	6.40	17.2
India Sona	2007	125~130	6.0~6.5	—	—
JRH 5	2007	105~108	6.0~8.0	—	—
JRH 4	2007	105~108	6.0~8.0	—	—
CORH 3	2007	115~120	6.5	—	—

越南杂交水稻组合的选育起于 20 世纪 80 年代初期，在从中国、IRRI、泰国、印度等地引进一批不育系的基础上，通过测交配组，选育了 10 多个三系杂交水稻组合，包括 HYT56（IR58025A/R242）、HR – 1（AMS24A/R7）、HYT83（IR58025A/RTQS）、VL20、VL24、TH3 – 3、TH3 – 4、HYT82、HYT83、HYT84、HYT92（IR58025A/PM3）、TH5 – 1、HYT103 等，其中 TH3 – 3、VL20、HYT83、HYT92 等米质好，产量高，但适应性差。近年来，越南加大了对杂交水稻研究的投入，通过国际合作，不断提高杂交水稻选育技术水平。

孟加拉从 1993 年开始研究杂交水稻，主要引进中国、IRRI、印度的杂交水稻亲本进行适应性鉴定，测交筛选出了 IR58025A、IR29723 – 143 – 3 – 3R、BR482 – 5 – 4 – 4 – 9R、BR827 – 35 – 2 – 1 – 1R 等一批较好的亲本。1998～2010 年，孟加拉审定或认定的杂交水稻组合有 69 个，其中由本国育成的品种有 9 个，包括 BRRI hybrid dhan 1（IR58025A/BR827 – 35）、BRRI hybrid dhan 2（BRR11A/BR168R）、BRRI hybrid dhan 3、GP – 4、HB – 8、BW001、BRAC Shakti 2 等，其中 BRRI hybrid dhan 1 是该国选育的第一个通过审定的杂交水稻组合，表现抗性和米质较好，生育期适中，适应性好，但产量表现不突出，未大面积推广。

菲律宾从 1989 年开始研究杂交水稻，并有多个政府部门研究机构及大学、国际组织、国内外种子公司参与进行品种选育与开发。至 2008 年，菲律宾已育成通过国家审定的杂交水稻新组合 17 个，包括 Magat、Mestizo、Panay、Mestizo2 – 15 等。早期选育的品种 Magat、Panay 由于优势不强，抗性差，未能推广，后通过引进 IR58025A、IR62829A、IR68888A、IR68628A、IR69620A 等一批 IRRI 综合性状好的不育系，选育的新杂交水稻组合在产量、抗性、品质方面有较大改进。

国际水稻研究所（IRRI）自 1979 年开始研究杂交水稻，从不育系的选育着手，花了 10 年左右的时间育成了 2 个 CMS 型不育系 IR58025A 和 IR62829A，然后利用其收集的丰富稻种资源，测交筛选了一批 CMS – WA 细胞质恢复系，选育了一批组合如 IR64616H、IR64615H、IR58025A/IR9761 – 19 – 1R、IR58025A/ IR35366 – 62R、IR58025A/IR24、IR58025A/IR40750 – 82 – 2、IR62829A/ IR10198 – 66 等，在印度、菲律宾等地的示范中，增产优势明显。

1.2　三系杂交水稻推广应用概况

1.2.1　中国杂交水稻推广应用

中国的杂交水稻自 1976 年大面积推广以来，其种植区域几乎遍布所有稻作区，其中杂交籼稻主要分布在南方稻区的华南、华中、西南等 17 个省、直辖市、自治区稻产区，杂交粳稻主要分布在东北稻区的辽宁、吉林，黄淮稻区和长江中下游稻区的江苏、安徽、河南、山东、浙江以及西南稻区的云南等地。

在应用规模方面，1986—2005 年，我国三系杂交籼稻种植面积已累计 3.23 亿 hm^2，增产稻谷 4.51 亿 t，2005 年三系杂交籼稻种植面积达到 1 287.6 万 hm^2，占全国杂交稻总面积的 90%。在南方稻区，三系法杂交籼稻已占播种面积的 67.08%，有 16 个省（直辖市、自治区）的杂交水稻种植面积占区域水稻内总面积的 50% 以上，其中四川、贵州两省达到 90% 以上。杂交粳稻的发展相对缓慢，到 2005 年种植面积也已达 33.3 万 hm^2，约占同期全国粳稻总面积的 4% 左右。

在推广品种方面，20 世纪 70 年代中后期至 80 年代初期，我国三系杂交籼稻推广品种主要以不育系 V20A 和珍汕 97A 所配组合为主，包括南优 2 号、南优 3 号、南优 6 号、威优 2 号、威优 3 号、威优 6 号、威优 64、威优 35、威优 49、威优 1126、汕优 2 号、汕优 3号、汕优 6 号等。20 世纪 80 年代中期以后，由于胞质类型的不断丰富，在推广格局方面也有所变化，出现了多胞质良种集团当家的局面（表 4 - 17）。"八五"（1991—1995）期间的主导推广品种主要有汕优 63、汕优 64、威优 64、D 优 63、汕优桂 99、博优 64 等；"九五"期间的主导推广品种有汕优 63、冈优 22、Ⅱ优 838、汕优多系 1 号、汕优 64、协优 63 等；"十五"期间的主导推广品种有金优 207、Ⅱ优 838、冈优 725、汕优 63、金优 402、冈优 527、金优桂 99 等。杂交粳稻推广品种相对较少，早期主要有黎优 57、秀优 57、秋优 20、黎优 K55 等少数组合，主要在北方稻区的辽宁、天津、山东、河北等地应用。20 世纪 80 年代末以后，由于杂交组合的抗性、品质、种子生产技术等原因，杂交粳稻推广面积曾一度下降。通过兼顾高产、抗性及品质育种的改进，随着闽优 128、京优 6号、秋优 62、辽优 5218、辽优 1052、Ⅲ优 98 等一批优质、超高产品种的育成与推广应用，杂交粳稻的种植面积近年来有所上升。

表 4 - 17　"八五"至"十五"期间全国种植面积前 20 位的三系杂交籼稻品种（万 hm²）（万建民等，2010）

序号	品种	1991—1995	品种	1996—2000	品种	2001—2005
1	汕优 63	2453.40	汕优 63	1140.80	金优 207	303.60
2	汕优 64	503.00	冈优 22	642.80	Ⅱ优 838	297.33
3	威优 64	362.93	Ⅱ优 838	250.07	冈优 725	278.73
4	D 优 63	285.93	汕优多系 1 号	199.00	汕优 63	221.60
5	汕优桂 99	218.20	汕优 64	171.53	金优 402	205.80
6	博优 64	182.27	协优 63	169.53	冈优 527	166.80
7	汕优桂 33	171.53	汕优 46	167.00	冈优 22	164.73
8	威优 46	146.87	Ⅱ优 501	163.67	金优桂 99	137.27
9	汕优 10 号	131.20	特优 63	160.07	Ⅱ优 725	122.93
10	威优 77	106.46	威优 46	150.33	新香优 80	119.27
11	特优 63	105.27	汕优 77	143.80	D 优 527	113.87
12	冈优 12	104.13	协优 46	135.00	金优 974	112.13
13	Ⅱ优 63	103.93	威优 77	127.53	汕优 46	90.53
14	协优 46	95.27	汕优晚 3	126.20	协优 63	86.87
15	冈优 22	93.07	汕优桂 99	121.87	金优 77	85.80
16	汕优多系 1 号	87.07	博优桂 99	119.40	特优 63	76.20
17	威优 48	86.53	威优 64	100.47	Ⅱ优 084	75.67
18	协优 63	76.40	Ⅱ优 63	94.80	Ⅱ优 7 号	73.87
19	汕优 77	74.20	优Ⅰ华联 2 号	90.27	Ⅱ优 501	72.60
20	汕优 46	69.40	金优桂 99	87.07	D 优 68	71.40

1.2.2　国外杂交水稻的推广应用

20 世纪 90 年代初，联合国粮农组织将推广杂交水稻列为发展中国家粮食短缺问题的首选战略措施。在该组织的支持下，亚洲、非洲和美洲等地有 40 多个国家引种、研究和推广杂交水稻。目前，杂交水稻在国外的推广面积已达 300 多万 hm^2，大部分集中在东南亚和南亚的稻产国，其中种植面积较大的国家有印度、越南、菲律宾、孟加拉等国，4 个国家杂交水稻种植面积 2006 年已达到 234.3 万 hm^2（表 4 – 18），约占国外杂交水稻总推广面积的 78%。

表 4 – 18　国外杂交水稻主要生产国种植面积统计表（单位：万 hm^2）

国家	稻田总面积	2000 年	2001 年	2002 年	2003 年	2004 年	2005 年	2006 年
印度	4200	15	18	20	29	56	75	100
越南	740	43.5	48	50	60	57.5	60	60
孟加拉	1100	4	7.1	9.5	13.5	16	19.1	46.5
菲律宾	410	0.3	0.8	2.8	8	21.0	32.5	26.5
缅甸	720		0.2	0.03	0.1	0.4	0.4	1.3
合计	7170	62.8	74.1	82.33	110.6	150.9	187	234.3

数据来源：http：//www.irri.org/

印度是世界上水稻种植面积最大的国家，其杂交水稻的发展虽起步晚，但发展速度快。2000—2006 年，杂交水稻种植面积已由 15 万 hm^2 扩大到了 100 万 hm^2，2008 年达到了 140 万 hm^2。印度杂交水稻推广区域主要集中在东部的 Bihar、Jharkhand、Chhattisgarh、Punjab 和 Haryana 等地，该区杂交水稻种植面积约占全国总面积的 80%；其次为西部和西北部地区，约占 15%；南部地区为 5%。印度杂交水稻推广品种主要有 DRRH – 2、DRRH – 3、PusaRH – 10、PSD – 1&3、CORH – 3、KRH – 2、Sahyadri – 1、JRH – 4、JRH – 5 等。

越南是推广杂交水稻较早且较成熟的国家。1979 年越南开始从中国引进杂交水稻试种，表现高产，但抗性、米质较差。随后，越南从 IRRI 引进杂交水稻试种，普遍比当地常规水稻品种增产 18% ~ 45%。20 世纪 90 年代以后，越南从中国、印度和 IRRI 等大量引进杂交水稻组合，并结合本国资源选育了一些杂交水稻组合，筛选了一批适合当地种植的新组合。目前，越南的杂交水稻种植面积稳定在 60 万 hm^2 以上，主要分布在越南北部地区，约占全国总水稻面积的 9% 左右，并有上升趋势。杂交水稻的大面积应用，使越南的水稻单产进步快，普遍比当地常规水稻品种增产 15% ~40%，稻谷生产连年增产，已由昔日的粮食进口国转变为世界主要大米出口国之一。

菲律宾从 1987 年开始种植杂交水稻，1997 年开始有较大面积的示范，2005 年已达到 32.5 万 hm^2。2001—2009 年旱季杂交水稻累计推广面积约 161.18 万 hm^2，单产 6.0 t/hm^2，比常规水稻品种增产 39%，累计增产稻谷 241.8 万 t。早期推广的杂交水稻组合主要从中国引进，后期则以通过本国审定的杂交组合为主，其中推广面积较大的组合有 Mestizo 6（SL – 8H）、Mestizo、Mestizo 4（Bigante）等。

孟加拉于 1996 年 6 月制定了本国的杂交水稻发展计划，将灌溉稻区 Boro 季节（11 月至翌年 5 月）确定为发展杂交水稻的目标区域。1999 年，孟加拉种植杂交水稻约为

1.0 万 hm²,至 2006 年达到了 46.5 万 hm²,2008—2009 年杂交水稻种植面积又突破了 81 万 hm²,占全国旱季稻田面积 17.2%。孟加拉大面积种植的杂交水稻组合有 Hira、Aloron、Jagoran、Sonar Bangla、LP – 50、SL – 8H、Jaj、Surma、Richer – 101、Shakti、ACI 等。杂交水稻在孟加拉表现分蘖力强、生育期短、抗倒伏、高产,但较多组合的米质较差。孟加拉各育种单位正在培育适合 T. Aman 季节(雨季,7 月中旬 – 12 月)的杂交水稻组合。

此外,近年来,在一些非洲及拉美国家,如:尼日利亚、几内亚、马里、利比里亚、喀麦隆、马达加斯加、哥斯达黎加、洪都拉斯、厄瓜多尔等,杂交水稻小面积试种陆续取得成功,并建成了以杂交水稻种植为内容的农业技术示范中心,杂交水稻在该区域的推广潜力巨大。

2 三系法杂交水稻存在问题与发展趋势

2.1 存在问题

三系法杂交水稻的推广应用,为中国、东南亚等一些国家的粮食增产做出了巨大贡献。但是,三系法杂交水稻也还存在一些问题,主要表现在以下几方面:

2.1.1 细胞质源仍不丰富

虽然通过不断杂交转育,中国培育了一大批在生产中推广应用的不育系,但就其胞质来源来看,基本上还是早期发现的几大不育质源,其中野败不育类型占据大多数,新不育质源的创制少。少数单一质源应用不仅影响杂交水稻抗性、米质和制种产量等性状进一步提高,还可能蕴藏病虫害大发生的危害性。同时,由单一质源培育的同类型不育系配组的杂交水稻组合在产量上难有新的突破。

2.1.2 杂交粳稻优势不强的问题仍未得到有效解决

籼粳亚种间杂种优势十分突出,但杂种结实率低,籽粒充实度差。目前生产上应用的粳稻不育系所配杂种的优势实际上是部分亚种间杂种优势利用,由于胞质单一、遗传背景狭窄、无强恢复基因源,组合增产优势多在 10% 以下。20 世纪 70—80 年代,中国通过"籼粳架桥"技术,虽引入了籼稻的部分优良性状及恢复基因,育成了具有籼稻成分的高配合力粳稻恢复系 C57、C418,一度带动了杂交粳稻生产的发展,但由于"籼粳架桥"技术在遗传差异适度、性状表现、高恢复力等方面均有较高要求,因此筛选到遗传差异适度、性状优良且恢复力强的恢复材料并非简单易行,导致现有的杂交粳稻恢复系多具有 C57、C418 的亲缘关系,遗传背景狭窄,杂交组合在产量上难以有大的提升。

2.1.3 品质与产量难以协调问题未根本解决

高产与优质难以协调的问题在三系法杂交水稻的研究过程中至今仍未很好地解决,选育的大多数杂交组合难以兼顾两者性状,特别是适合欧美等发达国家高档优质米市场的三系杂交水稻组合更是难以寻觅,这也是三系杂交水稻难以在欧美等发达国家推广的重要原因之一。

此外,三系杂交水稻组合还普遍存在适应性较弱、抗逆性不强、种子生产程序复杂、劳动力投入成本较高等一系列问题,影响了在世界范围内的推广应用速度。

2.2 发展趋势

随着现代遗传学和生物技术的发展,推动了生物学科在杂交水稻研究领域的应用,促进了三系法杂交水稻在高产、优质、广适、多抗等育种目标方面的有机结合，也将会使三系法杂交水稻新组合选育朝着高产、高效、优质的趋势发展。同时，随着工业化、城镇化的发展，杂交种子生产必然逐步向规模化、机械化、标准化的方向发展。

随着全球人口的不断增加，对世界粮食安全产生巨大压力，联合国粮农组织已将推广杂交水稻列为解决发展中国家粮食短缺问题的首选战略措施。亚洲、非洲、美洲等发展中国家拥有丰富的劳动力资源及稻作生态区，预计今后杂交水稻的推广应用将在这些地区逐步扩大。

第五节　三系法杂交水稻种子生产原理与技术

1　三系杂交水稻制种技术的发展

从 1973 年籼型杂交水稻实现三系配套后，中国各地组织大批技术力量，对杂交水稻制种技术进行广泛深入研究。在 30 多年的研究与实践中，积累了丰富的经验，形成了较丰富的理论与基本技术体系，制种产量逐步提高，保障了杂交水稻生产用种的数量和种子质量，促进了三系法杂交水稻快速稳步的发展。

回顾 20 世纪 70 至 90 年代末，中国三系杂交水稻制种技术的发展，大体可分为四个发展阶段，即 1973—1978 年制种技术摸索阶段，1979—1983 年制种配套技术研究阶段，1984—1990 年高产制种技术研究阶段，在随后的 10 多年时间里，三系杂交水稻制种技术得到了全面推广。2010 年以来中国进入杂交水稻机械化制种技术研究与示范阶段。

1.1　制种技术摸索阶段（1973—1978 年）

1973 年实现籼型水稻杂种优势利用的三系配套，杂交水稻制种遇到了几大难题：其一，父母本生育期相差大，在制种时父母本花期相遇难度大；其二，不育系抽穗卡颈严重，难以接受父本花粉；其三，母本每天开花迟，父本开花早，父母本花时严重不遇。针对这些难题，研究人员围绕父母本生育期温光特性、叶片生长特性、幼穗分化发育特性开展研究，提出了父母本播差期安排的"叶龄差法、有效积温差法、播始历期差法（也称'时间差法'）"三种方法。随后又研究了父母本花期预测方法，即"幼穗剥检预测法、叶龄余数剥检预测法、对应叶龄预测法"。同时通过试验探索了父母本对肥、水条件敏感性差异，从而获得了父母本花期调控措施，即"水促旱控，钾促氮控"，避免了杂交水稻制种因父母本花期严重不遇的失败。为了解决母本抽穗卡颈、穗粒外露率低的问题，曾普遍推行了人工割叶、人工剥苞措施。但是，人工割叶和剥苞措施，不仅用工多，劳动强度大，而且对植株伤害大，影响种子灌浆成熟，易导致后期的病害发生，致使种子质量下降。随后，人们探索用"九二〇"（赤霉素）解除母本抽穗卡颈问题，不但使不育系抽穗包颈减轻，穗粒外露率提高，而且使母本柱头外露率提高，柱头活力增强，花时提早，提高了父母本花时相遇机率，母本异交结实增加。"九二〇"在杂交水稻制种上的成功试用，是杂交水稻制种技术的重大突破。至今，"九二〇"已经成为杂交水稻制种必不可少的生产资料。

1.2 配套制种技术研究阶段 （1979—1983 年）

1.2.1 父母本群体构建技术的研究

父母本的群体结构分别由单位面积的有效穗数和颖花数组成，在分别增加有效穗数和颖花数的同时，还应探索父母本有效穗数和颖花数的比例协调。通过研究发现，不育系的分蘖力比保持系强，比恢复系弱；制种父母本行向以东西向比南北向增产，行向与风向垂直较行向与风向平行的增产；母本移栽密度较大、基本苗较多的群体，制种产量较高。在制种技术的设计上，父本分两期播种，父母本行比扩大至 1∶6～1∶8。栽培上提出"母本靠插不靠发，父本靠发不靠插"的技术措施。母本增加单位面积用种量，培育分蘖壮秧，加大母本移栽密度，增加母本每穴栽插株数，母本迅速形成高产群体。父本采用前期旱地育小苗，2 叶 1 心寄插至秧田的两段育秧方法。在施肥方法上，对母本一次性施肥，对父本采用深施肥。在父母本群体结构的协调性上，提出了父母本群体颖花比指标，父母本颖花适宜比例为 1∶3 左右。

1.2.2 父母本花期相遇指标及其技术研究

父母本花期相遇，是指母父本能在同一时期内抽穗开花，使母本在开花期间有充足的父本花粉供应而授粉结实。父母本花期相遇的程度分为四种类型：一是花期相遇理想，即"母本头花不空，父本尾花不丢，父母本盛花相逢"，其中关键是父母本盛花期相遇。二是花期相遇良好，即父母本盛花期能大部分相遇。三是花期基本相遇，即父母本盛花期部分相遇。四是花期不遇，即父母本盛花期基本不遇，仅有父母本的始花期与末花期相遇，或父母本花期完全不遇，制种产量极低甚至失收。

要使杂交水稻制种父母本花期相遇，首先，根据父母本的生育特性，确定好制种的播差期。其次，必须弄清父母本的异交特性及其开花习性。再次，在父母本大田生长中期，即幼穗分化前期搞好花期预测。最后，根据父母本花期预测结果，对照父母本花期理想相遇标准，采取肥水调节和化学调节措施。

1.3 三系法杂交水稻制种技术提升阶段 （1984—1990 年）

该阶段开展以增加单位面积母本颖花量为基础，提高父本花粉密度为核心，以多种技术配套为保障的高产制种技术研究。随着高产制种技术的研究与推广，制种产量上升到 3 t/hm^2 以上，湖南、四川、福建等地高产制种典型突破 4.5 t/hm^2。

1.3.1 制种基地选择与季节安排

光、温、水、气、土、肥等气象和土质条件构成杂交水稻制种的生态条件。杂交水稻制种生态条件的选择，包括制种基地的选择和制种季节的安排。制种基地的条件为土质肥沃，耕作性能好，排灌方便，旱涝保收，夏季无极端高温出现；田地较集中连片；无检疫性病虫害。另外，耕作制度、道路交通、经济状况和群众基础等人文条件，也是制种基地选择的重要条件。其次是制种季节安排与开花授粉安全期的确定。制种实践证明，杂交水稻制种安全抽穗开花期的天气条件是：扬花授粉期内无连续 3 d 以上的阴雨；日平均温度 24～30 ℃，最高气温不超过 35 ℃，最低气温不低于 21 ℃；田间相对湿度 70%～90%。其中，高产制种的理想扬花条件是：日均温度 26～28 ℃，相对湿度 85% 左右，昼夜温差 8～10 ℃，且光照充足有微风。

1.3.2 "一期父本"制种技术

在杂交水稻制种技术摸索阶段，制种父本普遍采用二期或三期播种，以延长父本的开花散粉期，使父母本花期相遇。进入 20 世纪 80 年代中期后，提出了父本三期改二期，缩小两期父本播种相隔天数，父本单行移栽改双行移栽，每穴单株移栽改多株移栽等措施，增加父本田间花粉密度。1986 年湖南省又提出了用一期父本制种的高产配套技术。制种实践证明，以一期父本制种，在父母本花期相遇良好的基础上，由于父本群体开花历期缩短，从而增加了每天田间花粉密度，提高了母本接受父本花粉的几率，因此较以三期父本制种，母本异交结实率提高 10% 以上，制种产量提高了 15% 以上。

2 三系亲本种子生产技术

2.1 三系原种生产技术

原种是指按原种生产技术规程生产的达到规定的原种质量标准的种子，原种是生产良种的种源。原种在种子生产中起到承上启下的作用，由原种繁殖良种或由原种直接生产大田商品种子。我国对原种的质量标准有明确的规定，主要指纯度、净度、水分、发芽率 4 个方面。

良种是指由原种繁殖的第一代至第三代质量符合规定标准的种子。杂交亲本的良种是生产种子的种源。

2.1.1 亲本种子混杂退化现象及其原因

亲本种子混杂是指亲本种子内混进了同作物其他品种的种子。亲本退化是指亲本的典型性降低，如株、叶、穗、粒等性状发生变化；生长发育不一致，整齐度变差；抗逆性降低，对不良环境条件的抗、耐能力减弱；配合力降低，所配杂交组合优势减退等。混杂可促使性状退化，退化又促使进一步混杂。导致混杂退化的原因很多，主要有以下几方面：

（1）机械混杂

在种子生产、加工、贮藏、包装、运输等各个环节中，由于条件的限制和人为的疏忽，都有可能导致异品种种子的混入而造成混杂。机械混杂的因素多，除了在以上环节可导致混杂外，种子生产田的同作物前作的茬桩再生、落粒成苗和施入未充分腐熟的有机肥料中的种子成苗等，均有可能造成机械混杂。

（2）生物学混杂

生物学混杂是指在田间进行亲本种子繁殖过程中，同作物异品种、异亲本的花粉参入授粉，导致在亲本后代群体中产生分离现象。雄性不育系繁殖易发生生物学混杂，在繁殖过程中要求严格隔离。

（3）新育成亲本剩余分离

一个新育成的亲本进入生产应用，群体表现型似乎整齐，但个体间基因型仍可能存在差异。尤其是通过远缘杂交育成的新亲本，虽然通过了多代选择纯合，主要性状表现一致，但难免有杂合异质基因型存在，特别是由微效多基因控制的数量性状，不可能完全纯合，使得个体间遗传基础有差异。在种子繁殖过程中，群体内不可避免地出现基因分离、重组，导致个体间性状差异加大，使群体的典型性、一致性降低，纯度下降。

（4）自然基因突变

植物在自然条件下存在基因自然突变现象，且大部分自然突变是不良突变，可通过自然选择而自行淘汰，但是仍有突变体可在群体内留存下来，一旦留存群体中，往往不易被及时发现或自行消失，通过自身繁殖和生物学混杂方式，使群体中的变异类型和变异数量逐步增加，导致混杂退化加剧。

2.1.2 三系亲本原种生产程序与方法

我国在 20 世纪 70 年代中期三系法杂交水稻育成推广后，对三系原种生产的程序与方法开展了广泛深入研究，先后形成了多种原种生产程序与方法。

（1）成对回交测交法

第一年建立不育系和保持系单株选择圃，分别选择典型单株（选择株数视需要而定）成对回交，成对收种。

第二年分别用成对不育系种子与其保持系种子建立（A×B）株行鉴定圃（在此圃内可种植每个保持系株行单株，不另建保持系株行圃），选择农艺性状、育性均典型的株行不育系、保持系分别成对收种；同年建立恢复系单株选择圃，在（A×B）株行鉴定圃中以当选不育系株行内代表单株与恢复系单株选择圃内典型单株（选择株数视需要而定）成对（A×R）测交制种，分别收获成对测交种及其恢复系单株种子。

第三年将上年当选的不育系与保持系株行种子建立（A×B）株系比较圃（在此圃内可种植每个保持系株系单株，不另建保持系株系圃），将上年收获的成对测交种建立测交种鉴定圃，同时建立恢复系株行圃。根据不育系和保持系株系的农艺性状、育性典型性，并参照测交种鉴定圃的表现，选留不育系、保持系株系，分别混合收种，成为原种。根据测交种鉴定圃内的恢复度和优势表现，在恢复系株行圃内选留性状典型的恢复系株行，混合收种，成为恢复系原种（图4-8）。

第四年繁殖原种。不育系与保持系相间种植繁殖不育系。保持系单独进行繁殖。不育系繁殖严格隔离，保持系繁殖适当隔离，均应严防生物学、机械混杂。

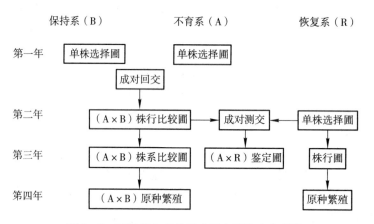

图4-8 三系亲本成对回交测交原种生产程序

（2）三系七圃法

第一年不育系、保持系、恢复系分别设立单株选择田。在不育系、保持系选择田内分别选择性状典型单株进行成对回交，分别成对收不育系、保持系种子。在恢复系选择田内选择性状典型单株，分株收种。

第二年设保持系株行圃（上年收获的保持系部分种子）、不育系株行圃（上年收获的不育系种子与保持系的另一部分种子相间种植，即 A×B）、恢复系株行圃。在不育系株行圃内，根据不育系植株农艺性状、育性的典型性选留株行，以相应的保持系授粉结实种子，分株行收获不育系种子。根据当选不育系株行，分别收获保持系株行种子。在恢复系株行圃内选择性状典型、表现一致的株行种子。

第三年将上年当选的不育系、保持系（一部分种子）、恢复系分别建立株系圃。其中不育系的株系圃内各株系与相应的保持系（另一部分种子）配套种植。分别根据各三个系的典型性选留株系，分别混系收种，即为各系原种。

第四年繁殖不育系原种，严格隔离，防止生物学混杂与机械混杂。恢复系原种可直接用于制种。

该方法省去了用恢复系原种与不育系测交，未测定恢复系原种的恢复能力与配合力。为了防止恢复系原种丢失恢复能力和降低配合力，可用恢复系株行与不育系测交，测定恢复力与配合力（图4-9）。

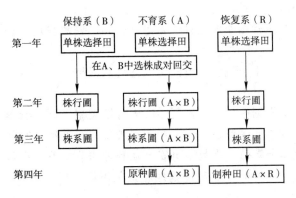

图4-9 三系七圃法原种生产程序

（3）三系原种生产简易法

对于遗传特性稳定性好，混杂退化现象轻微的三系亲本，可采用该方法生产原种。根据下一年度亲本生产数量需求，在当年的亲本繁殖基地选择肥力水平均匀、生产条件好的若干丘块田，严格按单本（株）种植繁殖。在生殖生长始期或见穗见花期，挑选植株生长发育整齐的丘块，至种子收割前，多次进行严格除杂除劣，将一切可疑的植株全部除掉，混收种子，作为原种。在实施过程中，对单株的选择和比较应始终严格把握亲本的典型性标准，排除肥水条件、激素、农药、除草剂对性状的影响及田间、室内各项操作中人为误差。

2.2 三系杂交水稻亲本的繁殖

2.2.1 三系雄性不育系繁殖技术

以雄性不育系（A）作母本，雄性不育保持系（B）作父本，按照一定的行比相间种植，使父母本同期开花，不育系接受保持系的花粉结实，生产下一代不育系种子的过程，称为三系不育系繁殖。

三系不育系繁殖的基本技术原理及其田间操作方式与三系法制种基本相同，即都是以雄性不育系作母本与雄性可育父本的异花授粉生产过程。但是不育系繁殖在原理、要求与具体操作技术等方面有其特点。

其一，不育系繁殖种子的纯度标准高。不育系种子是杂交制种的亲本，国家种子质量标准 GB4404.1—2008 规定，不育系原种纯度标准为99.9%，良种（制种田用种）为99.5%。为了保证纯度，不育系繁殖田应尽量避免前作安排同作物，防止前作落粒和再生苗混杂。在隔离方法上，应尽可能选择自然条件隔离，水稻不育系繁殖，距离隔离不少于300 m，生育期（开花期错开）隔离不少于25 d，或在隔离区300~500 m内种植保持系。

在始花期前应根据父母本原种典型性标准除尽杂株。授粉期结束后，将保持系植株齐泥割掉，清除干净，收割前进行田间纯度验收。种子分户收购，分户取样种植鉴定。

其二，不育系与保持系生育期差异小。不育系与保持系同核异质，除育性表现不同外，农艺性状基本相似。父母本播种差期安排较简单，父母本花期易相遇。由于不育系的生长势较保持系强，母本开花速度慢，历期较长。为了使父母本群体花期相遇程度高，安排保持系较不育系迟播5~7 d，并可将保持系分两期播种，两期间隔约5 d。不育系繁殖要特别重视对父本的培养，在技术措施上可采用宽行窄株种植，适当加大父母本间距，父本起垄栽培，偏施肥料。

2.2.2 保持系和恢复系繁殖技术

保持系和恢复系是正常结实的品种，繁殖系数高，繁殖栽培管理技术较简单，其技术要点如下：

繁殖种源：经过原种生产过程与方法，农艺性状提纯，并经过保持、恢复基因及配合力鉴定的保持系、恢复系原种。

繁殖季节与地点：根据保持系、恢复系的生育期类型尽可能安排正季繁殖，以便性状的典型性正常表现。为了使保持系、恢复系性状表现与在繁殖、制种季节相符，保持系可安排在其不育系繁殖季节繁殖，恢复系可安排在制种季节繁殖。繁殖地点可在三系原种生产基地，也可选择在相应的繁殖、制种基地。繁殖田块要求肥力水平中上，且均匀一致，排灌方便。

栽培技术：为了群体正常均衡生长发育，结实成熟正常，在整个繁殖过程中均采用平衡培养技术。及时翻耕、平整土地，合理搭配施用基肥。及时播种，稀匀播种，培养壮苗。合理密植，每穴单本移栽。搞好肥水管理，培养平衡、稳健群体的长势长相，切忌因施肥、打农药、使用除草剂、喷施激素等造成伤苗死苗、植株畸形、生长发育异常等现象。

防杂保纯：以原种繁殖良种（即制种亲本种子），国家标准纯度指标为≥99.5%（GB4404.1—2008）。随着种子行业的发展，杂交制种必然实行基地规模化，操作机械化、程序化，对亲本种纯度要求≥99.9%。保证保持系、恢复系繁殖种子纯度的措施有：繁殖田前作宜不是同作物，防止再生苗、落粒谷成苗结实，造成混杂。适当进行隔离，如水稻保持系、恢复系繁殖，尽管是自花授粉，也应隔离20~30 m，繁殖田20~30 m内异品种花期应错开15 d以上。整个繁殖过程按原种标准除杂，并严格防止机械混杂。

3　三系杂交水稻制种技术

3.1　制种生态条件的选择

杂交水稻制种是雄性不育系与父本（恢复系）完全异花授粉结实的过程。水稻的花器小，开花时间短，柱头和花粉生活力较弱，在父母本开花授粉过程中需要适宜的温度、湿度和光照条件，才能顺利完成异花授粉过程，使母本结实种子。因此，在能够种植水稻区域虽然都可以进行杂交水稻制种，但不一定都能获得制种高产与优质种子。杂交水稻制种基地的选择和季节的安排，可归纳为杂交水稻制种生态条件的选择。

3.1.1　抽穗开花授粉期的安全气候条件

抽穗开花授粉期，即始穗至终花期，该时期的气候条件适宜与否，影响父母本抽穗、开花、授（受）粉、结实，决定制种产量的高低或成败。所以该时期的天气条件是否适宜，是杂交水稻制种首先考虑的问题。该段时期安全气候条件的基本要求是：其一，不出现连续 3 d 以上整天下雨天气。其二，日平均气温以 26 ~ 28 ℃ 为宜，不出现连续 3 d 以上日平均气温高于 30 ℃ 或低于 24 ℃，无连续 3 d 以上日最高温高于 35 ℃ 或日最低温低于 22 ℃ 天气。其三，相对湿度以 80% ~ 90% 为宜，无连续 3 d 以上高于 95% 或低于 75% 天气。其四，每天上午开花授粉时段不出现连续 3 d 以上自然风力大于三级的天气。

3.1.2　种子成熟收割期的安全气候条件

杂交水稻制种授粉期结束后，种子进入结实灌浆结实期天气晴朗，昼夜温差大（10 ℃ 以上），种子灌浆成熟速度快，籽粒饱满。在授粉期结束后的 10 d 左右种子进入成熟阶段。进入成熟阶段的杂交种子具有发芽能力，较易在穗上萌动发芽。因此，从杂交水稻制种的种子进入成熟阶段至收割干燥阶段，制种基地应具备晴朗少雨，不出现连续下雨天气，空气相对湿度较低的气候条件。

3.1.3　其他生产条件

制种基地除了气候条件适宜杂交水稻制种外，还应具备其他相应的种子生产条件。其一，基地内稻田集中连片，地势开阔，光照充足；其二，方便制种隔离；其三，土壤结构性能良好，肥力水平较高；其四，水利条件好，排灌方便；其五，常年病虫害（尤其是稻瘟病、白叶枯病、稻粒黑粉病、稻曲病、螟虫、飞虱等）发生较轻，且无水稻检疫性对象（细菌性条斑病、稻象虫等）；其六，常年不发生强风暴、山洪暴发、冰雹、持久性干旱等恶性灾害。

3.2　父母本花期相遇技术

杂交水稻制种父母本同期抽穗开花，称之为花期相遇，父母本花期相遇是保证制种产量的前提。水稻开花期较短，群体开花期一般为 10 d 左右。根据父母本花期相遇的程度，可分为五种类型：一是花期相遇理想，指父母本"始花不空，盛花相逢，尾花不丢"，在父母本整个花期中，其盛花期完全相遇。二是花期相遇良好，即父母本始穗期只相差 2 ~ 3 d，父母本的盛花期能达到 70% 以上相遇。三是花期基本相遇，即父母本始穗期相差 3 ~ 4 d，父母本的盛花期只有 60% 左右相遇。四是花期相遇较差，即父母本始穗期相差 5 ~ 7 d，父母本的盛花期基本不遇，只有父母本尾花与始花相遇。五是花期不遇，即父母本始穗期相差 7 d 以上，制种产量很低甚至失收。

杂交水稻制种父母本花期相遇技术，主要包括三个技术环节：首先，根据父母本生育期差异及其特性，安排父母本播种差期（简称播差期）。其二，在父母本生长发育过程中及时进行父母本花期预测与花期调节。其三，从父母本播种至抽穗期实施正常培育管理措施，使父母本正常生长发育。

3.2.1　父母本播种期及播差期的安排

（1）父本播种期数的安排

20 世纪 70 年代初期，曾采用一期父本制种。20 世纪 70 年代中、后期，为保证父母本花期相遇，曾采用二期父本制种。20 世纪 80 年代初期，为保证父母本花期全遇，采用三期父本制种。20 世纪 80 年代中期，随着赤霉素使用技术与父本群体定向培养技术的提高，母本群体的抽穗开花历期缩短，从而推行一期父本制种。

采用二期父本制种，即父本分两次播种，两次播种间隔时间为 6 ~ 8 d，或前后父本叶龄差为 1.1 ~ 1.3 叶。两期父本的播种量为总用种量 50%，父本移栽时两期相间移，各占 50%。采用三期父本制种，即父本分三次播种，相邻两次播种间隔为 5 ~ 7 d，或叶龄差

1.1 叶。三次播种量和移栽量各占 1/3，或者第一和第三次各占 1/4，第二次占 1/2。

采用一期、二期、三期父本制种，父本群体抽穗开花历期和田间花粉量表现较大的差异。采用一期父本，其抽穗开花历期比采用二期父本短，采用二期父本比采用三期父本短。采用一期父本，单位面积总颖花数比采用二期父本约增加 10%，采用二期父本比采用三期父本约增加 5%。因此，采用一期父本制种，使父本抽穗开花历期缩短，田间总花粉量增加，单位时间与空间的花粉密度扩大，提高了母本受粉的机率。采用三期父本制种，父本群体抽穗开花历期长，虽然可以保证父母本花期的相遇，但是，不仅田间总花粉量减少，单位时间与空间花粉密度较小，母本受粉机率降低，而且增加用工、用地等成本。

在制种中对父本播期数的安排，可以从以下两个方面的因素考虑：一是考虑父本本身的分蘖成穗能力和抽穗开花历期的长短。若父本生育期长（父母本播差期长），分蘖成穗率高，有效穗多，穗大粒多，花粉量大，且抽穗开花历期较长（比母本长 4 d 以上），可采用一期父本制种；若父本生育期较短（父母本播差期短，甚至父母本播差期"倒挂"），分蘖成穗能力一般，抽穗开花历期与母本相当或略短的父本，则应采用二期父本制种。二是考虑父母本生育期温光特性和对肥水敏感性。若对父母本生育期变化影响因素和影响程度已了解，特别是多年在同一基地相同季节同一组合的制种，可采用一期父本制种；若对父母本生育期特性不甚了解，或新杂交组合制种，或在新基地制种，或改变制种季节，宜采用二期父本甚至三期父本制种。

（2）父母本播差期的安排

由于父母本生育期（指播始历期）的差异，所以父母本不能同期播种，两亲本播种期（天数）的差异为播差期。播差期是根据两个亲本的生育期特性（感光性、感温性、营养生长性）和制种父母本理想花期相遇的始穗期标准确定。现有杂交水稻组合父本的生育期多数比母本长，在制种时先播父本，后播母本，这种方式称为父母本播差期"顺挂"。若母本生育期比父本长的组合制种，则母本先播种，父本后播种期，这种方式称为父母本播差期"倒挂"。安排父母本的播差期，必须对该组合的亲本进行多年分期播种试验，了解亲本生育期特性的变化规律。父母本播差期确定方法有叶龄差法（叶差法）、播始历期差法（时差法）、积温差法（温差法）。

叶差法：以双亲主茎在不同生长发育时期的出叶速度为依据推算父母本播差期的方法，称为叶（龄）差法。值得指出的是，父母本主茎总叶片数差值并非制种播种叶差。父母本播种叶差应包含两个方面的含义，一是后播亲本时的先播亲本的主茎叶龄数，二是后播亲本主茎总叶片数与先播亲本主茎未出叶片数的共生阶段。两个亲本因出叶速度不同，不能以两个亲本主茎总叶片数的差值作为双亲的播种叶差。

例如丰源优 299 在湖南绥宁基地夏制，母本主茎总叶片数 12 叶，父本 16 叶，播种叶龄差不是 4 叶，而是 6.5～7.0 叶，即父母本在共生阶段，母本生长发育 12 叶的时间与父本生长发育 9.0～9.5 叶所需时间基本相同。另外，因父母本剑叶全展至稻穗始出（即"破口"期）所需时间存在差异，要使父母本花期相遇理想，还要根据父母本剑叶全展至破口见穗经历时期的长短及始穗期标准进行调整。

杂交水稻亲本间的主茎总叶片数及其出叶速度存在差异，但是同一亲本在同地同季较正常的气候条件与栽培管理下，其主茎叶片数相对稳定。亲本主茎叶片数的多少依生育期长短而异，早籼不育系生育期短，如协青早 A、金 23A、T98A、丰源 A 等，主茎叶片数 11～13 叶；中籼不育系生育期较长，如Ⅱ32A 等，主茎叶片数 14～15 叶。

在相同的播种季节和栽培条件下，同一亲本的主茎叶片数大致相同，但在气候条件和栽培技术差异较大的年份可相差 1~2 叶。同一杂交组合在同一地域、同一季节和不同年份的制种，用叶差法安排父母本播差期较为准确，但是不同季节制种叶差值有差异，特别是感温性、感光性强的亲本更是如此。全优 207 在湖南溆浦夏制，播种时差 50 d，叶差 9.42 叶；在湖南郴州春制时差 56 d，叶差 9.8 叶；因此，叶差法的应用要因时因地而异。

时差法：时差法即播始历期推算法。父母本在稻作生态条件相似地区、同一季节和相同栽培管理条件下，从播种到始穗的天数（播始历期）相对稳定。根据这一原理，利用父母本的播始历期的差值安排父母本的播种差期。

例如丰源优 299 制种，其父本湘恢 299 在湖南绥宁 4 月 10 日左右播种，7 月 20 日左右始穗，播始历期约 100 d。母本丰源 A 5 月中旬播种，7 月 20 日左右始穗，播始历期约 66 d，父母本播始历期差值为：100 − 66 = 34（d），由于丰源优 299 制种父母本理想花期相遇标准为：母本比父本应早始穗 2~3 d，因此丰源优 299 在湖南绥宁基地夏制的时差为 31~32 d。

采用播始历期差安排父母本播差期，只适宜年际之间气温变化小的地区和季节，同一组合在不同年份的夏播秋制常用此法。在气温变化大的季节与地域制种，如在长江中下游区域春播夏制，因年际间春季某一时段气温变化较大，亲本播始历期稳定性常受气温的影响，应用时差法易出现父母本花期不遇或相遇较差。

温差法：籼型水稻的生物学下限温度为 12 ℃，上限温度为 27 ℃，从播种到始穗每天 12 ℃~27 ℃之间温度的累加值为播始历期的有效积温。用父母本从播种到始穗的有效积温差确定父母本播差期的方法称为温差法。感温性水稻品种在同一地区即使播种期不同，播种至始穗期的有效积温相对稳定，可用父母本的有效积温差安排父母本播种差期。例如，某杂交组合在湖南夏制，父母本播始历期有效积温差为 300 ℃，从父本播种后的第二天起记载每天的有效积温，待有效积温累加到 300 ℃之日播母本。采用温差法虽然可以避免由于年度间温度变化所引起的误差，但是避免不了因栽培管理对苗期生长影响的误差。

在确定父母本播差期时，应结合父母本特性和制种季节的气候条件，将三种方法综合分析，以叶差为基础，温差作参考，时差只在温度较稳定的制种季节采用。春制和夏制期间，由于气温不稳定，大多用叶差法，温差和时差作参考。秋制期间气温较稳定，大多采用时差法，叶差和温差作参考。

3.2.2 父母本花期预测与调节

在父母本生长发育期间，对植株外观形态、叶龄及出叶速度、幼穗分化进度等进行观察与分析，推测父母本距始穗期天数，以此判断父母本花期相遇程度。父母本的生育期除受父母本遗传特性决定外，同时还受气候、土壤、秧苗素质、移栽秧龄、肥水管理等因素影响，导致父母本播历期的变化可能出现比预期提早或推迟，造成父母本花期相遇偏差。尤其是杂交新组合、新基地的制种，在播差期的安排与培管技术上对花期相遇的把握较小，更有可能出现父母本花期不遇。因此花期预测是杂交水稻制种非常重要的技术环节，其目的是尽可能及早准确推断父母本的始穗期，预测父母本花期是否相遇。一旦发现父母本花期相遇有偏差，以便及早采取相应的措施调节父母本的生长发育进程，确保父母本花期相遇。

（1）花期预测方法

花期预测的方法较多，在不同的生长发育阶段可采用相应的预测方法。常用的方法有幼穗剥检法、叶龄余数法、对应叶龄法、积温推算法、播始历期推算法等。叶龄余数预测法和积温推算法在各生长发育阶段均可使用。幼穗剥检法只适宜在幼穗分化开始后进行，该法简单直观。最常用的方法是幼穗剥检法和叶龄余数法（表4-19、表4-20、表4-21）。

幼穗剥检法： 根据水稻幼穗发育八个时期的外部形态，直接观察父母本幼穗发育进度，预测父母本花期能否相遇。具体做法是：选取主茎幼穗。无论每穴单本或多本，每穴只取一根主茎穗剥检。同一块田内取样数量则依田间禾苗生长发育整齐度而定，一般剥检10~20个幼穗。幼穗分化初期，每隔1~2 d剥检一次，幼穗分化中、后期，每隔3~5 d剥检一次，观察幼穗的发育进度。幼穗发育的初期，用放大镜或解剖镜观察，可以提前掌握准确发育时期，及早准确预测花期。

幼穗发育各个时期的形态特征可形象地归纳为："一期水泡现，二期苞毛现，三期毛丛丛，四期颖花现，五期颖壳分，六期叶枕平，七期穗带绿，八期穗即见"。生育期不同的亲本幼穗分化历期有所差异（表4-20、表4-21）。

杂交组合的父本的主茎总叶片数比母本若多4叶以上，父本幼穗分化历期长于母本。根据父母本理想花期相遇的要求，在幼穗分化Ⅲ期前，父本应比母本早1~2期；幼穗分化在Ⅳ、Ⅴ、Ⅵ期时，父本应比母本早0.5~1期；幼穗分化在Ⅶ、Ⅷ期时，父母本的幼穗发育相同或相近。父本主茎叶片数比母本多2~3叶的组合，父本的幼穗分化历期较母本略长，根据父母本理想花期相遇的要求，父母本幼穗发育进度可保持基本一致或母本略迟于父本。父母本主茎总叶片数相同的组合制种，父本的幼穗分化速度和群体抽穗开花速度均较母本快，因此，母本的幼穗发育进度应快于父本1~1.5期。

叶龄余数法： 叶龄余数是指主茎总叶片数减去主茎已出的叶片数，即未抽出的叶片数。例如，已知某亲本在某制种基地往年同季的主茎总叶片数为14，当主茎叶龄11片叶时，其叶龄余数为3叶。水稻进入幼穗分化后期，出叶速度比营养生长期明显减慢，但出叶速度较稳定。在天气条件正常的情况下，幼穗分化期每出一片叶的天数比营养生长期要多2~3 d。生育期长的迟熟亲本在营养生长期的出叶速度为4~6 d/叶，进入幼穗分化期出叶速度为7~9 d/叶。早、中熟类型的亲本在营养生长期为3~5 d/叶，进入幼穗分化期后的出叶速度为5~7 d/叶。因此可以利用叶龄余数预测和推算其始穗期。其方法是：首先根据定点观察的叶龄数，求出叶龄余数，再根据叶龄余数判断幼穗分化时期，判断父母本对应的发育进程和估计始穗期。周承杰编排的水稻叶龄与幼穗发育对照表（表4-21），直观表明了水稻最后几片叶与幼穗发育和始穗的时间关系，可以查出不同主茎叶片数父母本的幼穗分化及两者的对应关系。

播始历期推算法： 根据亲本播始历期的变化规律推算父母本的始穗期，此法是以一个亲本在年际间，在同地、同季、相同的培管条件下的播始历期相对稳定为依据。同一组合，在同一基地、同一季节、相同栽培技术条件下，杂交水稻制种后播亲本在播种前，根据当年的气候特点，依往年先播亲本的播始历期预测当年的播始历期，以此适当调整当年后播亲本的播种期。根据父母本历年的播始历期、幼穗分化历期和当年父母本的播种期，可以初步推测父母本当年开始进入幼穗分化的日期。此后结合进行幼穗剥检，出叶速度与植株拔节长度观察，综合分析确定父母本幼穗分化始期，从而推测父母本始穗期。

父母本对应叶龄预测法： 将同一组合在同基地往年同季节制种的父母本叶龄记载资

料，制成父母本叶龄对应表，在当年制种每次记载叶龄后进行对比分析，判断父母本生长发育进程，从而预测父母本当年花期相遇程度。例如，T优259在湖南绥宁县武阳基地夏季制种多年，2009年仍在该基地夏制T优259，父母本播种期、播差期安排与父母本花期相遇理想的年份相同，且栽培技术措施也与往年一致，在2009年可将各次观察记载叶龄数据与父母本花期相遇理想年份同期的观察记载叶龄数据对比，若各次数据相同或很接近，表明2009年T优259制种父母本花期相遇将会理想。

（2）花期调节技术

根据父母本生育特性的差异和对水、肥等敏感程度的差异，对花期相遇有偏差的父母本，采取各种相应的栽培管理措施，促进或延缓父母本的生长发育进程，延长或缩短父母本的抽穗开花始期及历期，达到父母本花期相遇目的。

父母本发育进度表现为两种情况：一是父本比母本早；二是父本比母本迟。经预测发现父母本花期（以始穗期为标准）相差3d以上，应进行花期调节。花期调节的目的为两方面：一是对生长发育慢的亲本采取促进调节措施，促进植株生长发育，加快发育进度；二是对生长发育快的亲本采取延缓调节措施，延缓植株生长发育，推迟抽穗或延长开花历期。花期调节宜早不宜迟，以促为主，促控结合，以调节父本为主，调节母本为辅。在实际操作中，应根据父母本花期不遇的程度、父母本生长发育特性（分蘖成穗、耐肥性、抗倒伏力等）和田间肥力状况、父母本生长发育状况等，分别对父母本采取一项或多项调节法进行调节。

以移栽密度或以基本苗数调节：亲本在不同的栽培密度或不同移栽基本苗情况下，植株生长发育进度有差异。密植和每穴多本移栽，增加单位面积的基本苗数，可使始穗期提早，且群体抽穗整齐，花期集中，花期缩短。稀植和每穴单本移栽，单位面积的基本苗数减少，始穗期推迟，且群体抽穗分散，花期延长。生育期长的亲本分蘖能力较强，此调节效果较好，反之则效果较小。使用该调节法时，要在保证母本高产苗穗结构和父本充足花粉量的前提下进行，如母本密度过稀将导致群体穗数不足，且抽穗期延长，开花期不集中；父本密植或每穴多本插植导致群体花期短，父母本花期不能全遇；父本适当稀植高肥，可延迟延长花期。

表4-19　水稻幼穗分化时期划分的直观简易法与传统八期法对照表

简易法					八期法		
穗分化时期	穗部性状形态特征	与倒四片叶对应关系	经历出叶数（叶）	余叶数	穗分化时期	经历出叶数（叶）	余叶数
一期 苞分化期	穗轴分化 穗轴分节	倒四叶出生后半期	0.5	3.5~3.0	Ⅰ期	0.5	3.5~3.0
二期 枝梗分化期	一次枝梗分化 二次枝梗分化	倒三叶出生期	1.0	3.0~2.0	Ⅱ期	0.5	3.0~2.5
三期 颖花分化期	颖花分化 雌雄蕊形成	二叶期及剑叶出生初期	1.2	2.0~0.8	Ⅲ期	1.0	2.5~1.5
					Ⅳ期	0.7	1.5~0.8
四期 性细胞分化形成期	花粉母细胞形成 母细胞减数分裂	叶出生中后期	0.8	0.8~0	Ⅴ期	0.5	0.8~0.3
					Ⅵ期	0.3	0.3~0
五期 花粉粒充实完成期	花粉粒充实 花粉粒完熟	叶鞘伸长膨大（外形孕穗）	1.0加2d		Ⅶ期	1.0	
					Ⅷ期	2d	

表4-20 部分水稻不育系与恢复系幼穗分化历期

系名	项目	幼穗分化历期/d								播始历期/d	主茎叶片数（叶）
		I 第一苞原基分化期	II 第一枝梗原基分化期	III 第二次枝梗和颖花原基分化期	IV 雌雄蕊原基形成期	V 花粉母细胞形成期	VI 花粉母细胞减数分裂期	VII 花粉内容物充实期	VIII 花粉完熟期		
金23A 新香A	分化期天数	2	2	4	5	3	2		8		
金23A 新香A	距始穗天数	26~25	24~23	22~19	18~14	13~11	10~9		/	51~60（长沙）	10~12
T98A	分化期天数	2	2	4	5	3	2		8~9		
T98A	距始穗天数	27~26	25~24	23~20	19~15	14~12	11~9		/	55~70	11~13
珍汕97A 丰源A	分化期天数	2	3	5	5	3	2		9		
珍汕97A 丰源A	距始穗天数	28~27	26~24	24~20	19~15	14~12	11~10		/	60~75	12~14
湘恢299 II 32A	分化期天数	2	3	5	6	3	2	7	2		
湘恢299 II 32A	距始穗天数	28~27	26~24	23~20	19~14	13~11	10~9	9~3		95~120	15~17
密阳46 I R26	分化期天数	2	3	5	7	3	2	7	2		
密阳46 I R26	距始穗天数	30~29	28~26	25~22	21~15	14~12	11~10	9~3		90~110	16~18
蜀恢527	分化期天数	2	3	5	7	3	2	8	2		
蜀恢527	距始穗天数	31~30	29~27	26~22	21~15	14~12	11~10	9~2		85~110	17~19

表4-21 水稻叶龄与幼穗发育对照表（周承杰，1989）

主茎叶片数（叶）								幼穗发育期	分化期天数	叶龄余数	距抽穗天数*
11	12	13	14	15	16	17	18				
8.2	8.5~9.0	9.5~10.1	10.5~11.2	11.5~12.0	12.5~13.0	13.5~14.0	14.5~15.0	第一苞分化期（一期看不见）	2~3	3.5~3.1	24~32
8.3~8.9	9.1~9.7	10.2~10.9	11.3~12.0	12.1~12.7	13.1~13.7	14.1~14.6	15.1~15.6	一次枝梗分化期（二期苞毛现）	3~4	3~2.6	22~29
9.0~9.6	9.9~10.4	11.0~11.5	12.2~12.7	12.8~13.4	13.8~14.4	14.7~15.3	15.8~16.3	二次枝梗分化期（三期毛丛丛）	5~6	2.5~2.1	19~25
9.7~10.0	10.5~10.9	11.6~12.0	12.8~13.1	13.6~13.9	14.6~14.9	15.5~15.9	16.5~16.9	雌雄蕊分期（四期谷粒现）	2~3	1.5~0.9	14~19
10.2~10.5	11.0~11.4	12.1~12.5	13.2~13.6	14.0~14.3	15.0~15.3	16.0~16.3	17.0~17.3	母细胞形成期（五期颖壳分）	2~3	0.7~0.5	12~16
10.6~11	11.5~12	12.6~13.0	13.6~14	14.4~15	15.4~16	16.4~17	17.4~18	减数分裂期（六期叶枕平）	3~4		7~9
								花粉充实期	4~5		7~9
								花粉成熟期	2~3		3~4

﹡注：生育期短的品种主茎总叶片数少，幼穗分化历期短；反之，则长。

以移栽秧龄调节：秧龄的长短对始穗期影响较大，其影响程度与亲本的生育期和秧苗素质有关。恢复系 IR26 秧龄 25 d 比 40 d 的始穗期早 7 d 左右，30 d 秧龄比 40 d 的早 6 d 左右，秧龄超过 40 d，抽穗不整齐。不育系珍汕 97A 秧龄 13 d 比 28 d 始穗期早 4 d 左右，18 d 秧龄比 28 d 始穗仅早 1 d，超过 35 d 秧龄出现早穗，抽穗不整齐。对秧苗素质中等或较差的秧苗，调节作用大，对秧苗素质好的秧苗其调节效果小。华南稻区晚造制种亲本的播始历期随秧龄的延长而延长，秧龄在 20～45 d 内，每延长 1 d 秧龄播始历期延长 0.8 d 左右。

以中耕调节：中耕并结合施用一定量的氮素肥料，可以明显延迟始穗期和延长开花历期。对苗数较少、单位面积未能达到预期苗数，生长势较弱亲本，采用此法效果明显；对生长势旺的亲本仅采取中耕不宜施肥，但中耕可结合割叶同时进行，效果较好。所以使用此法需看苗而定。

以肥水管理调节：对发育较快且生长势不旺盛的亲本，施用一定数量尿素（如 75～150 kg/hm²），施肥后结合中耕，能延缓生长发育 3 d 左右。对发育慢的亲本可用磷酸二氢钾兑水喷施，连续 2 至 3 d，每天喷施一次，能调节花期 2～3 d。在幼穗发育后期发现花期不遇，利用某些恢复系对水反应敏感，不育系对水反应较迟钝的特点，通过田间水分控制调节花期。如果父本早母本迟，可以排水晒田，控父促母；母本早父本迟，则可灌深水，促父控母，可调节花期 3～4 d。

赤霉素（九二〇）调节：在群体见穗期，用"九二〇"15～30 g/hm²，加磷酸二氢钾 1.5～2.25 kg/hm²，加水 30 kg，对发育迟的亲本叶面喷施。值得一提的是：使用"九二〇"调节花期宜迟不能早，用量宜少不能多，应在幼穗分化进入第Ⅷ期才能使用，若"九二〇"喷施过早，用量过多，只能使中下部节间种叶片、叶鞘伸长，造成稻穗不能顺利抽出。

用"九二〇"养花：利用不育系柱头外露率高，且生活力强的特点，喷施"九二〇"，增强柱头生活力，延长柱头寿命，在母本花期早于父本的情况下用此法效果明显。在母本盛花期每天下午用"九二〇"15～30 g/hm²，加水 40 kg 喷施，连续喷施 3 或 4 d，并保持田间较深的水层，可使柱头保持 4～5 d 生活力，能接受父本花粉结实。

多效唑调节：在父母本始穗期相差 5 d 以上时，可对发育快的亲本喷施多效唑。若对母本使用多效唑，其原则是宜早不能迟，应在幼穗分化第Ⅳ期以前使用，在幼穗分化的中、后期使用多效唑，将造或抽穗卡颈严重。在母本幼穗分化Ⅳ期以前用多效唑 1.5～2.25 kg/hm²，加水 30～40 kg 喷施；对生长发育过早的父本，也可喷施多效唑，每 hm² 可用 1.2～1.5 kg 多效唑加水喷施。喷施多效唑时视禾苗长势长相追施适量速效肥料，促使后发分蘖的生长，起到延长群体抽穗开花期的作用。对使用过多效唑的亲本，在喷"九二〇"时应适当增加"九二〇"用量。

3.3 建立高产制种父母本群体

杂交水稻制种产量是母本群体结实种子的产量，而母本群体必须靠父本群体提供充足的花粉才能提高结实率。因此，杂交水稻制种父母本的群体构成，母本群体为主导地位，同时要保证父本一定的数量，只有建立协调的父母本群体结构才能获得制种高产。父母本群体结构协调的目标，应落实到父母本群体的颖花比例，在母本群体较大的前提下，保证有充足的父本花粉量满足母本受粉结实，才能提高母本异交结实率而获得较高制种产量。

3.3.1 田间种植方式的设计

（1）父母本行比的确定

杂交水稻制种时父本种植行数与母本种植行数之比，即为行比，母本种植行数越多，行比越大。行比的大小是单位面积父母本群体构成的基础，不同的行比，其种植方式不同。确定父母本的行比主要考虑三个方面的因素，一是父本的特性：父本生育期长，分蘖力强且成穗率高，花粉量大且开花授粉期较长，父母本行比大，反之则行比小。二是父本的种植方式：父本采用大双行种植，父母本行比大，如 2:(16~20)；父本若采用小双行、假双行（即一行父本，采用"品"字形移栽）种植，父母本行比较小，如 2:(12~14)；父本采用单行种植，父母本行比选择范围为 1:(8~12)。三是母本的异交能力，母本开花习好，柱头外露率高，且柱头生活力强，对父本花粉亲和力高，可采用大行比制种，反之则行比小。

近年来杂交水稻母本直播制种技术发展较快，若母本采用行直播方式，父母本行比则与母本育秧移栽方式的行比相同；若母本采撒直播方式，父母本行比则从父母本所占厢宽进行设计。

（2）行向的确定

父母本的种植行向（若母本采用直播方式，即为厢向）的确定应考虑两条原则，其一，种植的行向要有利于行间的光照条件，使植株易接收光照，生长发育良好；其二，开花授粉季节的风向有利于父本花粉的传播，虽然杂交水稻制种主要靠人工辅助授粉，但自然风对父本花粉传播有一定影响。因此，父母本最佳种植行向应与光照方向平行，与制种基地开花授粉期的季风风向垂直。但是不同地区、不同地形地势、不同季节，其风向不同，例如在湖南等中部地区，夏季多为南风，秋季多为北风，制种行向以东西向为宜，既有利于光照条件，也有利于借助风力授粉。在某些山区制种，则应考虑行向与山谷风的方向。在沿海地区制种则考虑行向与海风方向。在安排行向时，光照条件与风向条件应协调考虑，使行向与光照方向和风向保持一定的角度。

（3）父本的种植方式

父本种植方式常有四种：单行、假双行、小双行、大双行。顾名思义，单行父本是每厢中只种 1 行父本，行比为 1:n（n 为母本行数），父母本行间距 25~30 cm，父本占地宽度为 50~60 cm，父本株距 20 cm 左右，母本 14×16（cm）。假双行、小双行、大双行都是父本种植两行，行比为 2:n，父本种植密度与位置有所差别。假双行的两行父本之间距较窄，一般为 10 cm，两行父本各穴交叉错种植，父母本间距一般为 24~28 cm，父本占地宽 54~60 cm。小双行的两行父本之间距一般为 17~20 cm，父母本行间距为 23~27 cm，占地宽与假双行相同。大双行两行父本之间距较宽，一般为 33~40 cm，父母本行间距为 17~20 cm，父本占地宽为 66~76 cm。不论何种种植方式，父本的株距一般为 14~20 cm。

父本的四种种植方式并不是决定制种产量的主要因素。但是，父本种植方式不同，授粉方法则不同，单行与假双行适宜采用绳索拉粉和单竿赶（推）粉的单向授粉方法，大双行父本宜采用双竿推粉的双向授粉方法，小双行父本对两种授粉方法均可采用。

3.3.2 父母本群体结构目标

（1）父本群体结构与产量的构成

单位面积父本的种植穴数随父母本行比及父本种植规格变化，在制种实践中，父本穴数为 2.7 万 ~4.5 万穴/hm^2，45 万 ~75 万基本苗，最高苗数 180 万 ~225 万苗，有效穗 90 万 ~120 万，每穗颖花 100 ~150 朵，每公顷总颖花数 1.2 亿 ~1.5 亿朵。父本要求植株生长旺盛健壮，群体抽穗开花历期长 10 d 以上。

（2）母本群体结构与制种产量的构成

母本 37.5 万 ~4.5 万穴/hm^2，225 万左右基本苗，最高苗数 450 万左右，有效穗 300 万 ~375 万，每穗颖花 90 ~110 朵，总颖花数 3 亿 ~3.75 亿万朵。父母本群体颖花比约 1∶2.5 左右。母本要求植株生长稳健，穗多穗齐，群体抽穗开花历期 10 d 左右。母本有效穗 300 万 ~375 万/hm^2，平均每穗颖花 100 朵左右，总颖花 3 亿 ~3.75 亿朵基础上，若异交结实率 40% 以上，千粒重 23 ~28 g，产量可达 3.0 ~3.75 t/hm^2。

3.3.3 父母本群体结构定向培养技术

（1）父本育秧技术

水田育秧法：父本生育期较短、父母本播种差期较小的杂交组合制种，即父母本播种叶龄差在 5 叶以内，或时间差在 20 d 以内的组合制种，父本可采用水田育秧法。父本用种量 7.5 ~15 kg/hm^2，浸种催芽后均匀撒播于水秧田。秧田播种量依父本移栽叶龄而定，移栽叶龄 5 叶以上，秧田播种量 120 kg/hm^2 以内；移栽叶龄 4.5 叶以内，秧田播种量 150 ~180 kg/hm^2。水、肥管理及病虫防治技术同于一般水稻生产的水田育秧。

旱地加水田两段育秧法：父本生育期较长、父母本播种差期较大的杂交组合制种，即父母本播种叶龄差在 5 叶以上，或时间差在 20 d 以上的组合制种，父本可采用两段育秧。第一阶段为旱地育小苗。苗床宜选在背风向阳的旱作地或干稻田，按 1.5 m 厢宽平整育苗床基，压实厢面，先铺上一层细土灰或沙，再铺一层 3 cm 左右的泥浆或经消毒的细肥土。浸种催芽均匀密播于育苗床，播后用细土盖种，并搭架盖膜保温，及时洒水保湿。在晴天高温时，白天揭膜通风，夜间盖膜。小苗 2.5 叶龄左右开始寄栽至水田，按照制种面积需要的父本数量和寄栽密度备足寄栽田面积。寄栽田应选择较肥沃的水田，并施足底肥。寄栽寄栽密度可为 10 cm×10 cm 或 10 cm×（13 ~14）cm，每穴寄栽 2 或 3 苗。寄栽秧苗应控制在 7 ~8 叶（父本主茎总叶片数的 50% 左右）时带泥移栽至制种田，减少植伤，缩短返青期。

（2）母本播种育秧技术

水田湿润育秧法：培养母本多蘖壮秧是制种高产群体构建的基础。壮秧的标准是：秧苗三叶一心开始分蘖，五叶期带分蘖 2 个，秧苗矮壮，茎基扁平，叶色青秀，根白根壮。水田湿润育秧有如下技术环节与措施：

备好秧田：秧田与制种田面积的比例为 1∶5，秧田播种量 150 ~180 kg/hm^2 备足母本秧田。中等肥力水平水田，按复合肥 450 ~600 kg/hm^2，或按尿素 150 kg/hm^2，氯化钾 75 ~105 kg/hm^2，过磷酸钙 450 ~600 kg/hm^2 标准，或按人畜粪肥 22.5 ~30 t/hm^2，腐熟枯饼 600 ~750 kg/hm^2，草木灰 225 ~300 kg/hm^2 标准施作底肥。肥料均应施入耕作层，使泥肥均匀融合。平整秧田，开沟分厢。

催芽播种：浸种时用强氯精浸种消毒，采用"少浸多露、保温保湿保气"同步浸种催芽方法或制种基地统一采用温室浸种催芽，保证母本浸种催芽时间与种芽标准。播种前种子用拌种剂、稀效唑等拌种。播种时将种子分厢过秤，均匀播种。播后泥浆或细土盖种，春季播种育秧应搭架覆盖薄膜保温，提高出苗率与成秧率。

秧苗期管理：播种后至秧苗 2.5 叶前保持厢面湿润，不见水层，2.5 叶至移栽前采用浅水管理。遇到寒潮时可加深水层或盖膜护秧，寒潮过后升温时缓慢排水与揭膜，防止秧苗生理失水，青枯死苗。及时追施"断乳肥"与促蘖肥。在2.5叶期灌浅水时每公顷施尿素75 kg左右，在移栽前5~7 d每公顷施尿素75 kg左右，对移栽秧龄短小（4.5~5.0叶）的秧苗，在4叶时每公顷可施尿素105~120 kg。秧苗期应及时防治稻蓟马、稻秆潜叶蝇、稻叶瘟等病虫害。

软盘育秧法：父母本生育期较短，移栽叶龄较小的杂交组合制种，母本可采用此方法育秧。育秧的软盘及泥土可按水稻大田生产的软盘育秧方法准备。母本种子的浸种催芽方式可参照水田湿润育秧法。种子破胸后均匀撒播在塑料软盘孔内，尽量保证每孔2或3粒正常破胸的种子。采用湿润育秧或旱育秧的芽期至成苗期的管理方法培育母本秧苗。在秧苗3.0~3.5叶时抛栽。

（3）母本直播与苗期管理技术

将母本种子直接播入制种田的母本厢内，省去育秧移栽环节。随着农村劳动力的转移，造成了杂交水稻制种基地劳动力的缺乏。因此近年来杂交水稻母本直播制种技术得到了发展。母本直播制种的技术要点如下：

父母本播种差期的调整：母本直播没有因植伤导致的返青阶段，因此直播母本的播始历期较育秧移栽母本缩短2~3 d，父母本的播差期应在水田湿润育秧移栽母本的基础上延长2~3 d，或扩大父母本叶龄差0.5叶左右。父本要求在母本播种前4~5 d移栽，移栽后灌水使父本及时返青。

制种田的平整与播种：由于母本种子直播于制种田，因此制种田的整地质量视同于秧田。平田时将所用底肥一次性施入制种田。要求全田平整，四周开沟，田中按制种的父母本分厢，厢间有小浅沟（深10 cm左右），每两厢间有深沟（深15~20 cm），能保证灌水时全田水深一致，排水时全田与厢内能及时排干，以利于母本出苗均匀，提高成苗率。父本返青后排水露田，再次平整母本厢面后直播母本种子。母本种子催芽后用化学拌种剂、稀效唑等拌种。播种时将芽谷分厢过秤，均匀播种。播后将种子拍压入泥浆内，提高出苗率与成秧率。

直播母本的苗期管理：母本播种后至幼苗一叶一心前，厢面只能保持湿润状态，不能使厢面有水层，若遇大雨可短时灌水护种，避免雨水冲洗，影响出苗和出苗不匀。幼苗至2.5叶期，可进行间密补稀，尽可能使厢面禾苗较均匀分布。在2.5~3叶期灌浅水追施尿素与钾肥，并施用秧田除草剂，及时防治病虫害。3叶以后的田间管理与一般制种田相同。

3.3.4 制种大田父母本培养技术

（1）父母本基本苗数的确定

杂交水稻制种母本的异交结实率的高低依赖于父本和母本抽穗开花的协调与配合。由于父母本抽穗、开花的特性存在差异，因此对父母本的定向培养目标不同，要求父本既有较长的抽穗开花历期，又能保证在单位时间与空间内有充足的花粉量；对母本既要求在单位面积内有较多的穗数与颖花数，又要求群体抽穗开花历期相对较短，保证父母本全花期基本相遇，且盛花期集中相逢。因此，对父母本的培养技术措施不同。20世纪80年代末期在研究对父母本定向培养时提出了"父本靠发、母本靠插"的技术措施，对提高杂交水稻制种产量起到了很好效果。随着杂交水稻亲本的增多，在制种时对亲本的培养技术更具有多样化。大穗型亲本往往分蘖能力较低，单株有效穗数较少，穗形较紧凑，着粒密度大，单穗花期较长，因此对大穗型亲本则应增加每穴株数。即生育期较长、分蘖力较强、成穗率较高的父本每穴移栽 2 或 3 株；无论生育期长短，如分蘖能力较差的父本，每穴可增至 4 株或以上；某些早熟组合，父母本播差期"倒挂"制种时，不仅要增加父本每穴移栽株数，还应缩小父本移栽的株距至 14～17（cm）。母本要求均匀密植，如移栽株（穴）行距为 14×17（cm），每穴 2～3 株，每穴基本苗 6～9 苗，一般要求母本每公顷插足150 万左右基本苗。

（2）母本定向培养技术

在保证母本基本苗的前提下，母本的培养目标是：穗形大小适宜、穗多、穗齐、冠层叶片短、后期不早衰。高产制种实践表明，在保证母本单位面积穗数与穗粒数达到定向培养目标时，稳健的母本群体结构，具有良好的异交性能，往往易获得较高的制种产量。相反，母本群体长势长相过于繁茂，尤其是后期长势太繁茂的群体，田间通风透光性差，异交态势不良，异交结实率低，制种产量较低。所以重视前期的早生快发，稳住中期正常生长，防止后期生长过旺是杂交水稻制种对母本培养的原则。

在定向培养的肥料施用上，要求"重底、轻追、后补、适氮高磷钾"，其核心技术就是重施基肥，少施甚至不施追，即采用所谓的一次性施肥法。如早熟杂交组合制种，由于亲本生育期短，分蘖时间短，保肥保水性能好的制种田，可以将 80%～100% 的氮、钾肥和 100% 的磷肥作底肥，在移栽前一次性施作底肥，或留 20% 左右的氮、钾肥在移栽后一个星期内追施。若制种田保水保肥性能较差，且母本生育期较长，则应以 60%～70% 的氮、钾肥和 100% 的磷肥作底肥，留 30%～40% 的氮、钾肥在移栽返青后追施。在幼穗分化 V～VI 期，应看苗看田适量补施氮、钾肥或含有多种养分的叶面肥。

在水分的管理上，要求前期（移栽后至分蘖盛期）浅水湿润促分蘖，中期晒田促进根系纵深生长，并控制苗数和叶片长度，后期深水孕穗养花。其中关键在中期的重晒田。在前期促早生快发，群体苗数接近目标时，要及时重晒田。具体而言，晒田要达到四个目的：一是缩短冠层叶的叶片长度，尤其缩短剑叶长度，一般以 20～25 cm 为宜；二是促进根群扩大与根系深扎，利于对养分的吸收与利用；三是壮秆防倒伏，杂交水稻制种喷施"九二〇"后，由于植株升高，容易倒伏，通过晒田使植株基部节间缩短增粗，从而增强抗倒能力；四是减少无效分蘖，促使群体整齐，提高田间的通风透光性，减少病虫危害。晒田的适宜时期以母本群体目标苗数为依据，一般是在幼穗分化前开始，至幼穗Ⅲ～Ⅳ期结束，时间 7～10 d。晒田标准：田边开坼，田中泥硬不陷脚，白根跑面，叶片挺直。当然，晒田的程度与时间应依据母本生长发育状况与灌溉条件而定，深泥田、冷浸田要重晒，分蘖迟发田、苗数不足的田应推迟晒，水源困难的田块应轻晒，甚至不晒，不能造成晒后干旱，影响母本生长发育，导致父母本花期不遇而减产。

（3）父本定向培养技术

穗多、穗形大小适中、冠层叶片较短、抽穗开花历期较母本稍长，且单位时间与空间的花粉密度大的群体结构，是父本定向培养的目标。必须针对父本的生育期和株、叶、穗、粒特征特性采取相应的定向培养技术。在保证父母本施用相同的底肥种类与数量的基础上，对父本的偏施肥料是定向培养强势父本群体的重要技术措施。在母本移栽后的3～5 d内要单独对父本要偏施一次肥料。肥料的用量应依父本的生育期长短与分蘖成穗数量目标而定，生育期较长、每穴移栽株数较少，要求单株分蘖成穗数较多的父本，追肥量较大，反之追肥量适当减少。每公顷可施尿素 45.0～60.0 kg，钾肥 45.0 kg。为保证施肥效果，可采取两种办法：一是撒施，施肥时母本正处于移栽返青后的浅水或露田状态，将肥料撒施在父本行间，并进行中耕，生育期较短的父本宜采用此法。二是球肥深施，将尿素和钾肥与细土混合拌匀，做成球肥深施入两穴父本之间或四穴父本中间，也可以施用杂交水稻制种专用复合球肥。

由于不同的不育系和恢复系在生育期特性、分蘖成穗特性等方面的差异，因而对制种高产群体的培养，应根据不育系、恢复系的特性调整具体的技术措施。生育期较短的父本，其有效分蘖期、营养生长期短，移栽叶龄不能过大，并应尽量带泥移栽，甚至可以采用起垄移栽，使返青期不明显，及早追施速效肥料，促进低位分蘖成穗。生育期较长的父本，移栽叶龄较大，或采用两段育秧方法培养后的秧苗，也应尽量带泥移栽，移栽后深水护苗，缩短返青期，增加追施速效肥料用量，并适当推迟晒田的时间。另外，对水分、肥料种类（如氮肥）反应较敏感的父本，应严格掌握追肥种类与数量，以免引起生育期变化，导致父母本花期不遇。

3.4　父母本异交态势的改良

水稻雄性不育系抽穗时穗颈节不能正常伸长，使得抽穗包颈严重，开花时内外颖不能正常打开，使得开花时间推迟且群体开花时间分散。目前生产上应用的籼型雄性不育系抽穗包颈穗率几乎100%，包颈粒率达30%～50%，甚至更高；每天开花时间较育性正常的水稻推迟1 h以上，且在一天内开花时间不集中。除了父母本抽穗开花习性外，父母本的株叶形态、母本的柱头外露特性及柱头生活力、父本的花药开裂散粉习性及花粉生活力等，也是影响母本异交结实的因素。因此，父母本的异交态势包括父母本的株、叶、穗、颖花、柱头、花药的形态姿势以及习性，改良父母本的异交态势是杂交水稻制种的关键技术环节。

3.4.1　"九二〇"喷施技术

"九二〇"，即赤霉素（GA$_3$），是植物生长激素。从20世纪70年代我国杂交水稻育成时开始在繁殖、制种上试用，对改良杂交水稻父母本异交态势有着极为重要的作用。至今，"九二〇"的施用仍是杂交水稻种子生产中关键的技术。制种使用的"九二〇"，有粉剂和乳剂两种产品，乳剂可以直接对水稀释喷施，粉剂不能直接溶于水，使用前7 d左右须先溶于酒精，每100 mL酒精能溶解5～6 g"九二〇"粉剂。

（1）"九二〇"始喷期的确定

喷施"九二〇"的效果：伸长节间的幼嫩细胞拉长，促进穗颈节伸长，解除不育系抽穗包颈，上层叶片（主要是剑叶）与茎秆的夹角增大，从而使穗层高于叶层，穗、粒外露，形成"叶上禾"，达到改良母本异交态势的目的。"九二〇"还能提高母本柱头外露率，增强柱头生活力，延长柱头寿命。只有当细胞处于幼嫩时期，"九二〇"才能促使细胞拉长，当细胞处于老化阶段，"九二〇"已不能发挥拉长细胞的作用。第一次喷施"九二〇"的时期称为始喷期，此时田间母本的抽穗率称为始喷抽穗指标。就单穗的喷施期而言，当穗节间处于伸长始期，即幼穗分化的Ⅷ期末（见穗前1～2 d）时正是"九二〇"喷施期。但是，就母本群体而言，由于株间、穗间幼穗发育的差异，群体内所有的稻穗不可能同期发育，株间、穗间的见穗期一般存在4～6 d的差异，因而，确定一个群体的最佳喷施期应以群体中大多数稻穗为准，只能以群体见穗指标作为"九二〇"始喷施期。另外，由于不育系对"九二〇"反应的敏感性有差异，不育系间喷施"九二〇"的适宜时期也应有差异。

根据不育系对"九二○"的敏感性确定始喷期。对"九二○"反应敏感的不育系，始喷时期宜推迟，如 T98A、中九 A、金 23A 等对"九二○"反应敏感，适宜的始喷抽穗指标为 30% 左右。对"九二○"反应敏感性差的不育系，则适当提早喷，如丰源 A、Ⅱ－32A、等对"九二○"反应敏感性较差，适宜的始喷抽穗指标为 5% 左右。珍汕 97A 等对"九二○"反应敏感性中等，适宜的始喷抽穗指标为 15%－20%。

根据父母本花期相遇程度确定始喷期。父母本花期相遇好，"九二○"均在父母本最适宜喷施期喷施。父母本花期相遇不好，对抽穗迟、而且对"九二○"反应较迟钝的亲本，始喷施期可提前 2~3 d，或降低抽穗指标 10%~15% 作为始喷时期；对"九二○"反应较敏感的亲本可提 1~2 d 喷施。值得一提的是：凡是提前喷施"九二○"，其用量应从严控制，对母本只能喷 30 g/hm² 左右，对父本只能在 7.5 g/hm² 以内，否则将导致下部节间伸长过多，上部叶的叶鞘伸长，抽穗困难。相反，对抽穗早、且对"九二○"反应迟钝的亲本，只能将始喷时的抽穗指标提高 10% 左右，否则植株伸长节间细胞老化，造成抽穗包颈；对抽穗早、且对"九二○"反应敏感的亲本，可将始喷时期的抽穗指标提高至 50% 以上，甚至更高。凡是推迟始喷"九二○"，喷施次数可减少，可只分 2 次甚至 1 次性喷完其总用量。

根据母本群体生长发育整齐度确定始喷期。母本群体生长发育整齐度高的田块，"九二○"的始喷时期可以提前 1 d，其喷施次数和总用量均可适当减少。母本群体生长发育不整齐的田块，如前期分蘖生长慢，中后期迟发分蘖成穗田，或因移栽时秧龄期过长，移栽后出现早穗的田块，则应推迟喷施"九二○"，而且应将"九二○"总用量分多次喷施。

（2）"九二○"用量的确定

根据不育系对"九二○"的敏感性确定用量。不育系之间对"九二○"反应的敏感性存在较大的差异，对"九二○"反应敏感的不育系，如 T98A、新香 A、中九 A 等，"九二○"用量只需 120~150/hm²，超过用量植株过高，易发生倒伏；对"九二○"反应敏感性一般的不育系，如珍汕 97A、Ⅱ－32A、丰源 A 等，"九二○"用量在 300~375 g/hm²；对"九二○"反应敏感性迟钝的不育系，V20A，"九二○"用量需 450~600 g/hm²。

根据其他因素确定用量。在杂交水稻制种实践中常有其他因素影响"九二○"的用量。其一，对不育系提早喷施"九二○"时，由于植株幼嫩，各节间伸长值增加，植株提高较多，喷施剂量应适当减少，以免植株过高引起倒伏。相反，推迟喷施"九二○"时，部分穗子的茎节间已趋向老化，应适当增加喷施用量。才能解除抽穗包颈。其二，母本单位面积苗穗数量过大，上部叶片较长时应增加"九二○"用量；相反，若不育系群体结构合理，植株叶片长度适宜，色泽较浓绿时，可适当减少"九二○"用量。其三，喷施"九二○"时遇连续阴雨低温天气，不仅被雨水冲洗流失，而且在低温条件下植株叶片的气孔、水孔开放不好，对吸收"九二○"不利，因此应抢停雨间歇或下细雨时喷施，并增加用量 50%~100%。在喷施"九二○"时遇上高温干热风天气，"九二○"溶液易被蒸发，也需增加"九二○"用量。其四，"九二○"用量可因母本种植方式增加或减少。若母本采用直播或抛秧方式，一方面群体较育秧移栽方式生长发育整齐，另一方面由于直播或抛秧方式的植株根群深度较育秧移栽方式浅，喷施"九二○"后有可能导致倒伏，因此可适当减少"九二○"的用量。

（3）"九二〇"喷施次数与时间

"九二〇"喷施的次数一般分2~3次。在确定对制种田喷施的次数时，应考虑以下情况：一是群体生长发育整齐度，群体整齐度高的制种田喷施次数少，喷施2次，甚至一次性喷施；整齐度低的田块喷施次数多，需喷施3~4次。二是喷施时期，若对某些制种田提早喷施时应增加次数；相反，若推迟喷施时则减少次数，在抽穗指标较大（超过50%）喷施时，应将"九二〇"总用量一次性喷施。为了使母本群体中生长发育进度有差异的穗层，在喷施"九二〇"后能较好地解除抽穗包颈问题，在分次喷施"九二〇"时，根据母本群体中生长发育进度差异程度判断群体的抽穗动态，每次喷施"九二〇"的剂量不同，一般原则是"前轻、中重、后少"。若分两次喷施，两次的用量比为2:8或3:7；分三次喷施时，三次的用量比为2:6:2或2:5:3；分四次喷施时，四次的用量比为1:4:3:2或1:3:4:2。

分次喷施"九二〇"时，各次之间的间隔时间长短各异。在正常情况下以24 h为间隔，但是当群体中不同穗层的生长发育进度差异较小时，可以12 h为间隔，即可以在一天内上午、下午连续喷施。在上午07:30~09:30或露水快干时和下午16:00~18:00以后喷施，中午高温光照强烈时不宜喷施。

（4）"九二〇"喷施时的加水量

"九二〇"喷施时加水量没有严格的要求，不论每次喷施"九二〇"用量的多少，单位面积的加水量在一定范围内变动。单位面积喷施水量的确定，只要保证单位面积内"九二〇"溶液能均匀地喷施在植株上，喷施水量则宜少不宜多。"九二〇"溶液靠植株叶片的气孔与水孔吸收，单位面积喷施水量多，溶液则沿植株流入田间水内，粘附在叶片上的"九二〇"溶液浓度小，植株吸收"九二〇"的有效成分少，影响"九二〇"的效果，会造成"九二〇"的浪费。

单位面积加水量也因喷施"九二〇"时植株体表面水分多少、天气状况和喷施所用器具而变动。在停雨后或在上午露水未干时喷施，因植株体表面水分多，喷施"九二〇"的加水量宜少；在晴天下午或高温干燥天气条件下喷施，加水量应适当加大加水量。使用背包式压缩喷雾器喷施，喷头用小孔径喷片，加水量为225~300 kg/hm^2；使用手持式轻型电动喷雾器喷施，喷出的雾滴更细，能提高"九二〇"的使用率，加水量只需22.5~30.0 kg/hm^2。

（5）对父本"九二〇"的喷施

由于父本对"九二〇"的敏感性与母本存在较大差异，不同的父本对"九二〇"的敏感性也存在差异。在杂交水稻制种时，为了使父本对母本具有良好的授粉态势，在对父母本喷施"九二〇"后，要求父本的穗层比母本高10~15 cm，使花粉能在一定距离内飞扬与均匀地传播，提高花粉的利用率。因而有必要单独增加父本的"九二〇"喷施剂量。"九二〇"的增加量则依父本对"九二〇"的敏感性决定，一般喷施量为30~120 g/hm^2。

（6）用"九二〇"对母本养花

用于制种的不育系，其柱头外露率均在50%以上，甚至高达90%。经测定发现，不育系柱头在开花当天接受父本花粉结实能力最强，结实率可达70%以上，第二、三天若能接受到父本的花粉，结实率仍然较高，可达40%~50%，第四天起柱头生活力下降的速度加快，但少数柱头生活力可维持到第7天。

杂交水稻制种时，以下三种情况下可以用"九二〇"养花：其一，母本的始花期较父本早（3~5 d），在母本盛花期连续 3~5 d 的下午 16：00~18：00，每天用 15~30 g/hm² "九二〇"，加水 300 kg，对母本群体均匀喷洒，能延长外露柱头的寿命，保持柱头生活力。其二，父母本花期相遇良好，但花时相遇不好，父本每天花时早，而母本花时迟且分散（午前开花率低），在母本盛花期以"九二〇"养花，母本外露柱头接受次日及以后的父本花粉结实，提高母本外露柱头异交结实率。其三，即使父母本花期相遇良好，若授粉期遇上高温、低湿天气，在母本盛花期连续 3~5 d 每天用"九二〇"养花，喷水量 450 kg/hm²。

3.4.2　割叶技术

20 世纪 70 年代至 80 年代初期，杂交水稻制种母本见穗期前割叶是改良母本异交态势的唯一手段，不但用工多、劳动强度大，而且制种产量低。随着对父母本定向培育技术与"九二〇"喷施技术的应用，割叶技术不再大面积使用。然而，有些不育系的上部叶片，尤其是剑叶叶片过长（长于 25 cm），或者制种田肥力水平过高，导致禾苗生长过于旺盛，上部叶片过长，为改良母本受粉态势，仍需采用割叶技术。

（1）割叶的时期

割叶的时期可在喷施"九二〇"前，或在喷施完"九二〇"后的第二天。20 世纪 80~90 年代对 V20A、珍汕 97A 割叶的试验表明，以喷完"九二〇"后次日割叶效果较在其他时期割叶好。究其原因，在喷施"九二〇"前割去上部叶片，即割去了吸收"九二〇"溶液的主要叶片，使得"九二〇"溶液被植株吸收率降低；在喷施完"九二〇"后次日割叶，使"九二〇"溶液在喷施当天内被叶片吸收到植株体内，在体内发挥了"九二〇"的作用。

（2）割叶程度及割叶后管理

割叶的目的是为了喷施"九二〇"后穗层能伸出叶层。因此割叶的程度应根据植株上部叶片长度而定，以保留剑叶长度在 10 cm 左右为宜。在割叶前如田间已发生稻瘟病、白叶枯等病害，应在割叶前先用药剂控制病害后再割叶。一方面割叶对植株造成了伤害，割去的叶片应及时运出田外，以便使田间保持良好的通风透光状态，并及时防止病害的发生与漫延。另一方面，割叶减少了植株叶片的光合面积，如果母本异交结实率达到 60% 以上的田块，将对种子的物质积累、灌浆成熟产生一定的负面影响，因此在结束授粉时可喷施速效肥料，田间保持湿润状态，使种子成熟落色正常，增加粒重。

3.5　人工辅助授粉技术

3.5.1　人工辅助授粉的必要性

杂交水稻制种完全依赖父母本异花授粉方式获得产量，母本异交结实率的高低，取决于父本花粉能否散落到母本柱头上。父本花粉能否散落到母本柱头上，取决于两个基本条件：其一，在单位时间、空间内父本花粉密度的大小，花粉密度大，散落到母本柱头上的机率大。其二，在父本开花期，单位面积内父本花粉总量已是定量，虽然父本群体每天开花散粉时段较母本短，但在该时段如果自然风力较大，势必造成父本在开花时段随开随散，散粉时段不集中，单位时间、空间的花粉密度小。如何使已经定量的花粉集中在某一时段尽可能均匀散落到母本柱头上，则需要在父本开花散粉高峰时段采用人工辅助措施，使父本花粉集中散出，均匀散落到母本群体的柱头上授粉结实。

3.5.2　人工辅助授粉的时间与次数

正常的水稻群体花期 7~10 d，每天开花时间也较短，只有 1.5~2 h 的开花时间，在天气晴朗、温湿度适宜的条件下开花时段在 12∶00 前。杂交水稻制种的不育系由育性正常的父本异花授粉，父母本开花习性存在较大差异，因而人工辅助授粉必须把握时期、时间及授粉次数。辅助授粉时期以父母本花期为依据，在父母本花期基本相遇的基础上，从父本群体开始开花之日起，至终花之日止都是辅助授粉期。但是，若父本群体花期早于母本，授粉开始之日应适当推迟。

在一天内辅助授粉的时间，原则上是"见父不管母"，即只要父本到了散粉高峰时刻，抓紧时机授粉，田间花粉密度最大。每天授粉时间的确定，可分 2 个时段来考虑，一是在母本进入盛花期前，每天第一次授粉的时间要以母本花时为准，即"看母不看父"。二是在母本进入盛花期时，母本每天开花数多，柱头外露的颖花也相应增多，因此每天第一次授粉的时间则以父本花时为准，即"看父不看母"。第一次授粉后，当父本第二次开花高峰时进行第二次、第三次授粉，各次授粉之间间隔 20 min 左右。

3.5.3　人工辅助授粉的工具与方法

（1）绳索授粉法

将长绳（绳索直径约 0.5 cm）按与父本行向平行的方向，两人各持绳一端沿与行向垂直的田埂拉绳奔跑，让绳索在父母本穗层上迅速地滑过，振动穗层，使父本花粉向母本厢中飞散。该法的优点是速度快、效率高，能在父本散粉高峰时及时赶粉。但是该授粉方法存在两个缺点，一是对父本的振动力较小，不能使父本的花粉更充分地散出，且花粉散落距离较近；二是父本花粉以单方向传播为主，即沿绳索方向花粉量大，易造成田间花粉分布不均匀，对花粉的利用率较低。因此，应选用较光滑的绳索，并控制绳索长度（以 20～30 m 为宜）、奔跑速度提高赶粉效果。此法适合父本单行和假双行、小双行栽插方式的制种田授粉。

（2）单竿（秆）振动授粉法

该授粉法由 1 人选用 3～4 m 长的竹竿或木秆，在父本行间，或在父本与母本行间，或在母本厢中行走，将长竿（秆）放置父本穗层的基部，向左右成扇形扫动，振动父本稻穗，使父本花粉向母本厢中散落。该授粉法较用绳索授粉法速度慢、费工多。但是该法对父本的振动力较大，能使父本的花粉从花药中充分散出，传播的距离较远。该授粉法仍是使花粉单向传播，且传播不均匀，适合父本单行、假双行、小双行栽插方式的制种田授粉。

（3）单竿（秆）推压授粉法

若采用此授粉方法，应在制种的父母本移栽方式上有其特点，按行向垂直方向，以授粉竿（秆）的长度（约 5 m）分厢，设置宽约 30 cm 的赶粉工作道。赶粉时赶粉者手握长竿中部，在设置的工作道中行走，将竿置于父本植株的中上部，在父本开花时逐父本行用力推振父本，使父本花粉飘散到母本厢。此法优点赶粉效果好，速度较快，不赶动母本；缺点是花粉单向传播，所以各次赶粉应往返来回，使花粉传播均匀。适合单行和假双行、小双行父本栽插方式的制种田采用。

（4）双竿（秆）推压授粉法

一人双手各握一根 1.8～2.0 m 秆子，从两行父本中间行走，两秆分别置两行父本植株的中上部，用力向两边振动父本 2 或 3 次，使父本花粉能充分地散出，向两边的母本厢中传播。此法的动作要点是"轻推、重摇、慢回手"。该法的优点是父本花粉更能充分散出，花粉残留极少，且传播的距离更远，花粉分布均匀。缺点是赶粉速度极慢，费工费时，难以保证在父本开花高峰时全田及时赶粉。此法只适宜在大双行或小双行父本栽插方式的制种田采用。

3.6 种子质量保障技术

3.6.1 使用高纯度的亲本种子

亲本种子质量的高低，特别是种子纯度的高低，是生产高纯度杂交水稻种子的基础。我国三系法杂交水稻制种常出现因亲本种子纯度不达标而导致杂交种子纯度不合格或制种失败等问题。三系法不育系虽然不育性稳定性好，但经多代繁殖后不育性也有遗传变异，在繁殖过程中也常产生机械混杂。目前选配杂交水稻组合的不育系异交特性好，制种时异交结实率高，但是也易与母本群体中的杂株串粉结实，产生生物学混杂，影响杂交种子的纯度。我国 1996 年制定的国家标准 GB4404.1—1996，杂交水稻亲本种子纯度标准为 ≥99.0%。随着育种水平的提高，农业生产对种子质量标准的提高，杂交水稻亲本种子纯度标准也相应提高。因此，杂交水稻制种应使用纯度高于 99.5% 或高于 99.8% 的亲本种子。要使杂交水稻制种使用高纯度的亲本种子，必须按原种生产程序生产原种，繁殖亲本种子，并经严格纯度鉴定后才能供制种使用。

3.6.2 制种田的前作处理

在广东、广西、福建、海南等地的各季制种和长江流域的秋季制种，如制种田的前作种植水稻，前作的落田谷和稻蔸都将成为制种田杂株的来源。因此，应对前作的落田谷和稻蔸进行处理。如播种前翻耕淹水 7 d 以上，使落田谷和稻桩失去发芽与再生能力。在长江流域的春、夏季制种，则应先将存放在稻田的先年的稻草搬出稻田，翻耕淹水处理后再播种。

3.6.3 制种区域的隔离

水稻的花粉离体后在自然条件下有 5~10 min 存活时间，经自然风力可传播 100 m 以上距离。因此，在制种的开花授粉期，应及时采取隔离措施防止非父本水稻的花粉对制种母本串粉结实。自然屏障隔离：如利用山、河、建筑物等隔离。距离隔离：在制种区周围 100~150 m 为隔离区（抽穗杨花期顺风向隔离区 150 m 以上，逆风向隔离区 100 m 以上），在隔离区内种植其他作物。同父本隔离：隔离区内种植制种的父本。开花期隔离：在隔离区内种植的非父本水稻品种的始穗期与制种区母本的始穗期相差 20 d 以上。

3.6.4 制种田除杂

制种田的杂株类型有：前作水稻落粒谷植株和稻蔸再生株，三系法母本中的保持系植株、变异株、其他杂株等。除杂保纯工作应贯穿于整个制种过程，重点抓好秧苗期、分蘖期、抽穗开花期、种子成熟至收割前四个时期的除杂。其中抽穗开花期是除杂的最关键时期，配合田间纯度鉴定，对田间除杂和隔离情况进行检查。除去异型、异色（叶鞘色、稃尖色、柱头色、叶色等）株，重点除去母本中的能散粉的可育株和半不育株，要求在母本盛花期前基本清除干净，杂蔸率控制在 2‰ 以内或杂穗率 1‰ 以内。

3.6.5 适时收割

在授粉结束后观察种子成熟进度，防止种子过度成熟。在授粉期结束后 10 d 左右，种子进入成熟阶段，在授粉期结束后 12 d 左右，种子 80% 进入黄熟期。据研究表明，在授粉期结束后第 12~16 d，种子已经籽粒饱满，成熟完全，物质积累充分，发芽率（势）高，种子电导率、POD、CAT 酶活性强，种子活力高。在授粉期结束后第 17 d 起，种子胚乳部分透明度减弱，胚乳内淀粉逐步趋于崩解，使种子外观品质、耐贮性、发芽特性变差。因此，在授粉期结束后第 10 d 左右，应注意收看天气预报，尤其密切关注"台风"的预报，做好及时抢收种子的准备。种子的适宜收割期在授粉期结后第 12～16 d。

父母本需分开收割。父母本生育期相近的组合制种、父本易倒伏的组合制种，收割时必须先收父本，父本收割后严格清除父本穗后再收母本。授粉期后父母本种子成熟期相差较大的组合制种、父本不易倒伏的组合制种，可以先收母本，后收父本。

3.6.6　及时干燥

在晴天露水干后开始收割，能使种子在当天基本干燥至安全含水量。适宜收割期遇上阴雨天气，可先割除父本，待雨后及时收割母本。有烘干设备条件，在阴天或小雨天气，根据烘干设备的工作能力进行收割。为使种子脱粒后缩短干燥时间，种子收割脱粒后，应及时运到晒坪或干燥厂房，脱粒后用水选，清除杂草及杂质、空秕病粒。杂交水稻种子不宜在水泥晒坪暴晒，可使用竹垫晒种。如在水泥晒坪晒种，不宜堆晒过厚，并应勤翻。如遇阴雨天气，种子收割后应立即采用薄摊、勤翻、鼓风去湿、加温通风干燥、机械烘干等方法，尽快使种子含水量降低至安全存放标准（＜13%）。未干燥至安全存放含水量的种子严禁堆放，避免引起种子堆内发热而降低发芽率。经过高温曝晒或加温干燥的杂交水稻种子，应待种子冷却后才能灌袋入仓。在种子干燥过程中应严防机械混杂。种子收购前3～5 d，应通知制种农户将种子充分晒干，水分控制在 12% 以下。

（本章编写人：王伟平　肖层林）

思　考　题

1. 解释核质互作雄性不育三系法杂种优势利用的原理。
2. 以水稻为例简述创制核质互作雄性不育材料的方法。
3. 怎样选育优良的核质互作雄性不育系？
4. 简述核代换选育不育系的原理与方法。
5. 举例说明雄性不育恢复系选育的方法。
6. 怎样选配三系法强优势杂交组合？
7. 杂交水稻制种有哪些关键技术环节？
8. 怎样保障杂交水稻种子质量？

主要参考文献

1. 袁隆平. 杂交水稻学. 北京：中国农业出版社，2002：79－179
2. 邓华凤. 中国杂交粳稻. 北京：中国农业出版社，2008：14－23
3. 万建民. 中国水稻遗传育种与品种系谱（1986－2005）. 北京：中国农业出版社，2010
4. 王国槐. 农学实践. 长沙：湖南科学技术出版社，2003
5. 程式华. 中国超级稻育种. 北京：科学出版社，2010：15－18

6. 范万发，等. Wnafstu棉花雄性不育系遗传类型研究. 棉花学报，2008，20（2）：137－14

7. 华金平，等. 棉花远缘核质杂种的培育与育种应用. 湖北农业科学，2003，（4）：25－28

8. 胡继银，蒋艾青. 菲律宾杂交水稻现状及发展对策. 杂交水稻，2009，24（6）：70－74

9. 林世成，闵绍楷. 中国水稻品种及其系谱. 上海：上海科学技术出版社，1991

10. 杨守萍，盖钧镒，邱家驯. 大豆雄性不育突变体NJ89－1核雄性不育基因的等位性测验. 作物学报，2003，29（3）：372－378

11. 赵华仑，等. 辣（甜）椒雄性不育系21A、8A、7A的选育及鉴定. 江苏农业科学，1995，（1）：49－50

12. Virmani SS，杨仁崔，陈顺辉. 杂种优势和杂交水稻育种. 福州：福建科学技术出版社，1996

13. Hirose T, Fujime Y. A new male sterility in pepper. Hortscience, 1975, 10 (3): 314

14. Murty NR. Lakshmic male sterility mutant in chilli. Curren Science, 1979, 48 (7): 312

15. Novak FJ, Betlach D. Cytoplasmic male sterility in sweet pepper (*Capsicum annuum* L.) phenotype and inheritance of male sterility by character. Z pflanzen－zuchty, 1971, 65: 129－140

16. Ohta Y, Ota Y. Identification of cytoplasm of independent origin causing male sterility in red peppers (*Capsicum annuum* L.). Seiken－Ziho, 1973 (24): 105－106

17. Peterson PA. Cytoplasmic inherited male sterility in *Capsicum annuum* L. Caryologia, 1958, 33 (42): 509－518

18. Shifriss C, Frankel R. New sources of cytoplasmic male sterility in cultivated peppers. J Hered, 1971, 62: 254－256

19. Stefan D. A male sterile pepper *C. Annuum* L. mutant. Theoretical and Applied Genetics, 1968, 38: 370－372

植物杂种优势原理与利用

第五章

雄性不育性两系法杂种优势利用

在雄性不育性三系法杂种优势利用基础上，如果采用特定技术和方法解决了雄性不育系自身的繁殖问题，就可省免雄性不育保持系的作用，雄性不育性杂种优势利用只需要雄性不育系和恢复系两个亲本，这种方式称作雄性不育性两系法杂种优势利用。

我国两系法杂交水稻育种的探索最早可追溯到 20 世纪 60 年代末。当时的安徽省芜湖地区农科所江鸿志培育出了具有显性全株紫色标记性状的恢复系，将其与高度雄性不育系配组，其 F_1 种子播种后，在秧田里根据标记性状分紫色杂交种株和绿色的自交种株分别种植利用，达到不育系繁殖和杂种应用目的，并将这种"一制两用"方法称之为两系法。但由于年度间杂种与自交种子比例不稳定，生产上工作量大而未能实用化。20 世纪 70 年代，广东、湖南、江西曾开展利用化学杀雄剂使水稻产生非遗传性的雄性不育性，生产杂交种子，育成了一批优势组合如赣化 2 号、亚优 2 号等，但因化杀技术要求严格，品种对药物剂量的反应差异较大，其杀雄效果受自然生态条件制约等，化学杀雄两系法杂交水稻未能大面积应用。目前，化学杀雄技术在油菜等作物杂种优势利用上取得了较大成功，进入了实用化阶段。

湖北石明松于 1973 年在粳稻品种农垦 58 大田中发现了具有育性转换的雄性不育株。该材料在短日照条件下表现可育，可以自交结实繁殖种子；在高温长日照条件下，表现雄性不育，用来与恢复系配制杂交种子。其后，湖南邓华凤发现安农 S-1，福建杨仁崔等发现 5460S 等在较高温度下表现完全雄性败育，在较低温度下表现可育的籼型温敏型雄性不育材料。此外，湖南阳花秋、江西高一枝等发现了与上述 3 个不育材料育性转换条件相反的新类型。利用这些可遗传的光、温敏感型生态雄性不育材料，我国两系法杂交水稻技术于 20 世纪 90 年代中期获得了成功。继两系法杂交水稻后，我国又相继在小麦、油菜、高粱、玉米、谷子等多种作物和蔬菜上进行两系法杂种优势利用研究，形成了作物两系法杂种优势利用技术体系（图 5-1），使我国农作物两系法杂种优势利用走在世界前列。

以光温敏不育系为基础的两系法杂种优势利用途径与三系法相比，以水稻为例主要表现以下特点：

其一，不育性不受恢保关系制约，恢复源广，配组自由度大，较易选得优良杂交组合。其二，不育系一系两用，不需保持系，种子生产程序简化，成本降低。其三，细胞质与不育性无关或影响甚微，可以避免三系法因不育细胞质的负效应和细胞质单一可能

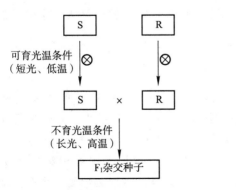

图 5-1　光温敏两系法杂种优势利用技术示意图
S：光温敏不育系；R：恢复系

带来的潜在风险。其四，光温敏核不育性受光温条件控制，对繁殖与制种在季节、基地自然光温条件的要求比较严格，在技术应用与管理上较三系法要求高。

以光温敏不育系为基础的两系法杂种优势应用，受不育系繁殖与杂交制种条件制约。光敏不育系要求在长日照的中纬度地区，且有稳定高温时期的夏季制种，在秋季短日照温度稍低条件下繁殖，或在海南繁殖；温敏不育系所配组合要求在有稳定高温季节制种，在海南冬播繁殖，也可利用冷水灌溉条件繁殖和高海拔低纬度地区繁殖。两系法杂交组合的推广应用则与三系法组合无异，由杂交组合本身的适应性决定。

第一节 光温敏核不育材料的发现与创制

1 光敏核不育水稻的发现

1973 年，湖北沙湖原种场石明松在晚粳稻农垦 58 大田中发现 3 株自然雄性不育株；1974 年进行分株行移栽比较，其中 1 个株行 48 株没有形态变异，整齐一致，但在育性上分不育与可育两种类型；至 1977 年，利用测交、回交等方法寻找保持系均未获成功。1979—1980 年，石明松将农垦 58 不育材料提供给湖北省农科院、武汉大学、华中农业大学等单位研究，在分期播种试验中，发现同批来源的种子早播不育，晚播可育，定名为"自然高温不育材料"。随后又发现高温不是形成不育的主要因素，而日照长度是不育材料育性变化的主导因子。1981 年提出利用其在长日高温下制种，短日低温下繁种，一系两用杂交水稻育种设想。该材料 1985 年通过技术鉴定，正式定名为"湖北光周期敏感核不育水稻（HPGMR）"。

2 温敏核不育水稻的发现

1987 年，湖南安江农校邓华凤等从早籼品系超 40/H285//6209 – 3 中发现 1 株天然雄性不育株，连续两代加快繁殖育成籼型"光敏"核不育系安农 S – 1，1988 年通过技术鉴定。同年 7 月福建农业大学杨仁崔等从通过 ^{60}Co 辐射诱变水稻品种 IR54 后代中发现不育突变株，定名为 5460S 并作为"光敏不育系"，并通过省级技术鉴定。同年 8 月湖北省农科院卢兴桂等以农垦 58S 为不育基因供体与早籼品系 CS253 – 2502/珍汕 97B 回交转育而成的 W6154S 通过技术鉴定。这几份籼型不育系在后来的人工光温条件下进一步育性分析表明，其育性变化主要受温度制约，光照长度影响极小，属温度敏感型不育系，即在高温下不育，低温下自交可育。

3 其他类型生态敏感核不育水稻的发现

江西省宜春农业专科学校高一枝 1986 年秋在水稻品系红粳（粳型）与水稻品系 B3（籼型）的杂交 F_1 中发现雄性不育材料，在宜春进行分期播种和短光照处理对育性进行观察，结果表明早期始穗的结实率为 17.7% ~ 43.6%，晚期（09 – 17）始穗的结实率为 2.9%。12 h 光照处理结实率为 1.2% ~ 5.2%，作为对照的自然长光照处理结实率为 17.7% ~ 43.6%。由此推测这是一个短光照诱导的雄性不育材料，称为反光敏雄性不育材料。在其后代及转育材料中育成宜 D – 1S、宜 D5 – 2S 和宜 D38S 等不育系。后经华南农业大学、华中农业大学进一步鉴定证实其短光周期敏感不育特性明显存在，同时对温度的互作反应也与安农 S－1、5460S、W6154S 等不育材料相反，即在长光照和高温下可育，短光和低温下不育。这类不育资源可在低纬地区用于两系杂交稻制种，在长江流域长光高温地区繁殖。类似材料还有昆植 S、滇寻 1A（云南）、g0543S（湖南）等。

4 其他作物光温敏核不育材料的发现

1992 年，湖南农业大学何觉民等从小麦远缘杂交后代中发现了光温敏雄性不育材料 ES－3，4，5 等，表现出短日照低温不育，长日照高温可育特性。同年四川谭昌华等从小麦杂交后代中发现并选育出温光型核不育小麦 C49S 和 C86S，具有低温短日不育特性。西南农业大学傅大雄等 1993 年于穿梭育种中获得了 KM 型短日低温不育的小麦光温敏两系材料。西北农林科技大学何蓓如在野生斯卑尔脱小麦中发现温敏不育基因源并育成 YS 型低温敏不育系，于 2004 年通过技术鉴定。

王前和等 1991 年报道大麦高温敏感雄性不育材料 9211，欧阳西荣等 1996 年报道育成大麦生态雄性不育系 A1、A2 等。湖南省土壤肥料研究所 1994 年育成湘糯粱 S 高粱两用不育系，选育出湘两优糯粱 1 号（湘糯粱 S×湘 10721），并在生产上得到应用。杨光圣等 1990 年从甘蓝型油菜杂交后代中发现生态型不育系 AB1，席代汶等 1994 年报道选育出甘蓝型油菜温敏核不育系湘 91S。赵治海等 1987 年在海南岛和张家口异地种植的谷子材料中发现了光敏不育材料，鉴定出稳定的短日照下可育，长日条件下不育的谷子光敏核不育系光 A4。卫保国 1991 年报道了从大豆品种本地土梅豆中筛选到光温敏感型雄性不育材料。

此外，我国还在多种作物上发现了生态型核不育材料，部分材料列于表 5－1 中。

5 光温敏感雄性不育材料产生的途径

多种作物育种实践证明，植物的生态敏感雄性不育现象普遍存在。从发现水稻光温敏不育材料至今，以我国为主的国内外育种家通过各种途径和技术方法发现、创制育成了多种类型和特性各异的不育材料，这些材料产生的途径具有多样性。光温敏感雄性不育材料产生的主要途径如下。

5.1 品种群体中的自然突变

品种群体中产生自然突变株的现象事实上存在，但通常易被忽视，需要有目的的细心观察和特性确认，如农垦 58S 就是水稻品种农垦 58 群体中发现的自然突变株。

5.2 杂交育种后代群体中产生

光温敏雄性不育性主要发生于亲缘关系有一定差异的杂交后代中，如野生稻与栽培稻、籼粳亚种间、不同生态类型品种间杂交，其后代在基因重组、互换、插入或缺失等作用下打破了原有亲本遗传特性，造成对生态条件适应范围的特定要求，其中具有遗传稳定性的材料即为广义的生态不育材料。以这种方式育成的不育系较多，如安农 S－1、衡农 S、HD8902S 等。

我国利用已发现的光、温敏不育系作为转育亲本育成的不育系中，特别是以水稻粳型不育系农垦 58S 为亲本育成的籼型不育系中，有些不育系的育性特性发生了较大变化，且其不育基因与亲本不等位，不排除其中一些是杂交后代中新产生的不育基因资源，当然这种不育基因资源需要更多研究来证实。

5.3 利用人工诱变创制

利用物理、化学等因素诱变获得光温敏雄性不育材料较多，除中国水稻 5460S 外，美国 J. N. Rutger 1990 年在 Rice Journal 上报道，经化学诱变的水稻后代中发现 15 h 日照下抽穗表现雄性不育，12 h 日照下抽穗为部分雄性可育的材料 MT；国际水稻研究所（IRRI）于 1990 年以 $^{60}Co\gamma$ 射线照射 IR64 等品种，获得温度敏感型不育系 IR32464S；日本 K. Maruyama 等 1987 年在经 20kR 剂量 γ 射线照射过的水稻品种黎明的 M_2 代中选到不育株，育成水稻温敏雄性不育系农林 PL12，并证实其不育性由一对隐性突变基因决定。

利用现有的光温敏不育系，通过杂交、回交转育育成新的光温敏不育系，这是产生新不育系的主要途径（表 5-1）。新育成的不育系具有比亲本不育系更好的育性稳定性和实用性。中国从 20 世纪 80 年代后期至今，用已有的水稻光温敏不育系转育成培矮 64S、广占 63S、N5088S、Y58S 等 100 多份水稻优良光温敏不育系，并用这些新转育的不育系选配了大量杂交水稻组合，在生产上大面积成功应用。一些育种家将光敏和温敏特性重组育成了不育光温条件范围宽，需在短光和低温共同满足条件下才可育的新不育系。

表 5-1　我国部分早期发现和育成的作物光温敏不育资源

作物	不育资源	产生途径	选育单位	不育条件类型
水稻	农垦 58S	自然突变	湖北仙桃市	长日高温不育
	安农 S	自然突变	湖南安江农校	高温不育
	5460S	辐射诱变	福建农学院	高温不育
	IVA	杂交转育	西双版纳植物园	低温不育
	滇寻 1 号 A	杂交选育	云南农业大学	低温不育
	宜 D1S	杂交选育	江西宜春农专	低温短日不育
小麦	ES-3、4、5	远缘杂交	湖南农业大学	短日低温不育
	C49S、C86S	杂交选育	重庆市作物所	低温短日不育
	二棱 A1、A2	自然突变	湖南农业大学	低温不育
大麦	9211	杂交选育	武汉东西湖农科所	低温不育
	C54S	复合杂交	重庆市作物所	短日低温不育
	PTGMB2（二棱）、PTGMB6（六棱）	杂交选育	华中农业大学	短日低温不育
油菜	湘 91S	复合杂交	湖南省作物研究所	高温不育
	AB1	杂交选育	华中农业大学	长日高温不育
高粱	湘糯粱 S-1	杂交选育	湖南省土肥所	低温短日不育
	504-8S	杂交选育	江西宜春农科所	长日高温不育
谷子	821、光 4A	自然突变	河北坝下农科所	长日不育
大豆	88-428BY	自然突变	山西农科院品资所	短日不育
棉花	芽黄 396A、特棉 S-1 雌雄异熟系	杂交选育	河北无极县种子公司 湖南农业大学	高温短日不育 高温不育
玉米	琼 68S	自然突变	海南农科院	高温不育

第二节 光温敏核不育系的选育

1 对光温敏核不育性的认识与不育系选育标准的制定

水稻光、温敏感雄性不育材料发现后，我国育种家认识到这类材料在两系法杂种优势利用中具有潜在利用价值。对全国多地在多种作物上利用已发现的材料开展了具有实际应用价值的光温敏不育系选育工作，育成了一大批新的光温敏不育系用于杂交组合育种，并不断创建出新的不育资源。这些育种工作同时也是对光温敏不育特性及其理论基础认识不断深入和育种目标不断明确的科学探索过程，其中对水稻光温敏不育系选育、研究与利用工作较为系统，大致经历了认识探索和实用型不育系育种应用两个主要阶段。

1.1 光温敏不育系选育的探索阶段

1989 年以前，育种家们选育新光敏不育系的评价指标较为简单化，通常采用的是杂交或复交后系统选择，主要技术策略是在夏季长日照条件下选择不育性，而后割茬再生，在秋季短日照条件下选择可育性。只要 1 000 株群体整齐一致，不育期不育株率 100%，不育度 99.5% 以上，可育期自交结实率 30% 以上，就被认为是一个新的稳定的不育系。

由于夏季的长日和高温、秋季短日与低温往往重叠出现，选育出的有明显育性转换特性的材料一般均被认为就是光敏不育系，如 1988 年鉴定的 W6154S、W7415S、WDIS、N5047S、7001S、3111S、5460S、安农 S-1 等，不论籼型还是粳型，都统称为光敏雄性不育系。

华中农业大学较早开展了温度对光敏不育系在长日条件下的育性影响研究。1987 年报告的研究结果证实低温有削弱甚至掩盖光敏不育性的作用，即长光不育性需要在一定温度条件下才能完全表现，低温下不育系会恢复可育。当时对此结果认识不够深入。直至 1989 年 7 月下旬长江流域的盛夏季节出现了多天平均气温在 23 ℃ 左右的异常凉夏，致使当时试用的许多主要不育系如 W6154S、安农 S-1 等出现了育性恢复现象，才使育种家们认识到温度在光、温敏不育系的育性转换过程中起着重要作用，夏季低温是两系不育系应用中的潜在风险。

1.2 实用型光温敏不育系选育阶段

认识了温度对育性转换有重要影响，同时也发现不同的不育系在育性转换过程中对温度的敏感程度有差异。后续的研究表明：光敏不育系受温度的影响相对较小，光照长度是主要育性调控因子；部分不育系的育性受温度的影响大，安农 S-1、5460S 等的育性转换主要受温度控制，光照长度对育性几乎没有作用，应将之划分温敏型不育系；还有很多不育系的育性光敏性和温敏性都不典型，育性受光照和温度共同作用，可称为光温互作型，统称光温敏不育系。进一步研究表明，农垦 58S 及以其作为不育基因供体育成的所有不育系的不育性都存在不同程度的光温互作效应，不存在不受温度影响的绝对光敏不育系。所有的不育系都存在着一个表现完全败育的起点温度，只有在这个温度值以上的光温条件下不育系才表现稳定不育。光敏不育系的育性光周期反应存在一个温度范围，只有在这个温度范围内才表现长光不育、短光可育特性。张自国、曾汉来等于 1989 年较早提出了光温敏不育水稻育性转换的光温作用关系模式，该模式基本阐明了育性转换、光长、温度三者的相互关系以及光敏、温敏、光温互作概念上的区别与联系。提出的几个临界光温指标可作为光、温敏不育系实用性的评价指标，从而明确了不育系的育种目标。此模式中，温敏不育系只有一个不育临界温度，没有光敏温度范围，临界温度高低决定其适应范围（图5-2）。

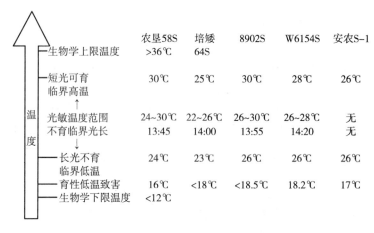

图5-2　几个光、温敏不育系育性转换的光温作用模式（曾汉来等，1993）

由于自然日照长短变化具有规律性，因此光长因子不是不育系利用中的主要风险因素。而自然温度变化难以预测和控制，因此不育系的不育起点温度是评价不育系的不育性稳定性的最关键特性指标。不育起点温度值越低，高于此温度的条件都是稳定的不育条件，在夏季利用不育系与恢复系生产杂交种子时就更安全，因而安全实用的不育系应具有较低的不育起点温度。

明确了不育临界温度是不育系的主攻育种目标后，我国育种家采取多种技术方法选育安全实用型光温敏不育系，种子管理部门建立了一套严格的新不育系鉴定、评审标准，一批新两系杂交水稻得以大面积应用。

1.3　光温敏雄性不育系选育的技术指标

我国水稻光温敏雄性不育系的技术指标，随着对光、温敏雄性不育性认识的逐步深入，在不育系的育种与应用实践中，经过修订而逐步完善。从对光、温敏雄性不育系的安全性和实用性要求出发，各地制定了新不育系审定的标准，主要指标要求必须达到如下标准：

（1）群体性状遗传稳定性：要求1 000株以上群体，植株农艺性状整齐一致。

（2）育性转换特性稳定性：在不育期要求群体不育株率100%，花粉败育度99.5%以上，自交结实率小于1.0%；在同一地区的年际间育性转换期相对稳定，连续不育期30 d以上；可育期自交结实率30%以上。

对温敏型不育系要求具有较稳定的繁殖产量，在可育期有较高的自交结实率指标，如在海南冬季繁殖、冷水灌溉处理繁殖、低纬度高海拔地区繁殖，能获得较高的产量。

（3）育性转换临界温度（不育起点温度）低：在长江流域及其以北地区为23 ℃，华南地区为23～24 ℃。温敏不育系育性转换临界温度由品种审定管理部门指定的技术鉴定单位独立进行人工控制光温条件下的鉴定。

（4）不育系异交特性：不育系开花时间与可育品种基本同步，同时要求张颖角度较大，柱头外露率高、柱头生活力强，受精后颖壳闭合好。

（5）配合力：要求一般配合力高，易于选配到优良组合。

（6）稻米品质：我国已将两系杂交水稻新组合的稻米品质指标定为农业部二级标准，新育成光、温敏不育系的稻米品质不能低于农业部二级标准。稻米品质由具有鉴定资质的专门技术机构测定。

（7）抗性：水稻主要病害为稻瘟病、白叶枯病、纹枯病、稻曲病等，主要虫害为螟虫、褐飞虱等，不育系在通过技术鉴定或审定前，要求由品种审定管理部门指定具有鉴定资质的机构进行鉴定，水稻不育系必须鉴定对稻瘟病、白叶枯病和稻曲病的抗性指标。

2　光温敏核不育系的选育

2.1　系统选育法

系统选育法是在已有的水稻品种或材料群体中发现自然突变体，通过鉴定、选择育成新品种的方法。20世纪70年代，石明松发现的农垦58S是在常规粳稻品种农垦58群体中发现的自然雄性不育变异株，采用系统选育法育成了一批光温敏不育系。福建杨聚宝等在不同来源的常规稻自由授粉后代群体中选育出光温敏不育系SE21S。湖北大学周勇在常规稻杂交后代群体中发现温敏不育系HD9802S，并用HD9802S配出优良两系杂交早稻组合两优287。

在已育成的不育系或中间材料中也可选择到性状变异株系。武汉大学育成的籼型不育系8906S是一个综合性状优良的籼型不育系，所配杂交组合优势强，但因不育起点温度较高（27℃）而不能应用，从其群体中发现了起点温度较低的变异株，经系统选择育成了起点温度低的优良不育系1103S。曾汉来等采用人工光温条件对培矮64S、N5088S高世代群体进行不同温度下的单株育性鉴定，获得了不育起点温度分别为23℃、24℃、25.5℃和27.5℃的稳定株系，N5088S长光不育起点温度分别为24.5℃和30℃的稳定株系。这些株系在生育期、农艺性状上相同，DNA水平上高度一致，近似近等基因系，成为不育起点温度高低遗传生理基础研究的理想材料，其中起点温度低的株系已直接应用于生产（表5-2）。

表5-2　育性转换临界温度不同的培矮64S株系（曾汉来等，2004）

株系	不育临界温度/℃	23.5℃下的花粉败育度/%	冷水繁殖结实率/%	武昌播始历期/d
P2364S	23.0	100.00 ± 0.00	36.54	84
P2464S	24.0	97.72 ± 0.86	38.68	84
P2664S	25.5	89.22 ± 1.59	45.65	83
P2864S	27.5	68.54 ± 3.42	58.28	83

除育性性状外，通过系统选育方法同样可获得其他性状的选择效果，如开花习性、株高、生育期、株型的优化，已有较多成功的实例。

2.2 杂交转育法

通过将已有光、温敏不育材料与常规品种杂交，将雄性不育基因转移到目标受体亲本，在双亲遗传重组的后代群体中选择符合不育系选育目标的雄性不育株系，是选育新的光、温敏不育系的主要方法。杂交方式有单交、复交和回交等。

（1）单交转育。通过技术鉴定的粳型不育系 N5047S、7001S、N5088S、3111S 等就是以农垦 58S 为基因供体与常规粳稻品种一次杂交后经多代系统选择育成。籼型不育系蜀光 612S、W9451S 和 GD－2S 等，是以农垦 58S 的籼型衍生系 W6154S 等为基因供体，与籼稻品种杂交的后代中经系统选择育成。温敏型籼型不育系如安农 810S、香 125S、安湘 S、F131S 等，是以安农 S－1 为不育基因供体，与籼稻品种一次杂交后经多代系统选择育成。

（2）复交与回交转育。为了改良已有不育系的农艺性状，需要导入某些亲本的优良特性，或将某个具有优良特性的常规品种育成不育系，需要转入不育基因，常采用复合杂交和回交的方法。如 W6154S 即是从复交组合（农垦 58S/CS253－2－S－2//珍汕 97）后代选育出来的；培矮 64S 即是从农垦 58S/培矮 64 的 B_1F_1 后代中选育而成。由于培矮 64S 是一个优良的不育系，后来很多育种单位又以之作亲本育成了新的不育系。生产上大面积应用的广占 63S 是杨振玉用 N422S 与矮广占 63 杂交育成的，而 N422S 又是以晚粳型光敏核不育系 7001S 为供体，广亲和系轮回 422 为受体杂交转育而成。

（3）不育系间杂交。利用已育成的不育系之间、不育系选育的中间不育株系之间、或光、温敏不育系之间杂交选育不育系，也是常采用的方法。其优点是 F_2 群体中不育株比例高，容易选择到优良的不育株。如籼型不育系 W9593S 即是从复交组合 8902S/W9056S//W7415S 的后代中选择育成的，粳型不育系 N95076S 是从 N5088S/7001S 的单交后代中经多代选择育成的。华中师范大学用农垦 58S 的籼型衍生系与安农 S 的衍生系杂交后育成新不育系 YW－2S。

2.3 诱变选育法

辐射诱变和化学诱变技术同样可应用于光温敏不育系的创制与性状改良。如前述人工诱变可产生新的雄性不育变异，日本用 γ 射线处理水稻品种黎明，获得温敏雄性不育材料 H89－1；美国用 EMS 化学诱变水稻品种 M201，获得光敏雄性不育材料 MT。人工诱变还可主要用于改良不育系的某些其他性状，使该不育系更有利用价值。武汉大学曾用 γ 射线照射水稻不育系 105S 的干种子，育成株叶形态优于 105S 的新不育系 M105S；浙江大学用 ^{60}Co 辐射水稻不育系获得具有苗期白化可转绿的标记不育系玉兔 S 等。

2.4 无性变异

组织、孢子培养再生植株技术，通常应用于无性扩大繁殖、加快遗传纯合、茎尖脱毒、转基因技术等，同时在植株再生过程中也可产生无性变异，选择有益变异也是一种育种方法。四川农业大学用水稻 T 汕 B 的成熟胚为外植体进行组培，在其再生后代中获得温敏雄性不育系 T 汕 S。曾汉来等利用 W9461S/W6154S 花培后代的白化苗也获得了前 3 叶表现全白色，第 4 叶开始转为正常绿色的标记水稻不育材料白 01S、白 02S。对遗传不易稳定的杂交后代株系，进行花药或小孢子培养，可加速遗传同质化进程，同时也是光温敏不育系选育中常用的方法。福建农林大学从来自 M901S/5460PS 的 F_2 群体中选到优良不育株，再与15－1杂交，在F_2中选择不育株进行花药培养，育成了新不育系 HS－1。

3 光温敏核不育系选育方法与程序

3.1 亲本选择

3.1.1 不育基因供体亲本选择

尽量选用综合性状优良、不育性遗传行为简单并比较清楚、不育临界温度低的不育系作为不育性供体亲本。

国内外通过多种方法获得的具有育性转换特性的水稻雄性不育资源比较丰富，但很多材料的不育遗传基础和遗传背景不很清楚。中国对水稻光敏不育系农垦 58S、温敏不育系安农 S－1 及其衍生不育系的不育性遗传行为已基本研究清楚，其他类型水稻材料或其他作物不育材料尚需进一步认识。

根据已有研究结果和育种实践经验，由农垦 58S 及其衍生不育系作为不育基因供体进行杂交转育，可以育成光敏型、温敏型两类不育系；利用安农 S－1 及其衍生系为基因供体的杂交后代群体中的不育株，其育性转换类型均为温敏型。因此，若育种目标是选育光敏雄性不育系，则应选用农垦 58S 及其衍生系作为供体亲本；若育种目标是选育温敏雄性不育系，则选用农垦 58S 和安农 S－1 为基因供体均可。将农垦 58S 的光敏雄性不育基因与安农 S－1 的温敏雄性不育基因重组，以培育光周期和温度共同诱导的雄性不育系，也应是一种值得探索的方法，成功实例已如前述。

关于光温敏不育系的不育临界温度，其遗传基础复杂，目前仍未深入了解。已有的研究认为，不育基因只决定育性转换特性是否存在，而其所处的遗传背景决定不育基因表达的程度和光温条件，这些遗传背景因子可能是微效多基因共同起作用。因此，选用不育临界温度低的不育系作为供体亲本，其意义在于转入主效育性转换基因的同时，更有机会转入调控低不育临界温度的背景因子。

3.1.2 不育系受体亲本选择

基本原则是选用生产上具有应用价值、适应性广、优质、多抗、配合力强的优良常规品种作为不育系转育的受体亲本。因此，利用三系杂交水稻的优良保持系或恢复系作亲本，是我国育种家早期进行光温敏不育系转育的通常做法。如利用优良常规稻特青、9311 等、三系保持系及恢复系珍汕 97、协青早和测 64、明恢 63 等育成了一批籼型光温敏不育系。粳型光敏不育系 N5088S 和 7001S 都是以农垦 58S 为基因供体，分别以晚粳品系 917 和中粳品系中玉黎明作受体亲本育成；我国北方的粳型不育 108S 是用农垦 58S 的衍生系与北方粳型品系 9022 杂交育成。

在不育系育性的光、温敏特性方面，选用生育期感光性较明显的中、晚稻类型作光敏不育基因受体亲本，获得光敏不育性强的不育株的可能性更大；而用些生育期感光性弱的早稻类型作亲本，后代中的不育株多为温敏性为主的不育型。关于生育期感光性与育性光敏性的关系，学术界有不同观点，也各有不同研究证据，在此不详述，可参看其他文献。

近年来，不育系选育的受体亲本不再局限于优良常规稻和三系保持系、恢复系，也利用具有某种特性的育种中间材料、广亲和材料、各种优质、抗性材料等，同时也应考虑扩大不育系与现有主要恢复系之间的遗传差异。

3.2 低世代选择

3.2.1 育性转换株选择

通常是将不育性的选择安排在当地自然长日高温季节进行，如长江中下游地区在 7 月中旬至 8 月下旬，将入选的不育株在 9 月上中旬进行育性转换性观察。然后，将收获的育性转换株自交种子去海南冬播加代，在海南次年 3—4 月的短日照季节选择结实性好的单株种子，带回当地播种，继续在长日高温季节选择表现不育特性的单株，如此反复进行选择，直至当选单株的后代群体稳定。

目前，对不育株的可育性鉴定，不一定强调在当地当年进行，可将不育株稻兜在海南通过短日低温条件下观察其可育性，也可将稻兜在当地温室过冬，次年初夏在当地自然低温条件或人工设置低温条件下观察其可育性。

3.2.2 自然长日低温或人工低温条件下选择不育株

在长日高温条件下选择的不育株，无法评价其不育临界温度的高低，早期育成的不育系忽视了温度和光、温二因子的交互作用对育性的影响，因而多数籼型不育系都具有较高的不育起点温度。

为了对不育株进行低温条件下不育稳定性的评价与选择，应在长日低温或低温条件下加大选择压力，以便筛选出育性转换起点温度低的不育株。卢兴桂等建议将低世代（F_1，F_2）材料的育性敏感期安排在 6 月上、中旬，利用此期间的自然温度相对较低的条件，能使不育材料产生育性波动，从中选出育性转换起点温度低的不育株系。另一种方法是在纬度相同，但有较稳定低温条件的高海拔地点进行不育株系筛选。1991 年卢兴桂等将 16 个水稻的杂交 F_2 秧苗一分为二，分别在武昌和海拔 540 m 的远安县种植，两地的抽穗时期都安排在 8 月上中旬，此时期武汉正值高温期，而远安县日平均气温只有 23～25 ℃。在有育性分离的后代中，在远安县不育株出现比例都低于武汉，表明在远安自然长日低温的选择压力下，可使不育起点温度高的不育株能被自然淘汰，不育起点温度较低的不育株表现不育。这种安排方式减少了后续世代的育性鉴定与淘汰的工作量。

利用自然低温条件进行不育株选择的关键是地理生态条件的选择，所定地点要有相对稳定的适宜温度条件。温度偏高难以达到选择目标，温度偏低则出现不育株数量太少，有可能在低世代丢失一些具有优良基因型的材料。在温度低至生理温度条件下得到的不育株，可能其不育表现是因低温致害造成。此外，不育临界温度低于 22 ℃ 的水稻不育株，将难以找到使可育进行繁殖的条件。因此，在选择基地之前，要进行较细致的前期预选工作。在选点或不育株系选择过程中，都应选用不同类型的适应生产要求的不育系作为育性选择的对照材料。

3.2.3 短日高温条件选择不育株的可育性

针对以选育光敏性强的不育系为育种目标，需设置短日高温条件选择不育系的可育性。理想的光敏不育系应是既能在当地安全制种又能在当地稳定繁殖的类型，即光敏温度范围宽的不育系。在长日低温条件下选择的不育株具有较低的不育临界温度，不育性稳定，还需在短日条件较高温度下有较高的可育性，才能在当地短日季节进行不育系稳定产量的繁殖。

对在长日低温条件下入选的不育株种植于短日高温（25 ℃ 左右）条件下再生，进行同一世代的第二次选择，入选指标是花粉可育度和自交结实率，当选可育性好的单株或株系。

短日高温条件的设置可利用自然条件和人工条件。利用当地自然短日照高温季节，如在武汉地区通常可将待选材料的抽穗期安排在 9 月中旬，其育性光温敏感期在 8 月下旬前后，此时光照长度短于 14 h，而且有较高的温度。以农垦 58S 或 N5088S 为对照，与对照同步转换为可育的植株（系）入选。在当地没有适宜的自然短日高温条件的情况下，可将其稻蔸植于人工设置光温条件下进行选择。但是，人工设置光温条件的光照强度必须能满足水稻的正常生长发育，同时应注意湿度、风速、CO_2 等因素的控制，能保证正常水稻和对照不育系（如农垦 58S 或 N5088S）能正常结实，才能选择到不育材料中在短日高温条件下的可育株。

温敏型不育系的可育性选择要求在更低的温度条件下（一般在 21 ℃或以下）进行。但是，在自然条件下这种低温天气易与致害低温同时出现，因此在大陆当地选择可育性比较困难，使得多在海南冬季种植进行选择。不过，在海南进行选择时也应考虑实际所处的温度决定入选单株。于是，可采用人工光温条件或控温冷水处理设施下，以培矮 64S 等不育系为对照进行可育性选择。

3.2.4　分离世代群体大小的确定

在水稻常规育种程序中的单交 F_2 群体要求种植 1 000 株左右。在实际育种过程中，由于具体的育种目标不同，加之复交的方法被普遍采用，F_2 的群体一般都大于 1 000 株。在光温敏不育系选育程序中的 F_2 群体应当更大，这样才有可能出现数量较多的不育株，从中选到育性转换特性符合育种目标的不育株，在此基础上再选择其他育种性状，在此过程中有较高的淘汰率。

3.2.5　异地穿梭育种

利用不同地区光温生态条件的差异，对育种后代的性状进行鉴定和选择，同时加快育种进程，称为异地穿梭育种。水稻常规育种常采用南繁加代，以缩短育种年限为主要目的，兼而进行性状观察。在光温敏不育系选育中进行海南冬季繁殖，除了加代繁殖外，同时也是对育性转换特性的选择过程。根据不育系的选育目标，需要确定海南冬繁的合适播种时期，使材料的育性光、温敏感期处于特定的光温条件下进行发育，才能在抽穗期和成熟期进行准确的育性特性选择。

除海南与大陆当地之间穿梭育种方式外，利用不同海拔高度的立体气候条件也可进行育性选择。

3.3　高世代选择

高世代的选择应根据育种材料的遗传背景与世代分离动态决定，在育种实践中一般在 F_5 开始进行株系选择。在高世代选择时要注重株系的群体育性稳定性与一致性，同时对其他性状也应进行综合选择。入选株系加代繁殖，连续进行 2 ~ 3 代选择，最后决选符合育种目标的稳定株系。

育种者对决选的株系应按照不育系鉴（审）定标准进行自评，如进行分期播种试验，观察在全年生产季节的育性变化动态，即 1 000 株群体的稳定性与一致性，并进行配合力测定、抗性鉴定和异交特性观察等，积累相关资料。

牟同敏等根据光温敏不育系的育种实践，提出如图 5 - 3 所示的光温敏不育系选育程序，可供参考。

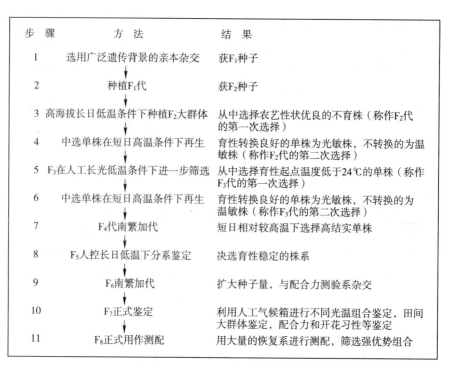

步 骤	方 法	结 果
1	选用广泛遗传背景的亲本杂交	获F_1种子
2	种植F_1代	获F_2种子
3	高海拔长日低温条件下种植F_2大群体	从中选择农艺性状优良的不育株（称作F_2代的第一次选择）
4	中选单株在短日高温条件下再生	育性转换良好的单株为光敏株，不转换的为温敏株（称作F_2代的第二次选择）
5	F_3在人工长光低温条件下进一步筛选	从中选择育性起点温度低于24℃的单株（称作F_3代的第一次选择）
6	中选单株在短日高温条件下再生	育性转换良好的单株为光敏株，不转换的为温敏株（称作F_3代的第二次选择）
7	F_4代南繁加代	短日相对较高温下选择高结实单株
8	F_5人控长日低温下分系鉴定	决选育性稳定的株系
9	F_6南繁加代	扩大种子量，与配合力测验系杂交
10	F_7正式鉴定	利用人工气候箱进行不同光温组合鉴定，田间大群体鉴定，配合力和开花习性等鉴定
11	F_8正式用作测配	用大量的恢复系进行测配，筛选强优势组合

图 5-3 光、温敏雄性不育系选择程序（牟同敏，1996）

4 光温敏雄性不育系的鉴定程序与方法

根据光温敏不育系的鉴定或审定技术指标，新育成的光温敏不育系必须经过一系列试验测定，评价其生产实用性和安全性。至今，我国已建立水稻光温敏雄性不育系的技术鉴定程序，规范了鉴定内容与方法。

4.1 不育系的遗传稳定性鉴定

该鉴定环节包括农艺性状的遗传稳定性和育性的遗传稳定性，将二者结合起来在同一群体中进行。

4.1.1 群体农艺性状鉴定

要求种植1000株以上群体，鉴定田块要求肥力均匀、阳光充足、灌溉水温正常、无致害性污染，保证每一单株正常生长发育。在栽培过程中不除杂去异，观察记录抽穗期或齐穗期株型、叶片色泽、叶片姿态、抽穗整齐度、植株高度、颖壳形态等，以此判断其农艺性状是否稳定。

4.1.2 群体育性鉴定

育种实践表明，群体育性的稳定世代数要高于农艺性状的稳定世代。杂交转育后代的农艺性状在 F_5 或 F_6 即可稳定，而育性则要在 F_7 或 F_8 以后才能稳定。群体育性的遗传稳定性鉴定应当在群体农艺性状的稳定性被确认之后进行，而且既要进行不育期的育性稳定性鉴定，还要进行可育期的育性稳定性鉴定。育性稳定性鉴定的关键指标是株间育性差异的显著性。具有生产实用性的不育系在大田鉴定条件下，群体不应存在可育或低可育单株，群体中只要存在少量低可育株分离，则达不到不育系技术鉴定或审定指标。

4.1.3　不育期育性鉴定

在确认 1 000 株以上群体农艺性状稳定之后，在开花期随机选取 100 个以上单株，每株取 1 个单穗套袋并标明日期，用于成熟期考查自交结实率。同时随机选取 100 个以上单株，每株取 1 个单穗颖花镜检花粉，计算各穗（株）的花粉败育率，进行单株间花粉败育率的差异分析。对套袋单穗在 20 d 前后进行结实率考查，计算自交结实率，分析穗（株）间自交结实率差异。为了能够在同年同季度获得群体花粉育性和自交不育性的鉴定结果，常采用分期播种方法，在早播群体抽穗期进行套袋自交，考查自交结实率，待后播群体抽穗时进行花粉育性镜检。已有研究表明，有些光温敏不育系的高节位分蘖穗的育性一般存在不稳定性，因此在鉴定方法上要避免用高节位分蘖穗进行不育性检测。

4.1.4　可育期育性鉴定

安排不育系繁殖期试验进行可育性鉴定，在确认 1 000 株群体农艺性状稳定之后，观察记录群体中单株在开花期开花散粉状况，在成熟期考查分析单株间自交结实率差异，评价群体可育性。可育性鉴定也可用以上不育性鉴定群体的再生苗进行。但是，由于群体再生苗发育进度不一致，育性敏感期所处的光温条件存在差异，株间和穗间可育性可能有较大差异，因此利用再生苗只能用于评价群体可繁性，不宜进行株间可育性差异分析。由此可见，群体可育期育性鉴定最适方法是采用分期播种，使迟播群体育性敏感期处于可育条件下进行鉴定。

4.2　不育系的生态适应性鉴定

生态适应性鉴定指在不同生态条件稻区进行不育系的不育期、可育期等特性观察，进一步确定不育系的生态适应范围。这项鉴定工作是根据其不育系将要在利用的地区选点进行，我国各地对光温敏不育系的审定或技术鉴定方式与程序有不同的要求。湖南等省对不育系统一组织省级生态适应鉴定，在全省不同生态点对不育系连续两年进行鉴定，为不育系的审定提供依据。国家"863"计划项目要求对新不育系进行联合生态适应性鉴定，在武汉、南京、贵阳和三亚分别鉴定，确定不育系在四个不同区域的适应性。对于新选育的不育系，无论管理部门是否有无强制性要求，育种家对不育系的适宜应用地区和季节进行试验，鉴定生态适应性都是必要的程序。

4.2.1　生态鉴定方法

采用分期播种移栽方法，使不育系尽可能在水稻正常生产季节生长发育光温条件下有连续抽穗期。始播期以当地水稻安全播种的最早期，如长江中下游区域为 3 月下旬，华南区域为 2 月下旬，海南三亚全年均可播种移栽；最后一个播期则以保证该材料有正常的幼穗发育光温条件，其抽穗期可以在当地水稻安全抽穗期之后 10 d 左右，如武汉的籼稻安全抽穗期为 9 月 10 日，粳稻安全抽穗期为 9 月 20 日，则此鉴定试验的育性观察最后取样期可延至 9 月下旬。为了获得供试材料更多数据，有些育性转换起点温度较低的温敏不育系，花粉育性观察可延长至 10 月上旬，应根据具体材料与条件确定。

对不同播种期的材料，除主要进行花粉育性和自交结实性的连续动态观察外，还要进行生育特性的常规记载，如记载播种期、移栽期、始穗期等。试验点应安装气象观测记载设备，记录从第一播种期至最后观察育性时期的气象数据，或利用与试验点气候相同的就近气象站的气象资料。

4.2.2　生态适应性分析

对不同试验点的育性表现动态观察资料进行适应性分析与评价，主要分析评价如下内容：

（1）育性类型的初步确定

育性类型鉴定的目标是将参试不育系划分为温敏、光敏和光温互作三种类型。可以采用以观察日期为横坐标，日平均温度为纵坐标绘出花粉育性动态关系曲线图。在一定日照长度日期范围内，育性变化受温度变化波动幅度小，特别是年度间不论温度差异均于9月初转入可育，其后不再转为不育，该材料基本可认为是光敏感性强的不育类型。不论在长日照，还是在短日照季节，育性变化只与温度变化有关，特别是在长日照时期低温引起育性明显变化，且温度升高后恢复不育时间短，在9月初以后短日照期内仍有大幅度育性变化，该材料基本可认为是温敏型不育类型，其中稳定不育期长，不育期内育性波动极小的材料可认为是不育临界温度低的不育类型。

国内有些研究者提出了利用育性与光温资料分析育性类型的数理模型，是基于统计学上的相关性、方差、通径分析等方法，用于描述光、温、育性三者之间的定量关系。由于要求大量完整的数据，不同不育系之间有特殊性，对结果的解释不直观，多数育种家认为该分析模型适用性不强，因而只应用于特定不育系育性特性的精细分析。

根据我国稻区的纬度与温度变化规律，光敏类型不育系主要适应于30°N以北的夏秋日照较长，且日长季节变化较明显的中高纬度稻区。温敏类型不育系（主要是转换温度低的温敏类型不育系），则主要适用于30°N以南的夏秋温度较高的低纬度稻区。光温互作类型不育系中的临界温度偏低，临界日长偏长的不育系适应性广泛；而临界温度偏高或临界日长偏短的不育系则只适应于我国南部稻区利用。

（2）育性敏感期鉴定

育性敏感期鉴定的目标是确定不育系在其幼穗分化历期中对光温敏感的时段，是不育系繁殖与杂交制种技术决策的重要依据。

对不育系群体而言，用育性波动期间的育性与温度资料进行相关分析比较方便。该方法是以不育系抽穗前的天数分为若干时段，如以每5 d作为一个时段，分别计算育性表现值（花粉败育度或自交结实率）与其各时段光温条件值的相关系数，以相关最密切的时段作为该不育系的育性敏感期。表5-3给出了这种分析方法的一些实例。

表5-3　花粉育性与距抽穗不同天数的平均温度的简单相关系数

距抽穗天数/d	张自国等（1995）培矮64S	牟同敏等（2001）			
		培矮64S	GD-1S	F131S	2136S
5	--	0.313 1	0.064 5	0.303 4*	0.238 9
6	--	0.180 9	0.015 5	0.344 0*	0.144 1
7	--	0.187 7	0.014 7	0.241 9	0.068 3
8	0.111	0.241 4	0.128 0	0.485 1**	0.078 7
9	0.218	0.139 6	0.120 1	0.524 2**	0.098 3
10	0.432*	0.112 9	0.017 4	0.451 4**	0.018 5
11	0.559**	0.237 5	0.059 2	0.524 7**	0.193 5
12	0.605**	0.288 3	0.130 2	0.465 7**	0.388 3*
13	0.600**	0.258 5	0.137 2	0.508 4**	0.331 6*
14	0.625**	0.541 9**	0.381 3*	0.534 7**	0.508 2**
15	0.651**	0.686 1**	0.470 7**	0.387 5*	0.648 5**
16	0.585**	0.664 9**	0.432 7**	0.398 4*	0.595 1**
17	0.493*	0.691 5**	0.434 7**	0.293 1*	0.515 4**

（续表）

距抽穗天数/d	张自国等（1995）	牟同敏等（2001）			
	培矮 64S	培矮 64S	GD－1S	F131S	2136S
18	0.498*	0.673 4**	0.546 1**	0.185 2	0.350 6*
19	0.419*	0.608 8**	0.503 8**	0.051 0	0.217 7
20	0.373	0.573 2**	0.346 7*	0.020 2	0.119 6
21	0.406	0.487 9**	0.257 2	－0.044 9	0.042 9
22	0.351	0.386 9**	0.100 6	－0.124 8	－0.047 8
23	－－	0.357 0**	0.041 1	－0.028 3	－0.129 3
24	－－	0.344 6*	0.084 5	－0.045 4	－0.205 3
26	－－	0.248 4	－0.011 9	－0.098 0	－0.251 8
n	－－	52	42	45	32

**：0.01 显著水平；*：0.05 显著水平。

众多研究者对育性敏感期的实际鉴定结果表明，光温条件在整个幼穗分化历期内普遍对育性存在影响，育性敏感期只是一个相对影响较大的时段，在不育系之间有一定差异，但基本可以肯定花粉母细胞减数分裂期前后（抽穗前 18 ~ 10 d）是育性光温敏感期。光温互作型不育系的光温敏感期受光照长度和温度共同影响，二因子不同组合条件下其敏感期历期存在差异。

要对一个不育系的不育光温敏感期进行准确研究是一项难度较大的工作，需要采用光照、温度、材料发育期三因素的大量组合条件处理进行生物学鉴定。曾汉来等用生物学鉴定方法在长光条件下对农垦 58S 的温度敏感期进行了初步确定（表 5 - 4）。

表 5 - 4　农垦 58S 育性转换的温度敏感期鉴定（曾汉来等，1993）

处理代号	温度处理时期与日期												花粉碘染率/%
	Ⅰ末 07－20	Ⅱ中 07－23	Ⅲ中 07－26	Ⅲ末 07－28	Ⅳ中 07－31	Ⅳ末 08－03	Ⅴ末 08－06	Ⅵ中 08－08	Ⅶ始 08－12	Ⅶ中 08－14	Ⅷ末 08－17	抽穗 8－20	
(1)	L	L	L	L	L	L	L	L	L	L	L	L	70.00
(2)	H	L	L	L	L	L	L	L	L	L	L	L	75.56
(3)	H	H	L	L	L	L	L	L	L	L	L	L	75.00
(4)	H	H	H	L	L	L	L	L	L	L	L	L	56.45
(5)	H	H	H	H	L	L	L	L	L	L	L	L	33.70
(6)	H	H	H	H	H	L	L	L	L	L	L	L	25.00
(7)	H	H	H	H	H	H	L	L	L	L	L	L	16.67
(8)	H	H	H	H	H	H	H	L	L	L	L	L	12.09
(9)	H	H	H	H	H	H	H	H	L	L	L	L	0.00
(10)	H	H	H	H	H	H	H	H	H	L	L	L	0.00
(11)	H	H	H	H	H	H	H	H	H	H	L	L	0.00
(12)	H	H	H	H	H	H	H	H	H	H	H	L	0.00
(13)	L	L	L	L	H	H	H	H	H	H	H	H	0.00
(14)	L	L	L	L	L	H	H	H	H	H	H	H	0.00
(15)	L	L	L	L	H	H	H	H	H	H	H	H	2.61
(16)	L	L	L	L	L	H	H	H	H	H	H	H	8.54
(17)	L	L	L	L	L	L	H	H	H	H	H	H	23.41

143

处理代号	温度处理时期与日期												花粉碘染率/%
	I末 07-20	II中 07-23	III中 07-26	III末 07-28	IV中 07-31	IV末 08-03	V末 08-06	VI中 08-08	VII始 08-12	VII中 08-14	VIII末 08-17	抽穗 8-20	
(18)	L	L	L	L	L	L	H	H	H	H	H	H	45.21
(19)	L	L	L	L	L	L	L	H	H	H	H	H	43.09
(20)	L	L	L	L	L	L	L	L	L	H	H	H	55.26
(21)	L	L	L	L	L	L	L	L	L	L	H	H	43.24
(22)	L	L	L	L	L	L	L	L	L	L	L	H	55.44
CK	L	L	L	L	L	L	L	L	L	L	L	L	71.87
CK	H	H	H	H	H	H	H	H	H	H	H	H	81.51

H 表示高温 30 ℃（32/28 ℃）处理；L 表示低温 22 ℃（24/20 ℃）处理；CK 为常规品种农垦 58。

（3）不育性稳定性和可繁殖性评价

不育性稳定性指不育系在不育期内稳定不育持续时期和不育程度，可繁殖性是指不育系在可育期内的可育性程度。利用多点生态适应性资料分析不育系稳定不育性表达的条件，一方面可用于以该不育系制种地区范围的选择和季节安排，另一方面用于不育系繁殖地区的选择和季节安排。

能在较低温度或较短日照条件下稳定表达不育性的不育系具有较广泛的制种适应区域；只在较高温度条件下才能稳定表达不育性的不育系只能在特定的高温稻区应用制种；只在较长日照条件下才稳定表达不育性的不育系只能在纬度较高的北方稻区应用制种。

根据不育系育性的表达，不育性稳定的不育系，其可育条件往往苛刻，要求有稳定的较低温度或短光照与低温条件配合才表现可育。在繁殖过程中育性敏感期温度偏高则转向不育，但是繁殖期温度低至一定范围，则与发生低温致害的条件相近，易造成结实率极低。研究这类不育系的繁殖条件是其应用的关键。

4.3 水稻光温敏不育系的人工光温鉴定

为了保障不育系在生产上应用的安全性，我国多数省（市、区）的种子管理或科技管理部门要求申请审定或技术鉴定的光温敏不育系必须进行人工光温条件下的育性特性鉴定，并规定此项工作由管理部门指定具有鉴定条件和技术的单位承担。

在自然条件下以分期播种方法，只有遇上自然低温天气时才能分析评价光温敏不育系育性转换特性。这种评价方法不能将高温与长日、低温与短日条件分离进行鉴定。人工光温条件不受地区间、季节间、年度间光温条件差异的影响，而且可以将光、温因子自由组配，条件和结果均能重现，可以较客观地比较不同材料的差异性，具有严格性和科学性。

人工光温下进行不育系育性特性评价要求有规范化的材料种植与处理时期确定、光温条件设置、育性观察方法、数据可靠性鉴别、结果分析与评价等技术规程，所得结果才有可靠性，鉴定合格的不育系才经得起生产应用实践的检验。

近 20 多年来，中国水稻研究所、华中农业大学、广东省农科院、湖南农业大学、湖南师范大学等单位，对水稻光温敏不育系育性转换特性人工光温育性鉴定进行了较深入系统的研究，使我国形成了光温敏不育系育性转换特性人工光温育性鉴定的基本技术体系。至今，尽管不同单位在人工光温条件、方法、评价指标等方面仍存在一定差异，但总的目标是对不育系的不育性稳定性进行客观评价，重点评价不育临界温度值是否达到规定的技术标准，其结果可作为不育系审定的重要依据。

中国水稻研究所人工光温育性鉴定所采用的水稻不育系光温处理方案为：光温条件设置为 3 种温度（23.0、24.0、28.0 ℃），4 种光照长度（11.5、12.5、13.5、14.5 h）共 12 种光温组合条件。处理时期为穗分化期，以自交结实性为主，配合进行花粉育性作为育性指标。该方案可以较完全地反映不育系的育性光温敏类型、不育和可育光温条件。

华中农业大学所用的光温条件为：14.5 h/23.5 ℃、14.5 h/25.0 ℃、12.5 h/27.5 ℃、12.5 h/25 ℃共 4 个光温组合处理，加上同时进行的自然长日高温条件，处理时期为幼穗分化第二次枝梗分化期至减数分裂末期（约为抽穗前 20～8 d），每个处理 20 株，处理后第 8～15 d 内抽穗的为有效穗，全部有效穗进行花粉镜检作为育性指标，自交结实率作为参考指标。此方案可以获得长光低温下的不育稳定性、育性光敏性信息，鉴定成本不高，基本可评价不育系的安全性。

湖南农业大学利用人工控温冷水池鉴定水稻光温敏不育系的育性转换温度。在长沙夏季自然光照条件下，设置 22.5、23.5 ℃两种水温，将供试材料幼穗分化进入 Ⅴ 期初（分单穗标记）时，分别以两种温度的冷水处理 6 d，被处理单穗开花期进行花粉镜检，并分别在隔离条件下考查自交结实率。以 23.5 ℃冷水处理 6 d 后花粉镜检染色花粉率和自交结实率均为零的结果，作为湖南水稻光温敏不育系审定合格标准。通过该程序与方法鉴定后审定的不育系，利用其制种时在 6 d 气温或水温低于 23.5 ℃的条件下保证不育性的安全性。

第三节　两系法杂交组合的选配

培育作物光温敏雄性不育系的目的是以其作为工具育成强优势两系杂交组合应用于生产，因此杂交组合的选配是两系法技术体系中重要的育种过程。两系法杂交组合选配基本原理与目标与三系法杂交组合基本相同，但光温敏不育系遗传基础的特殊性，使两系法杂交组合选配表现出新的特点。

1　两系法杂交组合选配的理论基础

1.1　光温敏核不育性的遗传特征

在不同作物上已发现或育成的光温敏核不育系的不育性多受 1－2 对主基因控制，遗传基础较简单，属于孢子体隐性核不育类型，其不育性不受细胞质的影响，绝大多数常规品种与其杂交，F_1 的育性能表现基本正常。这一特性是两系法杂交育种的最大优点，其亲本范围和组合选配的自由度优于核质互作型的三系法杂交育种技术体系。

作物杂种优势的大小取决于亲本的配合力。一般配合力高的亲本容易选配好的杂交组合。在两系杂交组合选配中，亲本选配原则应将配合力的选择作为重要内容，在杂交组合选育中，选育一般配合力强的亲本和特殊配合力高的亲本，以此选配强优势杂交组合。

1.2　亚种间杂种优势利用的理论基础

亚种间杂种优势是相对于品种间杂种优势而言。作物的种与亚种概念生物学分类体系中的两个层次。种（species）是一个十分重要的分类单位，在不同种之间，存在着明显的生殖隔离机制，即使在同一属内的不同种间很难发生天然杂交，即使偶然发生杂交，其 F_1 也可能发育不正常，不能产生后代。同种内不同品种之间杂交，较容易获得杂交种，产生的杂种在一般情况下不会出现不育现象。这里所指的品种是生产上常用的一个名词，是指基因型一致，在适宜培育条件下可以获得所期望的经济产品的植物或动物群体。亚种（subspecies）是介于种与品种之间的一个分类单位，如水稻中的籼稻和粳稻就是两个亚种，但不是所有生物的种都存在亚种的分化。不同亚种间杂交存在一定的生殖障碍，F_1 代常表现为部分可育。

由于亚种间品种存在较大的遗传差异，杂交种具有较强的杂种优势基础，如果能解决 F_1 代的生殖障碍问题，就有可能选配出强优势组合。光温敏核不育系由于恢复育性的资源广泛，杂交组合选配较自由，只要培育出亚种间无生殖障碍的不育系或恢复系，就可实现配组亚种间的杂交组合。水稻籼、粳亚种间可通过广亲和基因的利用克服亚种间杂交 F_1 代生殖障碍问题。

1.3　水稻的广亲和性

水稻广亲和性（wide compatibility）的概念由日本学者池桥宏等提出。广亲和性指某些水稻与籼稻或与粳稻品种杂交时，杂交种 F_1 代表现正常育性的现象。具有广亲和特性的品种称之为广亲和品种（wide compatibility variety，简称 WCV）。这里所指的亲和特性，与植物花粉在柱头上能否正常发芽并伸入子房完成受精过程的亲和性含义不同，而是指在杂交或自交情况下能否产生正常杂交或自交种子的现象。

大量关于广亲和性的遗传基础研究表明，水稻的广亲和性遗传基础复杂，已发现多个广亲和效应位点，主效基因为位于水稻第 6 染色体上的 S_5^n。亚种间的基因分化与 F_1 代育性的关系如表 5 – 5。

表 5 – 5　水稻第 6 染色体 S_5 座位复等位基因分化与育性的关系

品种类型	基因型	F_1 育性
籼型	$S_5^i S_5^i$	可育
粳型	$S_5^j S_5^j$	可育
广亲和	$S_5^n S_5^n$	可育
粳/籼　籼/粳	$S_5^i S_5^j$	部分可育
广亲和/籼　广亲和/粳	$S_5^i S_5^n$ 或 $S_5^j S_5^n$	可育
广亲和/广亲和	$S_5^n S_5^n$	可育

2　两系法杂交组合父本选育

两系法杂交组合育种包括选育高配合力的优良亲本和亲本间实现组合配套。两系杂交组合的亲本包括不育系和父本（恢复系），其中光温敏不育系选育中除主要进行育性特性选择外，还兼顾了其配合力和优良农艺性状的选择，这里主要讨论父本的选育。

父本选育的基本原则：其一，具有高配合力。父本的一般配合力高低常与其组合综合性状优势表现高度相关，一般配合力高的父本易选配高产的杂交组合。其二，制种特性好。杂交制种产量和质量是杂交组合应用的主要问题，取决于亲本的特性和制种技术。杂交组合的亲本只有具有易于制种的特性，才能使杂交种子生产成本较低。因此，要求父本开花习性好，花粉量大，对制种环境的适应性好。其三，与光温敏不育系的亲缘关系较远，杂交 F_1 代的优势强。其四，产量、品质、抗性较好，综合农艺性状优良。

父本选育的基本方法：两系杂交组合父本的选育方法与三系恢复系的选育基本相同，主要有测交筛选和杂交选育两种途径。作物两系法品种间杂交不受恢保关系的制约，同一亚种内的绝大部分品种（系）都能正常恢复光、温敏核不育系的育性。因而在恢复系的选育上，可以采取三种方式：其一，利用已育成的常规优良品种进行大量的测配。其二，利用三系法的恢复系作为两系法父本进行测配。在作物杂种优势利用途径中，很多作物选育了大批一般配合力强、抗性好、品质优、适应性广的恢复系，实现了三系配套，育成了一批批强优势三系杂交组合。其三，选育新恢复系。在选育新恢复系方面，由于现有光温敏不育系的发现和转育的亲本多来自于现有品种，杂交优势潜力遗传背景有限。因此，两系杂交组合的亲本选配要注意扩大种质资源亲缘关系，如果亲本选配仍在现有的常规资源中，就可能导致杂交组合的双亲同质性，杂种优势不强。

3　两系杂交组合选配程序

杂交组合的测交筛选是利用不育系与大量父本分别进行配组杂交，对 F_1 代进行目标性状和综合性状测定，从中获得符合育种目标的杂交组合，同时也是对不育系及父本的配合力进行选择和验证的过程。此程序实质上是配合力的测定与利用，一方面可以测定与利用双亲的一般配合力，另一方面也可测定与利用亲本的特殊配合力，获得具有特殊配合力的杂交组合。

双列杂交法是常用的杂交组合优势、双亲配合力评价的试验方法。将不育系与父本分别杂交，对杂交 F_1 代和对照组合（CK）进行随机区组试验设计，3 次重复种植。每个组合每次重复小区大小根据作物确定，但一小区种植作物不能少于 5 行，每行 50 株。在试验过程中进行田间观察记录，成熟期取样考种，获得供试组合的产量性状优势指标，根据亲本性状的平均值、超高亲优势率、超对照优势率等，分析亲本配合力及杂种的潜力。

超高亲优势率 =（F_1 产量 − 高亲产量）/高亲产量 × 100%；

超对照优势率 =（F_1 产量 − 对照产量）/对照产量 × 100%。

根据分析结果可初步筛选出表现优良、群体性状稳定一致的亲本。对初测入选的杂交组合，要重新扩大种植群体（每小区种植 100 株以上），进行再次评测，验证这些组合结果的可靠性，此过程称为复测。复测可进行一次或两次以上。

对复测的杂交组合按育种目标进行严格淘汰后，少量入选的强优杂交组合再正式进行产量比较试验和大田生产试验，选出少数组合申请参加由品种审定机构组织的品种区域试验和大田生产试验。

4　水稻两系法籼粳亚种间杂种优势利用的途径

4.1　杂交或回交法

利用该途径将广亲和基因导入光温敏核不育系，培育具有广亲和性的籼型或粳型的光温敏核不育系。光温敏核不育基因和广亲和基因材料相结合，使两系法亚种间杂种优势利用成为可能。不育系再与常规籼、粳品种或恢复系配制杂交种，实现亚种间组合的选配。广亲和不育系选育过程中不仅需鉴定被选材料的育性特性，还要进行广亲和性测交鉴定工作，因此选育难度较大、周期更长。但是，一旦育成一个广亲和性好、育性稳定的不育系，就可能选配出一系列的优势组合。湖南杂交水稻研究中心育成的具有广亲和特性的光温敏不育系培矮 64S，组配的两系杂交稻组合通过省级审定的就有近 60 个，其中培矮 64S/特青、培矮 64S/扬稻 6 号、培矮 64S/E32 等多个组合在生产上大面积应用。

4.2　选育综合性状优良的广亲和父本

选育综合性状优良的广亲和父本与籼型或粳型的光温敏核不育系组配亚种间组合。广亲和材料的鉴定采用测交方法进行，我国已确定了 4 个典型的籼稻和粳稻品种作为测验种，分别为粳型品种巴利拉、秋光，籼型品种 IR36、南特号。将待测材料分别与测验种测交，根据 F_1 的花粉育性和结实率评价其广亲和性。合格的广亲和材料 4 个 F_1 测交结实率平均值应达 75% 以上。

第四节　两系法杂种优势研究应用与发展

自水稻光敏核不育系农垦 58S 发现以来，历经近 40 年的研究，我国已在多种作物的两系法杂种优势利用上取得了较大进展。

1　基本明确光温敏核不育系的育性转换特性

在水稻、小麦、油菜、高粱、大麦、玉米、谷子、荞麦、大豆等 10 多种作物上广泛开展了对新发现和育成的光温敏不育材料的不育性生态、生理和遗传基础研究，基本明确主要不育系的育性转换光温条件、生态适应性、育性类型、遗传特性、雄性不育光温敏感时期等特性。开展了不育系的制种特性、杂种优势配合力分析。对油菜、小麦等多种作物的光温敏核不育基因进行了染色体定位或精细定位，2011 年水稻光温敏核不育基因被成功克隆。不同作物的实用型光温敏不育系选育目标、鉴定标准基本明确。

2　育成了丰富的光温敏不育系

利用早期发现的光温敏不育材料，通过杂交转育培育出大批具有应用价值的新不育系，同时不断发现不育系的新资源。在水稻、油菜、小麦、高粱、谷子等作物上配制两系杂交组合得到规模化应用。

水稻的实用型光温敏不育系选育数量较多，至今通过省级鉴定或审定的不育系已有 200 多份，其数量还在快速增加。这些不育系包括籼、粳亚种的各种生态类型，从地理上辽宁至海南均有分布。其中出现了一批优良的光温敏不育系，如培矮 64S、广占 63S、7001S、Y58S 等（表 5-6）所配的杂交组合在我国水稻生产中占有重要地位。

表 5 - 6　主要作物的部分光温敏不育系

作物	不育系名称
水稻	培矮 64S、广占 63S、N5088S、7001S 等 200 多份。
小麦	ES - 3、ES - 4、ES - 5、ES - 8、K78S、C49S、C49S - 87、C49S - 89、C86S、KM 型、337S、MTS - 1、皖 901S、BS366、BS400、BS20、YS 型、291S、A31、ZP35、ZP45、BNS、LT - 1 - 3A 等
油菜	湘 91S、501 - 8S、105 - 1S、BA1、417S、湘油 402S、373S、312S、156A、K12S（芥菜型）等
高粱	湘糯粱 1S、湘糯粱 2S、冀 130A、九疑糯粱 S - 1 等
大麦	C54S、A1、A2、PTGM B2、PTGMB6、9211
谷子	821、光 4A、Ch 型、冀张谷 A2、683 等
棉花	特棉 S - 1、芽黄 396A、TMS - 2、光温 A 系等
玉米	琼 68S、CA507 等
大豆	88 - 428BY

此外，可应用于配制两系法杂交组合的还有棉花雌雄异熟系、荞麦自交不亲和系、小麦粒色标记系等特异性材料。

国外如日本、美国、IRRI、越南等也有一些水稻光温敏不育材料发现的报道，但其数量与研发规模远不及我国，且这些材料的不育条件要求 28 ℃以上高温或较窄范围的光长，难以利用。近年来，部分东南亚国家开展了两系法杂交水稻应用，其不育系多从我国引入的两系杂交组合中分离产生。

多种作物类型丰富的光温敏雄性不育系育成，为我国两系法杂交作物的育种应用打下了坚实的基础，同时为开展植物雄性不育机理研究提供了丰富的特异性材料。

3　两系法杂交组合得到大规模生产应用

我国利用光温敏不育系已选配出许多具有生产实用价值的优良组合，并大面积推广应用。水稻、小麦、高粱、谷子等作物的两系法杂交组合已成为生产上主推品种，两系法杂交水稻已成为我国水稻超高产育种的主要途径之一。

据不完全统计，至 2011 年我国先后通过省或国家审定的两系杂交水稻组合共达 270 多个，其审定数量还在逐年增多，已有 128 个水稻光温敏不育系配制的杂交组合应用于生产。两系法杂交水稻的推广面积也呈逐年上升的趋势，2008 年全国两系法杂交水稻种植面积在 3300 万 hm^2 以上，约占杂交水稻播种面积的 25%，水稻主产区湖南、湖北、安徽、江西等省的两系法杂交水稻种植面积已超过三系杂交水稻，为我国粮食丰收起到了重要支撑作用。

两系法杂交小麦也已研究成功，云南、重庆等省市均已育成优良杂交组合。云南省农科院以小麦光敏核不育系 C49S - 87 等配制出云杂 3 号（C49S - 87/98YR5）在云南及周边地区大面积种植，增产优势为 11% ~ 30%，单产潜力达到 11.25 t/hm^2。重庆市作物研究所和四川省内江市农科所合作育成的两系杂交小麦新组合二优 58（C49S - 89/内 5839），四川省绵阳市农科所育成的绵杂麦 168（MTS - 1 × MR - 168），通过国家审定，在生产上推广种植。

湖南省农科院育成了两系法杂交糯高粱品种"湘两优糯粱 1 号"、"兴湘粱 1 号"、

"兴湘粱2号"。其中湘两优糯粱1号（湘糯粱1S×湘10721）曾被列入国家科技成果重点推广计划项目，该组合在湖南、四川、贵州等18个省、市大面积种植，比三系杂交高粱增产10%，并可利用其再生特性，在一年内实现"一种两收"，产量可超过15 t/hm^2。

在两系杂交油菜方面也有一批应用于生产的优良杂交组合育成。湖南省农科院作物所育成了湘杂油5号（湘91S/中双4号）、江西省宜春市农科所育成了两优586（89S−291×90SB−23）、赣两优二号、赣两优三号等系列光温敏核不育两系法杂交组合，其中两优586通过了国家审定，在生产上大面积推广。

两系杂交谷子育种也取得了成功。河北省张家口市农科院谷子研究所1995年选育出谷子光温敏不育系"821"，以此为基础育成"张杂谷"系列两系强优势杂交组合。其中"张杂谷1号"通过国家审定。随后育成张杂谷3号、张杂谷5号、张杂谷6号、张杂谷7号、张杂谷8号、张杂谷9号、张杂谷10号等多个杂交谷子新组合，为谷子生产做出了贡献。

湖南省农科院利用棉花雌雄蕊异熟系开展两系法组合选育，育成异优3号、异优6号等一批强优组合，比对照常规增产30%以上，曾获亩产皮棉3.09 t/hm^2，创湖南省棉花单产最高纪录。陕西省榆林农校利用荞麦自交不亲和系育成两系杂交组合榆荞4号，亩产达3 t/hm^{2}以上。

其他作物的光温敏不育系应用研究均已有进展，并有杂交组合得到应用。

我国各类作物已有下列两系法主要杂交组合在生产上推广。

两系杂交水稻两优培九：江苏省农业科学院以培矮64S/9311育成。1999年通过江苏省审定，2001年通过国家审定（国审稻2001001号），获国家植物新品种权（CNA20000064.0）。属中熟籼稻，生育期受温度条件影响较大。株型紧凑，株高110～120 cm。顶三叶上举，剑叶高出穗层。穗长24 cm，谷粒细长，无芒，千粒重26 g。米质较好，糙米率、精米率、碱消值、胶稠度、直链淀粉含量和粗蛋白质含量6项指标达国标一级优质米标准。抗白叶枯病、稻瘟病，耐纹枯病，易感稻曲病。高产、稳产，大量试验结果较对照种汕优63号平均增产7.8%。在生产条件良好的情况下，大面积单产可达9.75～10.5 t/hm^2。适应范围较广，在长江流域和黄淮地区均可种植。

两系杂交水稻丰两优1号：安徽省合肥丰乐种业股份有限公司以广占63S×9311育成的籼型两系杂交水稻。该组合分别于2003年在安徽省、2004年在河南省、湖北省通过审定，2005年通过国家审定（国审稻2005035）。在长江中下游作双季晚稻种植全生育期平均117.5 d，株型较散，株高110 cm，每穗总粒数138.1粒，结实率77.9%，千粒重28.8 g。稻瘟病平均5.0级，最高7级；白叶枯病5级；褐飞虱9级。整精米率56.5%，长宽比3.1，垩白粒率25%，垩白度2.8%，胶稠度63 mm，直链淀粉含量16.0%，达到国标二级优质米标准。2003～2004年参加长江中下游晚籼中迟熟优质组区域试验，两年平均产量7.4 t/hm^2。2004年生产试验平均产量7.025 t/hm^2。适宜在广西中北部、广东北部、福建中北部、江西中南部、湖南中南部、浙江南部稻瘟病轻发的双季稻区作晚稻种植。

两系杂交水稻扬两优6号：江苏省里下河地区农科所以广占63−4S×扬稻6号育成。2003年在江苏省、贵州省、2004年在河南省、2005年在湖北省通过审定，2005年通过国家审定（国审稻2005024）。属籼型中熟，在长江中下游作一季中稻种植全生育期平均134.1 d。株型适中，茎秆粗壮，长势繁茂，秆尖带芒，后期转色好，株高120.6 cm，穗长24.6 cm，每穗总粒数167.5粒，结实率78.3%，千粒重28.1 g。稻瘟病平均4.8级，最高

7级；白叶枯病3级；褐飞虱5级。整精米率58.0%，长宽比3.0，垩白粒率14%，垩白度1.9%，胶稠度65 mm，直链淀粉含量14.7%。2002～2003年长江中下游中籼迟熟优质组区试平均产量8.34 t/hm²，比对照汕优63增产6.34%。2004年生产试验平均产量8.336 t/hm²，比对照汕优63增产13.73%。适宜在福建、江西、湖南（武陵山区除外）、湖北、安徽、浙江、江苏以及河南南部稻瘟病轻发区作一季中稻种植。

两系杂交水稻Y两优1号：湖南杂交水稻研究中心以Y58S×9311育成，2006年通过湖南省审定，2008年通过国家审定（国审稻2008001）。在长江中下游作一季中稻种植，在华南作双季早稻种植。稻瘟病综合指数5.0级，白叶枯病平均6级。整精米率66.9%，长宽比3.2，垩白粒率33%，垩白度4.7%，胶稠度54 mm，直链淀粉含量16.0%。2006～2007年参加华南早籼组区试两年平均产量7.557 t/hm²，2005～2006年参加长江中下游迟熟中籼组区试两年平均产量8.442 t/hm²。适宜在海南、广西南部、广东中南及西南部、福建南部稻瘟病轻发的双季稻区作早稻种植，以及在江西、湖南、湖北、安徽、浙江、江苏的长江流域稻区（武陵山区除外）和福建北部、河南南部稻区的稻瘟病、白叶枯病轻发区作一季中稻种植。

两系杂交水稻鄂粳杂1号：湖北省农科院粮食作物研究所以N5088S/R187育成的粳型光敏两系杂交晚稻。1995年通过湖北省审定。1992—1993年两年区试平均产量6.75 t/hm²，比对照鄂宜105增产5.75%。在长江中游地区作一季晚稻种植，在云南省可作中稻晚熟品种种植，在海拔1 450～1 659 m区试点平均产量10.229 t/hm²，均比当地主推常规品种增产10%以上。

两系杂交油菜两优586：江西省宜春市农科所以89S－291/90SB－23育成的光温敏不育两系甘蓝型杂交油菜组合，2000年通过江西省审定，2001年通过国家审定（国审油2001007）。全生育期196～200 d，株高180～200 cm，分枝部位70 cm左右，叶片宽大，青绿色，单株有效分枝数8～9个，单株有效角果数350～450个，每角粒数18～20粒，千粒重4.54 g，菌核病抗性较差，病毒病抗性与中油821相当。芥酸含量27.02%，硫苷含量100.96 μmol/g，含油量42.32%。1999—2000年参加国家长江中游区试两年平均产量2.204 t/hm²，比对照增产12.31%。2000年生产试验，平均产量2.253 t/hm²，较对照增产15.32%。适宜于长江中下游冬油菜区及西北春油菜区种植。

两系杂交油菜湘杂油5号：湖南省农科院作物研究所以湘91S×中双4号育成的甘蓝型光温敏两系杂交油菜，2002年通过湖南省审定。全生育期210 d，株高190 cm，一次有效分枝8～11个，果长6 cm，每角粒数19粒，单株有效角果数315个，千粒重3.5 g。含油量为39.30%，芥酸含量0.32%，硫甙含量49.51 μmol/g。较感菌核病，病毒病抗性中等。2001—2002年度参加长江中游区试，平均产量2.114 t/hm²，比对照中油821增产11.21%。2003年参加长江中游生产试验，平均产量2.144 t/hm²，比对照中油821增产10.69%。适宜在长江中游地区的湖南、湖北、江西等省油菜主产区种植。

两系杂交小麦绵杂麦168：四川省绵阳市农科所以MTS－1/MR－168育成的光温敏两系春性中熟杂交小麦组合，2007年通过国家审定（国审麦2007003）。全生育期185 d左右。幼苗半直立，分蘖力较强，叶片较窄，株高92 cm。穗层整齐，结实性好。穗长方形，长芒，白壳，红粒，籽粒半角质，均匀、饱满。平均每穗粒数46.0粒，千粒重42.0 g。抗倒力较弱，条锈病免疫，中感赤霉病、秆锈病，高感叶锈病、白粉病。容重782 g/L、蛋白质（干基）含量12.54%、湿面筋含量24.1%～25.1%。2006—2007年参加长江上游冬麦区试，平均产量 6.3 t/hm²，比对照川麦 107 增产 12.65%。2006—2007 年生产试验，平均产量 6.146 t/hm²，比当地对照品种增产 15.12%。

两系杂交高粱湘两优糯粱 1 号： 湖南省农科院土壤肥料研究所以湘糯粱 1S×湘 10721 育成，1996 年通过湖南省审定。株高 150 cm 左右，生育期春播约 110 d，夏秋播约 100 d，秋季再生约 85 d。抗倒抗病虫力较强，再生能力强，米质糯性，籽粒含淀粉 65.85%、脂肪 4.64%、蛋白质 10.06%、单宁 0.29%。该品种已在国内 18 个省、市、区示范推广，表现适应性广、增产优势明显，一般产量 6.75~8.25 t/hm²，高产典型 11.498 t/hm²。

两系杂交谷子张杂谷 1 号： 河北省张家口市农科院以光温敏不育系 A2/冀张谷 1 号育成，2000 年通过河北省审定，2004 年通过国家审定。该品种生育期 115 d，株高 165 cm，穗长 26.3 cm，棍棒穗型；根系发达，抗旱、抗倒；抗白发病、黑穗病、红叶病。2001 年在全国第四次小米鉴评会上被评为优质谷子米。适宜于河北、山西、陕西、甘肃的北部及内蒙古、辽宁、黑龙江等地，年内高于 10 ℃积温 2 600 ℃以上地区种植。

4 两系法杂种优势利用中的问题

作物两系法杂种优势利用已显示了巨大的应用前景，但其育种与应用各环节技术含量高，光温敏不育系的育性鉴定、不育系繁殖和制种要求的环境条件严格，种子质量检验与管理要求更加规范。这些技术要求对于育种单位和研究部门均能理解和执行。但是，在两系法杂种优势进入应用阶段后，曾经由于从业人员对两系法基本理论和技术问题认识不深入，加上某些种子企业为了获得较大的利益，在应用过程中出现了较为严重的技术失误，造成了较大经济损失，影响了两系法杂种优势利用的声誉。

4.1 两系法种子生产中的问题及原因

以两系杂交水稻为例，易出现的问题主要表现在两个方面：不育系的繁殖产量和杂种生产的纯度问题。光温敏不育系的育性转换起点温度较低，而可育温度范围较窄，在自然条件下繁殖时，育性敏感期易遇到可育温度范围的高温或低温造成繁殖产量低，甚至绝收。在海南冬季繁殖不育系，曾多次发生因气温偏高或偏低，使繁殖产量很低的情况。在两系杂交组合制种方面曾多次发生因气温变化的风险。2009 年江苏、安徽、四川等地在两系杂交水稻制种过程中，不育系育性敏感期出现 24 ℃左右的持续低温，导致不育系不育性产生波动，造成较大面积制种的种子纯度不合格，不仅使制种带来直接损失，而且使次年两系杂交水稻面积减少而产生间接经济损失。

两系杂交水稻制种失败的技术原因：一是制种者对光温敏不育系特性认识不够深入，按三系法制种技术选择制种基地和安排播期，导致制种失败。如将光敏不育系所配杂交组合安排在广西制种，尽管气温较高，但因广西南部纬度低、日照短而导致不育系产生可育。二是所用不育系种子经多代繁殖利用，不育起点温度发生了分离，在不育系群体中育性转换起点温度升高的个体比例增多，在制种时育性敏感期遇上温度偏低的天气，在群体中出现一定比例的可育株，导致制种纯度不合格。

4.2 基础研究与应用技术的配合问题

光温敏雄性不育性是一种特殊的生物学现象，开展其生物学基础研究，揭示其机理十分必要。我国从事两系法杂种优势利用研究的人员较多，但进行基础研究的人员较少，而且在研究的材料、方法上各异，往往导致研究结果差异较大。

较多研究人员对光温敏不育系进行育性转换特性表现、普通遗传学、生理学等方面的重复性研究，由于光温敏不育性的复杂性，同一材料在不同生态条件下的差异，不同材料在不同生态条件下的差异，导致相同研究内容在不同的研究者之间所得结果有较大不同，尽管发表了大量论文，但很多结果准确性不高，而且对育种、繁殖、制种中的关键问题的基础研究工作较少，基础研究与生产技术联系不够紧密。

至今，我国两系杂交水稻组合被审定数量多，但推广范围大的优良组合为数不多，多年来优良组合主要由不育系培矮64S、Y58S、广占63S和父本9 311等配制。其主要原因是不育系及父本多为三系法亲本转育，遗传基础相近。必须发掘与刘新亲本，利用新的种质资源，创新型两系法杂交组合才能不断育成。

第五节　两系法杂交水稻种子生产原理与技术

1　两系杂交水稻制种技术的发展

1.1　两系杂交水稻制种技术摸索阶段

1986—1995年为两系杂交水稻制种摸索阶段。我国湖北1973年代发现水稻粳型光敏雄性核不育材料，1986年两系法杂交水稻研究列入国家"863"计划项目，在全国开展协作攻关。1988年湖南发现水稻籼型"光敏"雄性核不育材料。在此期间，全国多家科研单位也先后发现水稻其他核不育材料或转育成核不育材料。1989年7月底8月初，长江中下游稻区出现连续3天日均温23 ℃左右低温天气，使所有籼型核不育材料产生了不育性波动，导致两系杂交水稻制种失败。由此认识到低温可导致核不育转换为可育，因而诞生"温敏核不育"概念。由"温敏核不育"现象启发育种人员认识了"育性转换起点温度"。育性转换温度较低的不育系，在制种过程中遇低温导致不育性波动的可能性小，制种风险小。因此，选育出育性转换起点温度较低温敏核不育系是降低两系法杂交水稻制种风险的基础。1991年湖南杂交水稻研究中心率先选育出育性转换起点温度较低的籼型温敏核不育系培矮64S，育性转换起点温度为23.3 ℃。用培矮64S选配出两系杂交水稻组合培两优特青、培两优288、培杂山青等，同时对这些杂交组合，在不同制种基地、安排不同季节进行制种研究，至1995年在各个生态制种区域累计开展两系杂交水稻制种200 hm²。1995年8月，全国两系杂交中稻与两系制种现场会在湖南怀化召开，袁隆平宣布我国两系法杂交水稻技术已经成功，可以进入大面积示范应用阶段。

1996—2000年为两系杂交水稻制种技术系统研究阶段。湖南省两系杂交水稻制种技术研究课题组针对光温敏核不育系的育性转换特性，在多种生态条件下开展试制，研究了两系杂交水稻制种"不育系育性敏感安全期、抽穗开花安全期"即"两个安全期"协调安排原理，为两系杂交水稻制种的基地选择与季节安排提供了依据。同时，研究了光温敏核不育系技术鉴定或审定程序与标准，不育系核心种子及原种生产原理与方法，两系杂交水稻种子纯度鉴定方法。通过几年的研究与技术示范，形成了两系杂交水稻保纯制种的基本技术，保证了两系杂交水稻示范与推广用种的纯度，两系制种面积逐年扩大，制种产量和种子质量稳步上升。1996—2000年湖南两系杂交水稻制种面积累计5万余亩，种子质量均达到了国家标准，为全国两系杂交水稻的深入研究与示范提供了理论、经验与技术。

1.3 两系杂交水稻制种技术规范研制阶段

2001—2010 年为两系杂交水稻安全高产制种技术规范研制阶段。2 000 年后，利用籼粳交、多个不育基因聚合等途径选育了多种类型的两系杂交水稻亲本，亲本的主要特点为穗型大、配合力强，选配了一批超级杂交水稻组合。但由于亲本的遗传背景较复杂，父母本间性状差异较大，增加了两系杂交水稻制种的技术难度。同时，由于两系超级杂交水稻具有很大推广价值，两系杂交水稻制种企业增加，制种区域扩大，制种面积增多，出现了两系杂交水稻制种的技术失误，造成制种产量与种子质量不稳定。因此，针对两系杂交水稻制种出现的问题，开展了两系杂交水稻安全高产制种技术体系的研究。通过研究与示范，湖南省制订了《两系杂交水稻种子生产体系技术规范》，2006 年颁布为湖南省地方标准（DB43/T283.1、2、3、4、5—2006）。2010 年 9 月通过了国家专家组评审，2012 年颁布为国家标准（GB/T29371.1、2、3、4、5—2012）。由于《规范》的颁布与推广，实现了两系杂交水稻安全高产制种，所生产的两系杂交种子纯度，经检验均符合国家标准。全国两系杂交水稻制种面积逐年稳步上升，2010 年起全国两系杂交水稻制种面积达到 40 多万亩，两系杂交水稻推广面积占杂交水稻总面积的 30% 以上。

2 光温敏不育系原种生产技术

2.1 光温敏核不育系原种生产意义

光温敏核不育系的育性基因表达受光照长度、温度高低环境条件制约，光温不育特性是受多基因控制的数量性状。同一不育系不同个体之间的育性转换临界温度存在着差异。随着不育系在自然条件存在差异的逐步繁殖，不育起点温度较高的个体，由于其可育的温度范围较宽，群体育性敏感期在温度变化幅度较大的自然条件下，不育起点温度较高的个体结实率较高，这种个体在群体中的比例必然逐代加大，导致该不育系群体的育性转换起点温度升高，即出现"遗传漂移"现象，可使不育系失去生产应用价值。

水稻光温敏核不育系衡农 S－1 在 1989 年技术鉴定时，育性转换起点温度约 24 ℃，1993 年湖南用该不育系大面积制种时，育性敏感期遇上 7 月上旬日均温低于 24 ℃天气，在抽穗期调查，群体中散粉株率 15% 左右，少数单株自交结实率高达 70% 以上。湖南杂交水稻研究中心 1990 年从湖北、福建、广东、江西等地征集水稻 W6154S 种子进行种植观察表明，不同来源的种子在同一生态条件下种植，其育性转换起点温度有明显差异，花粉败育类型和自交结实率也有较大差异。水稻培矮 64S 在 1991 年技术鉴定时，育性转换起点温度为 23.3 ℃，经过连续几代繁殖，1993 年育性转换起点温度上升至 24 ℃以上。

为了控制光温敏核不育系在连续繁殖过程中，不育起点温度较高的个体的比例在群体中逐代增加，从而导致不育系育性转换起点温度的遗传漂移，袁隆平（1994）设计了水稻光温敏核不育系原种生产的基本技术路线与方法，即"单株选择→低温或长日低温处理→再生留种（核心种子）→原原种→原种→用于制种"。利用该技术路线与方法对光温敏核不育系进行繁殖、选择、留种，有效地控制了当时用于生产的不育系的种子纯度。随着研究的深入，对光温敏核不育系原种生产制订了操作规程。2006 年湖南省颁布了地方标准《水稻两系不育系原种生产技术规范》（DB43/283.2－2006）。

2.2　光温敏核不育系原种生产程序与方法

2.2.1　农艺性状标准单株选择

以原种生产对象的种子按常规方法浸种、催芽、育秧，5 叶 1 心时移栽至大田，密度 20 cm × 20 cm，单本移栽 1 000 株以上（可按生产需要而定），按一般大田生产管理。当植株主茎幼穗分化进入Ⅲ期时，选择具有该不育系农艺性状典型的标准单株（选择数量视需要而定）移载至盆内（每盆 2 或 3 株）培养（图 5 - 4）。

2.2.2　低温处理选择核心单株

当植株主茎幼穗分化进入Ⅴ期（余叶数 0.5 叶），将盆栽植株移入人工气候室或冷水处理池进行低温处理。人工气候室采用 24 h 为 1 周期的变温处理，光温设置为日照长度每天 13.5 h，日平均温度视材料要求而定，室内设定的日平均温度比材料不育起点温度低 0.5 ℃，相对湿度 70% ~ 90%。如用冷水处理池处理，控制池的出水口水温比材料不育起点温度低 0.5 ℃。处理时间均为 6 d。处理后搬至自然条件下培养，标记剑叶的叶枕距为 -2 ~ 2 cm 的单茎。

在被处理植株标记单茎的开花期，连续 3 ~ 5 d 每天上午选取当天开花的颖花 10 朵进行花粉镜检，计数 3 个视野各类花粉的数量，计算各类花粉的百分率。根据花粉镜检结果，选留每天镜检染色花粉率均低（按材料的技术鉴定或审定标准而定，其原则是自交结实率为零）的单株，定为核心单株。

2.2.3　再生繁殖核心种子

将核心单株割苋，留茬高度 10 ~ 15 cm，移入田间稀植仍在盆内培养，加强肥水管理，培养再生苗。其中在田间培养的植株，当核心单株再生苗的幼穗分化进入Ⅳ期，且自然条件的日均温在该材料不育起点温度以上时，将植株移入盆内，每盆 1 株。当盆内再生苗幼穗分化进入Ⅳ期末时，再次进入人工气候室或冷水池处理，处理温度均设 20 ~ 21 ℃。因再生苗生长发育不整齐，为了使更多的再生苗受到低温处理，转向可育，处理时间相应延长。如在人工气候室处理，处理时间 12 ~ 15 d，若在冷水池处理，时间为 15 ~ 20 d。处理结束后，如自然条件正常，将植株连盆搬至自然条件下培养，使其能抽穗结实种子。若自然条件下日均温度低于 23 ℃，则应转入玻璃温房培养，房内光照条件好，保持适宜的生长发育、抽穗开花、结实种子的温度与相对湿度。在核心单株再生苗的抽穗开花期应严格隔离，防止生物学混杂。核心单株收获的种子称为核心种子。

2.2.4　核心种子繁殖原种

核心种子的数量有限，必须及时扩大繁殖。繁殖途径有低温冷水串灌繁殖、高海拔地区自然低温度阶段繁殖、海南冬季自然低温阶段繁殖。

正确选择基地，合理安排播种时期，让育性敏感期与基地适宜育性转换的低温时段吻合，或有充足的冷水进行串灌，保证转向可育。

繁殖田前作不宜是水稻，避免前作落粒、稻茬成苗混杂。同时要进行严格隔离和严格操作过程，防止生物学混杂和机械混杂。

各单株核心种子分别浸种催芽、播种育秧，单本移栽成小区，种可适当扩大株行距 14 × 20 cm。加强肥水管理，扩大个体生长量，提高繁殖系数，保证大面积制种能用上通过核心种子生产程序的良种级种子。如生产核心种子→繁殖原种（纯度≥99.9%）→繁殖良种（纯度≥99.5%）→杂交制种（纯度≥98%）。从核心单株的选择到制种得的杂交种子供大田生产的比例可为：1 株（200 粒）→160 株（1 600 g）→534 m² （200 kg）→100 亩。若一次选留 300 个核心单株，良种可供 3 万亩制种，可生产杂交种子 600 万 kg 以上，可供 500 万亩左右杂交水稻大田生产用种。

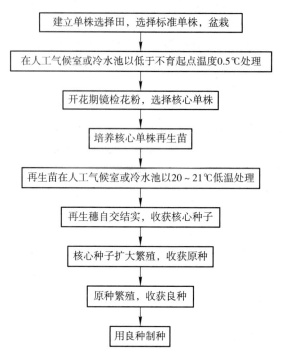

图 5 - 4　水稻光温敏核不育系原种生产程序

3　光温敏核不育系繁殖技术

由于光温敏核不育系具有育性转换特性，在其育性转换敏感期给予低于育性转换临界温度的低温、短于临界光长的短日照条件，不育系的育性转向可育，表现自交结实，实现光温敏核不育系的自身繁殖。所以，光温敏核不育系繁殖技术的关键在于不育系育性转换敏感期提供能转向正常可育所需低温与短日照条件。我国通过广泛研究与探索，明确了水稻光温敏核不育系繁殖的低温与短日照条件的来源。低温条件有地下低温水、水库低层低温水、低纬度高海拔低气温、低纬度冬春低气温；短日照条件来自低纬度地区的自然短日照季节。因此，光温敏核不育系的繁殖途径有：冷水灌溉繁殖（如利用水库深层低温水、山洞低温水繁殖）、低纬度高海拔稻区繁殖（如在云南保山、临仓等繁殖）、高海拔山区稻区（如雪峰山 1 000 m 左右稻田）繁殖、低纬度地区（如海南冬季）繁殖。

3.1　冷水灌溉繁殖

3.1.1　冷水灌溉繁殖条件

繁殖基地的首要条件是冷水源充足。我国南方山区水库较多，而且在冬、春季能蓄足水量，为夏季冷灌准备了低温水源。利用水库深层低温水灌地，必须要求水库具有能实施低层出水口。出水口水温以 16～18 ℃较好。根据湖南对水稻温敏核不育系冷灌繁殖试验实践得知，水库库容 1 000 万 m³以下，可供繁殖面积 3 hm²以内；库容 1 000 万～2 000 万 m³，可供繁殖面积 6 ~ 13 hm²；库容 2 000 万 m³，可供繁殖面积 15 hm² 以上。

冷灌繁殖需要建设标准的排灌设施。冷灌繁殖田的排灌设施以能满足繁殖田进水水温 18 ~ 19 ℃，出水口温度控制在低于不育系不育起点温度 1 ℃为准，进水渠、排水渠要分开设置。按规模 6 hm² 的繁殖田估算，进水渠道必须满足 1.0 m³/m·s 的流量通过，进水渠道通过支渠将冷水灌入繁殖田。每丘繁殖田多口进水，多口排水，单灌、单排，排水口的出水通过支渠引入排水渠排出繁殖区。

3.1.2　冷水灌溉时期

研究证明，光温敏核不育系育性转换敏感期是从雌雄蕊形成期至花粉母细胞减数分裂期，即幼穗分化的 Ⅳ ~ Ⅵ 期。冷水灌溉从 Ⅳ 期初开始，Ⅵ 期末结束。考虑到田间群体内个体间生长发育差异，个体内主茎与分蘖的差异，冷水灌溉时间需要 12 ~ 15 d，甚至 18 d 左右。冷水灌溉开始前在代表性类型繁殖田内五点取样，每点在同一行连续五穴整蔸取样，剥检幼穗分化进度，以便确定冷灌始期。在冷灌期间每 2 d 抽样剥检幼穗分化进度。以便掌握群体生长发育进度，确定冷灌终止期。

3.1.3　冷水灌溉深度

研究表明，光温敏核不育系育性转换对温度的敏感部分是幼穗。因此，冷水灌溉的深度必须淹没植株的幼穗。从植株群体分析，主茎稍高于分蘖，因而灌水深度应以淹没主茎幼穗为准。随着植株生长，植株的幼穗部位逐步升高，灌水也随之逐步加深；使冷水均匀地流过全田。全田各处的水温保持一致，才能使全田植株育性均衡同步转向可育，提高群体的自交结实率。冷水从一方的进水口流入，漫过全田，从另一方出水口流出，水温有所升高。因此，在整个冷水灌溉繁殖基地，应在不同丘块繁殖田的进水口、出水口设立水温监测点，以便及时采取冷水流量的控制措施，调节繁殖基地及各丘块的均衡水温。

3.1.4　冷水灌溉繁殖田的栽培管理

冷水灌溉繁殖田栽培管理的主要目标是培养生长发育整齐的群体。生长发育整齐的群体便于掌握和控制冷灌的起止时期。为了提高群体的自交结实率，对发育不整齐的群体必将延长冷灌时期。冷灌时期越长，对植株的不利影响越大，死苗、基部柔软、易感病、种子成熟的一致性差等。培养高产整齐的冷灌繁殖群体的基础是培育分蘖壮秧，单本密植多蘖秧，扩大基本苗。移栽后通过加强肥水管理控制无效分蘖。生长前期要适当控制氮肥用量，防止植株生长过于嫩绿。分蘖盛期开始晒田，使植株深扎根系、夯实基部、增强健壮度。冷灌前追施一次磷钾肥，提高植株的耐冷水能力，减轻冷害的影响。冷灌后要及时追施一次氮肥，尽快恢复植株的正常生长。抽穗期可适量喷施赤霉素，解除部分卡颈现象，同时可疏松穗层，提高结实率。对冷水灌溉田除了作好一般水稻生产田的病虫防治外，还应注重防治纹枯病、稻瘟病、黑粉病。

3.2　海南冬季繁殖

海南南部的三亚、乐东、陵水等地，低温季节在 12 月至次年 2 月，日平均温度在 20 ~ 22 ℃，日照长度 12 h 左右，具有光温敏核不育系繁殖的短日低温自然条件。从育性敏感期的转换条件和抽穗开花结实条件结合考虑，海南冬季繁殖的育性转换温度敏感期应安排在 1 月至 2 月上旬，抽穗开花期安排在 2 月下旬至 3 月上旬。因此，在海南南部冬季进行光温敏核不育系繁殖应根据不育系的生育期和育性转换温敏期的自然温度、抽穗开花期的适宜自然温度综合考虑安排播种期。

海南南部 1 月至 2 月份的自然低温天气出现的具体时段和低温强度在年际间存在一定差异，甚至有的年份在此时期不出现光温敏核不育系育性转换的低温，造成不育系不能转向正常可育，导致繁殖失败；有的年份则出现低于 15 ℃ 以下低温，造成低温对不育系的冷害而不能结实。一方面为提高在海南南部冬季繁殖光温敏核不育系成功的几率，可安排 2 或 3 个繁殖播种期，每个播种期间隔 7～10 d，即使某一或两个播期未遇上适宜繁殖温度，而另外两个或一个播期可能遇上适宜繁殖温度，以此分散繁殖风险。另一方面，为了保证种子纯度，在海南南部繁殖不育系更要防止前作水稻的落粒成苗、再生成苗造成混杂，更要严格隔离，严格操作程序。

3.3 高海拔地区繁殖

在一定纬度范围内，海拔每升高 100 m，气温约降低 0.6 ℃。在低纬度高海拔地区，如我国云南的某些地区，适宜种植水稻的季节长，水稻前、中期生长发育正常，但气温低于某些光温敏核不育系育性转换温度，育性敏感期易与自然低温条件吻合，可育转换好，在抽穗开花期气温有所升高，适宜抽穗开花和灌浆结实。因此在低纬度高海拔地区易找到适合繁殖光温敏核不育系的基地。另外在长江中下游稻区的高海拔山区，海拔高度 1 000 m 左右，如湖南雪峰山脉 1 000 m 左右的一季稻山区，气温、水温均相对较低，也能找到适宜繁殖光温敏核不育系的基地。无论是在低纬度高海拔区，还是在长江中、下游高海拔山区，春季气温回升较慢，秋季气温下降较快，因而要因地因繁殖对象合理安排播种期。生育期偏长的不育系繁殖，可采取温室育秧或盖膜育秧措施，或采取低海拔育秧运至高海拔移栽方式，增加前期积温，缩短营养生长期，保证安全抽穗结实。由于高海拔基地前期水温较低，在栽培管理技术上应早施追肥，施用速效肥，增施磷钾肥，以露田或湿润管理为主，力争早发多发，以多穗夺取高产。

3.4 秋季短日照繁殖

光温敏核不育系按育性转换对温度、光照所起的作用，可分为温敏型不育系、光敏型不育系、光温互作型或温光互作型不育系。温敏型不育系的育性转换几乎不受日照长短的影响，短日照条件不增加繁殖产量。光敏型不育系和光温互作型不育系的育性转换受光照长度限制，只有在秋季短日照条件繁殖才能获得成功。温光互作型不育系繁殖，低温和短日照共同促进不育系向可育方向转换，在我国华南低纬度稻区秋季短日照条件下繁殖能够提高繁殖产量。由于秋季气温逐渐下降，在安排不育系秋季繁殖时，应合理安排播种期，确保安全抽穗开花和种子正常成熟。

4 两系法杂交水稻制种风险及其控制技术

4.1 影响两系制种纯度的因素

4.1.1 不育系育性转换起点温度过高

20 世纪 80 年代，由于人们对水稻两用核不育系育性转换机理认识不够，认为其育性转换基因只是受光照条件影响，因而当时只有"光敏不育系"概念。对不育系的选择、鉴定只考虑了光照因素，在长日照高温条件下进行选择和鉴定。1989 年长江流域盛夏出现了低温，导致当时所有的所谓籼型"光敏核不育系"转向了可育，从而产生了"温敏核不育系"概念。因此在 1989 年前选育的籼型两用核不育系，如安农 S－1、W6154S、W6111S、KS－9 等，育性转换起点温度在 25 ℃以上，在制种过程中育性敏感期容易遇上 25 ℃以下气温，导致不育性波动，生产的杂交种子不能达到国家质量标准。从 1990 年至今，我国虽然选育了一大批育性转换起点温度低于 23.5 ℃的温敏不育系，但也有育性转换起点温度 24 ℃左右、甚至更高的不育系在生产上应用。2009 年在江苏盐城地区某些杂交组合制种出现风险，导致了较大损失，而 Y58S 系列杂交组合制种，其母本却抵御了该风险。因此，2009 年在江苏盐城地区制种风险的主要原因仍可归纳为不育系育性转换起点温度过高。

4.1.2　不育系育性转换起点温度的向上漂移

在温敏型核不育系育性波动时，群体内株间育性表现不一致，少数单株可育性好，自交结实率较高，可达 50%～70%，而多数单株自交结实率较低甚至仍表现完全不育。究其原因，不育系育性转换起点温度是由多基因控制，一个不育系经多代繁殖后，能产生育性转换温度较高的个体，导致群体育性转换起点温度不整齐。湖南省在 20 世纪 80 年代选育的温敏核不育系衡农 S－1，在 1989 年技术鉴定时育性转换起点温度 24 ℃，未经提纯复壮进行多代繁殖，至 1993 年制种时，育性敏感期遇上连续 4 d 日平均气温 23～24 ℃的天气，不育性产生了波动，一般植株自交结实率 2% 左右，其中出现了 15% 左右的可育株，育性转换起点温度已上升至 26 ℃以上，隔离自交结实率 70% 左右。培矮 64S 在 1991 年技术鉴定时育性转换起点温度为 23.3 ℃，在未提纯情况下经多代繁殖，1996 年用于制种时育性敏感期遇上连续 3 d 日平均气温 23～24 ℃天气，不育性产生了波动，一般植株自交结实率 1% 左右，其中出现了 5% 左在可育株，育性转换起点温度超过了 24 ℃，自交结实率 75% 以上。

在两系法杂交水稻制种过程中，不育系育性敏感期的气温与水温均高于育性转换起点温度，但是在群体中产生正常可育植株，生育期、株叶穗粒形状与不育株相同，花药花粉发育正常，自交结实率达 80% 以上，这类植株称为"同形可育株"。同形可育株不仅本身结实率高，而且授粉给不育株而异交结实，导致制种的种子纯度下降。

4.1.3　制种基地选择和制种季节安排不妥

由于两系法制种母本不育性受生态条件影响，因此制种基地的选择和季节的安排较三系法制种更严格。制种基地的海拔高度影响气温的变化，海拔上升 100 m，气温降低 0.6 ℃。在纬度相同的地区，海拔 350 m 和 450 m 的山区，气温相差 0.5 ℃左右。两系法制种实践证明，在海拔 450 m 以上的山区制种，不仅日均温较低，昼夜温差大，而且一旦遇上阴雨天气，温度下降快，容易造成不育系不育性的波动。1988 年湖南怀化地区有制种者将两系法杂交组合香两优 68 安排在海拔 600 m 以上基地制种而导致失败。除此之外，山区和丘陵区常有山沟冷浸水、水库底层水灌入稻田，水温一般低于 24 ℃，易造成制种田局部的不育系育性波动，这种育性的波动不易被发现，给两系杂交种子纯度带来隐患。

中国长江中下游区域全年最高气温出现时期一般是 7 月下旬至 8 月上旬，在此之前一般雨水较多，气温不够稳定，在此以后易出现日均温低于 24 ℃天气。20 世纪从 90 年代以来曾出现过两系制种因季节安排不当，导致制种失败的事例。1993 年湖南衡阳春制两优 1 号，6 月底至 7 月初连续 5 d 下雨，其中 4 d 日均温降至 24 ℃以下，不育系育性敏感期未能安全通过。1995 年湖南永州春制培两优 288，不育系育性敏感期遇上 6 月中旬低温，杂交种纯度只有 80%～90%。1999 年 8 月下旬，湖南出现连续阴雨，日均温低于 24 ℃，部分两系杂交水稻秋制基地不育系育性敏感期与低温期吻合，使制种未能成功。2002 年 8 月中旬长江中、下游区域连续 10 d 秋雨绵绵，日均在 24 ℃以下，导致部分两系杂交水稻秋制失败。近年来个别单位以温光互作型两系不育系所配杂交组合，在广西南宁、广东茂名、甚至在海南秋制，不育系在短日照条件下产生自交结实现实，导致杂交种子纯度不合格。然而，1993 年以来，夏制的母本育性敏感期在 7 月下旬至 8 月初，早秋制母本育性敏感期在 8 月上旬，制种获得成功，保障了杂交种子的纯度。

4.2 控制两系杂交水稻制种风险对策

4.2.1 用不育系原种一代种子制种

由于两用核不育系的育性转换起点温度属多基因性状，随着繁殖世代的递增，群体内产生育性转换起点温度较高的个体，并在群体内的比例逐代扩大，导致群体育性转换起点温度向上漂移和产生同形可育株。因此，不经提纯多代繁殖的不育系种子不宜用于制种。1994 年袁隆平提出了光温敏核不育系提纯和原种生产的程序和方法，即：根据植株形态的典型性，选择若干典型单株搬入人工气候室，在育性敏感期内进行 4～6 d 长日照（14 h）、低温（日均温 24 ℃、变幅 19～27 ℃）处理，抽穗期镜检花粉育性，淘汰花粉不育度低于99.5% 的植株，将当选植株刈割再生，并在育性敏感期进行短光照低温处理，所结实的种子称为核心种子。将核心种子在海南冬季繁殖，生产原种。再将原种进行冷水灌溉或在高海拔地区繁殖原种一代，用于制种。湖南从 1994 年起用此程序和方法生产不育系核心种子、原种、原种一代，用原种一代制种，杂交种子纯度符合国家标准。

4.2.2 制种基地选择和季节安排

用籼型温敏核不育系制种，对基地和季节的要求，除了基地土壤肥力、灌溉条件外，更重要的是气候条件，不仅要有安全抽穗扬花的气候条件保障制种产量，更要有安全可靠的温度条件保障不育系育性敏感期的安全。研究与实践表明，两系法杂交水稻制种，基地的选择和季节的安排可以统一。以不育系育性敏感期安全为前提，从气候条件、耕作制度以及水稻生产、制种的经济效益综合考虑，提出基地选择和季节安排的模式。在长江中、下游区域海拔 400 m 左右的一季稻区或单、双季稻混栽区夏制，温敏不育系育性敏感期安排在 7 月下旬至 8 月初，抽穗扬花期在 8 月上、中旬；在双季稻区可安排早秋制，不育系育性敏感期在 8 月上旬，抽穗扬花期在 8 月中、下旬。无论何地何季制种，利用温敏核不育系制种，都要避开温度低于 24 ℃的冷水对育性敏感期的影响。长江以北区域光敏核不育系配组的杂交组合制种，不育系育性敏感期应安排在日照长度大于不育系育性转换临界光长的时期。利用具有光温互作特性不育系制种，不能安排秋制。

4.2.3 定向培养整齐母本群体

两系法杂交水稻制种，培养生长发育整齐的多穗型母本群体，缩短群体育性敏感期，是保证制种纯度的重要技术措施。湖南省两系杂交水稻制种课题组研究指出，对两系法杂交组合的高产保纯制种，应适当加大母本用种量、稀播育壮秧，保证成活基本苗数。对母本采用直播或软盘育秧抛植方式，有利于提高母本群体生长发育整齐度。制种田以基肥为主，少施或不施追肥，及早晒田，培养中等长势长相群体，抑制迟发高位分蘖的生长，保证母本有效穗 375 万/hm² 左右，穗型中等，每公顷 2 000 万以上颖花数。制种实践证明，培矮 64S 系列组合制种，母本群体过大，制种产量较低；然而，中等苗架制种产量较高。如果不育系的迟发高位蘖穗和再生苗穗有自交结实特性，在父母本花期预测与调节时，若发现母本花期早于父本，不宜对母本采用偏施氮肥、拔苞、割苗再生等措施推迟群体花期，防止迟发高位分蘖成穗产生自交结实，而是对父本采用施钾肥、灌深水等措施促进生长发育，提早父本花期。

4.2.4　制种纯度监测

（1）花粉育性镜检

从母本始花期起，在整个制种基地根据母本生育期的迟早、田块的肥力水平、灌溉水源、田块地形等因素，选择取样田，采用5点取样法取样进行花粉镜检。由于母本同一穗内不同部位的颖花，花粉发育不同期，花粉育性是在发育敏感期因温度而变化，因而不宜在某一天镜检同一穗的上、中、下部颖花，而应取当天能开花的颖花进行镜检。每天每点取当天能开花的颖花10朵，取出全部花药，镜检花粉育性。

（2）取样绝对隔离自交

在花粉育性镜检取样田内，喷施"九二〇"前一天，采用3或5点取样，每点取一厢内的横向一行所有植株或随机取10穴植株，带泥移至绝对隔离区，并同取样田一样喷施"九二〇"，防止畜禽危害，齐穗后20 d考查自交结实率。种子成熟期，在同一取样田内5点取样，每点取一横行或取10穴植株，调查母本结实率。

（3）杂交种纯度测算

根据同一取样田取样的母本隔离自交结实率和制种田母本结实率，估算所制种子的纯度。例如，隔离自交结实率为2%，取样田母本结实率为40%，所制种子纯度约为95%。两系法杂交水稻制种，抽穗前取样隔离培养，考查自交结实率是了解制种纯度可靠的方法，而采用套袋法考查自交结实率，由于袋内结实条件不适宜，导致结果不准确。

（4）种子纯度种植鉴定

杂交种子纯度的种植鉴定法，至今仍是最可靠的方法。无论是两系，还是三系杂交种子，其杂株中均有可能出现不育株。但是，两系杂交种子中的不育株是制种时不育系的自交种子，在纯度鉴定时其育性同样受温度或日照长度条件影响，若育性敏感期温度低于育性转换起点温度或日照短于临界光长仍表现自交结实，给纯度鉴定带来难度。因此，两系法杂交种子纯度鉴定时，应尽量将幼穗分化第Ⅲ～Ⅵ期（即育性敏感期）避开低温或短日照条件的影响，使自交种子的不育性得到表现，以便识别。否则，只能依靠自交种和杂交种在生育期、株叶穗粒等特征特性辨别判断。

（本章主编人：曾汉来　肖层林　参编人：刘爱民）

思　考　题

1. 杂种优势利用途径的核质互作雄性不育三系法与核雄性不育性两系法比较，各有哪些优越性与局限性？
2. 比较水稻、小麦、油菜、玉米等作物光温敏核不育性的育性转换与光照、温度的关系。
3. 试述我国水稻光温敏核雄不育性两系法杂种优势利用研究与应用历史及发展趋势。
4. 怎样控制两系法杂交水稻制种风险？
5. 水稻光温敏核不育系有哪些繁殖途径？试述各种繁殖途径的关键技术。
6. 试述水稻温敏核不育系育性转换起点温度"遗传漂移"的现象与原因。

主要参考文献

1. 袁隆平. 两系法杂交水稻研究论文集. 北京：农业出版社，1992

2. 袁隆平. 杂交水稻学. 北京：中国农业出版社，2002

3. 国家杂交水稻工程技术研究中心，湖南杂交水稻研究中心. 第一届中国杂交水稻大会论文集. 长沙，2010

4. 陈立云，雷东阳，唐文邦，等. 两系法杂交水稻研究和应用中若干问题的思与行. 中国水稻科学，2010，24（6）：641－646

5. 何觉民，戴君惕，邹应斌，等. 两系杂交小麦研究——生态雄性不育小麦的发现、培育及利用价值. 湖南农业科学，1992，（5）：1－3

6. 贺浩华，刘宜柏. 农作物两系法杂种优势利用研究进展. 江西农业大学学报，1998，20（1）：39－44

7. 赫忠发，李元秉，谭树义，等. 温敏核雄性不育玉米的发现及初步研究. 作物杂志，1995，（2）：1－2

8. 李光林，汤文光，叶桃林，等. 湘糯粱 S－1 高粱两用不育系选育研究. 湖南农业科学，1994，（4）：5－8

9. 卢兴桂，等. 两系杂交水稻理论与技术. 北京：科学出版社，2001

10. 庞启华. 温光型核不育两系小麦杂种优势利用研究. 中国农学通报，2000，（1）：15－17

11. 彭芝兰，刘尊文，李海龙，等. 两系法油菜杂种优势研究与利用. 江西农业学报，1997，9（3）：73－77

12. 石明松. 对光照长度敏感的隐性不育水稻的发现与初步研究. 中国农业科学，1985，（2）：44－48

13. 杨木军，顾坚，李绍祥，等. 云南温光云南温光敏两系法杂交小麦研究与应用. 中国科技奖励，2008，（6）：30

14. 袁隆平. 农作物两系法杂种优势利用的现状与前景. 科技导报，1997，（12）：8－10

15. 赵治海，崔文生，杜贵，等. 谷子光（温）敏不育系 821 选育及其不育性与光、温关系的研究. 中国农业科学，1996，（5）：24－32

16. 周美兰，茹振刚，骆叶青，等. 两系小麦不育系 BNS 雄性育性的转换. 核农学报，2010，（5）：887－894

17. 刘爱民，肖层林，周承恕，等. 超级杂交水稻制种技术. 北京：中国农业出版社，2011

18. GB/T39371.1－5—2012. 两系杂交水稻种子生产体系技术规范

植物杂种优势原理与利用

第六章

人工去雄制种法杂种优势利用

杂种优势利用的途径，即杂交种子生产方式，对于某一种作物而言，是实现杂种优势利用的首要问题。杂交种子生产方式虽然较多，其中人工去雄杂交制种法是农作物杂种优势利用的主要途径之一。从植物学角度分析，能够利用人工去雄生产杂交种子的农作物应为花器较大、雌雄异花，或虽然雌雄同花，但雌雄蕊着生部位间隔明显，去雄方便，因而利用人工去雄杂交制种的作物主要是异花授粉或常异花授粉作物，极少数自花授粉作物也采用人工去雄杂交制种；从杂交制种的实际出发，应去雄、授粉操作简便，而且单花结实种子较多，使制种效益较高；从杂交种子的应用角度考虑，该类作物的植株在田间表现应为高大株型，在高肥水条件下采用稀植栽培，杂交种植株个体优势潜力大，因而大田单位面积用种量较少。目前，玉米、棉花、辣椒、茄子、瓜类等作物杂种优势利用的途径仍主要是采用人工去雄制种法。

人工去雄杂交制种法的基本原则包括三个方面：第一，要选配强优势杂交组合，杂交种 F_1 代在综合性状和产量上均明显优于双亲和具有对照优势；第二，要有高纯度的亲本，只有用高纯度的亲本杂交，才能保证杂交种 F_1 代群体整齐一致，并表现杂种优势，为高产奠定基础；第三，亲本繁殖与杂交制种程序与方法简便易行，种子生产成本低，效益高。

第一节　亲本自交系的选育

1　亲本自交系的概念

亲本自交系是指由单株连续自交多代，经过选择而产生的基因型纯合、性状相对稳定的亲本材料。同一植株经多代自交，从分离后代中选育出的多个自交系，互称为姊妹系。自交系与自然异交授粉的品种或杂交种相比，表现生长势显著减弱，株高降低，果实变小，产量降低。但是，利用性状纯合基因型的自交系杂交，能获得性状杂合基因型杂交种（ F_1），从而使杂交种（ F_1）优势强，群体性状整齐一致。异花授粉作物（如玉米）的不同自交系间的杂交，杂交种表现出强大的杂种优势。

2　亲本自交系的选育方法

亲本自交系的获取因作物繁殖方式的不同而有很大的差异。常异花授粉作物只需经过 2~3 代的自交即可获得自交系，而异花授粉作物则必须经过多代的自交和选择才能获得高纯度的亲本自交系。

2.1 亲本自交系选育的原始材料

用于亲本自交系选育的原始材料主要有三大类，第一类是地方老品种和生产上正在推广的品种，第二类是各类杂交种，第三类是综合品种或人工合成群体。

地方品种的地区适应性强，且有一些优良的性状，例如品质好或抗某种病害等，可以从中选育出对当地适应性强而且品质好的自交系。但是，地方品种往往产量不高，且一些地方品种还有不适应采用人工自交方式，自交后代的性状衰退严重等现象，较难选育出高产且农艺性状好的自交系。然而，地方品种一般具有较高的生产力和优良的农艺性状，往往可以从中选育出农艺性状好、一般配合力较高的自交系。

从自交系间的杂交种中选育亲本自交系是亲本选育的一个主要途径。优良的单交种和三交种是选育自交系的良好初始材料，因为单交种和三交种集中了较多的有利基因，基因型良好，而且遗传基础比较简单，从中分离出优良自交系的几率较高。双交种和多系杂交种的遗传基础比前两者复杂，自交后的性状分离和变异较大，虽然也可选育出优良亲本自交系，但选育获得的几率较低。从品种群体和品种间杂交种中选育出的自交系，通称为一环系（first cycle line）。从自交系间杂交种中选育出的自交系，成为二环系（second cycle line）。二环系用的基本材料虽然是杂交种，但其亲本的遗传基础较简单，而且又结合了亲本自交系的优点，所以育成优良自交系的机会较用一环系选育高。

综合品种和人工合成群体为不同的育种目标组配，遗传基础复杂，以适应较长远的育种目标要求。但是，利用该类遗传基础复杂的群体筛选自交系，要求群体进行多代的自由授粉，以打破基因连锁，达到遗传成分重组和遗传平衡的目的。

在选育过程中需进行大量的单株选择，育种周期较长，工作量较大。我国曾利用太谷核不育小麦与多个小麦品种（系）合成了抗赤霉病综合群体；利用水稻的 4 个湖北光敏核不育系（HPOMR）为母本分别与 12 个多穗或大粒的粳型和爪哇型品种杂交，组建了遗传变异丰富的育种基础群体，从中分离出较多优良自交系，效果显著。

2.2 亲本自交系选育程序

自交系选育要始终围绕着农艺性状优良、一般配合力高和纯度高这三个基本要求进行，经过连续多代套袋自交，并结合农艺性状选择及配合力的测定，即采用系谱法和配合力测交试验相结合的方法，在选育过程中形成系谱，最终育成符合要求的自交系。

农艺性状选择：在农艺性状发生分离的早世代和中世代（$S_1 \sim S_4$），要对农艺性状进行选择。在自交系选择圃中，把每一株上收到的自交种子编号、装袋，再按自交代数、亲缘关系和自交株序号分类排列。下代将每一单株的自交种子种成一个小区（株行），分别在苗期、花期、成熟期，以及某些性状如病害、倒伏等出现时期，对自交系的农艺性状进行鉴定和严格选择，淘汰性状不良的小区和单株。在性状优良、符合育种目标要求的小区中选择优良的单株继续自交。每个自交世代都按这种方式进行严格的淘汰和选择，直至获得性状优良、群体表现整齐一致、遗传基础纯合并能稳定遗传的亲本自交系。异花授粉作物一般需要连续套袋自交 6～7 代，才能获得遗传纯合而稳定的自交系；常异花授粉作物一般要求连续套袋自交 2～3 代，并结合严格的选择，即可获得遗传基础纯合而稳定的自交系。

配合力测定：在农艺性状选择的基础上，还要对自交系进行配合力测定。根据配合力的高低作进一步选择，最后选出农艺性状优良、配合力高、表现整齐一致、能稳定遗传的优良亲本自交系。自交系在连续自交和选择过程中所形成的后代株系，按系谱法用阿拉伯数字表示自交株号，用"－"表示自交世代的间隔。如用玉米郑58/齐319作为原始材料经过5代自交选择，选出自交系的系谱分别是郑齐1－3－5－4－3－4，郑齐6－2－1－3－5－2和郑齐4－8－3－1－7－3等，按系谱记录，已经稳定的优良自交系则可另行定名，以便利用和组配杂交种。

套袋自交：无论是异花授粉作物还是常异花授粉作物，在进行亲本自交系的选育时，都要进行人工套袋自交。人工套袋自交的基本方法是，在开花散粉之前，用适合花序大小的袋子（硫酸钠纸袋或羊皮纸袋），把当选植株的花序套上，防止异品种（系）花粉混杂。雌雄异花作物应将雌花序与雄花序分别套袋隔离，套袋后的第二天或第三天散粉时，收集套袋雄花序的花粉授于同株套袋雌花序的柱头上，再迅速套袋隔离，挂上标签，注明区号或品种名称、自交符号与授粉日期，即完成了自交过程。雌雄同花作物，则只要用一个大小适合的纸袋把全花序或主花序套袋隔离，挂上标签，注明相关信息，任其在套袋内自花授粉结实即可。从套袋中收获的种子就是自交种子。

2.3　亲本自交系的基本要求

杂交种选配包括优良亲本选择和杂交组配两个方面。优良亲本是获得强优势杂交种的基础。对异花授粉作物和常异花授粉作物而言，自交系选育是利用杂种优势的第一步工作。为了充分发挥杂种优势，用于制种的亲本自交系在遗传上必须是高度纯合，以保证杂交种群体的一致性。杂交种的亲本一般为纯合自交系（inbred line），纯合自交系不直接用于大田生产，而只在生产商品杂交种种子时使用。用于制种的亲本自交系的必须满足杂种优势利用的基本要求。

2.3.1　群体纯度高

只有亲本自交系的基因型纯合，杂交种群体表现型才能整齐一致。经过多代自交和严格选择，纯度达到配制杂交种要求的自交系，其系内单株的表现型，如株型、叶鞘和叶片色泽、穗型、粒型和色泽等均整齐一致，表现本系的特征特性，并能经过单株自交、自交系内姊妹交或系内混合授粉，使本系的特征特性稳定地传递给下一代，表明该自交系在遗传基础已经稳定。

2.3.2　农艺性状优良

亲本自交系农艺性状的优劣直接影响到杂交种的性状优良与否。优良的农艺性状是指符合育种目标要求的多种性状，包括植株性状（如植株高度、株型、生长势强弱和叶片特征特性等）、产量性状（如穗子大小、籽粒数和粒重等）、抗病性和抗倒性等。亲本自交系应具有较好的丰产性和较广的适应性，通过杂交使优良性状在杂交种中得到累加和加强，特别是生育期、抗病性以及一些产量性状等，更应通过自交系优良性状的累加和加强。育种实践表明，只有亲本性状优良，才能组配出符合育种目标要求的杂交种。因此，要尽量选育主要性状优良，且遗传率高，缺点性状少且易克服，同时双亲的优缺点可以互补的自交系作亲本。

2.3.3　一般配合力较高

一般配合力受加性遗传效应控制，亲本自交系的一般配合力高，则具有较多的有利基因位点，是产生强优势杂种的遗传基础。一般配合力高的自交系，才能组配出强优势的杂种品种。

2.3.4　制种性状好

亲本自交系要求具有花粉量大、雌雄开花习性协调、结实性好等特性，表现产量较高，易于繁殖种子，用两个自交系制种，双亲生育期性状稳定，易使父母本花期相遇，父母本异交亲和力强，异交结实率高，降低杂交种种子的生产成本。在配制杂交组合时，若不受其他因素限制，应以两亲本中产量较高的亲本作母本；若两亲本花期相近，应以偏早的亲本作母本，这样可避免在制种过程中调节花期的麻烦，保证父母本花期相遇。其次，用作制种的父本，植株应略高于母本，以利于制种时授粉。

2.4　亲本自交系的鉴定

在自交系分离过程中，形成若干不同的自交系后代。为了把优良自交系从中选出来，在自交过程中必须进行两方面的鉴定。一方面对自交系本身性状进行仔细观察和分析，作出判断，称为"目测鉴定"；另一方面则是测定自交系"配合力"，即"配合力鉴定"。通过以上鉴定后，根据鉴定结果对自交系进行综合分析，做出全面、正确的评价。

第二节　玉米人工去雄杂种优势利用

1　玉米人工去雄杂种优势利用的研究动态

玉米为异花授粉作物，雌雄异花，且雄花较大，去雄较易，采用人工去雄生产杂交种是常用的方法。人工去雄杂交制种仍是玉米目前利用杂种优势最有效的途径。

玉米杂种优势利用研究源于 19 世纪 70 年代，Darwin 通过对异花授粉和自花授粉植物共 57 个物种及其许多变种亲本与其杂交后代的表现，第一个指出了玉米杂种优势现象。随后，许多学者对玉米做了一系列研究。Beal 从 1876 年开始进行玉米品种间杂种优势研究，结果表明最好的杂交组合较双亲的平均值可增产 50%。Morrow 和 Gardner 于 1893 年制订了生产玉米杂交种子的程序。Shamel、Shull 等人在 19 世纪末 20 世纪初先后进行了玉米自交系选育与杂种优势的研究，从遗传理论上和育种模式上为玉米自交系间杂种优势利用奠定了基础。但是由于当时的玉米自交系产量低，生产玉米杂交种子成本高，玉米单交种未应用于生产。1918 年 Jones 提出了玉米利用双交种的建议，使玉米自交系间的杂种优势利用于生产。接着在玉米生产上相继应用双交种、三交种、顶交种和综合种。美国 1934 年玉米杂交种只占玉米种植面积的 0.4%，1944 年发展到玉米种植面积的 90%，1956 年全国普及了玉米杂交种。20 世纪 60 年代起，玉米自交系产量水平提高，从而开始推广玉米自交系间单交种。至今，全世界玉米自交系选育水平不断提高，玉米自交系间单交种在全世界推广。

随着生物技术的突飞猛进，玉米全基因组的测序工作已经完成，许多基因已被克隆和测序，这必将抱玉米的杂种优势利用推向一个全新的阶段。新种质的引进和利用，在一定程度上解决了适应性、丰产性和抗病性等问题。在玉米雄性不育方面的研究也取得了长足的进步，玉米雄性不育胞质抗小斑病的基础已从细胞学水平、亚细胞学水平进入到分子水平的研究。普遍应用线粒体 DNA（mtDNA）的电泳分析，来探讨不育胞质抗性的原因。进入 20 世纪 80 年代，利用分子杂交技术研究玉米可育胞质与不育胞质的关系，来探讨细胞质克隆片段 DNA 序列的研究中,从亲缘关系来阐明 T、C、S 不育类群相互间的差别以及与可育胞质的关联。现正探索引入新的胞质材料,C 群不育系对小斑病有一定的抗性,但应用 C 群不育化杂交种面积甚微。雄性不育性的理论探讨,在国际范围内广泛发展研究,在线粒体和叶绿体分子水平的研究取得快速进展。研究表明,线粒体基因组比玉米质粒基因组表现稳定,1984 年已建立了玉米线粒体基因组的图谱,目前玉米线粒体基因组已有 20 个功能基因被定序。未来将深入探讨细胞器基因的定序结构问题,就玉米线粒体来讲,将可能实现体外转录,细胞器内基因的表达以及细胞器基因突变和调节,从而使细胞器的转化工作得到发展。

近年来,玉米结构基因组研究主要集中在玉米的高精度遗传图谱、基因组物理图谱和基因组测序行,目前共有 2 389 个 RFLP 和 1 800 个 SSR 标记及一些已知基因被定位在染色体图谱上,从美国玉米自交系 B73 中发掘的 85 万个基因组纵览序列(GSS),大量的表达序列标签(EST),3 500 多个基因的插入缺失多态性标记(IDP)也已整合到 IBM 图谱上。玉米全基因组物理图谱也是以 B73 为材料构建的。第一代物理图谱是基于琼脂凝胶电泳的图谱,经过改进,这一图谱已包括 292 201 个 BAC 克隆,整合成 760 个重叠群,覆盖 17 倍基因组,整合的各种分子标记达 19 291 个。第二代物理图谱是基于更为准确的荧光标记和毛细管测序电泳进行的高信息量指纹图谱(HICF),使用了更多的 BAC 克隆(464 544 个,覆盖 30 倍基因组)。美国的"玉米基因发掘计划"项目和其他一些功能基因组研究项目已产生大量的 EST 数据,到 2005 年 2 月止,NCBI 数据库收集的来源于玉米不同组织的 EST 已经达到 41 万条,MaizeGDB 数据库达到 17 万条。这些数据为分子标记的发掘、基因表达谱的基因芯片设计等奠定了基础,如建立在大量 EST 信息基础上的玉米基因芯片技术已渐趋成熟,已开发的玉米 cDNA 芯片已有 14 张,特别是 Arizona 大学正式推出的 70 mer 寡核苷酸芯片,已包含了 EST 数据库中所有的 57 452 个基因。玉米基因芯片的使用将大大推动玉米功能基因组的研究。

2　玉米自交系的选育和组合选配

从一个优良的玉米品种或杂交种中选择,经连续几代(5～6 代)用同一株的雄花花粉授在本株雌花的花丝上,使其结实,并通过选择,最后获得性状稳定一致而优良的单系,称为玉米自交系。自交系经人工自交选育出来后,其生长势和生活力都比原始单株要弱很多,但在自交过程中通过自交纯合以及人工选择,淘汰了不良基因,并且使系内每一个个体都具有相对一致的优良基因型,因而在性状上是整齐的,在遗传基础上是优良的。优良玉米自交系应该具有纯度高、性状良、产量高和配合力高的特点。在农艺性状中,应表现为株型紧凑,株高中等或半矮秆,穗位适中偏低,茎秆紧韧有弹性,根系发达,抗茎部倒折与根倒;果穗应为长穗型与粗穗型兼顾,穗行数 10～20 行,子粒中等或大粒,穗轴较细;对当地主要病(虫)害的一种或多种(如大斑病、小斑病、茎腐病、丝黑穗病、玉米螟等)具有抗性或耐性,对当地特殊的灾害性气候条件(如暴风雨、干旱、低温、盐碱地等)有抗性或耐性。优良玉米自交系必须具有较高的一般配合力,通过优系之间的合理组配,获得较高的特殊配合力,才有可能选育出具有较强杂种优势的杂交种。为了便于繁殖自交系亲本种子和杂交制种,优良自交系种子必须具有较强发芽势,幼苗长势旺盛,易保苗,雌雄花期协调,吐丝快且结实性好,父本自交系应花粉量大,散粉通畅。

来源不同的自交系，由于各自的遗传基础以及性状表现互不相同，当它们进行杂交时，就可以使两种基因型间的加性和非加性遗传效应在杂种个体上得到充分表现，从而使杂种 F_1 表现出强大的杂种优势，杂交种性状的优劣取决于自交系间的合理搭配。因此，选育优良自交系是选育出优良杂交种的基础，也是玉米育种工作的重点和难点。有了优良的亲本，并不等于就有了优良的杂交种。双亲性状的搭配、互补以及性状的显隐性和遗传传递力等都影响杂交种目标性状的表现，选配亲本的原则概括起来就是配合力高、差异适当、性状好、制种方便、制种产量高。具体为：① 选择配合力高的自交系作亲本；② 选择优良性状多且性状互补的自交系作亲本；③ 选择亲缘关系较远、生态类型差异较大的自交系作亲本；④ 选择抗逆性强的自交系作亲本；⑤ 选择生育期相近的自交系作亲本；⑥ 选择雄穗分枝较少且产量较高的自交系作母本，选择雄穗发达且花粉量大的自交系作父本。

根据配合力测定结果，选择配合力高，尤其是一般配合力高的材料作亲本。两个亲本的配合力最好都高，这样容易得到强优势的杂种一代。若受其他性状的限制，至少应有一个亲本是高配合力的。不能用两个配合力低的亲本进行杂交。如采用的是多亲本配制杂交种（如双交种），则应将最高配合力自交系放在最后一次杂交。两个亲本自交系的亲缘关系较远，性状差异较大，往往能提高杂交种异质结合程度并丰富其遗传基础，表现出强大的优势和较好的适应性。较远亲缘关系主要包括地理远缘、血缘较远和类型性状差异较大三种表现形式。地理远缘如国内材料和国外材料，本地材料和外地材料进行组配，由于亲本来自不同生态区域，可增大杂交种内部的基因杂合度，因而优势较大；血缘较远如双亲遗传差异较大，异质性大，杂交种优势表现强大，但若亲本血缘关系较近则异质性不大，杂种优势不明显。类型和性状差异较大，如玉米硬粒型和马齿型，高粱的南非类型、亨加利类型和中国类型杂交，F_1 都具有强大的杂种优势。亲本自交系自身产量高可以提高繁殖亲本和制种的产量，有利于降低杂交种生产成本，一般以双亲中产量较高的亲本为母本，双亲花期相近并以偏早的作母本，可保证花期相遇，另外父本植株略高于母本也利于授粉。这些亲本组配原则，对增加选育优良杂种的预见性，降低杂种成本，提高育种效果有重要作用。此外，配置的杂种还必须在不同条件下进行多点、多年的比较试验、生产试验和栽培试验等，测定其丰产性和适应性，从而确定其利用价值和适应区域及适宜的配套栽培方法。

3 玉米种子生产原理与技术

3.1 玉米花器及开花结实特性

玉米是雌雄同株异花作物，雄花长在植株顶部，雌花长在植株中部。由于雄花与雌花在植株的不同位置，开花时依靠风力传播花粉授粉，天然异交率在 95% 以上，因此玉米为异花授粉作物。

3.1.1 雄花及其开花散粉特性

玉米雄花为圆锥花序，生长在茎秆顶部，又叫天花或叫天穗。雄穗主轴上着生分枝，其数目一般有 15～20 个，最多可达 40 多个。雄穗分枝数越多，小花数也越多，花粉量也越大。主轴粗壮，周围可着生 4～10 行成对排列的小穗，分枝较细，一般仅着生两行成对排列的小穗。位于上方的小穗有柄，位于下方的小穗无柄。每个小穗基部两侧各着生一片护颖，两护颖间生长朵小花。每朵小花有内颖和内颖、3 枚雄蕊、两枚膜片和一个退化的雄蕊（图6-1）。雄蕊未成熟时花柱，顶端着生黄绿色花药。雄蕊成熟时外颖张开，花柱伸长，将花药送出外面散出花粉，此时为开花。在雄穗正常发育的情况下，每个雄穗有2 000～4 000朵小花，每朵小花有3个花药，每个花药产生约2 500粒花粉。由此推算，每个雄穗能产生1 500万～3 000万粒花粉。一个玉米雌穗只有400～600朵雌花，仅占雄穗总花粉粒的几万分之一。因此玉米雄穗的花粉量完全能够满足雌穗正常授粉结实的需要。

图6-1 玉米的花器

玉米雄穗一般在植株最上叶片伸出后2～5 d开花。开花的顺序是从主轴中部开始，后由向上向下同时开放。分技的开花顺序与主轴相同。每一朵花散粉的时间持续几小时，全穗开花散粉时间可持续7～8 d，最长可达10 d以上。散粉盛期在开花后第2～5 d。在晴朗天气，每天上午7：00～11：00为开花盛时，可占开花总数的45%～50%，以上午9：00～10：00开花最多，占32%～43%，中午后散粉很少。在阴天和雨后也能散粉，但开花时间推迟，散粉量减少。玉米雄花开花与温度、湿度有密切关系。在温度20～28 ℃，相对湿度65%～90%条件下开花最适宜，开花量可占总开花量的46%～68%。温度低于18 ℃或高于38 ℃时，雄花停止开花。

3.1.2 雌花及开花结实特性

玉米雌穗为肉穗花序，又叫果穗，由茎秆中部叶腋处的腋芽发育而成。雌穗上的雌花受精后结实种子。雌花序着生于穗柄的顶部。穗柄是缩短了的茎秆，一般有6～10个节，每节生长一片苞叶。苞叶是一种退化的叶鞘，各节苞叶重叠包被雌穗。雌穗中部有肥大的穗轴，色泽为白色或红色，其重量约占果穗总重量的20%～30%。穗轴上着生许多纵行成对排列的无柄小穗花，每一小穗花内有两朵小花。上面的一朵小花正常结实，下面的一朵小花逐渐退化。生产上的大多数玉米品种籽粒数为14～20行，少数品种为8～10行，每行籽粒数在15～70粒。行数和每行粒数多是丰产性状，该性状也受栽培措施和环境条件影响。

雌穗小花的护颖厚而柔韧，退化小花仅残留有膜质的内外颖和退化的雌雄蕊痕迹。结实的小花有内外颖、一个雌蕊和退化的雄蕊痕迹。雌蕊由子房、花柱和柱头组成。花柱很短，柱头是细长的丝状物（也叫花丝），顶端分枝，上面着生茸毛，分泌黏液。伸出苞叶的花丝，其任何部位均有接受花粉的能力。

雌穗花丝从苞叶伸出的时间，比雄穗散粉的时间迟5～6 d或更长。在同一雌花序上，由于小花形成的时间不同，花丝生长的速度不同，使同一花序上花丝伸出的时间不一致。位于雌花序基部向上约1/3处的花丝最先抽出，然后向下向上延伸抽丝，顶部的花丝抽出最晚。一个果穗从花丝开始抽出至全穗花丝全部露出苞叶，一般需要5～7 d，不同品种间存在差异。因此，不能简单地把玉米开始抽穗或吐丝时间作为受粉受精时间的标准。观察表明，在玉米植株全部叶片展开时，正是玉米雌穗花丝受粉盛期。花丝长度在15～30 cm时，如果得不到受粉机会，受粉能力可继续延长至50 cm左右。花丝吐出后5 d内受粉能力最强，花丝一旦受粉，便停止伸长，受粉后24 h完成受精过程。受精后2～3 d花丝变褐并逐渐干枯。从花丝完成受精开始，标志着籽粒开始形成。玉米从雌穗花丝受粉至种子成熟，需要40～45 d的时间。

3.1.3 玉米种子的特征特性

从植物学角度分类，玉米种子是由子房发育而成，称为果实，属于颖果。在农业生产上称为籽粒。玉米种子外形有多种多样，有圆柱形（顶部凹陷，如马齿型玉米）、圆锥形（顶部光滑，如硬粒型玉米）、皱缩形（表面皱缩，浅部透明，如甜质型玉米）、椭圆形（籽粒形状椭圆，如爆裂型玉米）。不同类型种子重量有较大差异。每 100 粒种子重量，最大 40～50 g 克，中等为 20～30 g，最小 5～6 g。生产上常用品种的种子，100 粒重多在25～35 g。每个成熟的干燥果穗，种子重量占果穗总重的百分率，称为出籽率，一般在75%～85%。

玉米成熟的种子由种皮、胚、胚乳组成。种皮由子房壁的果皮和珠被发育的种皮组成。果皮与种皮合生，紧紧连在一起，似一层角质薄膜，起保护种子的作用。种皮的成分主要是纤维素，占种子重量的 6%～8%。胚位于种子一侧基部，占种子重量的 10%～15%。胚由胚芽、胚轴、胚根、子叶组成，是新植株的雏形。胚的上端为胚芽，胚芽的外面有一个顶端有孔的雏形体，称为胚芽鞘，起保护幼苗出土的作用。鞘内包裹着几个叶原基和茎叶顶端分生组织，以后将发育成茎秆和叶片。胚的下端为胚根，外面包裹着胚根鞘。胚芽与胚根由胚轴连接。在胚轴朝胚乳的一面有子叶紧贴胚乳，称为盾片。在种子发芽和幼苗生长时，子叶可以从胚乳中吸收养分。胚乳是靠近种皮内部排列规则致密的细胞。胚乳占种子重量的 80%～85%。玉米的胚乳分为粉质胚乳和角质胚乳两种。胚乳是供应种子发芽和幼苗生长养分的主要来源。

玉米种子的主要化学成分是淀粉、蛋白质、脂肪和糖类。淀粉的 98% 分布在胚乳内，只 1.5% 左右在胚内。全部蛋白质的 75%～80% 分布在胚乳内，15%～20% 在胚内。全部脂肪的 15% 分布在胚乳内，80%～85% 在胚内。全部糖分的 25%～30% 分布在胚乳内，65%～70% 分布在胚内。

3.2 玉米自交系原种生产程序与方法

3.2.1 选单株自交

在自交系原种圃内选择具有原自交系典型性状的单株套袋自交，制作袋纸以半透明的硫酸纸为宜。在花丝未抽出前先套雌穗，待花丝露出 3 mm 左右时，当天下午套好雄穗，次日上午露水干后进行人工控制授粉，一般应采用一次性授粉，个别自交系因雌雄不协调的可进行两次授粉，授粉工作在 3～5 d 内结束。收获期按单穗收获，按单穗保存、单穗脱粒，结合室内考种进行决选，入选穗分别编号、保存。

3.2.2 穗行圃

将上年决选的单穗在隔离区内种植成穗行圃，每系不得少于 50 个穗行，每行种 40 株。生育期间进行系统观察记载，建立田间档案，出苗至散粉前将性状不良或混杂穗行全部淘汰。每行有一株杂株或非典型株即全行淘汰，全行在散粉前彻底拔除。入选优行经室内考种筛选，合格者混合脱粒作为下年的原种圃用种。

3.2.3 原种圃

将上年穗行圃种子在 500 m 隔离区内种植成原种圃，在生育期间分别于苗期、开花期、收获期进行严格去杂去劣，全部杂株最迟在散粉前拔除。雌穗抽出花丝占 5% 以后，杂株率累计不能超过 0.02%；收获后对果穗进行纯度检验，严格分选，分选后杂穗率不超过 0.02%，方可脱粒，所产种子即为原种。

3.2.4 原种的生产要求

采用"二圃制"生产原种，要按照操作规程进行。每个原种至少要同时安排两个可靠的特约基地进行生产。原种生产地块必须平坦，地力均匀，土层深厚，土质肥沃，排灌方便，稳产保收。原种生产采用空间隔离时，与其他玉米花粉来源地至少相距 500 m。生产田采取规格播种，播种前要进行精选、晒种，将决选穗行的种子混合种植。凡不符合原自交系典型性状的植株（穗）均为杂株（穗），应在苗期、散粉前和脱粒前至少进行三次去杂，性状不良或混杂的植株最迟在雄穗散粉前全部淘汰。从植株抽出花丝起，不允许有杂株散粉，可疑株率不得超过 0.02%；收获后应对果穗进行严格检查，杂穗率不得超过 0.02%。穗行圃实行当选穗行混收混脱。原种圃所产原种要达到国家标准要求，单独贮藏，并填写质量档案。包装物内外各加标签，写明种子名称、种子纯度、净度、发芽率、含水量、等级、生产单位、生产时间等。

3.3　玉米亲本种子生产技术

3.3.1　玉米自交系繁殖技术

玉米自交系原种和良种必须有一定量的储备，可采用一次繁殖分批使用的方法，每个亲本至少要有两个地点同时进行繁殖。自交系良种指直接用于配制生产杂交种的自交系种子，其繁殖技术如下：

选地：繁殖自交系良种的地块和隔离条件要求与生产原种的要求相同。

播种：自交系良种繁殖要求做到精细播种，努力提高繁殖系数，满足杂交种子生产田的需要。

去杂：在苗期、雄穗散粉前和脱粒前，至少进行三次严格去杂。全部杂株最迟要在散粉前拔除，散粉杂株率累计超过 0.5% 的繁殖田，繁殖的种子报废；收获后要对果穗进行纯度检查，杂穗率不得超过 0.5%。

3.3.2　玉米亲本单交种和亲本姊妹种的配制

亲本单交种是指配制三交种、双交种时的亲本。亲本姊妹种是指经过鉴定，两个亲缘关系相近的姊妹系间杂交种，是配制改良单交种的亲本种子，二者均可称为单交亲本。

定点：亲本单交种和亲本姊妹种的配制应安排生产条件好的基地进行。每个单交亲本应有两个以上单位同时进行配制。

选地：单交亲本的选地隔离条件要求与原种相同。

播种：按照育种者的说明，同时结合当地实践经验制定播种方案。播种前要对种子进行精选、晾晒，特别要注意播种差期、行比和密度的安排。播差期是要保证父母本花期相遇良好；行比的确定要有利于保证父本有足够的花粉供应母本，同时要方便田间作业，提高制种产量。

去杂：父本的杂株必须在散粉前拔除，若母本已有 5% 的植株抽出花丝，而父本的散粉杂株数占父本总数的 0.1% 时，种子田报废。母本的杂株在散粉前完全拔除。母本的果穗要在收获后脱粒前进行穗选，其杂穗率在 0.1% 以下时，才能脱粒。

去雄：母本行的全部雄穗要在散粉前及时、干净、彻底拔除，要坚持每天至少去雄一次，风雨无阻，对紧凑型、叶片数较多的自交系要采取带 1~2 片叶去雄的办法。拔除的雄穗应埋入地下或带出制种田妥善处理。母本花丝抽出后至萎缩前如果发现植株上出现花药外露的花在 10 个以上时，即定为散粉株。在任何一次检查中，发现散粉的母本植株数超过 0.2%，或在整个检查过程中三次检查母本散粉株率累计超过 0.5% 时，所产种子报废。

授粉：为保证种子田授粉良好，应根据具体情况进行人工辅助授粉。特别要注意开花初期和末期的辅助授粉工作。如发现母本抽丝偏晚，可辅之以剪苞叶和带叶去雄等措施。授粉结束后，要将父本全部砍除。

收贮：配制合格的亲本单交种子，一定要严防混杂，单独脱粒、单独收贮，包装物内外各加标签，种子质量达到国家标准。

3.4　玉米人工去雄杂交制种技术

3.4.1　制种基地选择

选地制种地块要求地势平坦，土壤肥沃，肥力均匀，排灌方便，旱涝保收，尽可能做到集中连片。隔离制种田采用空间隔离时，与其他玉米花粉来源地不应少于 300 m，甜玉米、糯玉米和白玉米要在 400 m 以上；采用时间隔离时，错期应在 40 d 以上。

3.4.2　亲本种植技术

（1）确定父母本播种期：通过播种期的调节，使生育期不同的父母本开花期相遇良好是杂交制种成败的关键，特别对那些花期短的组合制种尤为重要。如果父、母本的花期相同，或母本比父本早开花 2 ~ 3 d，父母本尽可能采用同期播种。在实践中，应按照育种者的说明，并结合当地实践经验进行播种。

（2）按比例播种父母本：父母本行比的确定因具体的杂交组合而异，与父本的植株高度、花粉量大小以及散粉期的长短等因素有关。多数杂交组合制种，父母本种植比例采用 1:4 ~ 6。父母本行比确定的原则是，在保证父本花粉量充足的前提下，尽量增加母本行数，以便提高杂交种子产量。

（3）父本分期播种：为了保证花粉充足，花期相遇良好，制种田的父本可采用分 2 ~ 3 期播种的方法。通常的做法是，在同一父本行内，采用分段播种的办法。两米为一段，即，在父本行内，播第一期父本时，种两米留两米，留下的两米第二期播种。父本分期播种可起到两个作用，一是在正常气候条件下可延长制种田的散粉期，让一期父本的末花期和二期父本的初花期重叠，形成三个盛花期；二是在异常气候条件下，能保证父本有一个盛花期与母本吐丝盛期相遇良好。

3.4.3　除杂去劣

制种区亲本纯度的高低，直接影响杂交种种子的质量和增产效果。因此制种区的亲本必须严格去杂去劣，一般应分三次进行。

（1）定苗期：一般在 4 ~ 6 叶时，结合间苗、定苗进行。根据幼苗叶片与叶鞘颜色、叶片形状、幼苗长相和长势等亲本的明显典型特征和综合性状，即把苗色不一、生长过旺过弱、长相不同的杂苗和劣苗全部拔除。此期去杂非常重要，不仅能减少后期去杂的工作量，同时还能保证全苗，有利于提高产量。

（2）抽雄前：有些杂株在苗期的特征并不十分明显，难以全部拔除。在拔节后抽雄前还要根据植株的生长势、株形、叶片宽窄、色泽和雄穗形态等特征，拔除杂株和劣株。此期去杂工作务必于散粉前结束，不允许杂株散粉。若父本散粉的杂株数超过父本植株总数的 0.2%，该制种田应报废。

（3）收获期：母本果穗收获后，在脱粒前应根据原亲本的穗形、粒形、粒色进行鉴别，对不符合原亲本典型性状的杂穗再进行一次淘汰，然后再脱粒。

3.4.4　花期调节

制种区的父母本花期能否相遇是制种成败的关键。虽然在播种时已经根据父母本的生育期采取了播差期安排的措施，但由于不同年份间环境条件的差异，或因栽培管理原因，仍然存在着父母本花期不遇的可能性。因此，在出苗后至开花前还要多次地进行预测花期，掌握双亲的生长发育动态，判断花期是否相遇。理想的花期相遇是标准是：母本抽丝比父本散粉早 1～3 d。如发现有花期不遇的现象，应及时调节花期，使父、母本花期相遇良好。

（1）预测花期的常用方法

叶龄指数法：一个自交系的叶片数是比较稳定的，而叶片的生长速度又有一定的规律性。因此可根据父母本的出叶速度来判断是否花期相遇。具体作法是在制种田中选择有代表性的地段 3～5 点，每点 10 株。从苗期开始，随着植株的生长，在第 5、10、15 片叶上，用彩色铅油涂上标记，定期调查父母本的抽出叶片数，在双亲总叶片数相近的情况下，父本比母本抽出的叶片数慢 1～2 片，即可实现花期相遇，否则就要及时采取调节措施。

幼穗观察法：玉米拔节后 13～17 片叶，幼穗已开始分化。通过父母本幼穗分化进程的比较，可以更准确地预测花期。做法是，在制种田选择有代表性植株，细心剥开外部叶片，观察比较父母本幼穗的大小，在幼穗 5～10 mm 时，父本幼穗比母本幼穗小 1/3～1/2，花期就能够相遇。

（2）调节花期的原则和方法

经花期预测，如果发现问题，应及时采取措施进行花期调整，其原则是，在时间上以"早"为好；在措施上以"促"为主；在花期相遇时间上以"宁让母本等父本，不让父本等母本"为原则，力争制种田早熟、早收。通常可采取以下方法：

疏苗与肥水调节法：对生长缓慢或发育不良的亲本，采取早疏苗、早定苗，偏水、偏肥，增加铲趟次数，加强田间管理，促进生长发育。对发育较快的亲本一般采取抑制生长的措施。

叶面喷施调节法：对发育较迟的亲本，在肥水促进的同时，在拔节后可叶面喷施"九二〇"和尿素混合液，用量应从严控制，每公顷 15～30 g，加水 150～300 kg 喷施。

中耕打叶调节法：对发育较快的亲本可进行深耕，切断部分根系，阻碍肥水吸收，或打去叶片的一部分，造成一定伤害，延缓其生长发育。

剪苞叶花丝调节法：如果母本吐丝晚于父本散粉，把母本雌穗包叶顶端剪去 3 cm 左右，使母本提前 2～3 d 吐丝。如果母本吐丝较早，可将吐出的母本花丝剪短，以提高结实率。

变正交为反交：如果父本散粉早于母本吐丝 5～7 d，可将原来的父本改为母本，母本改为父本。父母本互换后制种产量可能降低。

3.4.5 去雄杂交

（1）母本去雄

母本必须在散粉前将雄穗及时拔除，使其雌蕊花丝接受父本的花粉产生杂交种子。母本去雄要求做到及时、彻底、干净。所谓及时是指一定要在母本散粉前拔除。彻底是说在制种区内的所有母本的雄穗，一株不漏的全部拔除。干净就是不留分枝。在整个去雄过程中，母本散粉株率任何一次花检不超过 0.5%，或三次累计不得超过 1%，植株上的花药外露的小花达 10 个以上时既为散粉株。

去雄工作一般是在母本吐丝前开始，母本吐丝时应每天进行，风雨无阻，大约要持续

7～14 d。如果地力不匀，或有三类苗，去雄的时间就会延长。去雄的标准是雄穗露出顶叶三分之一左右为宜，过早容易带叶，过晚雄穗节不易断裂。有些母本自交系，特别是紧凑自交系或遇有如干旱等不良环境条件，雄穗刚一露头或还没有露出顶叶就开始散粉。因此，可采取带1～2片叶的"摸苞去雄"方法。拔除的雄穗应埋入地下或带出制种田妥善处理。

关于摸苞去雄，目前还存在着不同看法，但多数研究结果认为带1～2片顶叶不影响产量，甚至还有一定的增产趋势，特别是在母本偏晚的时候，"摸苞带叶"去雄有促进母本提前吐丝的作用。

（2）授粉杂交

人工辅助授粉是提高结实率，增加制种产量的有效途径，同时也是解决父母本花期相遇不良的有效措施。在母本去雄后5～7 d，雌穗开始抽丝，花丝全部抽完需要5～7 d。花丝抽出后的第2～5 d内是最适宜的授粉时期。父本雄穗从开始开花至全穗开花结束一般需要7～9 d，其中以第2～5 d的散粉量最大。因此，人工辅助授粉应掌握在父本散粉量最大和母本抽丝集中时期进行。玉米人工辅助授粉期一般在父母本开花盛期进行，连续进行3～4 d，每天授粉时间在露水干后（9：00～12：00）进行。

第三节　棉花人工去雄杂种优势利用

棉花是常异花授粉作物，杂交种具有较强的杂种优势，目前生产上已普遍推广杂交棉花。棉花有多种杂种优势利用的途径，有人工去雄杂交制种法，有利用雄性不育性杂交制种法等。但是，无论采用何种杂交制种方式，首先必须考虑亲本的正确选配，只有合理选配杂交亲本，才能选育出生产上具有应用价值的强优势杂交组合。人工去雄杂交制种法由于亲本选配范围广泛，有利于选配高产优质杂交组合，至今人工去雄杂交制种法仍是棉花最普遍采用的杂种优势利用途径。

1　棉花杂种优势表现

棉花杂种优势的表现主要受亲本基因型控制，同时也受环境条件的影响，杂种优势的表现主要有以下特点。

1.1　杂种优势表现的复杂性

由于杂交棉的亲本组合不同，或亲本性状不同，使杂种优势表现多样性。从杂交组合分析，自交系间杂交组合，由于双亲各自基因型的纯合程度高，其杂种优势往往强于自由授粉品种间杂交组合的优势。不同的自交系组合间的杂种优势也存在很大差异。从杂交组合的性状分析，性状间的杂种优势表现差异，并非所有性状均表现强杂种优势，往往出现某些综合性状表现强杂种优势，而一些单一性状的杂种优势却相对表现较低。因此可以认为，棉花亲本资源的复杂性决定了杂交组合的复杂性，杂交组合的复杂性决定了杂种优势表现的复杂性。由此也看出，在极为广泛的棉花资源内存在着极为复杂的杂种潜在优势。

1.2　杂种优势表现的强度与一致性

棉花的杂种优势表现与亲本之间的差异及亲本性状纯合度密切相关。一方面凡是双亲的亲缘关系、生态类型、地理距离和性状差异较大，或双亲某些性状可以互补的杂交种，杂种优势表现较强；反之，杂种优势表现较弱。另一方面，在双亲的亲缘关系、生态类型、地理距离和性状差异的前提下，双亲基因型的纯合程度愈高，双亲所产生的配子一致性愈高，双亲的配子结合形成杂交种时，杂交种是高度一致的杂合基因型，性状的基因型杂合程度愈高，性状的杂种优势愈强，不仅杂交种个体均表现较强的杂种优势，而且杂交种群体愈表现一致性。相反，若双亲群体纯度不高，群体和个体基因型都是杂合型，杂交种第一代群体势必出现配子分离，产生多种基因型配子，杂交种第一代是多种杂合基因型的混合群体，杂种优势和群体整齐度都降低。

1.3 杂交种第二代杂种优势表现衰退

杂交种第一代由于性状基因型杂合，群体基因型一致，才表现个体性状优势强，群体整齐一致。在第一代植株的生殖生长阶段，相对性状的杂合体产生配子的分离，多种类型的雌、雄配子随机结合，第二代产生多种类型的基因型个体。一方面，当隐性基因结合，便产生纯合隐性纯合基因型的个体，不仅不表现杂种优势，反而表现劣势的不良性状。另一方面，各种类型的雌、雄配子结合，便产生各种基因型的个体，导致群体性状的不一致。因此，杂交种的第二代种子失去了种用价值。

2 国内外棉花杂种优势利用概况

关于棉花杂种优势利用的理论研究与育种技术，前人已有许多报道，其中美国是最早大规模开展棉花杂种优势研究与利用的国家。从 20 世纪 50 年代 Eaton 发现了杀配子药剂，至 70 年代 Meyer 培育哈克尼西（*G. harknessii*）细胞质雄性不育系，对棉花杂种优势利用研究掀起了热潮。就在 20 世纪 70 年代，印度 Gujarat 农业大学 Patel 博士最早选育出杂交棉 4 号，并在生产上推广应用。至今，世界上已有许多国家开展棉花杂种优势利用的研究，杂交棉在许多国家应用，中国和印度成为了大面积种植杂交棉的主要国家。

棉花种间、品种间杂交种均表现有明显的杂种优势。中国在 20 世纪 20—30 年代就开展了陆地棉品种间杂种优势利用的研究，曾筛选出一些高产、优质的杂交棉组合，并应用于生产。20 世纪 50 年代起中国加快了棉花杂种优势利用的研究，至 1978 年全国共种植人工去雄杂交制种的杂交棉面积达到 7 000 hm²。20 世纪 80 年代以来，中国的棉花杂种优势利用研究取得了较大成就，杂交种种植面积迅速扩大。中国农科院棉花研究所邢以华、靖深蓉等在亲本配合力研究基础上，选配出中杂棉 028 杂交组合。随后，湖南省棉花研究所周世象等选配出湘杂棉 1 号杂交组合，迅速得到大面积推广。从 20 世纪 90 年代起，中国杂交棉花新组合不断育成，由于杂交棉组合较常规棉品种显著提高产量与品质，生产普遍推广种植杂交棉。目前，在中国的长江、黄河流域棉区，生产上种植的棉花品种基本上为杂交棉。由于棉花以人工去雄杂交制种途径技术成熟，选配强优势杂交新组合程序较简便，因此棉花杂种优势利用仍以人工去雄杂交制种途径为主。

3 棉花人工去雄杂交制种原理与技术

3.1 棉花的花器结构与特性

棉花为无限花序植物，其花器较大，花朵由花柄、苞叶、花萼、花瓣、雄蕊和雌、蕊六部分构成的两性花（图6-2）。由于花色鲜艳，具有虫媒花特征，为虫媒传粉繁殖种子。一般情况下异花授粉率为3%~20%，划分为常异花授粉植物。

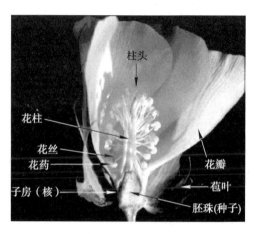

图6-2　棉花的花器结构

3.1.1　棉花雄蕊特征特性

雄蕊位于花冠之内，单体雄蕊分为花丝和花药两部分。花丝基部联合呈管状，与花瓣基部相连接，套于雌蕊花柱与子房的外部，称为雄蕊管。雄蕊管与花瓣的基部结合在一起。因此在去雄时，应从花冠基部撕开，就能将整个雄蕊和花冠一起剥掉。花丝在雄蕊管上排成5棱，与花瓣对生。每棱上有两列，每根花丝的顶端着生一个肾状形花药。每朵花通常有60~90个雄蕊，多达100个以上。花药在花粉形成初期一直为4室，其后随花药成熟，药隔逐渐解体为1室。雄蕊的花丝一端与雄蕊管相连，另一端着生花药。由于花丝着生在横向花药的中间，因而称为丁字药。花丝的长短因棉种不同而有差异，一般陆地棉和海岛棉较亚洲棉长。棉花开花后，花药在背面裂开，散出花粉授粉。每个花药中的花粉数目不同，同一品种花粉数可相差数十至二百粒，其差异受遗传控制与环境影响，如植株生长中期花朵的花粉数多于后期的花朵。棉花的花粉粒成球状，表面有黏性，并带有刺形隆起，便于被昆虫传带并易于粘在雌蕊柱头。花粉色泽因品种而异，海岛棉、亚洲棉的花药及花粉多为黄色，陆地棉多为乳白色。花粉表面有发芽孔10~20个。花粉有刺激物，能刺激柱头的分泌作用。花粉充足时，可使花朵受精完全，减少不孕籽粒及蕾铃脱落。花粉内含有大量淀粉，因而具有较高的渗透压，在潮湿或遇雨条件下，花粉粒易吸湿而破裂，失去受精能力。次外，棉花的花粉中还含有蛋白质、可溶性糖、胡萝卜素等营养物质。

3.1.2　棉花雌蕊的特征特性

棉花的雌蕊位于花的中央，属于合生雌蕊，包括柱头、花柱和子房三部分。

（1）柱头的特征特性

柱头是雌蕊顶端接受花粉的部分。陆地棉柱头4~5棱，海岛棉3~4棱。柱头棱数与子房的心皮数相同。柱头的组织通过花粉传递组织与子房内的胚珠相连。传递组织是花粉管生长的通道，并提供生长所需营养。柱头内传递组织形成多束，包埋在基本组织内，呈"十"形排列，并分布着维管束组织。

（2）花柱的特征特性

花柱是连接柱头与子房的中间部分，是心皮向上伸升的部分。花柱起着支持柱头，并使伸到适当位置，便于接受花粉。花柱又是使花粉管进入子房的通道，并对促进花粉管的伸长起着重要作用。棉花的花柱是实心的，花柱的中央有传递组织。花柱在开花前后，生长速度变化较大，开花前一天生长最快，开花当天早晨6：00前生长速度较快，从8：00后生长速度减慢，至14：00生长速度停止。但是，如果柱头没有受到花粉受精，则花柱头还能继续生长，使得柱头高高突出于雄蕊群之上，直至丧失生活力为止。柱头受粉受精后，柱头、花柱连同雄蕊管和花冠一起脱落，露出子房。

棉花花柱的长短因棉种而异。据观测，海岛棉的花柱长14 mm，陆地棉长9.79 mm，亚洲棉长8.25 mm，草棉长4.09 mm。花柱越长，柱头伸出越长，甚至出现柱头外露现象，越易接受花粉，易产生天然异交。相反，花柱短，柱头外露部分短，自交可能性大，不易产生天然异交，便于品种保纯。

（3）子房的特征特性

棉花的子房位于花柱下面，形状呈圆锥状，是雌花的主要部分。在花冠、雄蕊管和花柱等部分脱落后，子房成为幼小的棉铃。

棉花的子房由3～5个心皮组成，后发育成棉的3～5个花瓣。心皮是变态叶，在形态与结构上与叶相似。心皮的上部组成了花柱和柱头，下部形成了子房部分。随着心皮的逐渐长大，各心皮的边缘转向为向心生长，两枚相邻心皮和向心部分相互合拢，组成子房各室的隔片。各心皮中央为一主脉，各主脉中央嵌生一薄壁细胞，使该处形成一条纵沟，在棉铃成熟时从纵沟处开裂。相邻的两个心皮以其边缘在子房中央愈合成一个中轴，成为胚珠的着生处，称为中轴胎座。各心皮在中央愈合后，形成隔膜与中轴，将子房分成3～5室，每室着生7～11个胚珠。一个子房最多可着生50～60个胚珠，每个胚珠受精后发育成一粒种子。在每室的顶尖上只着生一个胚珠，其余胚珠则成对排列，因而每室的胚珠数均为奇数。在各心皮的下部形成子房的同时，其上部聚合向上生长，形成细长的花柱和柱头伸入雄蕊管，在开花前一天伸出雄蕊管。柱头上的纵沟成为两心皮相遇的遗迹，后留在铃尖上。

3.2 棉花的授粉与受精过程

3.2.1 花粉粒的萌发

棉花开花散粉后，花粉粒落在柱头上，落在柱头上的花粉，一般1 h内即可萌发伸出花粉管。花粉管穿入柱头，沿着花柱传递组织的细胞间隙向前生长。在花粉伸入花柱几百微米后，即可见花粉管的前端充满丰富的细胞质，并有一个营养核和两个精细胞。随着花粉管的伸长，花粉粒内的储藏物质随之集中到膨大的花粉管的前端，在后部较老部分则产生一种胼胝质栓将花粉管前后隔开。在栓塞后部的细胞质逐渐退化解体。一般授粉越充分，雄蕊组织的代谢活动也越旺盛，生长素增加就越明显。因此，花粉管到达子房的时间与落到柱头上的花粉多少有关。当花粉多时，萌发的花粉管多，花粉管到达子房只要8 h；花粉粒少时，却可能延长至15 h左右。由于柱头的每一纵棱与其下相应部分花柱和子房的某一室同属一个心皮，因而花粉管总沿同一心皮的相应部分进入子房，花粉管伸入另一室极为偶然。不同棉种和品种花粉管的伸长速度不同。据研究，陆地棉的花粉管有68%能伸出分叉成两条的花粉管，且花粉管的伸长速度在授粉后几小时内最快；而非洲棉的花粉粒只有25%会伸出一条以上的花粉管，伸长速度较陆地棉为慢，杂交后代的花粉管伸长速度在授粉后的前期较慢，授粉后期花粉管伸长速度快，与亲本的花粉管伸长速度正好相反。

花粉粒的生活力在开花后通常能维持5～6 h，24 h内花粉粒的生活力仍可达68%。但随后生活力逐渐降低，以至消失。柱头的生活力大约可以维持两天。如开花当天因遇雨而未曾授粉或授粉失败，则次日仍能继续授粉。在开花期 2~3 d 从花朵中取出的花粉粒，生活力可保持 40 多个小时，如在低温下保持其生活力可维持更长时间。不同棉种的花粉生活力不同。温度对花粉粒生活力的影响较大，33 ℃ 以下的温度对棉花花粉粒生活力的影响不大，不会对棉花授粉受精产生不良影响。但遇到 33 ℃ 以上的高温时，由于高温易使花粉败育而降低花粉粒的萌发率，在遇到 33 ℃ 以上的高温时，应适当增大授粉量，以便获得足够的杂交种。

3.2.2 受精过程

花粉管经过珠孔进入胚囊后，放出两个精细胞，一个精细胞与卵细胞结合形成受精卵，将发育成种胚，另一个精细胞则与两个极核融合成胚乳核，以后发育成胚乳，这一过程称为"双受精"。棉花从授粉到受精完成，需 24~48 h。完成受精过程时间的长短，因品种及温度等环境条件的不同而表现差异。

3.3 棉花人工去雄杂交制种技术

3.3.1 父母本种植比例

从理论上讲，杂交制种地的父、母本比例可以用 1∶1~1∶10，但为了在制种过程中管理上的方便，保证父母本的花期基本吻合，父、母本配比一般为 5∶5~3∶7 之间任意选择。无论哪种配比，均要求父、母本分开集中种植，以便于制种操作和田间管理。

3.3.2 制种田亲本除杂

亲本纯度直接关系到杂种后代的优势，只有将两个高纯度的亲本杂交，产生的杂种才具有显著的杂种优势。导致棉花杂交亲本不纯的原因主要有生物学混杂、机械混杂和亲本本身的遗传变异。其中生物学混杂和机械混杂是造成棉花杂交亲本不纯的最主要因素。

为保证杂交制种地的亲本的纯度，一方面要求在亲本繁殖时，统一提供亲本种源，并严格繁殖程序；另一方面要求在制种前及时搞好亲本除杂工作。除杂可分两步进行。第一步苗床除杂：在棉花播种出苗后，结合定苗，根据亲本苗期性状典型性表现，在苗床除去亲本中的杂株。第二步制种田间除杂：在制种地亲本开花前，依据亲本的典型特征特性，去除亲本中的各类杂株。

3.3.3 人工去雄

在棉花杂交制种中，人工去雄是关键，去雄质量的好坏，将影响制种产量和生产的杂交种子纯度。能否对花朵去雄的标准是，当花蕾花瓣明显变白、变软且已显著伸长（花瓣长度 2.7 cm 以上）时，即可去雄。花瓣短于 2.7 cm 时，花蕾尚未成熟，未达到去雄标准，此时去雄后，即使授粉也不能正常成铃。

棉花去雄一般在每天 15∶00 以后进行，也可根据去雄花量多少，适当提前或推迟。第二天上午要开放的花蕾，在先天下午花冠急剧伸长和膨大，达到 3 cm 以上，并突出苞叶变乳白色，里面变松软。

去雄是去掉花的花冠和连在一起的雄蕊，留下柱头和子房，其操作方法是利用左右手的大拇指、食指、中指 6 个指头，大拇指剥花，食指与中指起保护作用。用大拇指甲轻轻刺入棉花花冠的苞叶基部（注意不要损伤或去掉苞叶），破口后迅速向外环剥，撕破花冠与雄蕊管，轻轻往上一提，去掉花冠和雄蕊。然后检查是否有残留花药，如有残留花药，可用手抹去，留下柱头和子房。去雄后的花柱易被苞叶和叶片遮住，授粉时不易发现。因此作标记，便于寻找目标，既提高授粉速度，又可增加制种产量。

去雄必须干净、彻底。根据试验表明，如残留花药 10 枚以上时，即可形成自交铃。残留 10 枚以下，虽不能形成自交铃，但经杂交授粉后，仍可以形成少量自交种子。因此，去雄时必须将雄蕊一次性去除干净，否则将有可能形成自交铃，影响杂交种子纯度。

对于先天下午漏去雄的花蕾，早上可补去雄，但必须在花朵散粉之前进行。确定其是否散粉可观察花药是否开裂，或用手振动花药是否有花粉散落，不能根据花朵是否开放来确定散粉时间。花朵散粉时间与当天气温关系及为密切，气温高，散粉早；气温低，散粉时间推迟。一般早上去雄截止时间在 6：15 左右。

3.3.4　人工授粉

花粉粒活力强弱和授粉质量的好坏，是提高杂交成铃率、减少歪嘴桃的关键。

（1）雄蕊的贮藏与散粉时间：雄蕊的散粉时间与贮藏室的温、湿度密切相关。在一定温度范围内，温度越高，湿度越小，散粉越快；反之，温度越低，湿度大，则散粉越慢。通过控制花粉贮藏室的温、湿度，来调节散粉时间，使其在取粉前正常散粉，为授粉提供足够的粉量。

（2）授粉要足量和均匀：授粉不充分和不均匀，是杂交制种产生歪嘴桃的直接原因。据调查，非制种地歪嘴桃率为 9.1%，制种地歪嘴桃率为 30.5%，且歪嘴桃平均种子数仅为 14 粒左右，较正常成铃（24 粒）少 10 粒左右，严重影响制种产量。因此，在授粉时，必须均匀和保证柱头上有足够的粉量。

（3）花粉的贮藏和活力：温度越高，湿度越大，花粉活力丧失越快。同时，由于花粉内含有大量淀粉，极易遇水吸胀破裂失去活力。因此，在雨水或露水过大时，必须推迟授粉时间，同时将花粉贮藏在适宜的温、湿度条件下，可延长花粉的活力。据试验，花粉在 10 ℃ 干燥条件下贮藏，次日上午仍有较强的生活力。

（4）补授粉：对于前一天漏掉授粉或因降雨为授粉的去雄花蕾，可补授粉。据试验，第二天补授粉后成铃率仍可达 55% 左右。

棉花杂交制种一般采用"小瓶法"授粉技术，包括取粉和授粉两个过程。取粉当天早上 8：00 ~ 8：30，用镊子刮下用作制种父本的花药，摊放在牛皮纸上。待花药裂开，花粉散出后，装入授粉专用瓶。为了防止授粉时折断柱头，保证授粉足量、均匀，授粉瓶不能装得过满，2/3 即可。

授粉的操作方法是：左手轻轻握住已去雄的花蕾，右手倒拿授粉瓶，将瓶盖上的小孔对准柱头，将授粉瓶转动一下或用手指轻叩一下瓶子。然后拿开授粉瓶，取下标记，授粉即完毕。

人工授粉在上午 8：00 ~ 11：00 时进行，根据标记线，对先天下午去雄的花进行授粉。全部授粉完毕后，应将瓶中剩余花粉倒掉，将授粉瓶洗净、晾干，备第二天用。

授粉质量要求：授粉量要充足、均匀，肉眼可见柱头上附有花粉粒。尽量避免漏授粉，以提高成铃率，增加单株种子数。上午露水未干时不能授粉，在授粉时切忌让水进入授粉瓶内。授粉时动作要轻，不要伤害柱头。授粉结束后及时倒掉花粉，并将瓶子擦干净。收回标记线整理好，便于下次再用。在去雄、授粉时遇到阵雨或连续阴雨，可将去雄后的柱头套上软管，授粉时取下，授粉后再套上，防止雨水冲刷。

3.3.5　应对异常气候的措施

棉花杂交制种期间，尤其在南方棉区，常常会出现高温干旱、雷阵雨、连日阴雨等异常天气，对人工去雄制种操作带来不便，直接影响制种的产量和质量。因此，要采取相应的保护措施，提高杂交成铃率。其一，棉田灌水降温。棉花虽属喜温好光的作物，但当气温高于35 ℃时，散粉、散粉都会受到一定程度上的抑制，影响杂交成铃。若天气出现持续高温时，可在夜间灌水，最好是在晚上采用沟灌和活水串灌，维持3～5 h，可达到增温降湿目的。其二，套管水保粉。当授粉后要下雨时，随即用套管套住柱头，可防雨水冲刷花粉。在连续阴雨天，去雄后套管防止雨水冲刷柱头，影响花粉粒沾着和萌发。据调查，授粉后下雨采用套管法保护能挽回60%左右的损失，不失为一种成本低廉、方法简便、效果显著的好方法。

3.3.6 制种棉田的后期管理

根据气候条件，为保证杂交种子纯度，棉花人工去雄制种结束后，要摘除各果枝的旁心、幼蕾。连续7～10 d在制种棉地摘除白花，防止自交成铃，确保杂交种子纯度。摘除旁习和幼蕾后，养分集中供应杂交棉铃，种子饱满，提高杂交种子重量。

制种田病虫害的防治不能放松，要特别重视棉铃虫、红铃虫的防治工作。杂交棉铃吐絮后及时采收。采收后要及时晒干，谨防潮湿堆放而烧种。做好分选工作，并控制籽棉含水量在10%以内。

3.3.7 制种管理档案的建立

建立制种地田间管理、植株生育动态及制种人员档案，根据制种田的生长动态，制定相应栽培技术，了解制种人员的操作水平，采取相应的对策，进行跟踪服务，是夺取杂交棉制种高产、保证杂交种子纯度的有效措施。

制种地田间档案包括品种、生育期记载及田间栽培管理措施。生育期记载包括父、母本的播期、出苗期、移栽期、现蕾期、开花期、开花量、各期的生长势、打顶时间、果枝盘数、成铃数。

建立田间管理档案，可以根据棉花的生育进程进行，调整栽培管理措施。促使父、母本花期一致，花量基本吻合。如母本的营养生长比父本强，则母本比父本推迟开花4～6 d，采取母本只去2盘果枝、父本去3～4盘果枝的栽培措施，即可使父、母本的开花时间和开花量基本保持一致。又如根据棉花的长势长相，父本集中开花早于母本，则父本后期花量要少于母本。在制种中期对父本及时补施一次肥料，促使父本后期现蕾、开花增多，与母本保持一致。防止因花粉量不够，影响杂交制种产量。

制种人员的管理档案包括姓名、管理制种的品种、管理面积或株数、每日去雄花量、去雄质量、未去雄花数、残留花药率（%）、授粉情况、授粉漏掉率（%）、杂交成铃率（%）等。根据以上情况，经常检查制种人员的制种质量，及时跟踪，采取措施。如同一品种，管理同样株数，棉花长势基本一致，去花量少就应考虑制种人员是否有漏花、摘花、丢花现象存在。成铃率低，就应考虑制种人员的去雄和授粉是否正确。出现歪嘴桃较多，就应考虑花粉活力，授粉是否足量、均匀。及早发现这些问题，对制种人员及时纠正、指导。此外，依据开花量多少，调整制种人员。在开花成铃高峰期抓住有利时机，增加制种人员，保证工作量，降低杂交棉制种成本，取得更好的制种效益。

第四节 番茄人工去雄制种杂种优势利用

番茄（又名西红柿）原产于南美洲安第斯山脉的秘鲁、俄厄瓜多尔、玻利维亚等地形复杂的河谷和山川地带。16世纪传入欧洲，起初作为庭院观赏用，到17世纪逐渐为人们食用。在 17—18 世纪，由西方的传教士、商人或者华侨引进中国，从 20 世纪 50 年代初迅速发展，栽培面积逐年扩大，成为我国普遍栽培的主要果菜之一。

1 番茄的植物学特征特性

1.1 番茄营养器官植物学特征特性

根：番茄为深根性作物。根系发达，分布广而深。在主根不受损的情况下，根系入土 1.5 m 左右，扩展幅度达 2.5 m 以上。育苗移栽时，主根被切断，侧根分枝增多，大部分根群分布在 30 cm 左右的土层中。根系在生能力很强，不仅易生侧根，在根颈和茎上也容易发生不定根，所以番茄移植和扦插繁殖比较容易成活。

茎：番茄茎多为半蔓性和半直立性，少数品种为直立性。分枝形式为假轴分枝，茎端形成花芽。无限生长型的番茄在茎端分化第一个花穗后，其下的一个侧芽生长成强盛的侧枝，与主茎连续而成为假轴，第二穗及以后各穗下的一个侧芽也都如此，故假轴无限生长。有限生长型的番茄，植株则在发生 3～5 个花穗后，花穗下的侧芽变为花芽，不再长成侧枝，故假轴不再伸长。

叶：番茄的叶片呈羽状深裂或全裂，每片叶有小裂片 5～9 对，小裂片的大小、形状、对数，因也得着生部位不同而有很大差别，叶片大小相差悬殊，一般中晚熟品种叶片大，直立性较强，小果品种叶片小。根据叶片形状和裂刻的不同，番茄的叶型分为三种类型：普通叶型、直立叶型和大叶型。叶片及茎绒毛和分泌腺，能分泌出具有特殊气味的液汁以免受虫害。

1.2 番茄繁殖器官的植物学特征特性

花：番茄的花为完全花，总状花序或聚伞花序（图 6-3）。花序着生节间，花黄色。每个花序上着生的花数品种间差异很大，一般 5～8 朵不等，少数小果型品种可达 20～30 朵。有限生长型品种一般主茎生长至 6～7 片真叶时开始着生第一花序，以后每隔 1～2 叶形成一个花序，通常主茎上发生 2～4 层花序后，花序下位的侧芽不再抽枝，而发育为一个花序，使植株封顶。无限生长型品种在主茎生长至 8～10 片叶，出现第一花序，以后每隔 2～3 片叶着生 1 个花序，条件适宜可不断着生花序开花结果。番茄为自花授粉作物，天然杂交率低于 10%。番茄花柄和花梗连接处有一明显的凹陷圆环，叫"离层"，离层在环境条件不适宜时，便形成断带，引起落花落果。

图 6-3 番茄的花器

果实及种子：番茄的果实为多汁浆果，果肉由果皮及胎座组织构成，栽培品种一般为多室。果实形状及颜色因品种而异。番茄种子扁平略呈卵圆形，表面有灰色茸毛。种子成熟比果实早，一般授粉后35~40 d具有发芽能力，40~50 d种子完全成熟。番茄种子发芽年限能保持5~6年，但1~2年的种子发芽率最高。种子千粒重2.7~3.3 g。

2　番茄的育种目标

在我国，番茄品种在丰产性得到保障之后，抗病育种日益受到重视。不同需要类型的番茄其育种目标有差异。鲜食番茄育种的目标为，生长势较强，适应性广，单果重120 g以上，果实整齐一致，果肉厚，果形圆整光滑，色艳，着色均匀，糖酸比合适，风味好，商品果率高，耐贮运，抗花叶病毒、CMV、枯萎病、根结线虫等主要病害中3种以上的病害；加工番茄育种目标为，果实较小且较硬，均匀一致，易剥皮，果肉鲜红，糖酸比1:8左右，抗花叶病毒、枯萎病等病害；鲜食加工兼用番茄育种目标为，果实硬度大，无裂果，耐贮运，产量高，番茄红素含量高。

美国番茄育种总体目标是"低投入、高产出"，与我国的"两高一优"即"高产、高效、优质"基本相似。美国蔬菜要求抗病育种非常突出，许多蔬菜都要求抗3~4种以上病害，例如：番茄、辣椒等茄科蔬菜抗枯萎、黄萎、疫病、叶霉、青枯病、根结线虫以及抗病毒病（TMV、CMV、TEV、PMV）。俄罗斯番茄育种目标仍把高产列为第一位，同时也注意优质抗病及耐贮运，且要求露地番茄早熟、抗晚疫、斑枯和叶斑病、TMV和耐高温，保护地番茄要求抗斑枯、枯萎、叶霉等耐低温弱光品种，且易单性结实，耐贮运。日本番茄育种总体目标是抗病、优质、高产稳产、多样化和周年供应等，且要求抗枯萎病、病毒病、青枯病等，品质方面除糖度、碳酸比外，还要求硬度好、心室小、色泽鲜艳等。温室品种要求可耐8~9 ℃的低温，并单性结实好。

3　番茄的育种方法

番茄的育种方法主要有引种与选择育种、有性杂交育种、杂种优势利用育种、诱变育种、倍性育种和其他生物技术育种等。

引种与选择育种：根据番茄生长发育对光照与温度条件的需要和不同番茄类型品种生态适应性理论，可以将不同生态类型品种引种到相应地域，例如将意大利生态型、东欧生态型、西欧生态型和美国生态型番茄引种到其他相应生态区域，在自然条件下，由于番茄有一定的异交率，所以对其后代的人工选择有效，选出的个体经过分离和多代自交后，基因型容易纯合，再经过1~2次的单株选择或混合选择即可获得新的品种。

有性杂交种：通过设计杂交方式，可以将优良基因整合到一起，经过对分离后代的选择，可以选出综合性状优良的品种，这是目前发展较快的育种方法之一，现有的多数品种都是用这种方法育成。对杂交后代进行系谱选择是番茄改良中最常用的方法，早代的系谱选择和接着用单粒传代法是最节省时间和进展较快的方法。通常在早代对遗传力高的性状进行系谱选择，接着对来自单粒传代法的F_6或F_7遗传力低的性状进行选择。

杂种优势利用育种：番茄杂交种在丰产性、早熟性、抗性、果实整齐度和生长势等方面具有明显的优势，目前番茄生产用种多为杂交一代。为了获得强优势杂交组合，在亲本选配时应重视种质遗传基础的丰富和双亲生物学性状差异较大的组配原则，从而选出性状互补、遗传力强、配合力高和抗性强的优势组合。

诱变育种：用于诱变育种的手段较多，主要有化学诱变育种、辐射诱变育种和太空诱变育种，通过诱变产生基因突变，在变异中选择优良个体育成新的品种。

倍性育种：在种子发芽或植株生长阶段，采用适宜的化学药剂处理，使染色体组倍数发生改变，从而使植株、果实的性状变化。其中多倍体育种是利用一定浓度的秋水仙素处理发芽种子或生长点以获得多倍体。例如育成的四倍体番茄，植株生长旺盛，茎粗，叶绿且宽厚，花器大、果实大。

4 人工去雄杂交制种

4.1 双亲播种与栽培管理

为保证早期能有大量花粉，父本可以比母本提早 3 周（20~25 d）左右播种。若双亲熟期不是很一致，为使双亲花期相遇，应适当提早中、晚熟亲本的播种期，延迟早熟亲本的播种期。具有 $Tm-2nv$ 基因的亲本，由于生长缓慢，也要适当提早播种。父母本种植比例一般为 1:4~5。定植密度以 57 000~60 000 株/hm² 为宜。定植后应及时中耕、施肥、浇水，进行蹲苗，为父母本植株正常生长发育、开花、坐果打下良好基础。当第一穗果开始膨大、第二穗花坐果、第三穗刚开花时，植株进入生殖生长盛期，需水、需肥量大，此时期应追施肥料，尤其应施磷钾肥。当第三穗坐果时，也正是第一、第二穗果实增大时期，植株需肥需水量加大，应及时施肥、浇水，防止植株早衰，促进果实增大。当第一、第二穗果接近成熟时，还应追施肥料，促进果实迅速成熟和种子饱满。

春季播制种时，一般在植株的第二穗初花开始花时，由于第一穗花开放时由于低温受精，结实不良，种子很少，为促进植株早期发育，往往将第一穗花摘除。在制种田中，应拔除可疑株、异形株和病株，清除母本株上已开放的花和果实。

4.2 杂交制种方法

番茄是自花授粉植物，柱头在开花前 2 d 就具有受精能力，当天受精能力最强，开花后 2 d 仍有接受花粉受精能力，而花粉在开花当天花瓣张开时成熟。开花多在上午，下午 14:00 后开花较少。开花的顺序是萼片先开，随即花瓣展开，花瓣展开达 180°时，花药开裂散粉，花粉在干燥条件下可存活 2~4 d，柱头接受花粉到受精约需 48 h。开花时的最适宜温度为 22~25 ℃，相对湿度 90% 左右，对开花有利，番茄的花朵从开花到谢花时间约 3~4 d。在白天 25 ℃ 左右，夜晚 15~20 ℃ 条件下授粉、受精较好。在开花期间，温度低于 12 ℃ 或高于 35 ℃，不能受精结实。

4.3 母本去雄

去雄的时期应在开花前 1~2 d，选择露出花冠和花瓣展开呈 30°角的花蕾去雄。此时花药尚未开裂，其色由绿开始转黄，用镊子把花药筒全部摘除。去雄时花蕾过小不便操作，座果率和结籽数也受影响；花蕾过大有可能自交。在去雄的同时，摘除畸形花（柱头粗大，有八个以上花瓣的花朵为畸形花）和弱花，以提高座果率。去雄的时间应在下午进行。去雄时每穗留花 3 或 4 个，最多不超过 5 个，同时将未去雄的花朵摘除，防止采收种果时混杂。为防止蜜蜂传粉，去雄时连同花瓣一起去掉，不过在蜜蜂较少的制种区，尽量保留花瓣，以便提高座果率。由于番茄去雄时花蕾嫩小，在去雄操作过程中要精心细致，既要防上损伤子房花柱，又要保证把花药清除干净。

4.4 采集父本花粉

在父本植株上采集花粉，宜选用盛开的花朵，此时花瓣展开呈 180°角，花药呈金黄色。番茄一般在晴天上午 10：00 以后，或阴天中午花粉量最多，生活力最强。采集花粉的方法有两种。一种方法是手工采集，即把父本株上的花采下放在阴凉处摊开晾干，用镊子夹住花梗，竹筷敲打镊子，使花粉振落在容器内，然后放在干燥器内备用。另一种方法是机械采集，即用花粉采集器在父本株上直接采集花粉。被采集花粉的花朵也能结果。

4.5 人工授粉

开花前去雄的花朵经 1～2 d 花瓣盛开达 180°，色泽鲜黄，柱头已产生黏液，此时为授粉时期。但是试验表明，当天开放的花授粉后，座果率、单果种子产量和种子千粒重最高；其次是开花前 1 d 和开花后 1 d；花后 3 d 的最低。也可在去雄时授粉一次，此后 1～2 d 再授粉一次。每天最适授粉时间为 10：00～13：00，下午最迟不超过 17：00。授粉时母本的花龄对子房的受精能力有一定影响，因此在授粉时速度要快，操作轻巧。授粉结束时，在花梗上挂纸牌和扎棉线做标记，或者摘去 3 个萼片做标记。番茄每株母本一般授粉 3～5 穗花。授粉工作完成后，要在全田检查并清除未去萼片的自交果，清除一切腋芽和后开的小花。

4.6 采收种子

杂交工作结束后，要及时检查母本田中的植株，可将授粉杂交的花朵，去掉一片萼片作为标记，并随时摘除已母本自交或非目的性杂交所结的果实，防止收获自交果种子。对无限生长类型的番茄品种，在杂交后要及时打顶，使养分集中输送至果实，促进果实和种子发育。在授粉后 40～55 d，杂交果红熟时可采果。采收杂交果时，注意未去掉萼片作标记的果实不能收入，掉在地上的种果或在植株上的烂果均不能采收。种果采收后让其后熟两天，尽量减少发酵时间，以免影响种子色泽和发芽率。将种子从种果取出洗净，可采用日光干燥，但不要在高温烈日下暴晒。当种子含水量达 8% 时可进入包装贮藏。

第五节　辣椒人工去雄制种杂种优势利用

辣椒原产于中南美洲热带地区，别名番椒、辣子、辣角、海椒，属茄科辣椒属一年生无限生长型热季草本作物，在热带地区也有多年生木本植物辣椒。目前世界各地普遍栽培的为一年生草本辣椒。辣椒在世界上栽培至今已有 2 000 多年历史，大约在明朝末年（17世纪 40 年代）传入中国。随着栽培时间的推移，辣椒由单纯的观赏转为调味和鲜食，品种也由野生型逐渐演变为栽培型，由传统的农家品种发展到现在的杂交品种。

1　辣椒杂种优势利用概况

20 世纪 80 年代以前，生产上种植的辣椒品种以地方品种为主，农民用种主要是自选、自繁、自留、自用的常规品种。80 年代后，相继选育了一大批杂交辣椒组合。由于辣椒杂种优势非常明显，较当地常规辣椒品种增产 30%～50% 及以上，种植辣椒的经济效益达

100% ~200%，因此杂交辣椒发展很快。20 世纪 90 年代以来，中国辣椒杂种优势利用的研究取得了很大成就。至今中国生产上推广的辣椒品种，杂交种占 80% 以上。除此之外，中国每年还为美国、韩国等生产杂交辣椒种子 10 万 kg 以上，中国已成为世界最大的杂辣椒种子生产基地，已在海南、华东、华北、西北、东北建立了制种基地，形成了杂交辣椒种子周年均衡生产技术，生产的杂交辣椒种子能供应市均需求。由于生产杂交辣椒种子能产生丰厚的利润，从而推动了辣椒杂种优势利用的产业化技术研究与开发。

2 辣椒种子生产的植物学特征特性

2.1 辣椒花器的特征特性

辣椒的花朵多为单生，少数为双生，有些品种的花为簇生。辣椒花器为雌雄同花，花较小，属于常异花授粉作物，昆虫是传授媒介，天然异交率较高。不同种类辣椒，如甜椒类型，花柱短，天然异交率为 10% 左右；普通辣椒类型花柱长，天然异交率高于 20%。

辣椒花由花梗、花萼、花冠、雄蕊、雌蕊五部分组成（图 6 - 4）。花梗连接在枝杈上，呈绿色、黄绿或紫色。花萼有 7 片，绿色，花萼基部连成萼筒，呈钟形。花冠一般有 5 ~7 片花瓣，基部合生，白色或绿白色。雄蕊由花药和花丝组成，花药 5 ~7 枚，整齐排列在雌蕊周围，基部合生，花丝淡黄色或紫色，纵裂后释放花粉。雌蕊一枚，由子房和柱头组成，子房绿色，一般为 2 室，少数 3 室或 4 室，柱头紫色或黄色，上有刺状突起，当雄蕊花粉成熟时，柱头开始分泌黏液，以便接受花粉。辣椒一般类型的雄蕊花药与柱头平齐或稍长，也有少数种类柱头长于花药。长柱头的种类，其天然异交率较高。

图 6 - 4　辣椒的花器

2.2 辣椒果实的特征特性

辣椒的果实为浆果，由果柄、花托、果皮、胎座和种子组成。辣椒的食用部分为果皮。果柄是花柄发育而成，果柄弯曲或直形，果柄细长的果实也细长，果柄粗短的果实也粗短。花托为花萼的扩大和延伸，附着于果实基部。果皮（果肉）由子房壁发育而成，可分为果肩、果身、果顶三部分。果肩的形状有凹形、平形、凸形，灯笼椒的果肩多为凹形，牛角椒的果肩多为平形，线椒的果肩多为凸形。果实的大小、形状因品种类型不同而差异较大，有圆球形、扁圆形、牛角形、羊角形、线长形等多种形状。果皮与胎座之间是一个空腔，由隔膜连着胎座，将空腔分为 2~4 个心室，种子分布在胎座及隔膜上。圆锥形胎座上着生的种子数一般多于片状胎座。

2.3 辣椒种子的特征特性

辣椒种子呈短肾形，扁平微皱，淡黄色或金黄色。种子的结构由种皮、子叶、内胚乳、胚等部分组成。辣椒种子的大小与重量，因品种类型差异较大，同时也受栽培条件影响。中等大小类型的种子，千粒重为 5~7 g。种皮较坚硬，表面有一层角质层。子叶贮藏养分，供种子发芽与幼苗生长需要。胚乳包围着胚，呈镰刀状弯曲。胚由胚芽、胚轴、胚根组成，种子发芽后发育成完整的植株体。

在种子生产过程中，采种后如不及时干燥种子表面水分，或种子经过水洗，种子会变成灰白色，甚至黑色，并无光泽。种子晒干后，如果其表面温度超过 30 ℃时装入包装袋密封，种子的颜色将由黄色变为褐色或红色，失去光泽，种子失去生命力。

3 辣椒开花结果与环境条件

3.1 辣椒开花习性

辣椒幼苗在适宜条件下生长至一定时期，生长点形成花芽，开始现蕾。花蕾初现时被萼片包住，经逐步发育，花冠外露，从现蕾到开花约 20 d。其间遇低温阴雨天气多，时间有所延长；相反，遇高温晴天多，时间有所缩短。辣椒绝大多数花朵在清晨开花，少数花在午后或傍晚开花。在开花过程中，花药一般在始开或展开时散粉；若空气湿度较大（在大棚内、雨天），花药散粉可推后 3~5 h；若空气湿度低、温度高，花药可在花苞打开时已经散粉，时间可提前 3~5 h。花药散粉时间因不同品种类型有差异。因此，在去雄杂交制种时，一定要根据不同品种类型和天气条件，准确掌握去雄与授粉时间。

3.2 环境条件对花粉生活力的影响

袁志勤研究表明，辣椒在花朵开放当天花粉的生活力最强，花粉萌发率为 75.2%，其次是开花前 1 d，花粉萌发率为 48.2%，开花后的第 2 d，花粉萌发率降至 16.7%。大量相关研究也证明，雄花在开花前 2 d 至开花当天，花粉均具有受精能力，以开花当天花粉受精力最强，授粉后的坐果率最高。辣椒花粉生活力与温度和空气湿度密切相关，在高温、干燥和有阳光条件下，花粉生活力明显下降。在辣椒杂交制种时，要求花粉没有从花朵散出，采集父本花后，还要经历取花药过程，因此采集作父本的花朵，应选择花冠白色发亮的大花蕾，取出花粉用于授粉。

当柱头接受花粉后，在适宜温、湿度条件下花粉萌发形成花粉管，并穿过柱头进入子房，完成受精过程。辣椒花粉在柱头上萌发的适宜温度为 20~26 ℃，甜辣椒花粉萌发温度偏低，其他辣椒花粉萌发温度偏高。杂交制种实践证明，在日均温 15~25 ℃，日最高温度不超过 30 ℃的天气授粉，授粉后落花少，座果率高；当日最高温度低于 20 ℃，或高于 35 ℃时，授粉后落花多，座果率低。因此，辣椒杂交制种时，应尽量将授粉期安排在日均温 22~25 ℃、日最高温度不超过 30 ℃、日最低温度不低于 15 ℃的季节，使座果率高，单果结实种子多。

4 辣椒人工去雄杂交制种程序与技术

4.1 辣椒人工去雄杂交制种的优越性

辣椒杂种优势利用已遍及全世界，目前生产上使用的品种，基本上都是两个自交系的杂交种。辣椒与其他作物比较有以下特点：其一，繁殖系数高，杂交一朵花可获得 80～200 粒种子；其二，大田生产用种量较少，每公顷只需 450～600 g 种子，按 1 000 粒重 6 g 计算，每公顷只需要 75 000～99 000 粒种子，人工杂交 750～1 200 朵花，所结实的种子，可供 1 hm² 大田生产用种。采用人工去雄杂交制种法，与采用雄性不系制种法比较，人工去雄杂交制种，配制强优势杂交组合的亲本选择自由度大，有利发掘辣椒种质资源潜在的杂种优势。因此，辣椒采用人工去雄杂交制种是目前利用杂种优势的主要途径。

目前，我国辣椒杂交种子的质量标准为：纯度 ≥95%，净度 ≥99%，发芽率 ≥85%，含水量 ≤7%，且种子颜色正常、有光泽。

4.2 辣椒人工去雄杂交制种程序与技术

4.2.1 父母本播种期安排

为了保证父母本的花期相遇良好，对于父母本生育期有差异的杂交组合制种，必须根据父母本生育期特性、开花习性、开花期当地的气候条件，确定父母本播种差期，分别安排播种期。在同一制种区域，不同的杂交组合制种，播种期的安排不同。同一杂交组合在不同地方（如南方、北方）或不同季节制种，父母本的播种期安排不同。据研究与实践表明，在海南制种的授粉期为 11 月至翌年 2 月，最适授粉期为 12 月；东北和西北地区制种，最适授粉期为 7 月；华东地区制种，最适授粉期为 4 月下旬至 5 月上旬。

4.2.2 父母本种植比例

父母本种植比例是以保证有充足的父本花粉满足授粉需要为前提。目前，辣椒制种父母本种植比例一般为 1∶3～5。甜辣椒品种类型间的杂交制种，其父母本比例可适当大些；以尖辣椒为母本，甜辣椒为父本的杂交制种，由于母本花数多，要求父本的花粉量大，父本种植比例宜大些；相反，以甜辣椒为母本，尖辣椒为父本的制种，父本种植比例可适当小些；尖辣椒品种类型的制种，父本种植比例也应大些。

4.2.3 隔离与除杂

辣椒制种田与其他辣椒生产田的距离隔离要求在 500 m 以上，主要是防止昆虫传粉，导致生物学混杂，影响杂交种子纯度。制种的田间除杂是授粉期的重要工作环节。在制种田中，父母本表现的杂株，如生育期、株叶形状、茎秆性状、花蕾形状、色泽等，与父母本典型性不符的植株，均应视为杂株除掉。

4.2.4 母本植株的整理

授粉开始前必须对母本植株进行整理。将植株上已经开花的花朵和已结的果全部摘除。同时进行整枝，摘除部分或全部侧枝、瘦弱枝条、发育不良枝条。授粉结束后也要进行整枝，除掉没有杂交授粉的花蕾或浆果，保证杂交浆果充分发育所需养分的供应，有利于提高杂交种子纯度和种子饱满度。

4.2.5 母本选蕾去雄

杂交制种过程中的母本去雄是否及时、彻底，关系到制种的种子纯度。去雄工作包括花蕾选择与去雄两个步骤。

选择适宜花蕾：进行人工去雄杂交前必须选择适宜的花蕾。根据研究得知，辣椒开花的时间一般在上午 10：00 前开花，选择正在开花而又没有散粉的花朵杂交，其座果率高，单果结实种子多；选用的花蕾较小，单果结实的种子少。因此，在去雄时，要根据花朵发育的实际情况，选择适宜大小的花蕾。在种子生产实际中，一般都选用开花前 1 d 的花蕾去雄。不过，不同品种在不同的条件下，开花散粉时期不尽相同，尤其在高温、干燥天气，很易出现花蕾未开就散粉的现象，去雄时应特别注意。

摘除母本雄蕊：去雄方法有镊子去雄和徒手去雄两种方法。镊子去雄是国内外最普遍使用的方法，适用于各种不同辣椒品种类型的去雄。徒手去雄适用于花朵较大的辣椒品种类型去雄，去雄速度快。

用镊子去雄，选择发育充实、柱头粗壮的花蕾去雄授粉后结果率高。去雄时，用左手拇指与食指轻轻夹持花蕾基部，右手用镊子将花瓣轻轻拨开，镊子尖端从花筒基部伸入，轻轻放松对镊子的夹持力，将花药撑开，再将花药全部摘除。去雄时注意不伤花柄和子房，防止花蕾脱落。

徒手去雄时，用左手的拇指与食指及中指轻轻握住花蕾基部，右手拇指、食指和中指掐住花冠基部，轻轻一拧，再返回，左、右轻轻一拉，将花药和花冠同时从花朵上全部去掉，达到去雄的目的。用徒手去雄彻底，杂交种纯度高。

4.2.6 父本采粉与授粉

（1）采集父本花粉：母本去雄后，必须从父本田选取生活力强的花粉授粉。目前，大面积辣椒杂交制种，在父母本种植比例 1：3 ~ 5 条件下，集中采摘父本大花蕾后，取出花药，在较为干燥条件下，放在光滑的白纸上，花药纵裂散粉后，用 60 ~ 120 目的孔筛选出花粉即可。从花蕾中取出花药是采粉的主要工作。一是利用镊子取出花药，同去雄方法一样将花药从花蕾中取；二是徒手取花药，将花药从花蕾中挤出或拉出。取花药一定要在花药没有散粉前取出，否则部分花粉已沾到父本花器的花瓣、花萼、花药壁、柱头上，减少了用于杂交授粉的花粉量。

（2）传授父本花粉：母本去雄后可以在当天或第二天授粉，两天内授粉的坐果率无明显差异，但在单果种子数上差异明显，以去雄后第二天授粉的种子数多于当天授粉。在生产实际中，一般是一边去雄一边授粉。其理由是：其一，隔天授粉，要寻找去雄花朵，较易漏授已去雄花朵；其二，辣椒开花期正处于生长发育期，如经多次摇晃，不利于生长。但是，对于授粉后座果率低的品种，在去雄后的第二天授粉，可以提高座果率和单果种子数。授粉的操作方法是：用左手的拇指与食指及中指轻轻握住花蕾基部，右手拿授粉管，将柱头插入授粉管的小孔中，让柱头沾满花粉。授粉时动作要轻，不伤花柱和子房，否则会引起落花。

4.2.7 采收杂交种子

（1）采摘果实：授粉杂交后，卵细胞经过 24 ~ 36 h 即开始分裂。受精后至果实充分膨大（绿色）约需 30 d，再由绿色至转为红色成熟还需 20 ~ 30 d。从授粉到种子成熟的天数，依品种、栽培方式、座果部位不同而异，早熟品种需要 45 ~ 50 d，中晚熟品种需要 55 ~ 60 d，保护地杂制种果实成熟天数较露地制种长，一般需要 65 ~ 70 d。果实发育成熟受影响较大，温度高，成熟快。在海南制种，授粉后的 2 ~ 3 月份温度逐步上升，成熟期相对较短，授粉后 50 d 即可成熟。同一品种，在北方基地制种，8 ~ 9 月份温度逐渐下降，大约需要 60 d 以上才能成熟。果实变为深红色时，种子才有较高的发芽率。果实摘收后经过后熟也可提高种子发芽率，但采摘时红色部分未超过 2/3 的果实，即使经后熟的种子也难达到较高的发芽率。

采摘果实应注意天气条件，以在晴天的下午采摘为宜。如在高温高湿天气采摘果实，易使果实腐烂，采摘 3 d 内必须采种。

（2）采收种子：采摘完全成熟的果实，在阳光下晒 1~2 d，使果实变软，以便取种。取种时间宜在上午，取种方法有刀具法和徒手法。刀具法取种，用小刀或其他利器切去果实基部，再纵切果皮，将胎座及种子从果皮中取出，装入筛子，摇晃筛子，让种子从筛孔中漏出。徒手取种，用双手搓果皮，让种子与胎座分离，再从萼片处将果皮呈螺旋状撕开，倒出种子。

种子从果皮内取出后，应立即进行干燥，否则种子会变灰色甚至黑色，影响种子外观质量和发芽率。种子干燥方法有：自然干燥法，该法宜在降雨少的西北地区采用，种子在自然条件下失水干燥，颜色金黄，有光泽，外观质量好；阳光晒干法，在晴朗天气，将种子薄摊在竹垫、草席、报纸、纤维布、纱网等物品上，使种子在阳光下蒸发水分。该法在各地均可采用，简便易行、质量可靠；加热干燥法，采种时遇到阴雨天气，将取出的种子薄摊在炕上，利用适宜火炕温度蒸发种子水分，该法应严格控制温度，防止烫伤种子。

第六节　西瓜人工去雄制种杂种优势利用

西瓜原产于非洲热带草原，是一种喜温作物，五代时期传入中国。凤山热带园艺试验分所 1957—1959 年育成的凤水系列无籽西瓜，种子畅销世界各地。1950 年中国农业科学院果树所瓜类室（现中国农业科学院郑州果树所瓜类室）组配无籽 3 号，1965 年广东农业科学院育成农育 1 号四倍体，同年，湖南邵阳农业科学研究所瓜类室（现湖南省瓜类研究所）育成的邵阳 304 等。从 1970 年起到 80 年代末期，掀起了多倍体西瓜研究热潮，积极着手诱变新四倍体品种，选配优良三倍体组合，提高采种量及栽培技术研究。湖南、湖北、广东、广西还成立了无籽西瓜科研协作组，联合探索以克服"三低"为主要内容的协作攻关活动。此期间选育的三倍体广西 2 号、蜜枚无籽 1 号、黑蜜 2 号。郑抗无籽 304、雪峰系列无籽，洞庭系列无籽等成为我国现在三倍体无籽西瓜主栽品种，无籽西瓜种植面积扩大，无籽西瓜种子生产也进入了规模化商品生产。

1　西瓜的植物学特征特性

1.1　西瓜的花器特征特性

西瓜为雌雄同株异花植物。雄花通常为单性花，雌花一般也是单性花，但也有少数品种的部分雌花为雌雄两性花。两性花的发生比例与品种、温度、营养有关，一般而言，花的营养丰富时，部分品种较容易出现雌雄两性花。有些两性花的雄蕊能散出正常花粉，使雌花受精坐果。

西瓜的花着生于叶腋，为子房下位花，花冠黄色，以五裂片合于同一花筒上。花萼 5 片，呈绿色，花药 3 枚。雌蕊位于花冠基部，柱头先端一般为 3 裂，且与子房的心皮数相同。

西瓜的花芽分化较早，在两片子叶充分发育时，第一朵雌花花芽开始分化，第一片真叶展开时，第一朵雌花分化，为花朵性别的决定期，4 片真叶为理想的坐果节位雌花分化期。育苗期间的环境条件对雌花着生节位和雌雄花的发生比例有着密切的关系，较低的温度、特别是夜温，有利于雌花的形成，在 2 叶期以前，日照时数较短，可促进雌花发生，但品种间的反应不一；充足的营养，适宜的土壤水分和空气湿度，可以增加雌花的数目。

西瓜花的寿命短，一般为数小时。通常情况下，雌花开放 2 d 即失去受精能力，雄花开放后 2 d 花粉即完全丧失活性，但在低温干燥条件下可以延长至 7 d。无论是雄花还是雌花，都以当天开放的生命力最强。授粉受精结实率高，一般上午 9：00 以后授粉，结实率明显降低。

1.2 西瓜的果实

西瓜果实为瓠果，由子房发育而成，由果皮、果肉和种子三部分组成。果实由子房壁发育而成，果肉即通常所说的"瓜瓤"部分，主要是由发育旺盛的胎座组织发育而成，瓜瓤色泽是随西瓜肉所含色素的不同而不同，红瓤品种的瓜瓤内含有茄红素和胡萝卜素，其色泽主要由茄红素含量的多少所决定的。黄瓤品种含有各种胡萝卜素，但不含茄红素，黄色的深浅则由胡萝卜素含量的多少而定。白瓤品种的瓜瓤内含有黄素铜类，与各种糖结合成糖苷形式而存在于细胞液中。

果实的形状可以分为扁圆形（果形指数 <1）、正圆（果形指数为 1）、高圆（果形指数 1 ~ 1.1）、短椭（果形指数 1.1 ~ 1.2）、椭圆（果形指数 1.2 ~ 1.5）、长椭（果形指数 >1.5）。

1.3 西瓜的种子

西瓜种子由外种皮、内种皮和胚组成，种子内无胚乳。种子形状为扁平卵圆形。种胚也叫种仁，由子叶、胚芽和胚轴组成，两片肥厚的子叶中含有丰富的营养物质，是幼苗进入自养阶段之前，种子发芽和幼苗生长所需能量的来源。

种子的大小因品种不同而异，其千粒重一般为 30 ~ 100 g，通常将 30 g 以下的称为小粒种子，60 g 以上的称为大粒种子，30 ~ 60 g 的称为中粒种子。

种子的色泽变化很大，有白色、黄色、红色、褐色、黑色等，种皮光滑或有裂刻，有的还具有黑色麻点或边缘具有黑斑等，脐点部黑斑，缝合线黑斑，全面褐斑等。

西瓜种子的贮藏寿命随其贮存条件而异，采收后及时干燥，使种子含水量保持在 5% 左右，是种子能够长期保存的关键；其次是低温，在 5 ~ 40 ℃ 的温度范围内，随着温度的升高，呼吸作用逐渐增强，贮存时间相对缩短。总之，低温、干燥是贮存是保持种子活力和发芽率的重要条件。

1.4 开花授粉和受精

1.4.1 开花

西瓜的花是半日花，一般清晨开放，午后闭花，次日不再开放，没有受精的雌花次日尚能开放，但很少能授粉结实。西瓜的花自基部陆续向上开放，表现在花蕾的体积迅速膨大，先端蓬松，花瓣显露黄绿色。在晴天，西瓜的花瓣一般在 5：00 ~ 6：00 开始松动，

6:00～7:00时完成开放，在同一蔓上，雄花的开放时间早于雌花。雄花在开花的同时或稍晚的时间散粉。西瓜开花的时间主要受花蕾的发育、温度、光照、和雨日的影响。一般花蕾的发育程度越高，开放的时间越早；夜温和西瓜花开放时间成高度的负相关。成熟的花蕾，在较适宜的温度条件下，至少需要8 h的暗期，而在低温条件下则需要更长的黑暗期。开花前1 d的花蕾，经雨水淋后，次日开花的时间推迟，雨淋时间越长，开花时间也越迟。

1.4.2　授粉和受精

西瓜雌花和雄花均具有蜜腺，雄花花粉滞重，靠昆虫传粉。雌花和雄花均以当天开放的生活力最强，雄花清晨开花后即散粉，雄花花粉传至雌花柱头即完成授粉过程。花粉到达柱头以后，花粉粒开始萌发，花粉管伸入柱头，而后沿花柱达到胚珠，花粉中的精核穿过珠孔与胚细胞结合，形成受精卵。受精卵发育成种子，子房则膨大而形成果实。柱头充分受精得到的单瓜种子数目较多。

1.4.3　花粉的活力

花粉的活力与授粉时雄花花蕾的营养状况和花粉成熟度、温度、降水和湿度有密切的关系。一般雄蕾的大小与花粉的活力有一定的关系，在适温条件下，花蕾的大小与花粉活力的差异不明显。徒长蔓特别大的雄蕾花粉的生活力有减弱的趋势。当天开放的雄花其花粉活力最强，开花前一天花蕾的花粉发芽率低。开花后的花粉发芽率则因贮藏的条件而异，贮藏在低温干燥的条件下可以维持数天。西瓜花粉发芽的适宜温度为25～30 ℃，35 ℃以上的高温对发芽有一定的障碍。土壤湿度直接影响花蕾的大小，在水分较充足的条件下花蕾大，花粉的生活力强，在缺水条件下花蕾生长受到影响，从而影响花粉的生活力。西瓜花粉需要较高的空气湿度，一般以空气相对湿度为95%时为宜。授粉后降水对结实有影响，授粉后60 min降水，即使降水时间很短，雌花也不能受精结实。授粉后150 min降水，有相当多的雌花可以受精结实。授粉后3 h降水，结实率也较低。授粉前降水，只要柱头保持干燥，并能授以淋湿的花粉，对受精和结实的影响较小。

1.4.4　雌花

雌花素质和授粉时间对结实有影响，一般主蔓第3～4雌花或侧蔓第2～3雌花较大而充实，花柄较长，从叶腋向下呈钩状弯曲，易于坐果，形成的果实大，单瓜种子数多。刚开放的雌花是柱头生活力最旺盛的时候，授粉结实率高。因此，一般晴天要求在上午9:30前完成授粉，阴雨天可适当推迟到10:00左右授粉，可以提高坐果率和单瓜种子数。

2　西瓜人工去雄杂交制种

西瓜是雌雄同株异花植物，花器较大，去雄较易，繁殖系数较高，人工去雄杂交制种是西瓜常用的制种方法。人工去雄制种法的具体操作如下：

2.1　适时定植

西瓜制种，隔离距离为1 500～2 000 m。父母本种植行比可按1:10安排。西瓜的根系的再生能力弱，而且一旦组织成熟，根木栓化以后，新根的发生就困难。因此西瓜制种育苗移植时要求一定的苗龄，超过苗龄后，成活率及苗期生长都将受到很大影响。采用营养钵育苗，以2～3片真叶展开（2叶1心期）、3次侧根刚发生时移栽定植为宜。定植过晚，不但在苗床内限制了3次、4次侧根的生长，同时在移栽时还会有大量的3次根、4次根遭到破坏或损伤，影响移栽成活率和苗期的生长发育。

定植后苗子成活快，发棵早。适宜的定植深度应该使营养钵的上口与地面相齐平（一般子叶距地面1～2 cm），能够满足根系生长对环境条件的各种要求。

合理密植是提高产量的栽培措施之一。定植密度根据品种、生长势、整枝方式、土壤等情况而定。一般行距2 m，株距50～60 cm。无籽西瓜制种以四倍体作母本，生长势强应适当稀植；小果型西瓜制种，采用多蔓整枝方式宜稀植；土壤过于肥沃应稀植。

2.2　田间管理

铺膜覆盖：地膜覆盖能保持土壤肥水，稳定墒情，提高土温，防止土壤板结，改良土壤结构，减轻病虫害发生。选择光亮且有韧性的地膜为宜。

植株调整：西瓜制种中，对植株摘心、整枝、盘蔓等称为植株调整，其作用是调整或控制西瓜蔓叶片的营养生长，促进花果的生殖生长，改善田间群体结构和通风透光条件，缩短生长周期，提早生育期，提高制种产量和种子质量。

分类追肥：西瓜在不同生育期对肥料的吸收量和需肥种类不同，因而不能一次施足全生育期的需肥量，必须通过分期分量追肥满足生长发育需要。追肥原则根据各个生育时期的吸肥特点，选用适宜的肥料种类，做到成分完全，配比恰当。常用做追肥的有机肥，北方多为粪肥、饼肥、草木灰等，南方多用稀人粪尿；化肥中常用作追肥的有尿素、硫酸钾、碳酸氢铵、硝酸铵、硫酸钾、磷酸二铵及复合肥等。西瓜追肥应以速效肥料为主，有机肥和化肥合理搭配，充分满足西瓜各生育期对矿质元素的需要。

中耕除草：中耕松土的作用：一方面可切断土壤毛细管，减少土壤水分蒸发，保持墒情；另一方面，可使表土层经常保持疏松，以增加土壤透气性能，还可以改善土壤结构，有利于微生物活动，特别是好气性细菌和硝化细菌增加，从而促进了有机质分解，加速了土壤养分相有效化、速效化和可给化的转化，提高地温。因此，中耕松土是促进幼苗根系发育的重要措施。中耕可以结合除草同时进行。

2.3　隔离方法

空间隔离：在确定制种田和定植时应作好隔离安排，确定利用空间隔离方法，在开阔地的隔离距离应为1 000 m以上，如有屏障作为空间隔离，其距离应在500 m以上。

花期隔离：制种区与非制种区在不少1 000 m以内，采用播种时期错开的方法隔离，使隔离区内的瓜类生产花期完全错开，达到花期隔离效果。

器械隔离：利用套袋法使其达到隔离效果。在制种时先确定隔离条件（1 000 m内无瓜类作物种植），在授粉时不会发生串粉或自交等现象，然后在授粉时对母本去掉所有雄花，防止自交，并用套袋方法使母本雌花不接受其他花粉，防止天然杂交。

2.4　去雄套袋

去雄套袋必须在母本雌花未开前进行。可分3次进行，每次间隔3 d。尽量做到早去雄、减少营养消耗，而且可去雄无遗漏。在授粉期间，每天下午及授粉当日清晨雄花开放前逐株检查。

在授粉期间，每日下午选择次日将要开放的雌花蕾（花蕾变尖变大，蕾尖泛黄、花瓣边伸出花苞为次日将开雌花）套上纸袋，在授粉当日雌花开放前检查补套先天去雄时漏掉的雌花。晴天一般用红色纸袋套袋，色彩鲜艳，便于区别；雨天或雨前用红色不透水纸袋或硫酸纸袋套袋。

2.5　授粉标记

授粉是提高坐果率的重要措施。授粉应在晴天清晨 6：00 左右开始，10：00 前结束。用于授粉的父本雄花应在清晨未开放前，采摘当日将要开放的雄花（花蕾尖顶部泛黄，且硬、紧、挺以示与先天开放后闭拢的花相区别），放在密闭容器中备用。授粉前，用手分开雄花花瓣，向后翻折，取下母本雌花上红色套袋，轻拿雌花花瓣或瓜柄（注意不要触摸雌瓜果部），用雄花花粉涂抹于母本雌花柱头上，花粉要在柱头三瓣上涂均匀。最好采用两朵以上的父本雄花花粉涂抹于柱头上，授粉后换用白色纸袋或硫酸纸袋套袋。

授粉后对授粉的雌花进行标记、记录，以示与未授粉或天然杂交瓜相区别，防止错收瓜果，造成混杂。标记用红色毛线绑于瓜柄叶后紧靠节位或瓜柄上，也可用其他彩色毛线、皮圈等作标记，标记要醒目、清晰、耐久（能维持到采瓜或剖瓜而不脱落）。

2.6　采收瓜果

杂交后至采收瓜果的时间长短随品种而异，杂交后的种瓜一般应比正常商品瓜多成熟 4～5 d，常用两种方法确定种瓜采收期。

目测法：不同的西瓜品种在成熟时，都会表现出本品种固有的皮色、网纹或条纹。成熟的西瓜纹络清楚，深淡分明，有些品种还会出现棱起、挑筋、瓜把处略有收缩，表皮具光泽，表面微现凹凸不平，瓜面茸毛消失。用手指压花萼部有弹性感，坐果节和以下节位的卷须枯萎以及瓜底部未见日光处变成橘黄色，手触摸瓜皮有滑感等均可作为种瓜成熟的参考指标。

标记法：标记法是测知西瓜成熟期收瓜的较好方法，即以各品种的成熟需要一定的积温及日数为依据，推算出成熟期。开花授粉后均作了标记记录，以最后一天授粉日开始推算其成熟期。

采收后的种瓜因其生长发育不同，成熟度仍有不同，往往要经过堆放、降温以催其后熟。同期开花授粉的瓜果，往往大果先熟，小果后熟，在后熟堆放过程中根据后熟程度决定分批剖瓜。将授粉早而大的种瓜先剖瓜取籽，授粉迟而小的种瓜果后剖瓜取籽。采收瓜果时，要选择无病、果实性状典型的种瓜。

2.7　取晒收种

剖瓜取籽要在晴天上午进行，最迟不得超过中午 12：00。将选出带有标记的成熟瓜果用钝刀切为两半（注意不能用利刀以防切坏种子），然后将瓤色明显符合母本特征的种瓜挖出瓜瓤装入纱网袋或新的编织袋中，将袋口扎紧后进行挤压揉搓瓜肉，使之破碎，然后将种子及瓜果组织倒入细孔小于种粒的塑料盆或筐内，放入清水用力搅动，捞出渣子沥水后，再用清水淘洗，直到清洗干净后，放入药液中浸泡 20～30 min 进行消毒。消毒后再冲洗干净种子表面药液，再放到垫子或篷布上晾晒，不宜晒在铁板或水泥地面上，以防高温烫坏种子。晒时要摊开摊薄，在 12：00～14：00 高温时段适当遮阴，以防晒坏种子。洗晒种子必须当天晒干大量水分，使种子表面有光泽，色泽鲜明。种子要经多次晾晒至含水量低于 8% 时，才宜收贮。

第七节　黄瓜人工去雄制种杂种优势利用

中国黄瓜是由西汉时期张骞出使西域带回中原，逐步发展种植。当时称为胡瓜，五胡十六国时赵皇帝石勒忌讳"胡"字，汉臣襄国郡守樊坦将其改为"黄瓜"。黄瓜的瓜皮本来是青绿色，放久了会逐渐变为黄色，又称为老黄瓜。

据分析，黄瓜中含有的葫芦素 C 具有提高人体免疫功能的作用，可达到抗肿瘤、治疗慢性肝炎的目的。老黄瓜中含有丰富的维生素 E，可起到延年益寿、抗衰老的作用；黄瓜中的黄瓜酶，有很强的生物活性，能有效地促进机体的新陈代谢。用黄瓜捣汁涂擦皮肤，有润肤，舒展皱纹的功效。黄瓜中所含的丙氨酸、精氨酸和谷胺酰胺对肝脏病人，特别是对酒精肝硬化患者有一定辅助治疗作用，可防酒精中毒。黄瓜中所含的葡糖苷、果糖等不参与通常的糖代谢，故糖尿病人以黄瓜代替淀粉类食物充饥，血糖非但不会升高，甚至会降低。黄瓜中所含的丙醇二酸，可抑制糖类物质转变为脂肪。此外，黄瓜中的纤维素对促进人体肠道内腐败物质的排除，以及降低胆固醇有一定作用，能强身健体。黄瓜是当今餐桌上的家常菜之一，也可以当水果生吃，还可以通过加工，制成多种多样的食品。

1　黄瓜的植物学特征特性

黄瓜为葫芦科植物黄瓜属黄瓜的果实，一年生无限型蔓生或攀援草本植物，茎细长，有纵棱，被短刚毛。黄瓜根系分布浅，再生能力较弱。茎蔓性，长可达 3 米以上，有分枝。叶掌状，大而薄，叶缘有细锯齿。黄瓜为瓠果，果长数厘米至 70 cm 以上。嫩果颜色由乳白至深绿。果面光滑或具白、褐或黑色的瘤刺。有的果实有来自葫芦素的苦味。种子扁平，长椭圆形，种皮浅黄色。

黄瓜属喜温作物，种子发芽适温为 25～30 ℃，生长适温为 18～32 ℃。黄瓜对土壤水分条件的要求较严格。生长期间需要供给充足的水分，但根系不耐缺氧，也不耐土壤营养的高浓度。土壤 pH 以 5.5～7.2 为宜。

2　黄瓜的育种目标

目前我国栽培黄瓜以鲜食为主，加工为辅，不同类型黄瓜的育种目标页有差异。鲜食黄瓜育种的目标为，中晚熟丰产，抗病力强，果实青绿刺瘤少，果实中型，果肉嫩脆，瓜把短，皮薄。加工黄瓜育种的目标为，早熟丰产，抗病力强，耐贮运，果实中大型，果肉稍硬。鲜食加工兼用黄瓜育种的目标为，丰产，抗病力强，果实青绿细长，果肉稍硬不脆，较耐贮运，初期幼瓜可鲜食，后期熟瓜可供加工之用。

美国黄瓜育种目标是抗逆性和高品质育种，并抗枯萎、白粉、霜霉、炭疽、黑星、角斑病以及 CMV 等。俄罗斯黄瓜育种目标是丰产性，露地黄瓜要求抗霜霉、白粉、角斑病以及适于机械化收获，保护地黄瓜要求抗黑星、枯萎、蔓枯、白粉、霜霉病等，且可单性结实。日本黄瓜育种目标是抗病、优质、高产稳产，并要求抗枯萎病、蔓枯病、CMV、白粉病、霜霉病及根结线虫病等。设施栽培用种主要是要求耐低温（晚上 11～12 ℃）和耐高温性强、耐弱光照（约 3 万 lx）。品质方面要求果实长度 20 多 cm，粗 2～3 cm，瓜条直，瓜把短，深绿色，表面无蜡质等。

3 黄瓜的杂种优势利用

黄瓜育种方法主要有杂交育种、杂种优势利用等方法。杂交育种是按照亲本选配的一般原则，选择亲本进行有性杂交，对杂交后代的选择应从 F_1 代开始，选择每个单株组成家系。从 F_2 代分离群体中选择相关性状符合育种目标的植株，入选植株连续自交至高世代，直至性状稳定，通过鉴定成为新品种。

由于黄瓜花通常为雌雄同株单性花，花器大，色泽为黄色，鲜艳美观，有翅昆虫、爬行昆虫都是黄瓜的传递花粉的媒介，属异花授粉植物。由于黄瓜在开花授粉受精后结瓜，一瓜内能结实较多种子，生产上单位面积用种量少，杂交制种时去雄容易，所以有利于采用人工去雄杂交制种法利用杂种优势。

4 人工去雄杂交制种

黄瓜杂交制种方式简便：其一，适时播种：根据双亲播种至开花期的历期（天数）计算父母本播种差期；父母本分别播种，开花晚的提早播种，开花早的延后播种，确保父母本花期相遇。其二，播种育苗：精细整地，适施速效基肥，加强播后的管理，可用地膜覆盖育苗，做到一播全苗。其三，设计父母本种植行比：根据父母本生长特性，将父母本按一定行比种植，父母本的播种比例一般为 1：（3~6）；其四，采用高产栽培措施培养壮苗，及时搭支架，以便植株及时沿支架向上生长。其五，在开花期，根据父母本群体开花进度，及时以人工将母本植株上的雄花于开花前摘除干净，保留雌花，利用昆虫自然授粉，必要时人工取父本雄花的花药在母本雌花上辅助授粉。其六，授粉后加强培养，使黄瓜充分成熟。其七，待黄瓜表皮变黄色，估计种子成熟时，摘下黄瓜剖开、取种、清洗、干燥，获得种子。

为了保证制种产量与种子质量，授粉是关键技术环节。必须在授粉当日早晨摘取父本雄花直接用于授粉，或于前一天傍晚摘取已现黄的父本雄花花蕾，放在塑料袋或纸袋内密封贮存，温度以 18~20 ℃为宜，次日应用于授粉。授粉于雌花开放的当日上午 6：00~10：00时进行，选择发育正常的花粉，将带有花柄的雄花直接将花药在雌花的柱头上摩擦授粉，也可将已采集的雄花花药取下，置于玻璃器皿中，用授粉器搅拌使花粉散出，用混合花粉授粉，花粉要涂抹均匀、充足。授粉后要进行隔离，防止昆虫携带其他花粉进入，造成串粉，并作标记。若杂交组合较多，更换杂交组合制种操作时，用具和手指要用乙醇涂抹消毒，以免引起非目的性杂交。一株可授 2~4 朵，最后选留 2~4 个种瓜。

为了提高杂交率和种子质量需注意以下几项工作：第一，隔离和父母本的配比，制种田周围 1 000 m 范围内不得种植同一种作物的其他品种。第二，合理确定父母本花期，为使双亲花期相遇，应使父本雄花先于母本雌花开放。第三，利用昆虫授粉制种时，授粉时期如遇连日阴雨，昆虫活动少，可进行人工辅助授粉。进入现蕾阶段以后经常检查母本植株上出现的少量雄花。第四，每年需设 3 个隔离区，即 1 个母本品种（系）繁殖区，1 个父本品种（系）繁殖区，1 个制种区。如同时繁殖父本品种（系），在制种区内，在父本行中选择符合要求的植株，扎花进行人工授粉繁种。

（本章编写人：孙庆泉 肖层林）

思 考 题

1. 采用人工去雄制种途径利用杂种优势的作物，在植物学特征特性和生产应用中应具备什么条件？

2. 如果同一作物的杂种优势利用可采用人去雄杂交制种和雄性不育性杂交制种两种途径，比较两种途径各自的优越性与局限性。

3. 简述采用人工去雄制种途径利用杂种优势的亲本选择、组合选配的程序与关键技术。

4. 分别试述玉米、棉花、辣椒、西瓜等作物的花器构造及开花结实特点。

5. 分别试述玉米、棉花、辣椒、西瓜等作物人工去雄杂交制种的工作环节与关键技术。

主要参考文献

1. 李稳香，田全国，等. 种子生产原理与技术. 北京：中国农业出版社，2005：113 – 114，235 – 238

2. 王建华，张春庆. 种子生产学. 北京：高等教育出版社，2006

3. 张天真. 作物育种学总论. 北京：中国农业出版社，2003

4. 盖钧镒. 作物育种学各论. 北京：中国农业出版社，2010

5. 卢庆善，孙毅，华泽田. 农作物杂种优势. 北京：中国农业科技出版社，2002

6. 卢顺福. 蔬菜制种技术. 北京：农业出版社，1987

植物杂种优势原理与利用

第七章

化学杀雄制种法杂种优势利用

化学杀雄制种法利用杂种优势是作物杂种优势利用的重要途径之一，也是解决杂交种子生产环节中人工去雄困难的一种有效途径。该途径不通过人工去雄而选用化学杂交剂（Chemical Hybridizing Agent，简称 CHA，也称"杀雄剂"）在作物生长发育的一定时期喷洒于母本植株，直接杀死或抑制雄性器官发育，造成雄性生理不育以达到杀雄目的。利用化学杀雄制种与利用细胞质核互作雄性不育生产杂交种等其他途径相比，由于化学杀雄避开了恢、保关系与环境因子的制约，具有亲本来源广泛、选配杂交组合程序简易、杂交种（F_1）无胞质不良效应等优点，易获得强优势杂交组合。化学杀雄制种法在一般情况下，只要杀雄技术措施实施到位，大面积制种可诱导较高的雄性不育株率与雄性不育度，杂交种可达到较高纯度。因此，利用化学杀雄制种被认为是一种具有应用前景的杂种优势利用技术。

第一节　化学杀雄原理

1　化学杀雄的细胞学机理

化学杀雄剂诱导的雄性不育不同于遗传型雄性不育，其花粉败育的细胞学特征更加复杂。如乙烯利能直接将小麦花粉杀死；RH531、RH532 影响细胞减数分裂和花粉外膜的形成，绒毡层不降解（Colhoun and Steer，1983；Miller and Lucken，1977）；RH0007 抑制小麦花粉粒形成，从四分体开始，小孢子发生异常，细胞质皱缩，膜破裂，败育于单核期，还干扰花粉壁上、乌氏体上类胡萝卜素的累积（Mizelle et al.，1989）。有些化学杀雄剂，如 DPX3778 并不影响花药和花粉的发育，却能阻止花药开裂，使产生的功能性花粉停留在药室内不能释放而导致败育（Nishiyama Iowa，1970）。

化学杀雄剂诱导的雄性不育与绒毡层的异常有关。徐如强和黄铁城（1993）发现，BAU-2（Hybrex）诱导小麦产生的雄性不育，败育发生在单核小孢子发育到大液泡时期，单核小孢子败育与花药绒毡层的异常密切相关。李则轩（2003）研究发现，喷施BAU9403 的小麦败育主要发生在单核晚期与二核早期，认为维管束空泡化、绒毡层的提前解体使小孢子发育所需营养物质的供应受到阻碍，从而导致败育。而各种细胞器的解体和液泡的异常也可能与花粉败育有着直接的关系。许海霞（2000）研究发现，喷施高剂量杀雄剂会发生绒毡层脱落和药室分离。官春云等（1981，1990，1997）研究甘蓝型油菜经杀雄剂 1 号处理产生的不育花药时发现，中层推迟解体，绒毡层提前解体或推迟解体或变形增生加厚或液泡化等异常变化，导致了花粉败育的发生。经 KMS-1 诱导的甘蓝型油菜药室中花粉母细胞细胞质收缩呈质壁分离或液泡化，绒毡层的原生质稀薄并与中层脱离，有的药壁组织仅剩下一薄层或绒毡层增厚、异常增生、液泡化或绒毡层物质积累染色很深。杨交礼（2006）研究认为，药壁变薄、绒毡层滞后解体等可能使花粉发育所需营养物质缺乏是化学杀雄诱导油菜败育的原因。井苗（2008）研究发现，BHL 对白菜型油菜花药发育的不同时期和各种组织均造成影响，如造孢细胞粘连，空泡化；减数分裂至四分体期，花药发育不同步，绒毡层与花粉母细胞粘连变形；单核、二、三核花粉期花粉粒畸形、死亡、空壳、多核；通过组织化学染色法发现，不育花药中淀粉分布少，初生造孢细胞、花粉母细胞、中层、绒毡层、成熟花粉中很少或没有淀粉粒。BHL 使淀粉在花药中的含量、分布减少，认为绒毡层的异常很可能是败育发生的原因。于澄宇（2009）研究发现，酰嘧磺隆诱导的不育油菜中，花药和绒毡层的发育、叶片、花药表皮、壁细胞叶绿体均受到影响，如叶绿体空瘪，基粒片层破坏。

化学杀雄剂诱导的雄性不育也与其他花药组织的异常有关。CHA－FW450 诱导小麦雄性不育是由于抑制了花药维管束的形成，阻碍了绒毡层向花粉输送营养物质（刘宏伟，2002）。喷施 GENESIS 的不育小麦现象很多，如花粉粒的内壁结构没有形成，这直接影响了花粉粒内外物质的传输和花粉粒后期发育所需物质的合成；在"大液泡期"，液泡膜破裂，液泡中所含水解酶释放到细胞质中，导致细胞解体；败育花粉粒内无淀粉粒的积累，且线粒体的嵴少又模糊不清，使细胞中能量供应不足；不育花粉有多核现象，且在花粉发育过程中细胞内含物解体，形成仅有花粉壁的空壳花粉，花药不开裂，绒毡层延迟解体等。因此认为内壁结构没有形成、"大液泡期"液泡膜的破裂、败育花粉粒内淀粉粒和线粒体异常、绒毡层的延迟解体导致了花粉败育（刘宏伟等，2004）。

虽然化学杀雄剂诱导作物雄性不育的细胞学现象很复杂，但多数报道认为化学杀雄诱导的雄性不育与绒毡层的异常有关。

2 化学杀雄的生理生化机理

2.1 生长调节物质与雄性不育

很多植物生长调节剂可以作为化学杀雄剂使用，外源生长素可抑制离体培养下雄蕊的发育，诱导雄性不育（Rastogi and Sawhney，1987）。用化学杀雄剂 SC2053 和 BAU－2 诱导的不育小麦花药内，各种内源激素的变化幅度与杀雄剂的使用量密切相关（张爱民等，1997）。李英贤和张爱民（1998）发现，CMS 和杀雄剂诱导的不育小麦叶片中吲哚乙酸、赤霉素类激素含量降低，脱落酸含量增加，认为激素水平的显著变化导致了雄性不育的发生。乙烯作为一种植物激素，对植物体具有多种生理功能。刘宏伟（2002）研究发现，小麦经 GENESIS 处理后，幼穗或花药中乙烯释放量显著增加；用乙烯合成抑制剂处理后，CMS 不育系幼穗和花药中乙烯释放量降低，不育系育性得到一定的恢复。范宝磊（2006）、刘志勇（2006）研究表明，经化学杀雄剂 WP 处理油菜后，不育系体内 GA_3、IAA、ABA 三种激素的含量明显比对照样品高；不育油菜中乙烯释放量比对照要高很多。乙烯释放量的增加可能直接导致了败育的发生，说明乙烯在雄性不育性表达过程中具有重要作用。

2.2　膜脂稳定性与雄性不育

膜脂的稳定是维持细胞正常生命活动的基本条件。SOD、POD 和 CAT 三种酶活性降低时，细胞内自由基清除受阻，自由基积累过多将导致膜脂过氧化，而自由基中以 O^{2-} 最多，这将导致细胞内活性氧积累，加剧膜脂过氧化，使花粉在发育过程中膜及细胞器膜解体退化，从而导致花粉败育（张明永等，1997；刘宏伟，2002）。王强等（2003）研究表明，棉花经杀雄剂 1 号处理后，不育棉花叶片的过氧化物酶活性与对照无明显差异，但不育花药中过氧化物酶在前期与对照相似，随后逐渐高于对照。于澄宇等（2005）研究发现，经化学杂交剂 EXP 诱导油菜后，不育株雄蕊的过氧化物酶和酯酶活性降低。胡文智等（2008）对经杀雄剂 EXP 诱导的甘蓝型油菜品种秦油 3 号雄性不育过程中叶片和花蕾中过氧化物酶、过氧化氢酶活性以及丙二醛含量进行了测定，发现活性氧代谢失调与化学杀雄剂 EXP 诱导雄性败育有关联。范宝磊等（2008）研究表明，经化学杀雄剂 WP 和 YB 诱导后，油菜叶片中 POD 活性显著降低，SOD 和 CAT 活性升高，其不育花蕾中 SOD 和 CAT 活性均显著降低，POD 活性升高。这 3 种氧化酶活性的变化，说明化学杀雄剂 WP 和 YB 使油菜的活性氧代谢出现了异常，活性氧代谢失调可能是化学杀雄剂 WP 和 YB 诱导油菜雄性不育的重要原因。

2.3　物质代谢与雄性不育

化学杀雄引起植株光合产物的转运利用，从而导致雄性不育的发生。杀雄剂 1 号诱导的不育棉花叶片中的淀粉和可溶性糖向花药中的运输受阻，花药中可溶性糖和淀粉缺乏，造成花粉发育所必需的营养物质亏缺（王强等，2001）。BAU-9403 对小麦化学杀雄并未造成小麦光合产物生成的不良影响，但是光合产物的输出受阻；植株籽粒对碳水化合物的转化利用能力差，淀粉积累速率显著低于正常株，从而导致不育（郝媛媛 2008）。核酸代谢异常也在雄性不育发生中常见。用化学杀雄剂Ⅲ号处理水稻后核酸和蛋白质严重匮乏（黄雪清等，2001）。杀雄剂引 2、引 3 和 TO3 可使水稻花药中核酸含量、RNA 含量、蛋白质含量均下降（张金渝等，1996）。经化学杀雄剂处理后，引起特异蛋白出现或消失，总含量、合成和分解等方面的异常。通过蛋白质双向电泳分析发现由 SQ-1 诱导的小麦不育系与正常保持系的蛋白质图谱存在一定的差异（刘卫等，2008）。小麦经 GENESIS 处理后，幼穗和花药中可溶性蛋白含量降低（刘宏伟，2002）。用 CRMS 诱导的水稻不育花药中蛋白含量很低（Ali, et al, 1999；Ghazaly and Jensen, 1990）。BAU-9403 诱导的不育小麦籽粒电泳图谱与正常株在 α 区分别多两条谱带，其他区域未见差异（郝媛媛，2008）。油菜上，化杀剂 EXP 诱导不育油菜花蕾中水溶性蛋白质含量显著减少，幼穗和花药中蛋白质的正常代谢受到影响，从而导致花粉败育（于澄宇等，2005）。

不育花药蛋白质代谢的变化可能是导致花粉败育的直接原因（范宝磊，2008）。游离氨基酸在小孢子发育过程中具有重要的生理功能，其中研究最多的是脯氨酸。脯氨酸是植物体内比较重要的一种物质，对花药有提供营养，促进花粉发育和花粉管伸长的作用。一些学者认为游离脯氨酸缺乏是花粉败育的原因（朱广廉和曹宗巽，1985）。如：杀雄剂引 2、引 3 和 TO3 可使水稻花药中脯氨酸含量下降达 87.2%（张金渝等，1996）。水稻经杀雄剂 2 号和 HAC-123 处理后，不育系花药中氨基酸种类无变化而脯氨酸含量降低（谢学民等，1994）。经 SC2053 处理后的小麦花药的脯氨酸含量显著降低，同时也发现其他植物的雄性不育花药脯氨酸含量也下降（肖建国等，1996）。杀雄剂 1 号诱导甘蓝型油菜产生的全不育株，花药中仅有三种氨基酸，即丙氨酸、天门冬氨酸和天门冬酰胺，且数量少（官春云等，1981）。经化杀灵 WP 诱导后的不育油菜叶片中脯氨酸含量比对照高，而经化杀灵 WP 诱导后的不育油菜花蕾中脯氨酸含量比对照花蕾中脯氨酸含量低，认为脯氨酸含量的改变，尤其是不育油菜花蕾中脯氨酸含量的降低导致了花粉败育（刘志勇，2006）。

2.4 能量代谢与雄性不育

能量代谢主要指呼吸作用，包括呼吸底物降解、呼吸链的运转和氧化磷酸化三个过程。据广东省农作物杂种优势利用研究协作组的研究（1978），经杀雄剂 1 号处理的水稻花药中硫基化合物含量显著减少，琥珀脱氢酶和细胞色素氧化酶活性显著下降。呼吸过程中电子传递途径运行的改变造成处理植株花药呼吸代谢的紊乱，可能是 GENESIS 诱导小麦雄性不育发生的重要原因（方正武等，2004）。官春云等（1981）研究发现，无论蕾期或花期，杀雄剂 1 号诱导的全不育株花药的呼吸强度均比正常的低。利用 1∶90 化杀灵和 0.139% 赤霉素同时处理油菜诱导的不育株，花药呼吸的脱氢酶活性下降。研究表明呼吸强度降低与能量供应不足导致雄性结构畸变和花粉败育（杨交礼，2006）。

2.5 光合作用与雄性不育

于澄宇等（2005）研究发现，经 EXP 诱导的不育油菜，上部叶片的叶绿素 a 和叶绿素 b 含量明显下降，类胡萝卜素（主要包括胡萝卜素和叶黄素）的含量无明显变化，而花蕾中叶绿素含量和类胡萝卜素含量均下降。王强等（2001）研究表明，施用化学杀雄剂 1 号后，棉花叶片中叶绿素减少。陈时洪等（2000）研究发现杀雄剂引起棉叶中叶绿素含量明显下降，可能是导致棉叶失绿的原因之一。许海霞（2000）研究发现 GENESIS 对小麦倒二叶叶绿素含量有一定程度的影响。喷药后小麦叶片叶绿素含量下降，尔后逐渐上升。这些研究表明，光合作用与化学杀雄剂诱导的雄性不育有关。

3 化学杀雄的分子生物学

张爱民（2001）等利用 cDNA－RAPD 技术研究了化学杀雄剂诱导的小麦雄性不育分子机理，获得了 245 个差异片段，其中 91 个是对照特有的，74 个片段是处理特有的，27 个是处理和对照共有的片段（9 个表现出对照低丰度表达，18 个表现出处理增加表达），剩余 53 个在两个样品中具有相同的表达丰度，认为处理花药中基因表达程序被干扰而导致雄性不育。杨涛（2004）通过喷施化学杀雄剂 GENESIS 和 BAU9403 诱导小麦产生不育，采用 cDNA－RAPD 技术、RT－PCR 和反向点杂交验证后，共获得 6 个与育性相关的阳性片段。其中，有与小麦线粒体 rRNA26S 大亚基基因序列的同源性为 99% 的片段；也有与小麦 EST 库中小麦减数分裂花药 cDNA 文库和减数分裂小花 cDNA 文库匹配的 RS33 片段，因此认为此片段可能与小麦的生殖生长有密切的关系。另外，也有与糖酵解有关的酶类高度匹配的氨基酸序列，即与大麦的甘油醛－3－磷酸脱氢酶（glyeeraldehyde－3－phosphatedehydrogenase，GAPDH）一致性达 90% 的 RS4 翻译的蛋白序列；与拟南芥的丙酮酸激酶（pyruvatekinase，PK）对应片段氨基酸残基一致性达 85% 的 Rs154 翻译的氨基酸序列。因此这些差异片段可能与 GENESIS 和 BAU9403 诱导小麦产生雄性不育有关。

总之，目前关于化学杀雄剂诱导作物雄性不育机理的研究，仍主要集中在细胞学和生化机制上，关于化学药剂诱导作物雄性不育的分子机制研究仍然很少。

第二节　化学杀雄剂选择与应用

化学杀雄是指在植物雄性器官分化前或发育过程中，喷施内吸性化学药剂，经过一系列生理生化过程，以阻止花粉的形成或抑制花粉的正常发育而导致的雄性不育。

1　化学杀雄剂的种类

1950 年 Moore 和 Naylor 首次分别在玉米上应用马来酰胺成功地诱导雄性不育。这一结果引起了许多研究者的极大兴趣，从而关于化学物质诱导作物雄性不育的研究得以普遍开展，设想利用化学杀雄剂进行作物化学杂交育种与制种可成为现实。50 多年来，世界各国的科学工作者研制、筛选了大量的化学杀雄剂，并在许多作物上进行了试验。目前已经研制和筛选出了一系列具有杀雄效果的物质（表 7 - 1）。

表 7 - 1　应用于作物的化学杀雄剂

化学杀雄剂	主要成分	应用作物
杀雄剂 1 号（MG1）	甲基砷酸锌	油菜
杀雄剂 2 号（MG2）	甲基砷酸钠	油菜
杀雄剂 3 号（MG3）	赤霉素	油菜
杀雄剂 4 号（MG4）	杀雄剂 1 号与赤霉素的配合试剂	油菜
KMS - 1	3 - 对氯苯基 - 6 - 甲氧基均三氮苯 - 2，4（1H，3H）二酮三乙醇胺盐	油菜
EN	巨星和四硼酸钠（质量浓度 1∶2 000）	油菜
SX - 1	含有有效成分 2 - ［3 - （4 - 甲氧基 - 6 - 甲基 - 1，3，5 - 三嗪 - 2 - 基）- 3 - 甲基脲基磺酰基］苯甲酸甲酯、湿展剂、分散剂、增稠剂、崩解剂、可溶性淀粉	油菜
EXP、ESP、BHL 化杀灵 WP、定军一号	磺酰脲类	油菜
	未报道	油菜
GS - 1	苯磺隆和赤霉素	油菜
tribenuron - methyl	苯磺隆型除草剂	油菜
Amidosulfuron	酰嘧磺隆	油菜
SC2053	未报道	小麦
GENESIS	未报道	小麦
BAU9403	哒嗪类化合物	小麦
SQ - 1	未报道	小麦

2 化学杀雄剂的特点

利用化学杀雄法制种与利用遗传型雄性不育性制种比较,具有以下特点:其一,利用化学杀雄法制种的杂种第一代可以避免对某一细胞质的依赖性而引起某些不良的胞质效应。其二,利用化学杀雄法制种,杂交组合选配自由,从而容易选育到高产优良杂交组合。其三,化学杀雄导致的雄性不育性不能遗传,杂种第二代群体中不会分离出雄性不育株,这就为利用强优势杂交组合的第二代提供了可能性。

但是,利用化学杀雄法制种,由于其杀雄效果受气候及植株发育状况的影响,使得群体杀雄不能彻底,而且目前所利用某些杀雄剂可能存在残毒等。因此,化学杀雄法制种的关键环节在于选用理想的化学杀雄剂。适宜的化学杀雄剂应该具备以下特点:

(1)对雌性、雄性选择性强,杀雄效果好,但不影响雌蕊的育性。

(2)杀雄剂活性范围(Active window)较宽,活性期长,有较易掌握的喷施化学杀雄剂的时间,使小分蘖或分枝也能达到高度雄性不育,甚至完全雄性不育。

(3)药剂的有效剂量范围广,有效低剂量与高剂量对作物生长发育均无明显影响。

(4)药剂与品种基因型和环境之间无互作或互作较小,以利于自由选择亲本。

(5)药剂对作物生长发育无影响,种子中无残留,对生态环境友好。

(6)药剂来源较广,且价格低廉;喷施技术简便易行,便于种子生产者掌握,以降低杂交种生产成本。

3 化学杀雄剂的应用

3.1 小麦化学杀雄剂的应用

3.1.1 SC2053

SC2053 由美国加州的 Sogetal 公司研制而成。1989 年天津市农科院与该公司合作,对 SC2053 进行了试验研究,结果表明:在幼穗雌雄蕊原基形成到药隔期为最适喷药时期,剂量为 $0.5 \sim 0.9 \ kg/hm^2$。SC2053 可诱导小麦产生近乎 100% 的雄性不育,且对雌蕊育性影响较小,药剂活性期较长,喷药后对小麦株高降低 10 cm 左右,随着喷药剂量增大,抑制作用相应加强,抽穗期比对照晚 $1 \sim 3$ d,但对成熟期没有影响,F_2 种子无残毒,对人畜环境较安全。

3.1.2 GENESIS

GENESIS 是美国孟山都公司开发的一种新型化学杂交剂,已在美国进行了大量的药效试验和毒理试验,证明 GENESIS 是一种高效、低毒的化学杂交剂,已通过美国环境保护局的批准,可大面积应用于杂种小麦的商业化开发应用。1996 年在原西北农业大学进行了 GENESIS 的药效和生产应用研究。1997 年该项研究扩大到全国 7 家单位进行。通过 4 年的研究证明,在 Feekes 标准 $8.0 \sim 9.0$(即小麦旗叶露尖到旗叶完全展开)为 GENESIS 喷药的活性窗口,在 $3.0 \sim 5.0 \ kg/hm^2$ 的剂量下,GENESIS 诱导小麦雄性不育率可达到 95% ~ 100%,且与不同基因型品种间无互作效应。不同年际之间其诱导雄性不育效果稳定。同时 GENESIS 也在我国进行了严格的毒理试验。2001 年 GENESIS 通过我国农药登记注册,其商品名为"金麦斯",可以在我国进行商业化应用。

3.1.3 BAU9403

BAU9403 是中国农业大学于 2000 年新合成的一种哒嗪类化合物。中国农业大学联合西北农林科技大学、江苏农科院和山东农业大学进行了药效和基因型试验，结果表明，在小麦雌雄蕊分化至药隔期用 $0.75 \sim 1.0 \ kg/hm^2$ 的剂量处理，可诱导小麦产生 95% 以上的雄性不育率。BAU9403 现已开始中试，具有充足的药源。但 BAU9403 对杂交种种子灌浆有一定影响，其种子饱满度较差，影响到杂交种种子的品质。

3.1.4 SQ-1

SQ-1 是西北农林科技大学以对氯苯胺为主要原料研制合成。在小麦适宜的时期 Feekes 8.0 ~ 8.5，采用 $3.0 \sim 5.0 \ kg/hm^2$ 剂量时，诱导小麦雄性不育率大于 95%，异交结实率大于 95%，该化杀剂对雌蕊活性未造成有害影响。SQ-1 与 SC2053 比较，SC2053 对小麦生长发育有抑制作用，SQ-1 处理的小区小麦株高、穗型及抽穗期等均与喷清水的对照区相同。SQ-1 与 Genesis 比较，SQ-1 诱导产生雄性不育率与 Genesis 相近，种子产量高于 Genesis，杂交种子饱满度、发芽率好于 Genesis。SQ-1 合成方法简单，原料易得，操作简单，具有诱导雄性不育彻底，对小麦生长发育无不良影响及喷施时期较长、使用方便等优点，是目前最理想的一种小麦化学杀雄剂。

3.2 油菜化学杀雄剂的应用

3.2.1 杀雄剂 1 号

官春云等（1997）研究表明，采用 0.03% 杀雄剂 1 号，单株用药量为 15 ~ 20 mL 于单核期处理的不育株率接近 100%。官春云等（1998）研究表明，以 1.5% 的 KMS-1 单株用药量为 15 ~ 20 mL，于单核期处理可诱导甘蓝型油菜 81% 的不育株率。

3.2.2 杀雄剂 2 号

张学昆等（1999）研究表明，以 0.0075% ~ 0.01% 的杀雄剂 2 号单株用药量 5 mL 在花粉母细胞减数分裂期和单核期喷施，可以有效控制油菜波利马胞质不育系的微粉数量。陈新军等（2002）采用化学杀雄剂 2 号处理可育油菜的适宜浓度为 0.015% ~ 0.020%，在单核期以 0.015% ~ 0.020% 的浓度 15 mL/株的药剂量一次喷施，全不育株率为 61.36% ~ 68.18%，半不育株率为 22.73% ~ 29.55%，不育株率为 90.91%；或以 0.015% ~ 0.020% 的浓度于油菜花蕾长度达 1 mm 时第一次喷施 15 mL/株于油菜花蕾长度达 2.5 mm 时第二次喷施 7 mL/株，全不育株率为 70.45% ~ 75.00%，半不育株率为 13.64% ~ 15.91%，不育株率为 86.36% ~ 88.64%，杀雄效果较好。同时还发现，杀雄效果与植株长势及气候条件有关。

3.2.3 SX-1

何振才等（2000）研究发现，以 SX-1 以 20 mg/L 600 kg/hm^2 处理油菜 HX761，杀雄效果较好。张耀文等（2003，2004）研究表明，以 225 kg/hm^2 SX-1 在甘蓝型油菜细胞质雄性不育系单核期处理，可以有效控制微粉的产生，若在 SX-1 中加入尿素、速溶硼肥、磷酸二氢钾等肥料，与单独使用 SX-1 的杀雄效果一样，但可以降低 SX-1 对油菜制种产量的影响。试验表明，不同油菜品种对 SX-1 的敏感性存在一定差异，在使用剂量与浓度等方面应有所区别。

3.2.4 EN

刘绚霞等（1999）研究报道，EN 的喷施剂量应视油菜发育情况和株型大小而定，以

0.3 μg/mL 的 EN 单株用药量为 8 ~ 15 mL，在单核期处理后不育株率接近 100%。杀雄后油菜花药较皱缩、色淡，花丝缩短，花药无花粉，或为空秕畸形的败育花粉，自交不结实，异交结实正常。

3.2.5 EXP

于澄宇等（2005）研究发现，以 EXP 0.05 μg/mL、0.25 μg/mL 在油菜最大花蕾长度 1 ~ 2 mm 时期单株用药量 12 ~ 15 mL 处理，可分别诱发 92% 和 97% 不育率。严自斌等（2006）研究发现，以 EXP 0.3 ~ 0.6 μg/mL 浓度，单株受药量 6 ~ 10 mL 在油菜现蕾期处理，全不育株率达 98%。杀雄后的油菜花瓣皱缩，色淡，花丝缩短，花药无花粉或有败育花粉，自交不结实，异交结实正常。试验还表明，在油菜返青后喷药有一定的杀雄效果，在现蕾后期喷药，随着喷药浓度的提高，不育株率下降，药害加重。

3.2.6 化杀灵

杨交礼（2006）在油菜植株最大花蕾长 2.5 mm，即花前 15 d 左右，以 1:140 ~ 90 的浓度范围处理，不育株率都在 90.0% 以上，且无药害株。在 1:90 的化杀灵中附加生长调节剂赤霉素辅助处理显示，在部分植株上表现促进作用，不育株率提高到 100%。在此基础上，王国槐等（2010）以 0.65 g/mL 和 0.8 g/mL 浓度的化杀灵改良剂（WPG）在现蕾期处理，全不育株率达 90% 以上，杀雄后的油菜花瓣皱缩、色淡，花丝缩短，花药干瘪开裂，无花粉或有败育花粉，自交不结实，异交结实正常，喷药次数与杀雄效果无明显关系。

3.2.7 BHL

井苗（2008）采用 0.5 g/mL BHL 在油菜薹高 15 ~ 20 cm，最大花蕾长度达 1.5 ~ 2.5 mm 时叶面喷施，单株受药量 15 ~ 17 mL，间隔 10 d 后用相同浓度再喷一次，单株受药量 8 ~ 10 mL，可诱发白菜型油菜 91% 全不育株率，可使甘蓝型油菜细胞质雄性不育系完全不育，低温不再产生微粉。

综上所述，不同成分的化学杀雄剂的使用浓度和用量各不相同，不同作物及不同品种对化学杀雄剂的敏感性也有所不同。每种化学杀雄剂在应用前都要进行药效试验。且天气因素也会影响药物的杀雄效果，故在喷施处理时要避开风雨等不利因素，选择晴朗无风或微风天气。

第三节 化学杀雄杂交组合的选配

杂交种能否大面积应用于生产，其关键在于选育出的杂交组合是否高产、优质、抗逆性强、适于当地耕作栽培制度，即最终体现在生产上是否高产、优质、经济效益好。所谓强优势杂交组合，是指杂交组合的产量必须高于当地推广的同类型常规品种 10% 以上；或比对照品种增产达显著或极显著水平。当然，在品质、生育期等性状上有较突出优点的杂交组合，其他性状只要符合生产需要，也具有应用价值。

杂交组合的亲本选配必须遵循亲本选配原则。该原则包括选择双亲的配合力、亲缘关系、农艺性状、制种特性等。遵循亲本选配原则能增强选育优势杂交组合的预见性，降低杂交种生产成本，提高育种效果。

1 根据双亲性状配合力与互补性选配杂交组合

优良的亲本是选配优良杂交种的基础，但是优良亲本不一定能组配优良的杂交组合。

双亲性状的配合互补以及性状的显隐性和遗传传递力等都影响杂交组合目标性状的表现。根据配合力测定结果，应选择配合力高，尤其是一般配合力高的材料做亲本。若两个亲本的配合力都高，容易得到强优势的杂种一代。若某些性状受其他性状的限制，至少应有一个亲本的配合力高，才能选配强优势杂交组合。

亲本应具有较好的丰产性状和较广的适应性。通过杂交使优良性状在杂种中得到累加和加强。特别是杂种优势不明显的性状，如成熟期、抗病性、一些产量因素等。杂种的表现多倾向于中间型，只有亲本性状优良，才能组配出符合育种目标要求的杂种一代。任何品种（系）都会有缺点，但要尽量选优点多，主要性状突出，遗传力高，缺点少且易克服，双亲优缺点可以互补的品种（系）做亲本。亲本性状要求遗传稳定，亲本种子纯度高。

以油菜杂交亲本的选配为例：首先，要求的亲本综合性状涉及多方面，其中产量性状尤为重要。在产量性状中，主要是角果粒数和千粒重，这些性状在产量构成因素中变异系数小，比较稳定。试验表明，每角果粒数与小区产量呈显著的遗传相关，凡角果粒数高的品种往往表现出较高的稳产性。其次，在选配亲本时要注意选择一次分枝多的亲本，以便增加杂交一代的单株角果数。要尽可能地把当地推广的适应性广、丰产性好的基因转移到杂交亲本中，要选择对温光反应迟钝的材料作亲本，以适应大生态区域的需要。抗逆性包括抗病、抗寒、耐旱、耐渍、耐盐碱、抗倒伏等，主要应选择抗病和抗倒伏性状，在选择亲本时必须重视抗病亲本的选择。在选择抗病性方面，要把抗菌核病放在首位，其次是抗病毒病、白锈病等。

2　根据双亲亲缘关系选配杂交组合

两个亲缘关系较远，性状差异较大的亲本进行杂交，能提高杂交种异质结合程度并丰富其遗传基础，表现出强大的优势和较强的适应性。亲缘关系远近可以通过地理远缘、血缘较远、性状差异较大、遗传距离较大等不同形式表现。所谓地理远缘是同种内原产地相距较远，生态条件不同的亲本类型。血缘较远指选育品种的亲本家系亲缘关系较远，来源于非共同的或相近的祖先，在特征特性上有较显著的差异。志贺敏夫（1976）研究了62个油菜品种间杂种组合，结果表明在欧洲×欧洲、欧洲×日本、日本×日本三类组合中，以欧洲×日本杂交组合优势最强。李殿荣（1983）选育的强优势杂交油菜秦油2号，其核不育基因（保持系）来源于亚洲油菜，恢复基因来源于欧洲油菜，杂交组合秦油2号细胞核基因属于欧亚变种间杂交种，该组合具有较强的杂种优势和广泛的适应性，曾推广于我国黄淮、长江流域的14个省区。上述研究证明，欧洲品种×亚洲品种杂种优势强，是由于亲本来源远缘，其基因效应主要是显性效应。欧洲品种×欧洲品种、亚洲品种×亚洲品种优势较弱是由于亲本来源较近，其遗传效应主要是基因间的加性效应。

3　选择产量较高且便于繁殖制种的亲本配组

亲本本身产量较高，可以提高亲本繁殖和杂交制种的产量，有利于降低杂交种生产成本。因此在选配亲本时，应以双亲中产量较高的一个亲本做母本。在考虑双亲花期方面，应以双亲生育期相近的配组，如若双亲生育期存在一定差异，应以偏早的亲本做母本，在遇到双亲花期出现偏差时，有利于调节花期，保证双亲花期相遇。

同时对于大多数自交作物的亲本，还需选择在大田制种条件下能获得高结实率所需要的花器特性，即异花授粉潜力。异花授粉潜力包括母本的结实力和父本授粉力。异交结实力的选择可以通过开颖（花）角度大，柱头长度及其外露率的高低进行间接选择。对用作母本的亲本而言，开颖（花）角度大，柱头长且外露率高的亲本具有较高的接受外来花粉特性，异交结实能力强；而对用作父本的亲本而言，花药长，且外露率高的具有高的异花授粉能力。

第四节　油菜化学杀雄杂种优势利用

在 20 世纪 80 年代前，我国的油菜生产种植常规品种，不仅种植面积较小，而且单产低。从 20 世纪 80 年初期起，我国正式开展对油菜杂种优势利用的研究，至 20 世纪 90 年代初，三系法杂交油菜和核不育两系法杂交油菜相继育成。三系法杂交种纯度高，在生产上获得了推广应用。但是三系法杂种优势利用配组亲本来源受到限制，种子生产程序较复杂。利用核不育性制种时，在不育系开花期前要及时拔除其中 50% 左右可育株才能保证杂交种的纯度。我国在油菜三系法与核不育两系法杂种优势利用研究以前，即 20 世纪 70 年代已对油菜化学杀雄制种法杂种优势利用进行研究，如湖南农业大学先后从几种化学药物中筛选出杀雄效果好的化学杀雄剂 KMS - 1，杀雄剂 1 号和杀雄剂 2 号。至今，油菜化学杀雄法、三系法、核不育两系法杂种优势利用途径都在生产上应用，而其中的化学杀雄法是油菜杂种优势利用的主要途径。

1　油菜化学杀雄剂的研究

湖南农业大学、西南大学、四川大学、陕西省杂交油菜研究中心等单位利用化学杀雄剂杀雄制种已育成并推广了"湘杂油"、"渝杂"、"蜀杂"、"秦杂油"等几个系列 10 多个油菜杂交种，杂种优势强，在产量、品质、抗性等方面均表现有显著的杂种优势，获得了明显的经济效益与社会效益。至今，国内公开报道的油菜化学杀雄剂主要有杀雄剂 1 号（官春云等，1981，1993，1995，1997）、杀雄剂 2 号（张学昆等，1999），KMS - 1（官春云，1998），SX - 1（何振才等，2000；张耀文等，2000），Surf Excel（Singh V and Chauhan，2003），EN（刘绚霞等，1999，2007）、定军一号（戚永明等，2006），ESP（严自斌等，2006），EXP（于澄宇等，2005）、化杀灵 WP（范宝磊，2007；刘志勇，2006；杨交礼，2006），tribenuron - methyl（Yu C et al，2006），BHL（井苗，2008），GS - 1（李宏伟等，2009），Amidosulfuron（Yu C，et al，2009）等。但是，目前比较理想的化学杀雄剂仍较少，特别是高效、稳定和低毒的化学杀雄剂的寻求仍然是当务之急。对此，很多科研单位也一直在尽力开发新型化学杀雄剂。陕西省经济作物研究所研制了新型化学杀雄剂 EN，刘绚霞等试验证明了该药剂可以使甘蓝型油菜不育株率达到 100%，而且对油菜生长发育和农艺性状影响不大。于澄宇等发现多种磺酰脲类化合物对三种油菜及芸薹属近缘作物育性都有不同程度的抑制作用，其中用 EXP 处理芥菜型油菜和白菜型油菜也可诱导雄性不育。陕西省杂交油菜研究中心在化学诱变育种中意外发现了具有杀雄功能的物质，并将其配制成药剂 SX - 1。何振才等试验证明该药剂杀雄彻底，对雌蕊无明显不良影响，授粉后结实正常，且药效能持续 20 d。付云龙等在不育系微粉控制实验中发现化杀灵远远胜过化杀 2 号。

当前，对化杀药物的研制不仅要追求杀雄效果，而且要减少药物对植株产生的药害。主要是在原有化杀剂中加入适量赤霉素（GA），以弥补原杀雄药剂对油菜植株产生的不良影响。杀雄剂 4 号是在杀雄剂 1 号中加入了赤霉素。杨交礼等也发现在 1∶90 的化杀灵中加入生长调节剂赤霉素可促进植株生长，且不育株率被提高到 100%。何振才等在 30 mg/L 的 SX-1 药剂中混合使用 10 mg/L 赤霉素，发现赤霉素可以降低或消除 SX-1 对油菜植株产生的不良影响。

2　油菜化学杀雄技术研究

2.1　化学杀雄的时间与次数

官春云等（1998）分别在甘蓝型油菜造孢细胞阶段以前各时期喷施 KMS-1，植株不育花粉率为 2%~4%，在花粉成熟期处理，不育花粉率为 17%~80%，其中以单核期处理效果最好，不育花粉率高达 80%。张学昆等（1999）用杀雄剂 2 号在造孢细胞阶段、花粉母细胞减数分裂期和单核期分别处理波利马油菜品种，表明三个时期都有效果，但在单核期处理的杀雄效果最好，在花粉母细胞减数分裂期处理次之，在造孢细胞阶段处理效果最差。随后，陈新军（2002）也研究了杀雄剂 2 号的杀雄技术，表明第一次于花蕾长度达 1 mm，第二次于花蕾长度达 2.5 mm 时以第一次药剂量的 50% 喷施，效果较好。刘绚霞等（2005）在 EN 杀雄试验中，从单株分析，当花蕾长至 2~3 mm 时（大致相当于单核期）处理效果较好；以群体分析则以现蕾后期效果较好。同年，严自斌分别在油菜返青期、现蕾期和现蕾后期喷施杀雄剂 EN，发现现蕾期处理效果最佳，全不育株率达 98%。杨交礼（2006）发现化杀灵 WP 在油菜最大花蕾达 2.5 mm 时喷施，杀雄效果非常理想。综上所述，单核期是杀雄处理较适宜的时期。

油菜是总状无限花序，整个花期长，时间跨度大，杀雄药物活性的有效期则一般认为有限，因此有必要分期多次喷施杀雄剂。现有药剂的喷施次数大多为 2 或 3 次。官春云等在比较不同杀雄药物杀雄效果中发现，MG4 喷一次的不育株率为 80%，而喷 2 次则达 84%，茅草枯喷 2 次的效果更好。陈新军（2002）研究杀雄剂 2 号时发现，在花蕾长 1 mm 和 2.5 mm 时各喷一次较在大部分花蕾长达 2 mm 时喷一次的杀雄效果好。然而严自斌等（2006）在 ESP 试验中发现增加喷药次数，并不能提高杀雄效果。总之，喷药时间与喷药次数应根据油菜品种的花期长短及化学杀雄剂本身的药效来决定。

2.2　化学杀雄的用药浓度及剂量

杀雄药物、油菜品种、栽培环境及喷施浓度等因素都会影响杀雄效果。过低浓度的药物会造成杀雄效果不理想，浓度过高会使植株产生药害。用 SX-1 对 CMS 甘蓝型油菜的不育系陕 3A、20F50A 和 20F71A 的适宜处理浓度分别为 5 mg/kg、7.5 mg/kg 和 10 mg/kg，表明不同种类的油菜品种对化学杀雄剂 SX-1 的敏感性不同，存在基因型的差异（张耀文等，2003）。用 SX-1 处理油菜品种 HX76 时，以浓度 20 mg/L 处理效果较好，明显高于对 CMS 不育油菜的最佳浓度（何振才等，2000）。MG2 对可育油菜品种的最佳杀雄浓度为 0.015%~0.020%（陈新军等，2002）。

关于杀雄药物的剂量，1990 年官春云等以植株叶面喷湿为准。1999 年刘绚霞等以油菜发育情况和株型大小而定。这种依据油菜株型和叶片大小按比例确定剂量的标准比较符合生产习惯。严自斌等（2006）在复配剂 ESP 的实验中发现喷药次数的增加，并不能提高杀雄效果，杀雄效果的关键是每个单株接受 ESP 药量的多少，且药物剂量与单株发育状况、植株大小和温度高低有关。刘绚霞也发现在总用量不变的情况下，如用背囊式高压喷雾器，每株喷施 3 ~ 5 mL 高浓度药剂（0.5 ~ 0.8 μg/mL）时，比用小型压缩喷雾器喷施 5 ~ 13 mL 低浓度药剂（0.3 μg/mL），效果更好。

2.3 化学杀雄的环境因素

天气因素会影响药物杀雄效果和油菜发育，在喷施药剂上要避开风雨等不利因素。陈新军等研究表明，化学杀雄剂 2 号对甘蓝型油菜上的杀雄效果与植株长势、气候因素有关。此外，氮素肥料和植物生长激素的使用，对杀雄效果和制种产量也有一定影响。刘绚霞认为，喷药量与喷药时的气温和天气状况有关，气温高，天气晴朗，用药量可适当减少；气温低，阴天，则应适当增加，但增减量要视具体情况而定。另外，不育系油菜微粉产生也与天气情况有关。

3 采用化学杀雄剂解决三系和两系杂交制种出现的微粉问题

杂种优势在油菜生产上的广泛利用，极大地提高了油菜产量。利用细胞质雄性不育（CMS）是目前油菜杂种优势育种最重要的途径之一，但是其存在微粉的现象，从而严重制约了该途径杂种优势的发挥。为了克服油菜 CMS 微粉株的产生，生产上通常是在非常严格的隔离条件下对不育系繁殖和分期去杂，早期摘薹打顶。在制种中适当推迟不育系播期或在早春施用生长剂延缓生长发育速度以避开早春低温对不育系育性的影响。通过最佳繁殖和制种环境的选择和加大恢复系花粉压力来抑制微粉株自交结实机率等措施可以减少亲本混杂和提高制种质量。但这些措施并没有从根本上解决油菜 CMS 育性不稳定的问题。采用化学杀雄剂解决三系和两系杂交制种出现的微粉问题是一种新的途径。

利用 0.5 g/mL BHL 在油菜薹高 15 ~ 20 cm，最大花蕾长度达 1.5 ~ 2.5 mm 时叶面喷施，单株受药量 15 ~ 17 mL，间隔 10 d 后用相同浓度再喷一次，单株受药量 8 ~ 10 mL，可诱发白菜型油菜 91% 全不育株率，可使甘蓝型油菜细胞质雄性不育系完全不育，低温不再产生微粉（井苗等，2008）。在单核期用定军 1 号杀雄剂处理甘蓝型油菜细胞质雄性不育系（CMS）可显著降低不育系的微粉花朵数、微粉量和育性指数，提高不育度，减少或消除微粉的产生，提高杂交种子纯度 5% ~ 10%（戚永明等 2006）。甘蓝型油菜单核期用杀雄剂 EN 浓度为 0.5 ~ 0.8 g/mL 处理，杀雄效果最好，控制细胞质不育系微粉效果明显，使 F_1 代种子纯度提高 8% 以上（刘绚霞等 1999）。利用化杀灵 WP1 在母本现蕾前 10 ~ 15 d，以 0.14 g/L 浓度喷雾，控制微粉效果均在 90% 以上，F_1 代种子纯度较 CK 提高 10% 以上，纯度超过 93%，并通过增加母本行数培育壮苗等措施，可使制种单产在原有制种技术的基础上提高 60% 以上（赵汉红等，2010）。付云龙等（2003）通过近 5 年系统试验，明确了化学杀雄剂对陕 2A 微粉控制的效果，选配了复配型化学杀雄剂，在现蕾期处理母本控制微粉效果均在 80% 以上，F_1 代种子纯度较 CK 均能提高 10% 以上，种子纯度均在 83% 以上。

CHA + CMS 不仅具有用药量少而且安全，对 CMS 的不育性杀雄彻底，技术难度低易掌握，易推广应用等特点，而且还克服了 CHA 对正常油菜用药量大，易产生药害，技术难度大，杀雄不彻底和 CMS 初花期出现微粉的问题。CHA + CMS 既可以降低不育系的选择难度，易于选出强优势组合，又可提高制种纯度（尚毅等，2005）。

4 化学杀雄效果鉴定

油菜化学杀雄的效果，通常在开花期以花器形态、花粉生活力和田间结实情况等指标确定。

4.1　花粉育性和生活力鉴定

利用染色法可以检测花粉育性和生活力。目前所用染色剂及染色法主要有两种：其一是亚甲蓝溶液（1:6 000 水剂）染色法，活花粉不着色，死花粉染成绿色或蓝色；其二是 1% 醋酸洋红染色法，深红色是活花粉，淡红色是部分失活花粉，无色为空秕畸形死花粉或不育花粉。官春云等在 KMS－1 杀雄试验中，用亚甲蓝染色检测花粉生活力，单核期处理不育花粉率达 80%。刘绚霞等在 EN 杀雄效果研究中，用醋酸洋红染色检测，发现 80% 花药无花粉，或为空秕、畸形的败育花粉，花粉生活力在 5% 以下。

除此之外还出现了一些新的染色剂以及方法，如酒精－盐酸－醋酸洋红和改良苯酚品红。花粉萌发法也可以检测花粉生活力，该方法将待测花粉置于由琼脂、蔗糖和硼酸等配成的简单培养基上，在一定温度下培养一段时间后，再镜检萌发的生活力，以此测定花粉萌发率。

油菜育性分类是在官春云等、傅寿仲分类标准的基础上，依据花器形态特征、花粉量及花粉生活力分为全不育株、半不育株、可育株三类。全不育株：雄蕊退化成针状，雄蕊≤雌蕊长度的 1/2，花药无花粉，或花粉败育呈畸形，98% 以上花粉无活力，且难以散出，套袋自交不结实。但异交结实正常；半不育株：雄蕊退化成三角形，位置低于雌蕊，雄蕊等于雌蕊长度的 2/3 或者等于雌蕊长度，花药有少量微粉，套袋自交结实率低；可育株：花器正常，雄蕊大于或者等于雌蕊长度，花药有大量花粉，农艺性状正常，套袋自交结实率正常，有活力花粉占 99.0% 以上。

4.2　种子结实特性鉴定

进行化学杀雄的目的是杂交制种，种子成熟期调查油菜结角结实情况是检验杀雄效果的最终环节。官春云等在对油菜多药物杀雄研究中进行了自交和异交控制，发现杀雄剂茅草枯和二氯丙酸随着喷药浓度和次数的增加，处理后半不育株的自交结实率逐渐降低，杀雄效果越来越好，但 0.3% 和 0.5% 茅草枯对异交结实率影响较大，说明雌蕊受到了药害；以杀雄剂 MG4 处理油菜的自交结实性降低，而异交结实性正常，因此杀雄效果好，且对雌蕊没有伤害。

化学杀雄的结实力鉴定方法：通常在油菜开花前各选 6 个花序（每个花序留待开放的 10 个大花蕾），其中两个花序套纸袋自交，两个花序人工辅助授粉杂交并套袋，剩下的两个开放自然授粉，在油菜成熟前调查每个处理的结角率和结实率，以此鉴定该杀雄剂的杀雄效果和对雌蕊的影响。

4.3　化学杀雄杂交制种的质量检测

化学杀雄杂交制种的质量状况是杂交制种成败的关键，其检测目前主要采用田间种植鉴定和室内脂酶同工酶电泳两种方法。梅德圣等（2005）对甘蓝型油菜"中油杂 2 号"杂交种及其父母本的脂酶同工酶分析中以迁移率为 0.8 的条带作为特征带来鉴定杂种纯度，表明脂酶同工酶鉴定与田间种植鉴定的结果相吻合。戚永明等在"定军一号"、刘绚霞等在 EN 的杀雄效果试验结合了种植鉴定和电泳鉴定两种方法。除此之外，也有采用标志性状，张学昆等在进行 MG2 杀雄制种试验时，供试父本是显性无腊粉材料，在后代中表现无蜡粉的幼苗是真杂交种，表现有蜡粉的幼苗则为不育系自交种，考查了 MG2 杀雄杂交种的纯度状况。

但是田间种植鉴定，周期长；同工酶鉴定谱带少，差异有限，不同器官、不同生长时期带型差异不稳定，不能完全显示品种间基因型差异，难以满足大量品种的准确检测。DNA 分子标记技术的发展为杂交种的质量检测提供了新的有效途径。王灏等（2002）用 1个 RAPD 标记引物 S1117 对人为掺入父母本种子的杂种样品进行纯度鉴定，检测结果与预期相吻合，表明利用 RAPD 标记检测杂种纯度结果准确可靠。梅德圣等（2005）用 AFLP标记对中油杂 2 号种子纯度进行鉴定，发现 1 对 AFLP 引物 E33M59 有 3 条母本特异带和 7条父本特异带，可以有效鉴定种子纯度。用 SSR 标记对自交不亲和系杂种和雄性不育杂种进行纯度鉴定的结果与田间种植鉴定的结果非常接近，因此 SSR 标记不仅可以用于识别更多的非杂交种单株，还可以用于不同品种（组合）的真实性鉴别，与 RAPD 和 AFLP 标记相比具有更为简便可靠的优点（沈金雄等，2004b；刘平武等，2005；梅德圣等，2006）。

5 化学杀雄杂交组合选配模式

5.1 遗传差异和杂种优势

亲本间的遗传差异导致 F₁ 代的杂合性是杂种优势的基础，在一定范围内，双亲的遗传差异越大，杂种的优势越强。这种差异可以是血缘上的差异，也可以是地理或生态上的差异。因此，用遗传距离来表示亲本遗传差异的程度，并分析遗传距离与杂种优势的关系，以期找到杂种优势的预测模式，有助于指导强优势杂交组合的选配。人们经常用系谱法、形态标记以及同工酶标记的差异来测定遗传距离，进而分析它们与杂种优势的关系。Lefort – Buson 等（1987）通过油菜品种系谱系数的计算，发现最好的杂种来自于不同地理基因库中无血缘关系的品系间的杂交（如欧洲品种×亚洲品种），种子产量中亲优势 50%的变异可由系谱系数加以解释。Shiga（1976）报道，日本油菜×欧洲油菜的一些杂种产量高于日本油菜×日本油菜杂种。Grant 和 Beversdorf（1985）发现，加拿大油菜×欧洲油菜杂种产量优于加拿大油菜×加拿大油菜杂种。Srivastava 和 Rai（1993）观察了印度品种×印度品种、印度品种×外来品种、外来品种×外来品种甘蓝型油菜杂种的产量优势，结果是印度品种×外来品种杂种表现出较印度品种×印度品种和外来品种×外来品种油菜杂种强的杂种优势。因此在由亲缘关系远、地理距离大、生态类型不同的亲本杂交产生的杂种一代中，往往容易得到强杂种优势的组合。

随着分子生物学及分子标记技术的发展，人们试图分析亲本遗传物质 DNA 的差异与杂种优势的关系。但是不同的研究者得出的结论不尽相同。Riaz 等（2001）利用 SRAP 标记研究甘蓝型油菜的保持系和恢复系遗传差异，发现亲本间 SRAP 分子标记估算的遗传距离与杂种产量、中亲优势及超亲优势呈显著相关，遗传距离和产量的相关系数高达 0.64。李云昌等（2007）以 SSR 和 SRAP 标记对以陕 2A 的 13 个恢复系和 10 个保持系、中油 821及来自加拿大的 2 个品系为实验材料，分析其遗传距离与产量杂种优势的关系。结果表明，两者达到显著相关水平，通过遗传差异可以有效地预测产量杂种优势表现。杜德志等（2009）以 10 个特早春性甘蓝型油菜品系恢复系和 3 个不育系进行 NC II 双列杂交，通过分子标记分析其杂种优势与遗传距离关系，发现以 SRAP 标记计算得到的遗传距离与产量杂种优势间为极显著相关关系，而 SSR 标记计算得到的遗传距离与产量杂种优势相关不显著。因此认为，利用分子标记技术预测油菜的杂种优势，SRAP 标记效果更好，这与谭祖猛等（2007）研究结果相似。陈伦林（2008）则通过研究得出不同结论，认为 SSR 标记和 SRAP 标记遗传距离均与产量杂种优势无显著相关性，并认为上述研究者所用的材料仅为系选得到的材料，材料间的遗传背景相似，因此导致用 SSR 和 SRAP 分子标记所揭示的遗传差异相关性较好。

胡胜武等（2003）用 RAPD 分子标记估算出的亲本遗传距离与杂种产量和产量杂种优势的相关系数都未达显著水平。沈金雄等（2002，2004a）以甘蓝型油菜自交不亲和系及其杂种 F_1 代为材料，应用 AFLP、RAPD、SSR 和 ISSR 4 种分子标记技术研究亲本的遗传距离及其与杂种产量、含油量的关系，结果发现 AFLP 和 RAPD 分子标记遗传距离与杂种单株产量呈极显著正相关，而与种子含油量呈极显著负相关，但两者的决定系数均较小（0.102 4 和 0.109 9），SSR 和 ISSR 标记的遗传距离与杂种单株产量呈极显著正相关，决定系数也较小（0.160 2）。由此认为不能根据分子标记的遗传距离预测杂种产量及产量杂种优势。

育种学上的杂种优势主要是以产量性状来进行评价的。而计算遗传距的分子标记是从全基因组的水平上进行分析的，并不是只针对杂种优势相关的基因位点做的分析。Zhang 等（1995）提出一般杂合性和特殊杂合性的观点，一般杂合性指分子标记在两亲本间检测到的多态性，特殊杂合性指与某些性状连锁的分子标记检测到的多态性；研究结果表明在一定的群体中特殊杂合性与杂种的中亲优势相关系数较大，可以利用特殊杂合性来预测杂种优势。随着油菜 QTL 研究的发展，一些与产量相关的 QTL 位点相继被报道。如果能借助这些 QTL 位点，充分考虑到 QTL 位点的效应方向和效应的大小，利用分子标记预测油菜杂种优势将会取得更好的效果。

5.2　杂种优势群和杂种优势模式

杂种优势群（Heterotic groups）是指一类具有相关或不相关的遗传群体，该群体的个体与其他材料配组，表现相似的杂种优势反应（Melchinger，1999）。杂种优势群的遗传基础广阔，遗传变异丰富，有较多的有利基因，较高的一般配合力（GCA）。种性良好的育种基础群体，是在自然选择和人工选择作用下经过反复重组，种质互渗而形成的活基因库，从中可不断地分离筛选出高配合力自交系（刘纪麟，2000）。

合理划分杂种优势群并建立相应的杂种优势模式，已被应用在玉米和水稻等作物中，并已成为种质扩增、改良和创新研究的基本技术路线。Darrah 和 Zuber 将 1984 年美国用于杂交种子生产的种质来源可以归纳为 4 个杂种优势群，分别为兰卡斯特（Lancaster SC）种质、瑞德黄牙马（Reid YD）种质、爱阿华马齿（Iodent）种质和其他种质，到现在瑞德黄牙马（Reid YD）种质和兰卡斯特（Lancaster SC）种质两大杂种优势群及其杂种优势模式仍然是使用最广泛的。在我国，王彭波等以系谱来源、杂种优势和配合力为主，生理参数、遗传距离为辅，结合育种实践对审定的 115 个杂交种及其 234 个亲本自交系进行遗传分析，将我国主要自交系分为五大杂种优势群和九个亚群，并概括了一套复杂的杂种优势模式。张世煌等应用分子标记、NCⅡ设计方法和双列杂交等分析方法，将我国玉米划分为三个杂种优势群或六个亚群。

油菜上，Qian 等（2007，2009）发现中国半冬性油菜与国外的春、冬性油菜配制的杂交组合具有很强的杂种优势，近一半杂交组合超过了当地的商品种，由此提出了中国半冬性油菜与加拿大的春性油菜、欧洲的冬性油菜配组，可构建油菜杂种优势群。冬性油菜资源具有提高春性油菜杂种优势利用的潜力（Butruille，et al.；Quiada，et al.）；来自亚洲和欧洲油菜间的杂交组合，表现强的产量杂种优势（Lefort - Buson，et al.）；Udall 等发现亚洲油菜存在提高春性甘蓝型油菜产量的遗传位点。

　　杂种优势群的划分可以采用生化标记、系谱关系、数量遗传学及分子标记等方法。近年来在玉米杂种优势群的划分中，根据玉米自交系配合力，成功地进行了杂种优势群划分。配合力也是划分油菜杂种优势群的一个有效办法，一般配合力表现的是基因的累加效应，是能够稳定遗传的部分，产量一般配合力高的材料组配高产组合的几率较大。因此，在油菜育种中，尤其是配置杂交组合之前，它可以用来预测杂交后代的表现。特殊配合力表现的是基因的非加性效应，不能稳定地遗传给后代，但特殊配合力是针对某一对亲本材料而言，它比一般配合力更接近于杂交组合本身的表现。

（本章编写人：马守才　何丽萍）

思 考 题

　　1. 化学杀雄制种杂种优势利用与雄性不育法杂种优势利用比较，有何优越性？

　　2. 简述化学杀雄的细胞学与生理生化机理。

　　3. 怎样选配化学杀雄杂交组合？简述化学杀雄杂交组合选育程序与关键技术。

　　4. 油菜化学杀雄剂主要有哪些？其特性是什么？简述我国油菜化学杀雄杂种优势利用成就。

　　5. 小麦化学杀雄剂有哪些？其特性是什么？试述我国小麦化学杀雄杂种优势利用研究进展与问题。

主要参考文献

1. 陈新军，戚存扣，张洁夫，等.化学杀雄剂2号在甘蓝型油菜上的应用.江苏农业科学，2002，（6）：19－21

2. 刘绚霞，董振生，刘创社，等.新型油菜化学杀雄剂 EN 的杀雄效果与应用研究.西北农业学报，1999，8（4）：60－62

3. 严自斌，刘创社，董军刚，等.化学杀雄剂 ESP 对甘蓝型油菜的杀雄效果研究.西北农业学报，2006，15（6）：81－84

4. 杨交礼，王国槐.两种新杀雄药在油菜上的应用简报.作物研究，2006，（3）：227－230

5. 王国槐，官春云，陈社员.化杀灵改良剂（wpG）对甘蓝型油菜杀雄效果的研究.种子，2010，29（7）：70－72

6. 井苗，董振生，严自斌，等.BHL 等4种药物对油菜杀雄效果的研究.西北农业学报，2008，17（3）：165－170

7. 尚毅，李殿荣，李永红，等.我国油菜化学杀雄细胞质雄性不育的应用研究.西北农业学报，2005，14（1）：27－29

8. 戚永明，刘建军，付云龙，等．新型化学杀雄剂定军 2 号在甘蓝型油菜制种上控制微粉的作用效果．种子，2006，25（10）：93－95

9. 付云龙，戚永明，赵汉红．化学杀雄剂对油菜三系杂交制种母本微粉控制试验简报．种子，2003，（1）：73

10. 罗昌敏，唐章林．化学杀雄剂 SX－1 对重庆地区油菜的杀雄效果研究．安徽农业科学，2010，38（13）：6747－6749

11. 范宝磊，岳霞丽，刘志勇．新型化学杀雄剂 wp 对油菜体内乙烯释放量和内源激素的影响．化学与生物工程，2006，23（10）：50－51

12. 官春云，李栒，王国槐，等．化学杂交剂诱导油菜雄性不育机理的研究．作物学报，1997，23（5）：513－521

13. 刘志勇，沈春章，傅廷栋，等．化杀灵诱导油菜雄性不育与乙烯释放量的关系．华中农业大学学报，2006，25（2）：120－122

14. 于澄宇，胡胜武，张春宏，等．化学杂交剂 EXP 对油菜的杀雄效果．作物学报，2005，35（11）：1455－1459

15. 聂明建，王国槐，陈光尧．几个甘蓝型油菜雄性不育系花药败育过程中核糖核酸酶的变化．作物学报，2006，32（7）：1101－1103

16. 刘宏伟，张改生，王军卫，等．化学杂交剂 SQ－1 诱导小麦雄性不育及与不同小麦品种互作效应的研究．西北农林科技大学学报（自然科学版），2003，31（4）：15－18

17. 刘宏伟，张改生，王军卫，等．GENESIS 诱导小麦雄性不育与幼穗中乙烯含量的关系．西北农林科技大学学报（自然科学版），2003，31（3）：39－42

第八章

杂种优势利用的其他途径

雄性不育特性主要有质核互作型雄性不育、核雄性不育两类。就质核互作雄性不育类型而言，利用三系配套能生产杂交种，由于雄性不育保持系和雄性不育恢复系的选择受到质核互作限制，在大量种质资源中存在的杂种优势不能广泛利用，而且由于不育系的繁殖和杂交制种环节技术较复杂，在三系的繁殖与杂交制种中保纯环节较多，在杂交种中可能存在生物学混杂与机械混杂种子。就核雄性不育类型而言，生产上主要利用光温敏隐性核不育系制种，由于光温敏核不育性的表达受光温条件限制，在制种过程一旦产生不育性波动，在制得的种子中存在部分自交结实种子。这些问题的存在使杂种优势的利用具有了一定的局限性。

大田生产中使用纯度较低的种子不仅达不到增产的效果，还将造成减产损失。如何在早期直观鉴别真假杂种，提高杂交种纯度，减少假杂种对生产带来的损失，是杂种优势利用面临的一个重要问题。利用标记性状可以区别制种所收获的种子中杂交种与自交种、混杂种，即根据标记性状在早期（如苗期）的表现，判别杂交种的真实性，使杂种优势的利用更加广泛、有效。自交不亲和性是某些作物杂种优势利用的重要途径。无融合生殖是一种通过种子进行无性繁殖的过程，可实行杂种优势的多代利用，而利用无性繁殖可将杂种优势固定。

第一节　标记性状在杂种优势利用中的应用

在作物杂种优势利用过程中，如何快速、直观、简易地鉴定真假杂交种，成为杂种优势利用中的重要研究内容。利用早期表现的标记性状鉴定杂交种真实性和纯度，对保证品种的真实性，大田生产种子的纯度，保护育种者的品种权均具有实际意义。有关标记性状在杂种优势利用中的应用已有过报道，并已在小麦、棉花、水稻等作物上得到应用。

1　标记性状的概念及其特点

所谓标记性状是指与目标性状紧密连锁，表型上可识别的等位基因性状。在形态学标记中，通常所用的表型性状主要有两类：一是符合孟德尔遗传规律的受 1 对或少数几对显性或隐性基因控制的性状（如质量性状、稀有突变等）。另一类是由多个基因决定的数量性状，如大多数农艺性状、生育期性状等。在杂种优势利用中的标记性状必须具有与育性紧密连锁的特点。

通常作为标记的性状有形态标记性状和生理标记性状等。形态标记性状是指那些直观可见的、与个体形态形成有关的性状，如茎秆、叶片的形状、色泽等，这类标记性状由于表现明显，可直接观察，在杂种优势利用中应用较多。目前可利用于杂种优势利用实践的形态标记性状较少，在生产中还没有得到广泛推广应用。生理标记性状是指某种酶的合成与目标性状紧密相关，如酯酶同工酶等，这类性状不能直接观察，需要通过一定的实验手段，如通过电泳观察真假杂交种的差异。这类标记性状位点较多，但是由于不能直接得到观察结果，在杂种优势利用中也受到一定的限制。

大多数用于鉴别真假杂交种的标记性状均为质量性状，并且应具备以下三个特点：其一，性状能够在早期表现，最好在种子或苗期表现，能在早期识别真假杂种。其二，性状表现稳定，不易受环境条件影响且表现期较长。其三，标记性状对杂交种的产量、品质以及抗性等性状不能产生明显的负效应。

2　标记性状的遗传特性

根据控制标记性状基因的不同以及作用方式的不同，标记性状的遗传方式不同，大体上可以分为以下几种遗传方式。

2.1　显性单基因控制的标记性状

这种标记性状符合孟德尔遗传规律，控制标记性状的基因为显性基因，在杂合状态下即可以表现标记性状。如显性标记性状基因为 A，则隐性（正常）性状基因为 a，若母本为正常性状（aa），父本含有标记性状（AA），母本与父本杂交产生 F_1 代表现出显性标记性状，F_2 代标记性状和正常性状以 3:1 的分离比例出现，回交第一代 BCF_1 中标记性状和正常性状以 1:1 的比例出现。

通常父本含有显性标记性状，而母本含有相对标记性状的隐性性状。母本自交种子将不表现出标记性状，母本与父本杂交后得到的 F_1 代种子表现出父本的标记性状。在杂交制种过程中，若母本败育不彻底，收获的种子中含有母本自交结实种子和父母本异交产生的 F_1 代种子，利用这种标记性状较易鉴定出真假杂交种。单显性基因控制的标记性状，是最为理想的标记性状，其具有性状稳定、易于鉴别等特性。如甘蓝型油菜有毛、光叶和红叶性状属于受单基因控制的显性性状。涂金星（2001）利用正常叶形做母本，分别与含有毛叶、光叶、红叶等标记性状的父本杂交，观察 F_1 代叶片表现，均含有标记性状；在 F_2 代中含有标记性状的植株与正常叶形植株的比例接近 3:1，回交 BCF_1 代含有标记性状的植株与正常叶形植株的比例接近于 1:1，说明在甘蓝型油菜中有毛叶、光叶和红叶等性状受显性单基因控制，该性状可以在鉴定真假杂交种中应用。

受显性单基因控制的标记性状在杂种优势利用中，只有在父本中含有该标记性状，才能在 F_1 代鉴定出母本自交种子和父母本异交得到的杂交种子。

2.2　隐性单基因控制的标记性状

这类性状符合孟德尔的隐性单基因遗传规律，当母本含有隐性标记基因 a 时，父本含有其对应的显性基因 A，父、母本杂交后产生的 F_1 代种子基因型为 Aa，表现显性正常性状。因此，在由父母本制种获得的种子中，表现为显性正常性状的个体可认为是父母本杂交后产生的杂交种，表现出标记性状的个体是由母本自交的种子，用此可以鉴定出真假杂交种。

例如：棉花的芽黄性状是受一对隐性基因控制。所谓芽黄性状是指棉花出苗时其子叶为正常绿色，但长出的第 1~2 片真叶却为黄色，长出第 5~6 片真叶时，真叶转为绿色，即往往要等植株现蕾、开花期才能转为绿色。目前已鉴定出了 20 多个芽黄系列等位基因。张天真（1990）对 11 个芽黄突变体进行了鉴定。利用含有芽黄性状的材料为母本与正常材料杂交，F_1 代植株叶片表现为正常色泽，F_2 代芽黄性状和正常叶色的比例为 1:3，由此证实了芽黄性状是受隐性等位基因控制。

在利用隐性单基因控制的性状作为标记性状时，应选择含有标记性状的材料作为母本，当父母本混种时，由母本自交产生的种子仍表现出隐性标记性状，而由父本授粉后获得的杂交 F_1 代种子，将表现正常性状，这样就可以在制种所收获的种子中区分真假杂交种子。

2.3 不完全显性单基因控制的标记性状

这类性状基因属于孟德尔的不完全显性遗传。在这一遗传体系中，等位基因不具有显隐性的关系，在 F_1 代表现出中间型，F_2 代两种性状表现分离，产生出 1:2:1 的比例。如母本含有 A1 基因，父本含有 A2 基因，当父母本杂交时，A1A1 × A2A2 产生的 F_1 为 A1A2，表现出父母本的中间型。

如棉花中的经典红叶性状和鸡脚叶性状均为单基因控制的不完全显性性状。经典红叶性状受单基因（R1）控制，与绿叶棉杂交的 F_1 代，其叶色偏绿。至今，已在陆地棉中鉴定与红色素沉着有关的 3 个基因位点 R1、R2、Rd。其中位点 R1 控制红株（红叶），位点 R2 控制花瓣红色基斑，植株表现正常绿色，位点 Rd 主要控制矮化红株的颜色表达。用鸡脚叶棉与阔叶棉杂交的 F_1 代，叶形介于鸡脚性和阔叶性之间。万艳霞（2009）、石家庄市农科所等利用鸡脚叶棉开展研究，并培育了多个具有较高优势的杂交组合。

3 标记性状杂交亲本的选育

3.1 含有标记性状的"三系"亲本选育

根据控制标记性状的基因不同，选育含标记性状的亲本材料也不相同。对于由显性基因控制的标记性状，一般将显性基因转入父本（恢复系）；将受隐性基因控制的标记性状转入母本（不育系）；受不完全显性基因控制的标记性状，可以转入父本（恢复系），也可以转入母本（不育系）。

3.1.1 具有显性标记性状父本（恢复系）的选育

利用具有显性标记基因的材料与恢复系杂交，杂交后代与恢复系回交，同时选择具有标记性状的个体，连续回交多代，使回交后代除了标记性状以外其他性状均与恢复系相同，再经自交两代将获得纯合的具有标记性状的恢复系（图 8-1）。

例：已知 A 为显性标记性状的控制基因，其等位基因为 a，将显性标记性状转入某一恢复系，育成含有 AA 标记基因的恢复系，其转育方法如下：

选育的新恢复系，除含有标记性状纯合基因 AA 型以外，恢复性状与原恢复系相同。

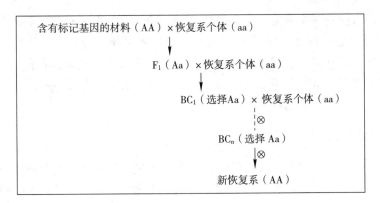

图 8 – 1 含显性标记基因恢复系的选育程序

3.1.2 具有隐性标记性状不育系的选育

选育的新不育系，除含有标记性状纯合基因（aa）型以外，不育性状与原不育系相同（图 8 –2）。

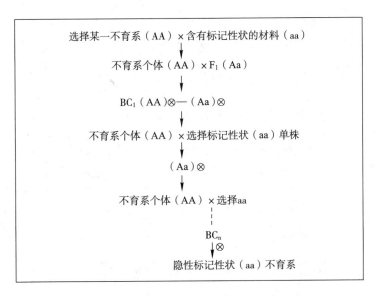

图 8 – 2 含隐性标记基因不育系的选育程序

3.2 含有标记性状常规亲本的选育

为了选育能在苗期表现标记性状的杂交组合，首先必须选育能在苗期出现的标记性状的亲本。在棉花等作物中，由于恢复系的恢复性不强，在杂种优势利用中存在一定困难，通过人工去雄配置杂交组合，是生产中常用的方法之一。但是由于人工去雄成本大，导致杂交种价格偏高。利用标记性状可以免除人工去雄，降低制种成本。

用含有标记性状的母本进行不去雄的天然杂交或含有标记性状的父本为不去雄的母本授粉，从母本上收获的种子有两种，自交种子和杂种种子，通过标记性状识别，很容易将这两种种子区别开来。在下一年播种出苗后根据标记性状间苗，拔除不具有标记性状的幼苗，即假杂种或母本苗，留下具有标记性状的幼苗，即真杂种。

例如由湖南省棉花科学研究所等选育的"湘杂棉2号"和安徽省农科院棉花研究所选育的"皖棉13号"分别是由黄色花药（显性）亲本和种子、植株无腺体标志（隐性）的亲本杂交获得的杂交种，F_1表现出黄色花药，F_2黄色花药和白色花药比例约为3:1。通过这些标记性状的观察，既有利于亲本的去杂保纯，又有利于区分杂种一代、二代和其他品种，这对保护知识产权，加速棉种产业化具有重要意义。

4 杂交组合的选配

选育苗期显性性状为父本，或隐性性状的母本。父、母本按比例种植，隔离区内自由授粉。母本上收获的种子有两种，即自交种子和杂交种子。利用标记性状选留杂交种子，淘汰自交种子。根据显性标记性状和隐性标记性状在亲本与杂交种F_1代的表现，杂交组合的亲本选配方式不同。

利用具有标记性状亲本制种，从母本上收获到的种子，播种出苗后根据标记性状的表现拔除非杂交种苗。如果标记性状为显性性状（MM），去除隐性性状（mm）的假杂种苗，保留显性的真杂种苗（图8-3）。如果标记性状为隐性性状，则保留无标记性状的苗子（图8-4）。

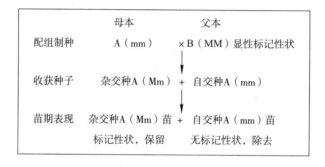

图8-3 父本显性标记性状的利用程序

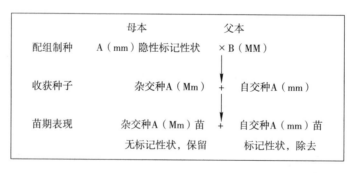

图8-4 母本隐性标记性状的利用程序

Driscoll（1972，1981，1983，1985）设计了小麦的 XYZ 体系，通过标记性状的识别以利用位于4号染色体短臂上的隐性雄性不育基因生产小麦杂交种。这一体系为：Z 系含有雄性不育基因，是正常二倍体核雄性不育系，一般情况下普通小麦都可恢复其育性；X 系是二体附加系（含21Ⅱ+Ⅱ个染色体），除了具有全套 Z 系染色体，还附加了一对染色体，该对染色体上带有显性恢复基因及与恢复基因紧密连锁的毛穗轴基因，X 系自交后代仍是 X 系；Y 系是单体附加系（21Ⅱ+Ⅰ），它是 X 系和 Z 系的杂交后代，因此附加的单体上含有显性恢复基因和毛穗轴基因。Y系的自交后代中有约75%的Z系和25%的具毛穗轴的Y系，根据毛穗轴特征拔除Y系，即可获得大量一致的核不育系（Z系）。Z系可分别用于制种和生产Y系。实现了杂交种的配置和核不育系的繁殖。在此基础上，黄寿松等（1991）将小堰麦的胚乳蓝粒基因导入小麦不育材料，选育出蓝标型雄性不育系及其保持系，其染色体组成类似于XYZ体系，即白粒种子植株（$2n = 42$）是具有隐性不育基因的核不育系；浅蓝粒种子植株（$2n = 42 + 1$）是在白粒种子植株全套染色体基础上附加了1条外源染色体；深蓝粒种子植株（$2n = 42 + 2$）则是附加了1对外源染色体。附加的外源染色体来自蓝粒小麦附加系的具有蓝色胚乳基因和育性恢复基因的4E染色体。周宽基等（1996）也报道了4E – ms小麦雄性核不育 – 保持体系的建立。

以上两种方法构思巧妙，从理论上来说是一种不错的鉴定杂交种的方法。但实际操作较麻烦，主要困难在于XYZ体系中Y系虽然有毛穗轴作标记性状，但拔除工作量大，难以保证Z系的纯度；蓝标型体系中3种颜色种子可以通过机械分拣，但分拣效果不理想，也难以保证不育系（白粒种子）纯度。因此通过标记性状生产杂交种还需要有新的突破。

5 标记性状的来源

标记性状在杂种优势利用中前景广阔，但是由于目前开发的标记性状数量有限，不能满足实际应用的需求。如何开发更多的标记性状是目前需要解决的问题，一般情况下标记性状可以通过以下几种方法获得。

5.1 从种质资源中筛选

我国有大量的作物种质资源，现存种质资源数量达到40余万份，这为筛选到适合的标记性状奠定了基础。每种作物都有很多的性状具有多态性，这种多态性是筛选标记性状的基础。比如棉花叶片的紫色叶等，就是很好的例子。

5.2 自然突变

每种作物在长期进化过程中都会因为生存环境的改变而发生变异，有些变异本身对生物体影响不大，能够遗传并保存下来，并与原有的性状之间形成了对性关系，从而产生了多态性。将这些突变了的单株繁殖后就可以作为标记性状加以利用。如水稻的淡黄叶性状、斑马叶性状等，就是在田间发现的自然突变标记性状。

5.3 人工诱变

利用化学或者物理方法对作物进行人工诱变，其中报道比较多的是辐射诱变。通过辐射诱变可以产生很多种类的突变，包括显性突变，也包括隐性突变；包括大突变，也包括微突变。因此需要在诱变后代群体中认真筛选，那些具有主效基因控制，且便于观察的性状才能够作为标记性状。如多个水稻叶色标记基因都是通过人工诱变获得的。

5.4 转基因技术

通过转化外源基因是产生标记性状最为直接的办法。例如通过转化抗卡那霉素的基因，实现受体具有抗卡那霉素的特性，从而与非转基因材料加以区分。再如转化抗除草剂基因，使受体具有抗除草剂特性，这样就可以在苗期对不具有抗除草剂基因的材料加以区分。

6 标记性状在杂种优势利用中的实例及发展前景

利用植株的某一显性性状或隐性性状作标志，区别真假杂种，就可以不进行人工去雄而利用杂种优势。如水稻的紫叶鞘、小麦的红色芽鞘、棉花的红叶和鸡脚叶、棉花的芽黄（幼苗第 1~6 片真叶平展初期均为黄绿色）和无腺体（叶、叶柄、茎秆及铃壳的表面均无腺体），这些都是可作标志的隐性性状。

6.1 标记性状在棉花杂种优势中的利用

由于棉花属于常异花授粉作物，具有一定的天然异交率，在利用常规品种配制杂交种时常常需要人工去雄，由于增加了很大工作量，因而影响棉花杂交优势的利用。三系配套的杂种优势利用解决了人工去雄的问题，同时也可以提高杂交种的纯度，但是棉花的不育系很难找到具有较高恢复度的恢复系，且棉花的不育系败育的也不彻底，很容易造成杂交种种子中既有真杂交种又有自交种，给生产造成较大损失。利用标记性状区分杂交种与自交种，可以大大提高棉花杂交种的制种效率，降低种子生产成本。

6.1.1 棉花鸡脚叶标记性状的利用

棉花在生产杂交种子工作中应用的指示性状应是苗期易于鉴别，同时亲本又有较高的配合力。河北省石家庄市农科院经多年试验研究，利用带有鸡脚叶型标记性状的自交系，配制培育出杂交种具有鸡脚叶型的杂交棉新组合。由于该杂交组合种子纯度高、优势强、叶型独特，棉花产量和植棉效益都好，所以具有很大的推广价值。

6.1.2 棉花紫叶、牙黄、叶片无紫基点等标记性状的利用

河北农科院对棉花的紫叶、牙黄、子叶叶片无紫基点、无腺体等四个指示性状配制杂交组合开展了研究。结果表明，利用紫叶棉品种在制种时用作父本，利用其紫叶显性性状，在苗期易与绿叶自交种加以区别。紫叶棉虽具有标志清楚的特点，但紫叶棉生产力低，纤维品质差，影响杂交种产量性状的表现，用紫叶棉配制的杂交种前期营养生长较旺，植株高大，节间长、结铃迟、纤维短、衣分率低、产量不高，因此实用价值不大。

牙黄标记性状的利用是在制种中利用芽黄隐性性状棉花品种作母本，配制杂交组合。芽黄性状通常在苗期长出 2~3 片真叶时才表现出叶片变黄。因此，难以在子叶期结合间苗及时拔除假杂种。此外，棉株现蕾前受芽黄性状影响，生长势较弱，前期结铃较差，影响杂交种子生产量。配制的杂交组合同样表现单株结铃数减少，结铃率降低，影响杂种一代的产量。

利用叶基无紫基点的隐性性状配制杂交组合时，用叶基无紫基点材料作母本，杂交种幼苗子叶基部出现相对显性性状紫基点。由于基点色素系日光红，在套种间作的栽培条件下往往不易发现，使得在苗期拔除假杂种苗工作难以正常进行。但是，用叶基无紫基点隐性性状亲本配制杂交组合产量较高，生长较旺，成熟期偏迟。

利用胚轴及子叶柄均无腺体隐性性状的亲本配组生产杂交种子，杂种第一代棉苗出土时，杂交种苗均具有明显的腺体。结合间苗可以很方便区别杂交种和假杂交种。用其配制的杂交组合表现结铃率高，铃重较重，衣分率高。在多年的试验中证明，用无腺体 62-1 配制的杂交组合种子，在苗期指示性状稳定，易于鉴别真假杂交种，杂交种产量明显高于非杂交种。

6.1.3 棉花光子标记性状的应用

光子标记性状是棉花种子无短绒。河北省农林科学院万艳霞等利用综合性状较好的 5

个光子棉材料作亲本，与 17 个优良毛子棉新品种（系）配制杂交组合，研究光子标记性状与杂种优势产量表现之间的关系。结果表明，光子棉杂交组合皮棉产量表现正向中亲优势和正向超亲优势；衣分和单铃重表现正向中亲优势，以光子棉作母本的杂交组合单株铃数优势高于以光子棉作父本的杂交组合；籽指表现负向中亲优势、负向超亲优势和负向竞争优势。通过研究，筛选出产量竞争优势 5% 以上、综合性状突出的优势组合 8 个。

6.1.4　棉花黄色花药标记性状的利用

前文所述的"湘杂棉 2 号"和"皖棉 13 号"都利用了棉花黄色花药作标记性状。

此外，还有关于棉花在配制杂交种的过程中，利用棉花柱头外露、丛生铃、红花等标记性状的相关报道。

6.2　标记性状在水稻杂种优势中的利用

在杂交水稻种子生产过程中，一旦造成混杂，如何简易检测排除非杂交种，一直是困惑杂交水稻种子生产者的难题。将特殊叶色性状导入不育系作为标记，用于制种田间除杂和种子纯度检测，是提高与保证杂种纯度的一条有效途径。

在稻种资源中存在着丰富的标记性状，包括紫叶、光叶、绒叶、披叶、淡黄叶、斑马叶和稃尖色泽等。开展水稻标记性状的研究，在水稻杂交育种过程中作定向选择、基因定位分析及杂种 F_1 代的纯度鉴定等均具有重要的意义。尤其在两系法杂交水稻研究方面，把具有较强直观性的标记性状导入两用核不育系，将大大降低两系法杂交水稻生产的风险。

6.2.1　水稻紫色叶片标记性状的应用

通常水稻叶片为绿色，我国水稻研究人员曾于 1995 年发现一种具有紫叶性状的水稻，该性状为隐性性状，受 $i-pl$ 基因控制，绿色叶则是受 $I-pl$ 基因控制。曹立勇等采用中国水稻研究所保存的一份带紫叶标记的籼型紫叶稻与温敏核不育系 W6154S 杂交，在 F_2 代选择紫叶稻回交一次后，以系谱法逐代选择育成了带紫叶标记的光温敏核不育系中紫 S0，并证明该不育系不育性稳定，且具有较强的配合力。

另外，广西贺州市农业科学研究所和广西绿田种业有限公司育成的具有紫红叶标记性状水稻两系不育系紫红 10S，2012 年专家鉴定认为紫红 10S 符合国家规定的两系杂交水稻不育系指标，可以在生产上应用。紫红 10S 的植株为紫红色，而其杂种后代表现为正常的绿色。具有紫红叶标记性状的水稻为两系不育系，其表现可恢复性好，恢复谱广，配合力强，杂交组合 F_1 代结实率均达 75% 以上。在种植杂交组合时，利用紫红叶标记的明显性状，可以在秧田期轻易地剔除杂株，提高杂交水稻种子的纯度，有效地降低水稻种子生产和大田生产的风险与损失，充分发挥杂交稻的增产作用。

6.2.2　水稻淡黄叶突变体的应用

水稻标 810S 淡黄叶突变体是湖南省怀化职业技术学院 2003 年从安农 810S 繁殖田中发现的一株水稻淡黄叶隐性标记性状的突变株，经 4 年 6 代培育成了具有叶片淡黄隐性标记性状的不育系。标 810S 水稻淡黄叶标记性状属隐性单基因控制，遗传行为简单，标记性状明显，易于识别，田间能够快速、准确地鉴定出两系杂交种子中的自交株，便于不育繁殖和杂交制种的保纯，在生产中具有重要利用价值。水稻标 810S 是一个优良的种质资源和遗传材料，易于将其转育到其他优良材料中选育出具有淡黄叶标记性状的新不育系，应用前景广阔。

中国水稻研究所以第 10 染色体上带有明显淡绿色叶标记性状的光温敏核不育水稻

M2S 为供体，以优质早籼保持系中红 B 为母本杂交，其后又通过多次杂交、测交和回交选育，得到株叶形整齐一致、不育性稳定、性状优良的带有明显淡绿叶标记性状的不育系——标 1A。标 1A 与中 413、明恢 63 配组表现出较强的杂种优势；标 1A 无论是在不育系繁种、杂交稻制种、还是 F₁ 代在大田生产中，苗期既能分辨出真伪种子，从而能有效降低种子生产风险，避免在生产中的损失。

6.2.3 水稻披叶形性状的应用

水稻叶片披叶性状表现为叶片上半部分主脉不明显，叶片上半部分呈下垂披散状态。利用叶片为披叶性状的水稻与正常直立叶片的水稻进行遗传试验，对其杂种 F_1、F_2 及 B_1F_1 的观察及分析结果表明：披叶性状对直立叶性状为隐性，受一对基因控制。金祥等人 2009 年对具有披叶性状的水稻 G156S 研究表明控制披叶的基因位于水稻 3 号染色体短臂上。通过利用披叶标记性状亲本 G156S 与恢复系的杂交组合的研究中，可以看出水稻披叶性状可以作为标记性状在杂交制种中加以利用。

6.2.4 水稻斑马叶标记性状的应用

水稻斑马叶表现为叶片间断失绿，如同斑马身上的条纹，一片叶上按垂直叶脉方向绿色和白色两色相间排列。斑马叶性状在 3 叶期前叶色正常，移栽后 7 d 左右开始出现斑马叶，6 叶期表现最为充分，以后斑马叶片上的白色条纹逐渐消失，至移栽后 28 d 左右消失。华中农业大学赵开斌（2005）以斑马叶片标记性状的水稻材料武金 4A 为主要研究对象，通过系统的观察和多方面试验得出结论：斑马叶性状表达稳定，田间易于辨认，具备作为一个稳定的标记性状特征。以斑马叶性状的品种武金 4B 作父本与非斑马叶的正常品种 II-32B、金 23B、珍汕 97B 作杂交，与武金 3B 同时作正、反交，F₁ 均没有斑马叶性状植株出现，说明斑马叶性状属隐性遗传特性。斑马叶性状在正、反交的 F₁ 表现相同，F₂ 中的分离比例无显著差别，说明斑马叶性状是核基因控制性状。武金 4A 不育株率达到 100%，柱头外露率 61.45%，农艺性状好，结实种子千粒重高，是选配大穗大粒杂交组合的理想不育系。

6.2.5 籼型水稻形态标记近等基因系的建立

董凤高等创建了国内外第一套籼型形态标记近等基因系。该套近等基因系包含了 27 个易于辨别的形态标记基因，涵盖水稻全部 12 条染色体，每条染色体含 2~3 个标记基因，是水稻基因定位研究及其相关研究的理想遗传工具材料。标记基因中，一些对产量构成无明显不良影响的基因还可在育种中利用。例如在该套形态标记等基因系的转育过程中，曾利用对农艺性状影响不大的淡绿叶品系作为标记性状，与光温敏核雄性不育材料杂交，育成了国内外首例带形态标记的籼型光温敏核雄性不育系 M2S。

该套近等基因系的细胞核遗传背景和细胞质为浙辐 802（轮回亲本），27 份材料除其所带的标记性状外，主要农艺性状与轮回亲本基本相似。材料从播种到始穗天数平均为 61 d，材料之间比较接近，除三角颖为 75 d 外，其余均在 57~68 d。平均株高为 68.2 cm，除顶节间伸长（eui）和多蘖矮生（d-t）2 份材料为保持其标记性状的典型性而分别保留了株高较高和较矮的选系外，其他材料的株高在 58~85 cm 之间。在分蘖数、穗长和每穗粒数 3 个性状上平均达到 13.1 个、19.2 cm 和 97.1 粒，材料之间较为接近。很多材料的标记性状涉及籽粒性状，虽在每穗粒数上难免有一定差异，但其他非籽粒性状均与轮回亲本浙辐 802 相似。该套近等基因系为早籼类型、生育期短，在华南、华中地区可以一年种植 2 季，适合于我国不同生态条件下利用，特别是种植籼稻的地区更为适宜。

6.3 标记性状在油菜杂种优势中的利用

利用苗期能够识别的遗传标记性状可以及早地鉴别真杂种，这对于油菜细胞质和细胞核雄性不育杂种的利用都有着很大的实用意义。莫鉴国等于 1988 年开始了这方面的研究，先后发现、选育和引进了 12 种遗传标记材料，从中筛选出显性无蜡粉、隐性无蜡粉、紫色花青素、花叶 4 种具有良好应用潜力的标记材料，基本弄清了这些材料的遗传特性。显性无蜡粉性状呈完全显性遗传，受 1 对核基因控制，隐性无蜡粉性状受 2 对基因控制等，现正在进行向不育系的回交转育。用显性均无蜡粉油菜品种配制了 62 个标记组合，其中 53 个比中油 821 增产，94GH7 增产 32.97%，平均增产 13.5%～28.2%。

6.4 标记性状在小麦杂种优势中的利用

"蓝矮败" 是蓝粒、矮秆、花药败育三性状相互标记的特殊小麦种质，其植株矮壮，花药败育，授粉正常结实，同一麦穗结不同颜色籽粒，通过色选机可将蓝粒的 "蓝矮败" 与白粒的小麦 F_1 杂交种分离。利用 "蓝矮败" 生产小麦杂交种易于掌控亲本，便于品种权保护，农户不能自留用种，基地种子不易流失，且制种技术简单，受气候等环境因素影响小，种子纯度易保证。

6.5 标记性状在其他作物中的应用

刘卫东等 2007 年报道了黄瓜黄绿叶标记性状自交系的选育，育成了 yg199 – 74 黄瓜自交系，通过与深绿叶做父本的材料杂交，产生的 F_1 具有产量优势，同时在苗期就可以鉴别出具有黄绿叶性状的未杂交的母本和深绿叶的 F_1，可早期测定种子的杂交率。

马志虎 2004 年报道了辣椒中标记性状的应用，以具有黄绿苗的辣椒品种为母本与正常苗父本杂交，配制的 10 个杂交组合。F_1 在果实长、果肉厚、单株挂果数等方面超过高亲本性状，杂种优势明显，且标记性状稳定。

6.6 标记性状在杂种优势利用中的发展前景

标记性状在杂种优势种的利用主要是指标记不育系或标记恢复系的培育。所谓标记不育系是指将一种或一种以上的指示性状与不育性状相结合的种质材料。目前在棉花、水稻、油菜、小麦等多种作物中已经筛选到多个表型明显且稳定的标记性状，如棉花的标记性状包括黄花药、芽黄、子叶基无紫斑、光子、无腺体、子叶柄无绒毛、鸡脚叶等；水稻的标记性状包括紫叶、淡绿叶、披叶、斑马叶等；油菜中的显性无蜡粉、隐性无蜡粉等标记性状。其中棉花中紫叶、黄花药、芽黄等标记性状已应用于杂交棉，有效地增强假劣杂交种的鉴别，确保亲本和杂交种的纯度。水稻利用紫叶标记性状已在生产中得到应用，效果良好。

选择在苗期表现明显不同于正常苗，且对植株长势、产量性状影响较小的隐性标记性状，导入核雄性不育系，解决核雄性不育系稳定性差、易自交结实等特点，是杂交育种一条可取途径。

目前标记性状在生产中还没有广泛应用，关键是对标记性状的发掘和研究还不够深入。在生产中可以应用的标记性状应具备以下条件：

（1）标记性状应表现明显且在早期表现。标记性状应该有明显不同于正常株的表现型，便于在田间直观识别；同时在苗期识别以利于在间苗期拔出假杂种。

（2）标记性状表现应稳定。即使在不同环境条件种植，标记性状要仍然能够表现明显。

（3）标记性状对不育系的育性没有影响。转入标记性状的不育系其育性应该不受标记性状的影响，不育性稳定。

（4）标记性状对植株生长势没有较大影响。具有标记性状的不育系，其生长势应不受标记性状的导入而发生改变。

（5）标记性状对杂交种产量没有影响。具有标记性状的不育系与恢复系杂交后获得的杂交组合，不应出现因标记性状而使杂交组合产量性状下降的现象。

水稻紫叶、黄色叶标记性状不育系的成功选育，标志着标记性状在杂交种制种中的应用成为可能。随着对作物资源的不断引进和发掘，将有更多的标记性状材料应用于作物杂种优势利用过程中。

第二节　自交不亲和性杂种优势利用途径

植物在通过有性生殖繁殖下一代过程中，常通过采用自花授粉、常异花授粉和异花授粉等3种授粉方式完成。然而在生物进化过程中，授粉方式也存在着多样化，例如在十字花科、禾本科、豆科中广泛存在着自交不亲和性的授粉方式，这种方式可以防止植株自花授粉。自交不亲和性是植物在长期进化过程中形成的有利于异花授粉，从而保持高度杂合性的一种生殖机制。这种特性可以用在杂种优势利用途径上，通过选育遗传上稳定的自交不亲和系，不用去雄就能生产杂种子，而且能保持杂交种的纯度。

1　自交不亲和特性的概念及其表现

所谓自交不亲和性是指雌、雄蕊均正常，但自交或系内交不能结实或结实很少的特性。这种特性是植物在长期进化过程中形成，自交不亲和性广泛存在于十字花科、禾本科、豆科、茄科等许多植物中，其中以十字花科中自交不亲和性尤为普遍。自交不亲和性是一种有利于异花授粉，从而保持高度杂合性的生殖机制。自交不亲和性（self-incompatibility）植株虽然雌雄同花，两性生殖器官同时成熟，但因为不亲和性，即使受粉，花粉也不萌发，或花粉管不进入花柱，花粉管生长滞缓，甚至停止生长等，使受精不能正常进行。

自交不亲和性可以划分为两种类型，花器中雌蕊本身或雄蕊本身无任何形态分化的称为同型不亲和性（homomorphic incompatibility）；相反，有异型雌雄蕊的则为异型不亲和性。同型不亲和性还可进一步区分为配子体不亲和性与孢子体不亲和性二种。

另外，还需要注意与自交不亲和性相对应的异交不亲和性。所谓异交不亲和性是指不同植株之间，特别是特定系统之间的不亲和性，也称为杂交不亲和性。

2　自交不亲和性类型

2.1　同型自交不亲和性

同型自交不亲和性可分为两类：一类是配子体自交不亲和性（self-incompatibility of gametophyte）。其自交不亲和性受配子体基因型控制，表现在雌雄配子间的相互抑制作用。例如：胚囊母细胞具有 S1S2 基因型，可以产生两种基因型的卵细胞 S1 和 S2，精囊母细胞基因型也为 S1S2，产生两种基因型的花粉 S1 和 S2。当授粉时，无论是 S1 还是 S2 基因型花粉均能正常萌发，进入柱头，并能在花柱组织中延伸一段，此后就受到卵细胞产生的某些物质表现出相互抑制而无法受精，花粉管与雌性因素的抑制关系发生在单倍体配子体（即卵细胞与精细胞）之间。禾本科植株发现的自交不亲和性大都属于配子体自交不亲和性。这种抑制关系的发生可以在柱头组织内，也可以在花粉管与胚囊组织之间；有的甚至精核已达胚囊内，但仍不能与卵细胞结合。

另一类是孢子体自交不亲和性（self-incompatibility of sporophyte），其自交不亲和性受花粉亲本的基因型控制，例如具有 S1S2 的花柱不能接受 S1S2 精囊母细胞产生的花粉。表现出在花粉落在柱头上不能正常萌发，或萌发后的花粉管在柱头乳突细胞上缠绕而无法进入柱头，即花粉粒及花粉壁成分与雌蕊柱头上的柱头毛乳突细胞之间的相互抑制作用，花粉管不能进入柱头。由于这种抑制作用发生在雌雄二倍体细胞之间，花粉的行为决定于二倍体亲本的基因型，因而称为孢子体型自交不亲和性。如十字花科植物和菊科植物的自交不亲和性均属于孢子体自交不亲和性。

2.2　异型自交不亲和性

异型自交不亲和性又可以分为两类，一类是二型花柱型自交不亲和性。该类型植物的花丝、花柱有长短两种，既有的个体产生的花是长花丝、短花柱，有的个体产生的花是短花丝、长花柱。只有与花柱相同花丝上的花药产生的花粉粒落到柱头上才能萌发完成受精作用。若花丝和花柱长度不同，则不能完成受精作用，表现为自交不亲和性。另外，二型花柱型自交不亲和植物中，除了花柱、花丝有两种类型外，在花粉粒的大小、贮藏物质、吸水性、表面形态及柱头乳突细胞的形态等方面均存在差异。二型花柱型自交不亲和性材料，自交不亲和性的发生依花的类型决定。例如对三核花粉的物种，其自交不亲和发生时花粉被抑制的部位是花柱。但在同一物种的不同类型的花之间，抑制部位可能有差异。荞麦就是一个很好的例子，其长花柱型的花之间授粉，其抑制部位在花柱，而短花柱型的花之间授粉，其抑制部位在柱头（图 8 - 5）。

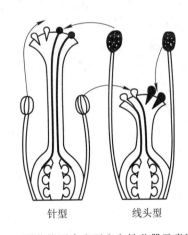

针型　　　　　线头型

图 8 - 5　二型花柱型自交不亲和性花器示意图

另一类是三型花柱型不亲和性。该种类型的植物能产生三种类型的花，即长花柱（同时着生中花丝和短花丝）、中花柱（同时着生长花丝和短花丝）、短花柱（同时着生长花丝和中花丝）。不同类型的花之间相互授粉时，只有和雌蕊花柱同一高度水平的花丝上产生的花粉粒才能和这个雌蕊相互识别、萌发花粉管，完成受精作用，否则即发生自交不亲和。其不同类型的花之间花粉粒的形态、大小、贮藏物质也各不相同。其花粉粒在雌蕊中的抑制部位也不尽相同，有的位于柱头，有的位于花柱（图 8 - 6）。

自交不亲和性是植物界中常见的一种现象，这对保持种质的异质性具有积极的作用，同时为开展杂种优势的利用奠定了物质基础。探索植物产生自交不亲和性原因，揭示其生理机制和分子机理对开展杂种优势利用研究与应用具有重要意义。

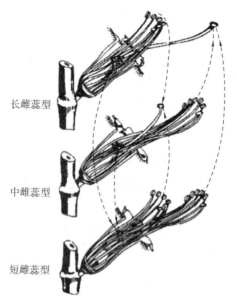

长雌蕊型

中雌蕊型

短雌蕊型

图 8-6　三型花柱型自交不亲和性花器示意图

3　自交不亲和性的生理机制

关于自交不亲和性的生理机制有很多假说，最具代表性的是免疫假说、乳突隔离假说和角质酶假说等。

免疫假说：植物柱头和花粉管具有相同的基因型时，会产生"抗原-抗体"系统。表现不亲和时，从花粉管分泌出"抗原"，刺激花柱组织形成抗体，从而阻止花粉管的伸长，不能完成授粉受精过程。

乳突隔离假说：植物（特别是十字花科植物）成熟柱头的乳突细胞表面有一层发育完全的蛋白质表膜，具有柱头接受部位的作用，其下有一角质层。蛋白质表膜含有一种特殊的糖蛋白，对酯酶活性具有强烈的专化性；且因与 S 基因有一定的对应关系，能识别花粉基因型。花粉的外壁蛋白质在与柱头相互识别上也起着重要作用。当花粉落在柱头上后，几秒钟内花粉粒的外壁便释放出外壁蛋白质，与柱头乳突细胞的蛋白质表膜相互作用。如果二者有亲和性，几分钟内花粉内壁便释放出角质酶前体，并被柱头蛋白质表膜所活化，从而溶解下面的角质层，使花粉管得以侵入柱头表面，表现为接受反应。如果二者不亲和，柱头乳突细胞随即产生胼胝质，阻止花粉管的侵入，表现为拒绝反应。实验表明，通过切除或擦去柱头表层后授粉，有利于不亲和的花粉管伸入花柱，完成了受精过程。该实验的结果支持了乳突隔离假说。

角质酶假说：花粉的角质酶在不亲和的柱头上失活，而亲和的柱头可活化角质酶，被激活的角质酶使柱头角质层水解而有利于花粉管的生长。Linsken 等在萌发的花粉中发现了角质酶从而支持这一假说。

4　自交不亲和性的遗传特性

在绝大多数的自交不亲和的植物中，自交不亲和性是由具有复等位基因的单一位点控制，这一位点通常用 S 表示（S 代表 sterility），也称为单因子自交不亲和性。在有少数自交不亲和性植物中，自交不亲和性是受两个或两个以上的 S 位点控制，称为双因子或多因子自交不亲和性。

就单因子自交不亲和性植物而言，任何个体在 1 个 S 位点上只含有 1 对 S 等位基因，但是在一个群体中，则含有多个 S 等位基因。如在花烟草中有 20 多个 S 等位基因，在甘蓝中已发现有 50 多个 S 等位基因。

不论是配子体型还是孢子体型，自交不亲和性在遗传上都是由特定的复等位基因控制。配子体型自交不亲和性表现为：任何花粉粒所携带的 S 等位基因与雌蕊的基因相同时，花粉管就不能在花柱组织中延伸，或生长很缓慢而最终不能与卵细胞结合；反之，花粉粒所携带的 S 等位基因与雌蕊的基因不相同时，花粉就发芽正常，能参与受精作用。孢子体型自交不亲和性在本质上说，也受与上述 S 基因相同的复等位基因的支配。在孢子体型自交不亲和性类型中，自交不亲和性是由产生花粉的孢子体基因型决定，花粉的反应还取决于花粉和柱头组织中两个复等位基因之间的显隐性关系。所以，当二者具有一个相同的等位基因时，能够产生纯合的基因型，而且正反交的结果不同。这种现象在配子体型自交不亲和性上不可能出现。

以上是二倍体植物在一个位点上由复等位基因控制的自交不亲和性，也是最常见的遗传模式。后来陆续发现禾本科植物中还有由两个位点上复等位基因控制的配子体型自交不亲和性；在萝卜中也找到有两组等位基因。在芝麻菜（*Eruca sativa*）上至少有三组等位基因共同控制孢子体型自交不亲和性的遗传。

自交不亲和性有受单一位点二基因、单一位点多基因、二位点二基因、二位点多基因等多种基因作用模式，但是大多数自交不亲和性受单一位点多基因控制，如 S1、S2、S3、S4…

配子体自交不亲和性遗传特性：取决于花粉所带的 S 基因是否与雌蕊（柱头）所带的基因相同，如果带有相同的 S 基因，则表现出自交不亲和现象。如豆科、禾本科、茄科、蔷薇科大都属于配子体自交不亲和性。

按基因型的不同，有三种亲和关系（图 8 - 7）：

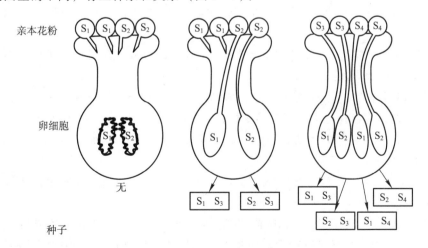

图 8 - 7　配子体自交不亲和的三种形式

A. 自交　S1S1 × S1S1（纯合体自交）

　　　　S1S2 × S1S2（杂合体自交）

无论是纯合体还是杂合体只要双亲基因完全相同时，就会表现出自交完全不亲和。也就是说即使含有 S1 基因的花粉给含有 S2 基因的胚囊授粉，依然表现出不亲和性。

B. 半异交　S1S1 × S1S2→S1S2

S1S2 × S1S3→S1S3 + S2S3

双亲有一个相同的 S 基因，既 S1 基因，当卵细胞和 S1 花粉相遇的时候，花粉管不能萌发，不能受精结实；而当 S3 花粉落在柱头上时能萌发花粉管，从而受精结实，所以有一半花粉亲和，结实正常。

C. 完全异交　S1S1 × S2S2→S1S2（纯合体异交）

S1S2 × S3S4→S1S3 + S1S4 + S2S3 + S2S4（杂合体异交）

双亲无相同基因，完全亲和，花粉管能正常萌发，受精结实。

孢子体自交不亲和性遗传特性：取决于父本是否具有与母本不亲和的基因型。主要存在于十字花科、菊科和旋花科植物。孢子体自交不亲和性对自交不亲和花粉生长的抑制发生在柱头表面。在芸薹属中，刚刚萌发的花粉管与柱头的乳突细胞接触数分钟后，花粉管的生长即受到抑制。花粉管在乳突细胞表面成螺旋状，不能侵入乳突细胞。

孢子体自交不亲和性的遗传大多受单一 S 位点的控制，但是等位基因之间互作十分复杂，如可表现为显隐性或共显性关系，也可能表现为等位基因间的相互竞争的关系。主要由以下表现形式（图 8 - 8）：

图 8 - 8　自交不亲和花粉在柱头上的表现（1 表示不亲和，2 表示亲和）

A. 雌、雄孢子体间基因型中无相同 S 基因，表现亲和。如：S1S1 × S2S2，S1S2 × S3S4。

B. 雌、雄孢子体有一个相同的 S 基因：如 S1S1 × S1S2，此时如果等位基因间存在以下互作形式，则亲和性会有所不同。

a. S1 为隐性基因：即 S1 的作用小于 S2 基因的（S1 < S2），则表现出亲和，尽管具有共同的 S1 基因，花粉在柱头上能萌发花粉管，受精结实，后代基因型为 S1S1 + S1S2。

b. S1 为显性基因：即 S1 的作用大于 S2 基因的（S1 > S2），则表现出不亲和，花粉在柱头上不能萌发花粉管，不能受精结实。

c. S1 和 S2 的作用表现：当 S1 和 S2 的作用相等（S1 = S2），此时表现为不亲和，花粉在柱头上不能萌发，不能受精结实。

d. 竞争减弱：S1 的存在削弱 S2 或 S2 的存在削弱 S1，结果表现为弱亲和。如 S1S1 × S1S2→S1S1 + S1S2，虽然可以产生两种基因型的后代，但是这两种基因型比例不是 1∶1，且结实率低下。

自然界中虽然植物主要以配子型自交不亲和性形式存在，但是由于孢子型不亲和性涉及的十字花科植物中有大量作物如：油菜、白菜、萝卜、甘蓝等的存在，因此有关孢子型不亲和性研究较多。

5 自交不亲和性的分子机理

在人们对自交不亲和性的生理机制和遗传特性有了一定的了解以后，对控制这一性状的基因构成以及其产物、产物的作用机理的研究也越来越深入。随着分子生物学的兴起和发展，自交不亲和的 S 位点成为新的研究热点，发表了大量有关自交不亲和性分子机制研究的文章，这些研究为阐明自交不亲和的分子机理奠定了坚实的基础。

目前在阐明植物自交不亲和性分子机理方面已有突破性进展。最早揭示自交不亲和性的分子机理是在芸薹属的作物上。研究证明芸薹属作物有 3 个基因与 S 位点紧密连锁，分别为糖蛋白基因 SLG（S locus glycoprotein）（Nasrallah 等，1985），受体激酶基因 SRK（S locus receptor protein kinase）（Stein 等，1991）和富含半胱氨酸蛋白基因 SCP/SPⅡ（S locus cysteine – rich protein/S – locus protein Ⅱ）（Suzuki 等，1999）。其中 SLG 和 SRK 为柱头表达蛋白，近年来发现 SRK 是柱头 SI 信号识别的决定因子。SCP/SPⅡ为花粉 SI 信号识别的决定因子，存在于花粉壁中。

20 世纪 70 ~ 80 年代，通过免疫技术和等电聚焦技术，在甘蓝和芸薹柱头乳突细胞中最先分离出了 SLG 蛋白质。SLG 是分泌型糖蛋白，分子质量为 55 ~ 65 kD，总长一般为 436 个氨基酸残基，氨基酸变异可达 30%，这种变异可能与 S 基因的特定识别作用有关。SLG 的 C 端含有 12 个 N – 糖基化位点，不同 S 基因编码的 SLG 的 N – 糖基化位点确切位置不一样，表明 SLG 具有分子多样性。N 端为疏水区，含有约 30 个氨基酸，但成熟的蛋白质中没有这段疏水区，因此推测该区为信号肽，负责引导 SLG 进入细胞分泌系统。SLG 的氨基酸序列与 SRK 的胞外区域（esRK）的氨基酸序列非常相似，但是其功能还不明确（Sato 等，2006）。SLG 的发现加速了芸薹属作物 S 位点柱头 SRK 的 cDNA 克隆（Nasranah 等，1991）。

SRK 蛋白是一种跨膜的蛋白激酶，其表达水平与 SLG 密切相关。SRK 包括三个区域，分别为：N 端胞外域（S 域）、跨膜域和一个具有丝氨酸/苏氨酸激酶活性的 C 端胞内域（Stein 等，1991）。SRK 属于植物受体蛋白激酶泛素家族（Shiu 等，2001），这种蛋白的胞外 S 位点结构域和 SLG 相似，相似性达到 88% ~ 98%。SRK 是质膜的整合蛋白（Stein 等，1996），其识别区伸在柱头表皮细胞外，激酶功能区在胞内（Letham 等，1999）。经研究发现，SRK 蛋白的表达时间与柱头乳突细胞自交不亲和反应的时间一致，特异性地在柱头乳突细胞中表达，而且 SRK 转录本的积累是伴随着 SI 完成的，其等位基因具有超过 35% 的氨基酸差异（Nishio 等，2000）。大量证据表明（Takasaki 等，2000；Suzuki 等，2000），SLG 能够促进 SRK 的成熟和 SRK 在柱头乳突细胞中积累到适当的生理水平。

Suzuki 等（1999）最先在白菜 Brassica ropa S9 纯合植株花粉表达基因中发现一个编码富含半胱氨酸蛋白的基因 SPⅡ，几乎同时 Schopfer 等（1999）也发现一个决定花粉 S 单倍型的 S 位点基因 SCR。Takayama 等（2000）发现 SPⅡ和 SCR 序列完全相同，为同一个基因。一般认为，孢子体型自交不亲和性的 SCR 在花药中表达，基因产物通过绒毡层细胞转移到花粉的外壁上。经过进一步的研究，Shiba 等（2006）和 Kachroo 等（2001）分别利用免疫组织化学和生物化学分馏方法证明蛋白 SCR 确实存在于花粉包被中，为 SI 信号识别配体，但 SCR 合成的具体位置尚无明确定论。大量证据显示，SCR 转录本不仅在绒毡层细胞中特异表达，在绒毡层和小孢子中都有积累（Shiba 等，2001），说明 SCR 蛋白在孢子体和配子体中均能合成，随后再通过特定的机制转移到花粉外壁上。

有关配子型自交不亲和性的分子机理，早期认为 S‑位点（S‑locus）编码两类不同的基因，分别控制花柱和花粉自交不亲和性的表达。雌蕊分泌的 S‑核酸酶作为细胞毒素降解自花花粉管的 RNA 从而抑制花粉管生长，但是这种特异性降解的分子机制并不清楚。2008 年，中国科学院遗传与发育研究所薛勇彪首先在金鱼草中克隆了一个新的自交不亲和性位点——S‑位点编码基因，该基因是 SLF（S‑locus F‑box）家族的第一个成员 AhSLF‑S2（Lai 等，2002），并证明它控制了花粉自交不亲和性的表达（Qiao 等，1996）。F‑box 基因被广泛地证明存在于泛素蛋白降解系统中，是泛素蛋白连接酶复合体 SCF E3 结合特异性底物的受体。最近，薛勇彪实验室利用 AhSLF‑S2 为诱饵，通过酵母双杂交，在花粉 cDNA 库中钓获一个 SCF 复合体中 Skp1‑like 蛋白——AhSSK1。他们发现 AhSLF‑S2 定位于内膜系统，并且它编码的蛋白质通过形成一个 SCF（Skp1/Cullin or CDC53/F‑box）复合体与 S‑核酸酶发生作用，并进一步证明泛素/26S 蛋白小体介导的蛋白质降解途径特异性的参与了金鱼草的亲和反应（Huang 等，2006）。他们提出了花粉 S‑位点编码基因的产物 SLF 可能参与 SCF 复合体和靶向 S‑核酸酶并将其降解的自交不亲和反应模型。

6　自交不亲和系亲本选育与鉴定

自交不亲和性在杂种优势中的利用最早始于日本，1950 年日本首先用自交不亲和系培育成功杂交种甘蓝。此后美国、荷兰等国也先后利用自交不亲和系培育出甘蓝、抱子甘蓝等杂交种。1972 年我国首次利用自交不亲和系培育出了大白菜杂交种。1975 年，傅廷栋利用自交不亲和系培育了甘蓝型油菜杂交种。其后在甘蓝上也取得了成功。

在利用自交不亲和性配制杂交种过程中，自交不亲和系的选育是关键。如何选择在生产上可以利用的自交不亲和系，是育种工作者必须掌握的基础。

6.1　优良自交不亲和系的标准

优良自交不亲和系一般应具有以下特点：①自交不亲和系应有优良的经济性状，植株整齐一致。②自交不亲和性高度稳定，自交不亲和系越稳定，配制杂交组合种子中的真杂种比例越高。③自交不亲和系的配合力要高，能配制强优势的杂交组合。④自交不亲和系连续自交多代，性状衰退不显著。

6.2　自交不亲和系选育方法

根据以上优良自交不亲和系的标准，通过连续多代自交分离和定向选择的方法获得自交不亲和系。通过以下步骤筛选出优良的自交不亲和系，用于配制杂交组合亲本。

6.2.1　S_0 代选株自交

在十字花科植物中，估计约有 30% 自交不亲和单株，首先选经济性状好，配合力高的优良单株，作两种自交测定：其一，花期自交，测定亲和指数（K）：（亲和指数 = 结子数/授粉花数），以亲和指数 $K < 1$ 为好。其二，蕾期自交，测定 K 值，以获得种子，此时 K 值应越大越好。

6.2.2　$S_1 \sim S_4$ 代选择

对选出的花期自交亲和指数低，而蕾期自交亲和指数高的材料连续自交 4 代，分离出综合经济性状好、配合力高、花期自交不亲和性、蕾期自交亲和性稳定的植株。

6.2.3　S_{5-6}代选择

对筛选出 S 基因型纯合体系进行自交不亲和性的初步测定。常用的测定方法有 3 种：其一，全组混合授粉法，即在同一系内将全部抽样单株的花粉等量混合，分别对每一单株进行人工授粉，结实后统计亲和指数。其二，隔离区自然授粉法，即各个系统分别种植在各自隔离区内，花期自然传粉，结实后统计亲和指数。这种方法省工省事，如果发现亲和指数高，难以判断株间基因型的系即可淘汰。其三，轮配法，即配制全部株间的正反交组合，共 $n(n-1)$ 个组合，分别测亲和指数。这种方法测定结果可靠，但是工作量大。

7　自交不亲和系的鉴定和杂交制种及其种子鉴定

7.1　自交不亲和系的鉴定

对获得的自交不亲和系进行鉴定，是配制杂交组合的前提。通常有以下几种鉴定方法。

7.1.1　亲和指数法

亲和指数法是常规育种中使用的一种重要方法，此方法主要是通过花期人工自交，根据花期授粉数和结籽数来测定甘蓝或其他 SI 作物的自交不亲和性。自交不亲和株的亲和指数入选标准，可根据育种目标来确定，自交不亲和株的通常标准为：结球甘蓝亲和指数小于 1，大白菜亲和指数小于 2，萝卜自交亲和指数小于 0.5（曹家树和申书兴，2001）。亲和指数法要求在花期采取一些隔离措施，以阻断异花花粉通向柱头的途径。亲和指数法不适合 SI 特性较弱的植株（Ockendon，1980）。另外，SI 具有发育阶段性特点，从蕾期到花期的亲和指数变异很大，因此测量时要保持发育时间上的同一性。但利用此法简单、方便，不但易于育种工作者掌握而且具有直观性的特点，使用范围广，具有其他方法不可替代的可操作性，因此，仍是许多育种专家长期采用的方法。

7.1.2　荧光显微法

1959 年 Martin 发现，在荧光显微镜下，水溶性苯胺蓝能显示花粉管的伸长情况。因此，可以根据穿越花柱中的花粉管数量来区分自交不亲和性类型。Gcorgia（1982）提出了一个判断甘蓝自交不亲和性的标准：在花柱中能观测到 0～10 条花粉管的定为不亲和，10～25 条为部分亲和，25 条以上为亲和。张恩慧（1989）、陈世儒（1990）和张桂玲（2003）等用此标准对甘蓝的自交不亲和系分型，获得了较好的结果。史公军（2004）将荧光显微法成功应用于白菜自交不亲和的测定。荧光显微法在开花后几天就可准确直观快速的测定自交单株的不亲和性，室内操作，而且整个操作过程易于掌握和应用，可明显加速育种进程。

7.1.3　等电聚焦电泳法

Nishin 等（1977）首先发现了 SLG 的 IEF 电泳谱带与 S 单元型的关系。Nasranah 等（1984）明确了柱头发育时期和 S 单元型杂合性对 IEF 电泳谱带的影响。Hinata 等（1975）和 Nasrallah 等（1985）研究表明，S 蛋白在柱头中的积累量与柱头的不亲和程度一致，并检测甘蓝 S 特异蛋白质等电点约为 7.5～9.0。Gaude 等（1991）分离得到的与 S 基因有关的蛋白质，发现其等电点在 6.6～8.5 的区域内。王晓佳、裴炎等（1991）对甘蓝的 2 个自交不亲和系和 1 个自交亲和系的花粉和柱头蛋白同时进行了等电聚焦电泳分析，观测到不同材料在蛋白谱带上有差异。这些研究都显示出利用花粉和柱头蛋白质分析方法研究植物自交不亲和性的可能性。

7.1.4 免疫测定法

最早使用的是免疫扩散法。该法借助于各 S 单元型的 SLG 与相应的抗血清在凝胶中的扩散作用，在凝胶中相遇产生沉淀，根据沉淀的有无和多少来检验各种 S 单元型。Nasranah（1967，1974）等用柱头的碱提取物制备免疫抗血清，分别对花粉和柱头碱提取物进行免疫扩散分析，在柱头碱提取物中发现了与 sI 表型相关的沉淀差异，所测试的 SI 几种材料都存在各自特异的柱头抗原。免疫扩散法对于区分各种 S 单元型有一定的可行性（Sedgley，1974）。

7.1.5 PCR-RFLP 分析法

从多种 S 单元型的 SLG 基因转录的 cDNA 和其表达产物序列比较分析得出：SLG 基因具有与 S 单元型的不亲和性相一致的序列多态性（Nasranall 等，1987）。最初得到的 SLG6 的 cDNA 克隆后，人们便将它或其片段作为探针，同时对多种不同的 S 单元型的全基因组 DNA 进行限制性酶切长度多态性（RFLP）分析，获得了可以准确推断出各种 S 单元型的 RFLPs 标记，从而初步建立了一种用 DNA 分子标记快速测定 S 单元型的方法。Brace 等（1994）用特异引物直接扩增甘蓝基因组 DNA 上的 S 位点序列，用限制性酶消化 PCR 产物后在 1% 琼脂糖凝胶上进行电泳展开，建立了一个准确测定 S-单元型纯合体的方法。但此法不能鉴定 S 单元型杂合体，其原因可能是 PCR 对杂合体中的两个 S-单元型存在着非均匀扩增。Nishio 等（1994）建立了一种 PCR-RFLP 技术，用识别四核苷酸序列的限制酶消化 SLG 基因序列的 PCR 扩增产物，经 PAGE 展开，呈现出与各 S 单元型相关的带型。它省去了 RFLPs 作探针杂交等繁杂过程，对 DNA 的需求量也较少而且具有成本低、简便、快速等优点。随后 PCR-RFLP 方法在鉴定芸薹属自交不亲和系 S 单元型上得到了应用。利用 PCR-RFLP 法可以在苗期快速准确的测定自交不亲和性，因此可以大大节省时间。

7.2 杂交制种及其种子鉴定

选用自交不亲和系做母本，自交亲和系为父本，配置杂交种，即 SI（自交不亲和系）×SC（自交亲和系），这种组合只能从 SI 上收获杂种一代种子。这种组合的优点是父本选择范围广，易选出配合力高的组合。缺点是从父本上收获的种子不能用于生产。整个种子生产过程应设立两个隔离区，分别为制种区和父本繁殖区。

7.2.1 杂交制种区

分别种植父本和母本，既自交不亲和系母本（SI）和自交亲和系父本（SC）。开花前 2~4 d，母本蕾期进行人工自交套袋，繁殖自交不亲和系。开花期父本为母本授粉，获得杂交种。

7.2.2 父本繁殖区

种植自交亲和系父本，典型单株间姊妹交、套袋，供下年繁殖父本用。其余单株种子，供下年制种的父本用。

7.2.3 两个亲本均为自交不亲和系配组

配制杂交种的父本、母本均为自交不亲和系。这种组合的优点是可以同时从父本和母本上收获杂交种，成为正反交两个杂交组合，种子收获量大。缺点是父母必须是两种不同基因型的自交不亲和系，这种配组方式使得配合力受到了限制。另外还要保证正反交收获的种子，性状的表现良好，具有大生产应用价值。这类组合在生产杂交种时，隔离区可根据具体情况设置，一般有以下几种方法。

（1）一个隔离区法：制种区和繁殖区共设为一个隔离区，既父、母本蕾期分别自交，产生的种子供繁殖两个自交不亲和系用种；开花期相互异交产生杂交种。

（2）两个隔离区法：其中一个为制种隔离区，种植父、母本，母本蕾期套袋自交收取自交不亲和系种子；开花期相互异交生产杂交种。另一为繁殖隔离区，种植父本，在蕾期套袋自交收取父本自交不亲和系种子。

（3）三个隔离区法：分别为制种隔离区、母本繁殖隔离区、父本繁殖隔离区。

7.2.4　自交不亲和系的繁殖

自交不亲和系的繁殖包括两种方法。其一，蕾期人工授粉：目前在大白菜、小白菜、结球甘蓝、花椰菜、青花菜、萝卜等自交不亲和系繁殖中应用最为普遍。其做法是：将开花前 2~4 d 的花蕾用镊子剥开，授以本株或同系其他植株的花粉。这种方法的缺点是蕾期人工授粉工作量大，时间要求严格，导致时间紧张。其二，隔离区自然授粉：这种方法省去了人工蕾期授粉，还能减轻和延缓自交衰退现象。但是，由于连续多代花期自然授粉，将使自交不亲和系在花期的自交亲和性逐渐提高。

8　自交不亲和特性杂种优势利用的实例

20 世纪 40—50 年代，世界各国开始采用自交不亲和系配制杂交种，应用于甘蓝、大白菜、萝卜等蔬菜作物的生产。20 世纪 70 年代中期以来，北京、上海、山东、山西、陕西、河南等省、市在甘蓝、大白菜生产上也应用这种技术，并取得了显著增产效果。瑞典、英国以及中国的湖北、四川等地还用自交亲和性强的甘蓝型油菜育成一些自交不亲和系，用以配制杂种。

选育自交不亲和系的方法：在自交不亲和性强的甘蓝、大白菜、小白菜等植物，首先是通过花期自交，筛选出具有自交不亲和性的植株，同时采用蕾期授粉的方法保持自交不亲和性；然后再由自交不亲和植株产生的后代进行兄妹交。甘蓝型和芥菜型油菜等自交亲和性强的植物也可通过种间杂交或理化诱变途径，使其产生自交不亲和性突变的植株，进一步选育自交不亲和系。自交不亲和系育成后，通过与各种自交系测交，找出强优势杂交组合，从中选出熟期适当、产量高、抗性强的综合性状优良的杂交组合。

除了采用两个亲本配制杂交组合外，还可根据不同作物的特点和具体情况采取其他适当途径配制杂交组合。例如：对可进行无性繁殖的典型异花授粉禾本科牧草，可选出几个配合力好的优良自交不亲和系混合栽种，任其相互授粉，所得种子即可用于生产。在红三叶草上可考虑选用 4 个各含不同 S 基因的自交不亲和系，配制双交种，无需人工去雄就能产生大量杂交种子。对孢子体型自交不亲和性的芸薹属植物，只要选出自交不亲和性的"保持系"，通过测配强优势组合的"恢复系"，或对自交不亲和系采用化学处理，就可配制"单交杂种"或"三交杂种"。此法蕾期授粉工作量最小，进行单交、三交时都不用人工去雄，但不适用于配子体型自交不亲和性的植物。

8.1　自交不亲和性在大白菜杂种优势中的应用

青岛市农科所（1976）首次报道，选育一批较稳定的自交不亲和系，配制了一批优良的杂种组合，其中一代杂种"青杂早丰"、"青杂中丰"在生产中得到了推广应用。之后，韩爱谦（2009）利用高代自交不亲和系 L318 与常规品种 H227 配组，选育出杂交组合晋白菜 6 号。晋白菜 6 号属于中晚熟大白菜一代杂组合，生长期 85 天左右。该组合生长势强，抗病性、适应性强于生产上对照品种，可在全国适合直筒型大白菜种植区域栽培。2010 年韩太利报道的潍白 7 号是以自交不亲和系 BZ－02－17 与 BZ－02－10 配制而成的秋早熟大白菜一代杂交种，该品种具有抗逆性强、耐储运、净菜量高等特点，适合黑龙江等地种植。

8.2 自交不亲和性在甘蓝杂种优势中的应用

甘蓝（*Brassica oleracea var. capitata* L.）是雌雄同花授粉的植物，其花器小，很难通过人工去雄的方法生产杂交种，自交不亲和性的发现为甘蓝利用自交不亲和系生产杂交种成为可能。日本科学家在 1950 年首次利用自交不亲和系培育成功了甘蓝杂交种"长岗交配一号"，并在生产中得到利用。"长岗交配一号"的育成开创了甘蓝自交不亲和系的利用。1973 年北京市农科院先后陆续培育出甘蓝一代杂交种"京丰一号"、"报春"、"秋收"等，同时培育出一批自交不亲和系。上海、陕西、黑龙江等省市也开展了这项工作并取得了良好的成果。

甘蓝一代杂交种利用中，用自交不亲和系制种质量好，自交不亲和系选育时间较短、繁殖技术较容易，是一条杂种优势利用的良好的途径。然而，甘蓝自交不亲和系的繁殖依然是一个制约因素，通过蕾期人工授粉繁殖自交不亲和系，费时费力，如何解决这一关键问题，将是自交不亲和系在生产中广泛应用的前提。

8.3 自交不亲和性在油菜杂种优势中的应用

8.3.1 甘蓝型油菜与白菜型油菜杂交

通过杂交，将白菜型油菜自交不亲和基因转移到甘蓝型油菜中。Mackay（1997）采用自交亲和的甘蓝型油菜与自交不亲和的白菜型油菜杂交，并以 F_1 作为花粉亲本与甘蓝型油菜回交，仅两代便成功地将白菜型油菜的不亲和基因导入到甘蓝型油菜中。其原因是甘蓝型油菜与白菜型油菜极易杂交成功，所形成的杂种虽然在细胞学上是不平衡的二倍半体（$2n = 2aac$），但仍有多数结实，这种二倍半体在减数分裂时染色体组的 9 个单价体随机分配，形成整倍体配子（$n = 19$，ac）的机率为 1/512。当这种杂交种同甘蓝型油菜回交时，在其后代中带有白菜型油菜的自交不亲和基因，并且恢复平衡（$2n = 38$，sacc）的植株出现机率是 11/24。利用二倍半体作为花粉亲本，其理由是使其花粉在柱头表面或花柱内竞争，使得非整倍体的花粉不能参加受精。傅廷栋在中国最先开展甘蓝型油菜自交不亲和系的研究。1973 年春，用甘蓝型油菜与白菜型油菜种间杂交种为材料，共套袋自交 300 株，得到 27 株自交结实率很低的植株。同年在青海夏季繁殖，这些植株剥蕾授粉自交的后代产生分离，但大部分仍保持自交不亲和特性。连续进行 3~5 代的自交分离和定向选择后，1975 年在国内首次育成甘蓝型油菜 211、271 等自交不亲和系，由自交不亲和系配制的杂种第一代增产 10%~20%。官春云（1975）研究表明，甘蓝型油菜×白菜型油菜的 F_1 代，敞开自然接受甘蓝型油菜花粉，在其中出现自交不亲和植株，并且可以稳定遗传。

8.3.2 在现有甘蓝型油菜品种中筛选

Olsson（1960）在不同甘蓝型油菜品种中都筛选出异交率为 10% 的自交不亲和植株，从自交后代中分离出自交不亲和单株，经连续自交得到稳定的自交不亲和系。但 Olsson 所发现的自交不亲和系属显性基因控制，杂种第一代表现自交不亲和性，因此对以收获种子的油菜来说无应用意义。Matador 在甘蓝油菜中也筛选到了自交不亲和植株。官春云（1975）认为从甘蓝型油菜中筛选自交不亲和单株中，在日本油菜资源中筛选频率比欧洲油菜高，主要是因为日本油菜自交结实率较低，8 个品种平均亲和指数为 4.1，而欧洲油菜 6 个品种平均亲和指数为 8.2。日本油菜中又以早熟类型较易获得自交不亲和系。在甘蓝型油菜中之所以出现自交不亲和个体，可能与它属于常异交作物，以及与具有 S 基因的白菜型油菜天然杂交有关，也可能与基因突变有关。

在甘蓝型油菜群体中筛选的具体方法是：将某品种分单株在同一植株上进行两种不同的人工自交处理，一是蕾期自交（剥蕾自交）获得自交种子，供继续选育；二是花期自交（套袋自交）。花期自交一般选取植株中上部的 2~3 个分枝，20~30 朵花进行自交，测定其自交不亲和程度，从中选取亲和指数低于 1，而蕾期自交结实率高的植株经一次自交测定获得的自交不亲和植株，其遗传性往往不稳定，经济性状也有分离，一般需通过 4~5代以上选择，直到性状稳定为止。对当选的自交不亲和单株后代还需进行兄妹交，如果兄妹交亲和指数也在 1 以下，则可认为是自交不亲和系。

8.3.3 其他途径

利用中间杂交如甘蓝与白菜油菜杂交人工合成甘蓝型油菜，可获得甘蓝型油菜自交不亲和系。以甘蓝型油菜为母本，与甘蓝杂交也可获得自交不亲和系。此外，通过电离辐射，促使基因突变，也可获得自交不亲和系。傅廷栋（1977）又从胜利油菜的辐射后代中筛选育成了自交不亲和系 219。

甘蓝型油菜自交不亲和系的繁殖同样也采用蕾期人工授粉，这同样限制了其在杂种优势中的利用。傅廷栋等在前人工作的基础上，深入研究了用盐水克服自交不亲和性的适宜浓度、方法及其机理，为繁殖自交不亲和系提供了新的途径。

1981 年傅廷栋及其研究组首次育成甘蓝型油菜自交不亲和系的保持系和恢复系，实现了"三系"化制种，并提出了繁殖制种的原理和方法。这些研究结果为自交不亲和性在杂种优势中的利用奠定了基础。

第三节 杂种优势无融合生殖利用

1 无融合生殖的概念

无融合生殖（apomixis）是指胚珠中的母体组织不经过减数分裂和受精过程，直接形成胚，以无性生殖的方式产生种子的过程。无融合生殖是无配子种子生殖（agamospermy）的同义词，是一种通过种子进行无性繁殖的过程。

高等植物中的无融合生殖现象首先在一种山麻秆属植物（*Alchornea ilicifolia*）中发现。山麻秆是雌雄异株植物，Smith 注意到，从澳大利亚引入到英国的单个雌株结出了种子，从而发现了这种独特的生殖现象。其实，早在 Smith 之前，Mendel 已对无融合植物山柳菊（*Hieracium*）进行了杂交试验。在豌豆杂交试验中发现了性状分离定律和独立分配定律后，他试图在山柳菊中进一步进行验证。可惜的是，他花费了十多年的时间，做了上千次杂交，结果与预期的不同，F_2 代没有出现预期的分离现象，这得使 Mendel 困惑不解。山柳菊现在是最重要的无融合生殖的模式植物之一。

由于无融合生殖所产生的胚中包含有母本的全部遗传信息，它所产生的子代是母本的复制品，这一特性对于种子生产具有巨大的意义，因此，长期以来，特别是近几年来，对天然无融合生殖植物的研究和如何将无融合生殖特性导入作物中受到了人们的极大关注，成为植物生理学、生殖生物学、遗传学和分子生物学等多门学科的研究热点，也是基因工程、作物改良的重要目标之一。

2 无融合生殖的类型

无融合生殖分为单倍体无融合生殖和二倍体无融合生殖两种类型，前者经过了减数分裂，后者未经减数分裂。其中对作物育种意义最大的是二倍体无融合生殖。二倍体无融合生殖的发生有两种类型，即孢子体无融合生殖和配子体无融合生殖。

2.1 孢子体无融合生殖

在发生孢子体无融合生殖的胚珠中，先产生孢原细胞、大孢子母细胞等有性生殖细胞，它经过正常有性生殖过程，产生有性生殖的胚和胚乳。当有性生殖过程大约进行到合子阶段时，由胚珠孢子体中的细胞（通常为珠心细胞）直接产生一个或多个胚的过程，被称为孢子体无融合生殖，由此形成的胚被称为不定胚。因此，孢子体无融合生殖又被称为不定胚生殖。

2.2 配子体无融合生殖

配子体无融合生殖涉及一个未减数胚囊的形成过程。胚是未减数胚囊中的卵细胞孤雌生殖的结果，胚乳则通过未减数的极核自主形成或未减数极核受精（假受精）而产生。

由于配子体无融合生殖对作物改良的意义最大，积累的资料较为丰富。因此，有时"无融合生殖"也专指配子体无融合生殖。

配子体无融合生殖分为二倍体孢子生殖（diplospory）和无孢子生殖（apospory）两种方式。二倍体孢子生殖未减数胚囊起源于生殖细胞，这些细胞或者直接进行有丝分裂，或者进入减数分裂的前期 I 后，不发生同源染色体的联会，结果形成含有整套体细胞染色体的"重组核"，再由含重组核的细胞经有丝分裂，产生成熟胚囊。无孢子生殖未减数胚囊起源于胚珠体细胞（通常为珠心细胞）。发生无孢子生殖胚囊的起始细胞被称为无孢子原始细胞。由于无孢子生殖的一个胚珠中存在多个原始细胞，它们可发育成多个无孢子生殖胚囊。这些胚囊或者导致有性胚囊败育，或者与有性胚囊共同存在。无孢子生殖方式是种子中多胚现象的原因之一。

无融合植物中胚乳的正常发育对种子的存活非常重要，与胚囊发育之间有特殊的适应关系。在配子体无融合生殖过程中，胚乳的形成与极核是否受精相关联。极核与胚乳的关系有两种：①极核必须受精，即胚乳的形成依赖于假受精。②卵细胞和极核都不依赖于受精，胚和胚乳都是孤雌生殖的产物，即都是自主产生。

通常将同一胚珠或同一植株的不同胚珠中同时发生有性和无融合生殖的现象称为兼性无融合生殖（facultative apomixes），若未观察到有性生殖的则被称为专性无融合生殖（obligate apomixes）。近期的研究表明，许多专性无融合生殖植物其实是兼性的。

配子体无融合生殖的 3 个重要特征：不经过减数分裂而产生卵细胞；未减数卵细胞自主发育形成胚；未减数极核自主或经假受精而发育成有功能胚乳。

3　无融合生殖的遗传学

3.1　孢子体无融合生殖的遗传学

目前对孢子体无融合生殖的遗传学等方面的研究较少。García 等对柑橘属和构橘属的种间杂种（*Citrus volkameriana* × *Poncirus trifoliata*）的分子图谱研究结果表明，其无融合生殖性状发生了 3∶1 的分离。但用分子标记所做的 QTL 定位和根据珠心胚和多胚所做的显型分析结果中却鉴定出了 6 个兼有正负效应的 QTL，表明孢子体无融合生殖的遗传控制较预先估计的复杂，还需要对柑橘属及其近缘植物以及其他以不定胚进行繁殖的物种开展深入的遗传和分子研究。

3.2　无孢子生殖的遗传学

无孢子生殖极少与孤雌生殖分离，常作为一个显性特征起作用，尽管有时会发生偏分离，但仍然以孟德尔方式遗传。这种遗传模式在非洲狼尾草、*Cenchrus ciliaris*、*Pennisetum ciliare*、*Panicum maximum*、臂形草属、*Paspalum notatum*、毛茛属和山柳菊中都有报道。但 Albertini 等在草地早熟禾中发现无孢子生殖和孤雌生殖之间发生重组。Matzk 用流式细胞种子筛选技术对该种的研究中提出了一个更为复杂的遗传模式，即五基因模式。草地早熟禾的专性有性和兼性无融合生殖的杂交和自交后的分离子代的研究表明，五个主要基因控制着无性种子的形成过程，即无孢子起始基因 *Ait*、无孢子阻止基因 *Apv*、大孢子发育基因 *Mdv*、孤雌生殖起始基因 *Pit* 和孤雌生殖阻止基因 *Ppv*。这些基因在表达上的差异和相互之间的作用是产生种种不同的繁殖方式的原因。无孢子和孤雌生殖过程以及这些过程的起始和阻止基因独立分离。

3.3　二倍体孢子生殖的遗传学

二倍体孢子生殖与无孢子生殖不同，其胚囊的发育和孤雌生殖是彼此独立的，这在菊科的两个种，即飞蓬属和蒲公英属中研究的比较充分。胚乳的自主发育也与孤雌生殖独立分离。Noyes 在最近的研究中指出，一年蓬的二倍体和四倍体种群杂交后产生的三倍体植物的遗传分析表明，其无融合生殖由两个不连锁的显性位点控制，一个是二倍体孢子生殖，另一个是孤雌生殖和自主胚乳发育，无融合生殖由两个进行通常的孟德尔分离的遗传因子所控制。然而，二倍体孢子生殖的单位点模式的资料也在增加。

4　无融合生殖在作物中的应用

无融合生殖的子代携带有母本的全部遗传成分，形成一个稳定的无性繁殖系，这一特性对于植物杂交和种子生产具有重大价值。利用无融合生殖方式，实行杂种优势多代利用，也叫"一系法"。

由于大多数作物不具备无融合生殖特性，用传统的杂交方法很难或几乎不可能将其导入到作物中，因此利用遗传工程被人们认为是一种可能的和更直接的方法。向作物中导入无融合生殖特性的研究主要在拟南芥、玉米和水稻中进行，因为易于对它们进行遗传和分子生物学分析，尤其是玉米和水稻的无融合特性研究具有巨大的经济和社会动力。

一旦无融合生殖技术被成功应用到作物后，将在解决全球的粮食问题上发挥重要作用，有人认为，无融合技术革命对农业的影响将超出绿色革命的影响。无融合生殖技术对农业生产带来的益处具体包括以下几个方面：其一，可以广泛利用和固定作物的杂种优势，包括那些难以施行杂交技术的作物。其二，可以延续和快速固定合成的遗传资源，包括那些远缘杂交后代不能进行有性生殖的资源，扩展遗传资源的应用。其三，使目前以营养繁殖的作物转向真正的种子繁殖。营养繁殖作物的病毒病是引起品种退化减产的主要原因。利用无融合生殖技术，通过无性种子进行繁殖，将为这些作物的繁殖提供新的繁殖手段。其四，作为一种更为快捷的杂交程序，能对市场需求和环境变化做出及时反应。利用无融合生殖技术对植物进行杂交时，可对特定的微环境、种植情况、社会经济体制和市场等做出快速而灵敏的反应。

在将无融合技术引入作物的同时，必须注意到，无融合技术可能是一柄双刃剑，在为人类带来光明前景的同时，也藏有生态隐患。无融合作物无疑会引起生物安全问题，它可能成为入侵性杂草、新奇杂草，有侵染性的无融合生殖植物可能引起遗传多样性减少。因此，在将无融合基因转入作物时，应当选择那些无杂草化历史、或无杂草近缘种的作物。特别应当阻止和限制由显性无融合性状的花粉所介导的基因流，例如，可开发具有雄性不育特性的诱导系统或自发无融合生殖植物。

第四节　杂种优势无性繁殖利用

1　无性繁殖的概念

在生产上用无性方法繁殖、而性器官又健全能结种子的作物，如甘薯和马铃薯是最方便固定杂种优势的。这些作物的栽培品种实际上都是杂种优势被固定的杂交，一般先采用有性杂交的方法获得种子，种后如果发现杂交种的经济性状优势强，就采取无性繁殖方式，将杂种优势"固定"利用。

利用植物营养器官如根、茎、叶等的再生能力，通过分根、扦插、压条、嫁接等方式产生新的植物体，称为营养体繁殖。生产上主要有红薯（块根）、蒜（鳞茎）、甘蔗（地上茎）、马铃薯（块茎）、芋头（球茎）、苎麻（枝）等。

2　无性繁殖的遗传特点

无性繁殖：由一个单株通过营养体无性繁殖产生的后代体系，称为无性繁殖系，简称无性系（clone）。不论母体的遗传基础纯杂，无性系后代与母体完全相似，无分离现象。无性繁殖作物在适宜条件下可进行有性繁殖，从而进行杂交育种。无性繁殖植物进行有性繁殖时亦有自花和异花授粉之分，如马铃薯为自花授粉，甘薯则为异花授粉。在杂种一代选择具有明显优势的优良个体，进行无性繁殖将杂交种优势"固定"，成为新的无性系。

3　无性繁殖在杂种优势上的利用

3.1　利用无性繁殖方式实行杂种优势的"固定"利用

无性繁殖作物可以进行有性繁殖。在育种过程中，可让其开花或诱导开花，进行杂交育种，选育新品种，在利用上仍采用无性繁殖。利用无性繁殖方式，不经产生配子的遗传分离方式，保持杂交种植株母体基因型，即保持杂交种的杂合基因型，实行杂种一代的优势多次长期利用。

在作物生产中，由于无性繁殖作物不以种子收获为目标，不经过从种子到种子的生命周期，对生产环境的要求没有有性繁殖方式严格。因此，无性繁殖优于有性繁殖。以营养体为收获目标的作物，即使能够以有性繁殖方式生产种子，但仍以无性繁殖方式留种为宜。

3.2 采用组织培养技术实行杂种优势的"固定"利用

采用有性杂交方式得到优良杂种一代的植株，再采用组织培养或体细胞培养技术进行离体培养成植株，这样可以培养出杂交种 F_1 代大量的苗子供生产上使用，以代替杂种优势利用程序上年年杂交制种的环节。这种"固定"杂种优势的方法对将不能进行无性繁殖的作物而言，是以另一种无性繁殖的方法，实行杂种优势长期多次利用的有效途径。

3.3 采用人工种子技术实行杂种优势的"固定"利用

利用离体培养产生的体细胞胚或其他途径所产生的不定芽、小球茎等无性系材料（人工种胚），经包埋以具有营养物质的胶囊（人工胚乳）和保护性外壳（人工种皮）所形成的植物繁殖体，称为人工种子。在杂种优势利用中，当发现某一作物杂种一代具有优势强、经济价值高的特点时，就可以对杂种一代采用人工种子技术培养人工种子，将杂交种的优势"固定"，使杂种 F_1 代的优势长期利用。

利用人工种子技术的优点是：该技术培养的人工种子近乎无性繁殖体系，可实现种子的工厂化生产，生产速度快，如一个 12 升的发酵罐在 20 天内繁殖的体细胞胚可生产近千万粒人工种子，能供大面积产生用种。但是至今存在的问题是：人工种子的干化、贮藏与运输以及贮藏与发芽的转换体系，仍然是难题。同时需要克服种性在一定程度上的变异，完善人工种皮，降低成本。

（本章编写人：曲延英　张海清）

思 考 题

1. 用于鉴别真假杂种的标记性状应具备哪些特点？
2. 分别简述含显性标记基因恢复系和含隐性标记性状不育系的选育程序。
3. 分别简述父本显性标记性状和母本隐性标记性状的利用程序。
4. 自交不亲和性有哪些表现形式？如何繁殖自交不亲和系？
5. 简述自交不亲和系的选育方法及杂交组合配组程序。
6. 无融合生殖有哪几种类型？无融合生殖在作物生产中有何应用价值？
7. 什么叫杂种优势利用"一系法"？简介"一系法"应用程序途径。

主要参考文献

1. 张天真. 作物育种学. 北京：中国农业出版社，2003

2. 邓晓娟，张海清，王悦，等. 水稻叶色突变基因研究进展. 杂交水稻，2012，27（5）：9-14

3. Driscoll C J. Modified XYZ system of producing hybrid wheat. Crop Sci, 1985, 25: 1115-1116

4. 涂金星，傅廷栋. 甘蓝型油菜几个苗期形态标记的遗传. 华中农业大学学报，2001，20（4）：318-320

5. 黄寿松，李万隆，徐洁，等. 蓝标型小麦核雄性不育、保持系的选育研究. 作物学报，1991，17（2）：81-87

6. 万艳霞，马峙英，王国印，等. 具有红叶、光子和鸡脚叶标记性状棉花产量杂种优势研究. 中国棉花学会2009年年会论文汇编，2009

7. 莫鉴国，李万渠. 甘蓝型无蜡粉油菜有关杂种优势利用的若干特性的研究. 西南农业学报，1997，10（2）：110-114

8. 傅廷栋. 杂交油菜的育种与应用. 武汉：湖北科学技术出版社，1995

9. 贺凤丽，马三梅. 植物无融合生殖研究新进展. 生命科学，2009，21（1）：139-144

植
物
杂
种
优
势
原
理
与
利
用

第九章

生物技术在作物杂种优势利用上的应用

生物技术（biotechnology）是指人们以现代生命科学为基础，结合其他基础科学的科学原理，采用先进的科学技术手段，按照预先的设计改造生物体或加工生物原料，为人类生产出所需产品或达到某种目的的科学。生物技术也称生物工程，是生物学研究与应用的技术，包括基因工程、细胞工程、发酵工程和酶工程。现代生物技术已发展到高通量组学（omics）芯片技术、基因与基因组人工设计与合成生物学等系统生物技术。

生物技术是农业科技发展的中坚与引擎，已为作物改良，培育高产、优质、抗逆的农作物新品种和优良亲本奠定了基础，同时也为作物杂种优势利用提供了新的方法与途径。将外源 DNA 导入技术、基因工程技术、分子标记技术和细胞工程技术等现代生物技术与传统杂种优势利用技术结合起来，必将使作物杂种优势利用进入一个新的发展阶段。

第一节　外源 DNA 导入技术的应用

育种家为了弥补近缘杂交的局限性，扩大基因库，对许多作物进行广泛的远缘杂交，杂种后代基本上仍属于母本类型，稳定后代的染色体数目、性状和大小等均与母本相同。外源 DNA 导入技术是以植物为受体，直接将带有目的性状的供体遗传物质（总 DNA）或目的基因进行导入，创造大量的变异材料，通过筛选获得目的性状的后代，达到改良亲本品种的目的。

1974 年，中国科学院上海生物化学研究所周光宇首次对亲缘关系远的亲本杂交所产生的染色体水平以下的杂交现象提出了 DNA 片段杂交假说，自行设计了自花授粉后外源 DNA 导入植物的技术，即花粉管通道法（Pollen - tube pathway）转化技术。DNA 片段杂交假设的基本内容是：尽管远源杂交亲本间的染色体结构从整体上来看不亲和，但从进化的角度分析，部分基因间的结构有可能保持一定的亲和性，生物的基础代谢，如糖、氨基酸、能量代谢、蛋白质和核酸的生物合成与分解等都是共有的。当远缘花粉的基因组进入母体（受体）后，大部分片段被受体分解，仅有少部分被保留下来，这些侥幸被保存下来的 DNA 片段有可能被整合进入受体的染色体，并可能与受体染色体发生重组，从而使子代的性状表达典型或非典型的变异。这些外来的 DNA 片段可能带有可亲和的远缘物种的结构基因、调控基因，也可能是断裂的无意义的 DNA 片段。这些片段将可能整合到受体的结构基因中，也可能通过调控基因或重复序列以调控方式影响受体基因的表达。由于插入的片段很小，因而在光学显微镜下可能看不到因片段杂交所引起的染色体形态结构上的差异。因此，引起子代的性状差异也只能是少数，大部分仍是受体的性状。

随着研究的深入，外源 DNA 导入受体细胞的方法越来越多，在单、双子叶植物中均取得了很大的进展。除了花粉管通道法外，还有子房注射法、DNA 直接涂抹柱头法、花粉匀浆涂抹柱头法、花粉粒转化法、浸渍吸收法等。不同的方法各有其特点，利用这些方法已获得了水稻、小麦、棉花、大豆、玉米、亚麻、蔬菜等几十种转基因植株，广泛应用于作物常规育种和杂交亲本的培育上，培育出符合需要的新品种和种质材料，在作物育种上取得了良好的结果。同时，在作物育种中，逐步转入分子育种的更高层次，从分子水平上识别和分离目的基因，进而构建重组体，并将该基因准确地送到受体细胞，与其基因组相整合。

1 外源 DNA 导入技术的主要特点

1.1 打破物种分类的界限

该技术可以使遗传物质在不同植物间，甚至在植物、动物和微生物之间进行交流，从而充分活化各物种的遗传基础，打破物种分类的界限，为创造新的生命类型奠定广泛的基础，充分利用自然界丰富的遗传资源。

1.2 植株外源 DNA 或基因转移

该技术可以随着如卵细胞、受精卵、早期胚细胞或幼胚、幼苗、芽丛等分裂旺盛的器官的整体生长发育进程而完成外源 DNA 或基因的导入、整合与转化过程，无需抗生素标记和 DNA 体外重组，也无需经过细胞原生质体离体培养、转化诱导及植株再生等一系列繁琐复杂的培养流程。

1.3 导入方法适应面广

该技术广泛运用于单、双子叶植物上能达到品种创新与改良的育种效果，只需针对具体植物的花器构造、开花习性和受精过程采用合适的导入方法进行导入，方法简单，室内外均可进行，常规育种工作者易于掌握。

1.4 导入变异后代易于稳定

由于是在自花授粉的基础上，只有部分外源 DNA 片段进入受体基因组，避免了供体基因与受体基因的全面重组，因而变异后代易于稳定，与常规育种相比，育种时间明显缩短。一般只需 3~4 代各选系便可稳定。

1.5 受体选择自由

该技术优于目前基因工程技术，可任意选择生产上的优良品种进行外源 DNA 的导入，达到目的性状基因的转移，当导入的是含有目的性状基因的总 DNA 时，有可能一次转化达到改良多基因控制的数量性状的目的，同时实现多个性状的改良。同时除用总 DNA 外，同样也适用于 DNA 重组分子的导入。

1.6 后代变异具有随机性和广泛性

导入后代在各个性状上都可能产生变异，从形态特征（包括根、茎、叶、种子、果实的形态）、解剖结构到生理特性（包括光合特性、抗病性、抗逆性）以及品质性状（如蛋白含量、纤维长度）等，变异范围极其广泛，在目前常用的育种方法中如有性杂交及辐射育种不可能出现的变异，在外源 DNA 导入中常会出现，外源 DNA 导入后代的性状变异具有极大的偶然性，变异的出现并无规律可言，同一供体 DNA 导入同一受体，有的性状能重复出现，有的则不能。

2　外源 DNA 导入技术

外源 DNA 导入技术（又称植物分子育种技术，Plant Molecular Breeding），是应用整体植物生长过程中控制世代遗传交替的种胚细胞与苗端分生组织细胞为靶细胞，导入外源 DNA，进行品种改良。它与基因工程（Gene Engineering）的区别在于它不需要借助载体（Carrier），而且一般以供体总 DNA（Total Donor DNA）为主导入到受体（Recipient）整株中。该项技术大体包括外源 DNA 的提取、外源 DNA 的导入方法、导入技术的分子验证和外源 DNA 导入后，在受体中整合、表达和遗传等。

2.1　外源 DNA 的提取

提取 DNA 的方法有多种，采用较多的是氯仿—异戊醇—核糖核酸酶法，比较快速简便。基本流程为：样品加缓冲液研磨——第一次去蛋白质——去 DNA 酶——第二次去蛋白质——RNA——第三次去蛋白质——纯化的 DNA。这一方法较苯酚法和酶促法提取的 DNA 纯度高。

测定 DNA 的纯度，主要采用紫外吸收特性，测定波长为 230、260 和 280 nm 处的光吸收值，如 $A_{260/230} \geqslant 2$，$A_{260/280} \geqslant 1.8$，表明 RNA 已除干净，蛋白质含量不超过 0.3%，光谱扫描，呈典型的核酸紫外吸收曲线，DNA 纯度符合导入质量要求。

使用纯化程度不同的 DNA 都有可能得到一些性状的转移，但也可能不能引起变异，或当代表性变异而不能遗传。外源 DNA 片段的大小，一般不小于 106~107 道尔顿，过小或过大都将不可能表达供体的性状。

用来提取 DNA 的植物材料，一般选用细胞分裂旺盛、DNA 含量高的幼嫩器官或组织，如幼苗、茎尖、花荚等。

导入的 DNA 溶液浓度不宜过低，以 300~600 μg/mL 的效果较好，研究者较多采用 400~500 μg/mL的 DNA 溶液浓度导入。

2.2　外源 DNA 的导入方法

分子育种工作者根据不同植物的结构特点、习性等建立了多种外源 DNA 导入技术，大体可以分为四大技术体系：

2.2.1　花粉管通道法

花粉管通道法（Pollen Tube Pathway Method）由周光宇 1974 年首创。种子植物自花授粉后，花粉在柱头上萌发并长出花粉管。在花粉管伸长过程中，珠心的部分细胞开始退化，形成了花粉管能通过珠心进入胚囊的通道。因此在花粉管通道形成之后和重新封闭之前的一段时间内，使外源 DNA（基因）进入胚囊，转化尚不具备正常细胞壁的卵细胞、受精卵或早期胚胎细胞。根据外源（DNA）进入花粉管通道方式不同，先后又派生出受体花粉与供体 DNA 混合授粉法（Hess，1980）、花粉匀浆抹柱头法（张孔恬等，1980，1986）、子房注射法（黄骏麒等，1981；吴小月，1983）、柱头滴入法（陈善葆，1993）等导入技术。此技术在水稻研究方面应用较广、且 DNA 导入转化成功率较高。

2.2.2　穗茎注射法

穗茎注射法（Spike – Stalk Injecting Method）由德国马普植物研究所建立，Pena

（1987）在黑麦减数分裂前 14 d 于花葯节处注射 KanR 基因重组分子，转化获得成功。黄兴奇等（1993）在水稻孕穗期将外源 DNA 注射入茎中。周建林等（1994）于水稻单核花粉形成期，将稗草 DNA 从幼穗颈节或稍下部注入茎中，获得解毒能力强的变异材料。穗茎注射法对受体结实率的影响较小，操作简便，注入一个幼穗可以得到多粒种子，工作效率高，适合水稻、小麦等单胚珠子房植物。

2.2.3 种子胚浸泡法

种子胚浸泡法（Seed Soaking Method），即在种子萌发破胸时，用外源 DNA（基因）浸种，然后催芽，使外源 DNA（基因）进入受体细胞，达到转化目的。比利时 Ledoux（1969）最先用细菌 DNA 浸泡大麦种子胚。陈启锋等（1987）采用这项技术进行水稻外源 DNA 导入也获得成功。万文举等（1992）应用种子胚浸泡法将玉米 DNA 导入水稻湘早籼 18 号培育出穗大、粒大、产量高、抗旱和抗病的遗传工程稻 GER。此技术的优点是一次处理种子的量大，缺点是子代变率较低。

2.2.4 基因枪法

基因枪法（Genegun Method）由美国人 Sanford 等（1987）首先创立。Sanford 等利用火药爆炸、高压放电或高压气体作驱动力，将包裹在惰性金属微粒表面的外源 DNA（基因）射入植物细胞或组织，获得转基因植物。茎端分生组织细胞在植物发育过程中按生长发育的程序提供代体细胞生长分化所需的遗传信息，因此植物种子发芽后的茎端，包括可能分枝的茎节分生组织细胞都有可能作为外源 DNA 的受体。但基因枪法所需仪器较昂贵，而且转化率也偏低，在水稻育种上应用不多。

3 DNA 导入技术的分子验证

为了验证这一技术的 DNA（基因）导入效果，一般进行 KanR 基因的 PNE0105 质粒重组，构建成具有不同的受体水稻共同顺序的抗卡那霉素基因重组系列 PRR 质粒。进行幼苗抗卡那霉素试验和 NPT Ⅱ 酶的测定。

3.1 幼苗抗卡那霉素试验

取第一代结实的种子，先在 28 ~ 30 ℃ 条件下清水浸种 2 d，然后置于卡那霉素溶液（25、50、100 μg/mL）发芽，每 2 d 顺次换液一次，最后在 100 μg/mL 溶液中培养 6 d，观察出苗及生长情况。导入处理的后代种子都有出苗，但长势差别大，并出现白苗。对照（未导入 DNA 的材料）长势差，且全部为白苗。

3.2 NPT Ⅱ 酶的测定

取导入不同 PRR 质粒的第一代种子，先在清水中浸种发芽 12 d，然后置幼苗于 300 μg/mL 卡那霉素溶液中培养 6 d，测定卡那霉素抗性基因表达产物新霉素磷酸转移酶 Ⅱ（NPT Ⅱ）活力。结果从导入后代的秧苗中测出强的 NPT Ⅱ 活力。从导入 PRR 29 的秧苗中选取 8 株，分别抽取 DNA，经 EcoR Ⅰ 酶切后电泳，以 KanR 编码顺序为探针，进行 Southern blot 分子杂交，在导入株苗的 DNA 中出现强的杂交带。

3.3 外源 DNA 导入受体的遗传变异

外源 DNA 导入后，能否在受体中整合、表达和遗传，关系到该技术是否有实际应用价值。研究表明，外源 DNA 导入水稻，能够引起性状变异，转移供体的性状基因，甚至产生特殊的变异类型，而且一般稳定较快（3～4 代就可获稳定株系），陈善葆等（中国农业科学院）以紫叶稻（叶、芒紫色，并具紫色退化外稃）DNA 导入无紫色性状的品种京引 1 号，第二代以后，分离出紫颖壳、花壳、紫芒、紫色退化外稃等供体性状的植株。陈立云等（湖南农业大学）将大豆 DNA 导入水稻，后代中获得了多种高蛋白质含量的材料。万文举等（湖南农业大学）将玉米 DNA 导入水稻，获得了高光合效益、且上部分蘖节处有气生根的水稻等，还有很多变异类型都有一定的特殊性。

第二节 基因工程技术的应用

基因工程就是按照预先设计的生物施工蓝图，把人们需要的甲种生物基因（目的基因），转移到需要改造的乙种生物的细胞里，使目的基因在乙种生物里繁殖和表达，于是乙种生物的细胞就获得了新性状，成为新类型（图 9 - 1）。转基因技术可以使基因在植物、动物和微生物之间相互转移克服了物种间隔离，已成为一种新的育种手段。作物转基因技术发展很快，在提高农作物的抗虫、抗病和抗逆性、改良农作物品质等诸多方面展现出良好的发展前景。

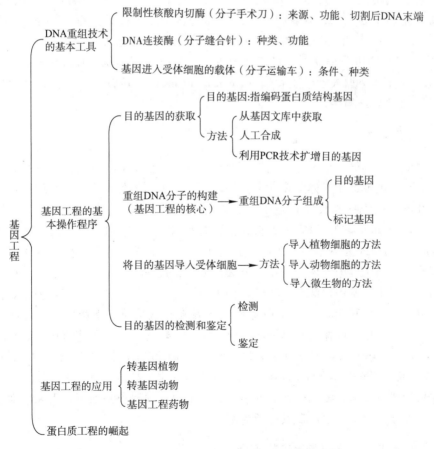

图 9 - 1 基因工程知识建构图（王甫荣，2011 年）

1 作物转基因方法

作物转基因的方法有基因枪法、农杆菌介导法、电激法、PEG法、脂质体转化法和花粉管通道法。但近几年应用较多的是农杆菌介导法和基因枪法。

1.1 农杆菌介导法

农杆菌介导的遗传转化是利用根癌农杆菌上的Ti质粒，将外源DNA导入植物细胞核基因组中并进行整合表达的转化方法。其基本原理为：植物受到创伤后，细胞合成并分泌如乙酰丁香酮等类的酚类化合物，酚类化合物作为信号物质，促使农杆菌附着到受伤植物细胞表面。这些酚类化合物能诱导农杆菌的Vir区基因活化，T-DNA复制，Vir区编码的特异蛋白与T-DNA结合形成T链蛋白复合体，跨越农杆菌、植物细胞壁进入核膜，整合至植物基因组DNA中。1983年比利时科学家Montagu等人和美国Monsanto公司Fraley等人分别将T-DNA上的致瘤基因切除并代之以外源基因，获得了世界上第一株转基因植株——转基因烟草，首次证明可以通过Ti质粒来实现外源基因对植物细胞的遗传转化。农杆菌介导法以其费用低、重复性好、单拷贝数、基因沉默现象少、转育周期短及能转化较大片段等独特优点而受科学工作者的青睐。现在根癌农杆菌侵染单子叶的遗传转化研究迅速发展起来，在一些重要的单子叶作物如水稻、玉米、小麦等成功均获得大量转基因植株，并获得了一部分作物转基因植株或品系。20世纪90年代初期，Raieri和Chan等用农杆菌转化水稻，分别获得了转化细胞和转基因植株，后来Chan等获得了有确凿分子证据的可遗传的农杆菌转化水稻植株。Hiei等利用"超双元"载体和在共培养基中加入乙酰丁香酮（Acetosyringone）等适宜转化条件，大大提高了农杆菌介导的水稻转化频率。

1.2 基因枪法

基因枪法又称为微弹轰击法，其原理是外源DNA包被在微小的金粒或钨粉中，以火药爆炸、高压放电或高压气体为驱动力，将附着于其表面的外源DNA分子导入受体细胞，然后通过细胞和组织培养技术再生出整合有外源DNA的新植株。最早的基因枪由美国Cornel大学的Sanford等在1987年研制成功，同年Klein首次利用基因枪法转化玉米，将GUS和PAT基因导入玉米悬浮细胞系，获得了转基因玉米。自基因枪法成功以来，有力地推动了作物基因工程的发展，采用该方法已成功将抗病、抗虫、抗逆、品质改良等基因导入作物基因组中。基因枪法对一些难以再生的作物更实用，幼胚、花粉细胞、茎尖分生组织等均可作为受体材料进行转基因育种。基因枪法以其受体来源广泛，方法简单等优点，迄今为止成为单子叶作物转基因的主要方法，且转化的方法也相对比较成熟。用此方法，Christou等人1991年获得了用gus和bar或者gus和hph转化的转基因水稻植株；Cao等人1992年获得了对除草剂Basta具有抗性的转基因水稻植株。然而基因枪法仍存在一些不足，如易形成嵌合体，多基因拷贝的整合，易出现共抑制和基因沉默现象，而且基因枪法所用的仪器设备昂贵，也限制其广泛应用。

2 转基因技术在作物改良中的应用

转基因技术可将作物基因库中不具有的抗除草剂、抗虫、抗细菌真菌、抗病毒、耐盐、改善品质、提高产量等基因导入作物，实现了单靠传统方法无法实现的遗传重组，使育种能力和作物改良大大提高，有力促进作物育种的发展（图9-2）。

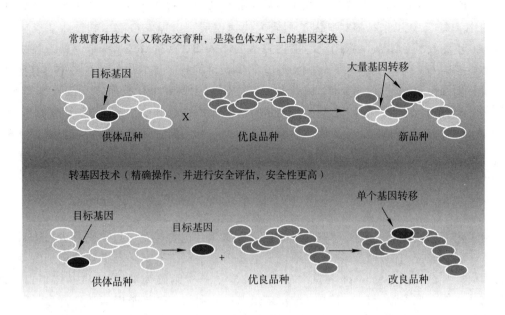

图9-2　常规育种技术与转基因技术比较示意图（华中农业大学，2013）

2.1　转基因水稻

自1988年获得第一批转基因水稻以来，研究者利用转基因技术对传统的水稻进行改良，成功地获得了许多具有高产、抗性、营养乃至药用价值的转基因水稻。1991年Christou等利用基因枪法轰击水稻幼胚，获得转基因籼稻和粳稻植株，并发现转化性状能传递到子代并符合孟德尔遗传分离规律，同时利用分子生物学杂交证实了外源基因已稳定整合到子代植株中。除抗除草剂、改良品质基因外，抗病虫、抗逆基因、高产以及与C4光合作用相关的PEPC基因等都已应用于水稻的遗传转化。用转基因方法将 Bt 基因导入水稻，可使水稻对稻纵卷叶螟抗性明显提高。Fujimoto等成功地利用电击法将 $crylA$（b）基因导入粳稻获得转基因植株，对转基因植株的 R_1、R_2 代进行化学检测表明转基因植株中存在高水平的转录体，并对Bt内毒素蛋白和抗虫性进行测定，毒蛋白的含量约占可溶性总蛋白的0.05%；喂虫试验结果显示转基因植株对二化螟幼虫致死率为10%～50%，对稻纵卷叶螟幼虫的致死率最高为55%。

2.2　转基因小麦

1992年Vasil利用长期培养的胚性愈伤组织为外植体，通过基因枪法将 Gus/Bar 基因导入小麦品种"pavn"，获得对除草剂 Basra 具有抗性的再生植株（T_0）及其后一代（T_1），从而获得了世界上第一株转基因小麦。基因枪转基因技术的诞生，为小麦基因工程遗传改良提供了新途径。刘香利等利用花粉管通道法将高分子量麦谷蛋白14亚基整合到不含该亚基的小麦品种。Daniel等利用根癌农杆菌介导法将 $GBSSI$（限制性淀粉粒合成酶）基因导入小麦幼胚中，Southern bolts 杂交分析确定了外源基因已整合至小麦基因组中。

2.3 转基因棉花

自 1987 年 Umbeck 等首次报道利用农杆菌介导法将 *NPTII* 基因和 *CAT* 基因导入陆地棉品种珂字 312、310 以来，棉花基因工程研究快速发展。中国农科院生物技术研究中心郭三堆等利用花粉管通道法，将构建的植物表达载体 pGBI121S4ABC（携带高效双价杀虫基因 *CryIA* 和 *CpTI*）导入石远 321、中棉所 19 号等黄淮海棉区主栽的棉花品种中，首次获得了双价转基因抗虫棉株系。目前，棉花基因工程研究主要集中在抗病害、抗除草剂方面。王振怡等利用基因枪轰击陆地棉"邯 208"的成熟种子胚尖，将抗黄萎病相关基因 *GhDAHPS* 转化到棉花中，获得了抗性植株。郭彩菊等利用农杆菌介导的方法，将含有根特异性表达启动子的植酸酶基因（*PhyA*）转入棉花的胚性愈伤中，PCR 检测证明 *PhyA* 已整合到棉花基因组中。

2.4 转基因玉米

自 1989 年 Klein 首次获得转基因玉米以来，玉米的遗传转化取得突破性进展，目前已建立了一套比较完整的理论和技术体系。玉米基因工程在抗病虫害、抗除草剂、改良品质等方面研究十分广泛。Schnepf 等首次成功地克隆了一个编码为 Bt 的杀虫晶体蛋白基因，在植物体内能合成毒素蛋白，害虫吃过毒素蛋白后就会死亡，该基因成功地开启了利用基因工程培育抗虫植物的序幕。Koziel 等利用基因枪法将 *Cry1b* 基因转入玉米幼胚，培育出抗虫转基因玉米。关淑艳等利用农杆菌介导法，将淀粉分支酶基因 *sbe2a* 的 RNAi 表达载体转入玉米自交系 H99 和丹 598 胚性愈伤组织，PCR 检测初步证明外源基因已整合至玉米基因组中。

2.5 其他转基因作物

大豆、苜蓿等作物基因工程研究与上述四大作物同步，目前已培育出了数千份具有各类特殊性状的作物转基因新材料。1988 年 Hinchee 首次利用农杆菌介导法获得转基因大豆。自此，大豆遗传转化的外源基因覆盖了抗虫、抗除草剂及品质改良等方面，且在优化组织再生条件、提高遗传转化效率、去除选择标记等方面获得了突破性的进展。叶美等以"荷豆 12"成熟种子胚尖为外植体，利用基因枪法进行遗传转化，基因枪转化后的胚尖组织和转基因植株后代的叶片中均观察到 *GUS* 基因的表达；PCR 证明外源 *GUS* 基因插入到转基因后代的基因组中。张立全等利用花粉管通道法将盐生植物红树总 DNA 导入紫花苜蓿阿尔冈金，获得了在 225 mmol/L NaCl 胁迫条件下具有高耐盐性的植株。

3 基因工程技术与作物杂种优势利用

3.1 基因工程技术与两系杂交水稻育种

利用基因工程进行水稻品种改良，相应地给杂交水稻育种带来一系列正面影响外，基因工程在创造新的不育系和提高杂种纯度等方面也有文章可做。抗除草剂基因是基因工程最早涉及的领域之一，在水稻转基因研究中成功获得抗除草剂转基因水稻的报道最多。用抗除草剂的外源基因转化杂交水稻的恢复系或将此基因转育到恢复系，用此恢复系作父本制种，得到的 F$_1$ 代将表现抗除草剂。在杂交水稻秧田中施用除草剂，既杀死杂草，又杀死假杂种，使杂交水稻纯度达到100%，此种技术对解决两系杂交稻制种纯度不稳定的问题具有特别重要的意义，对于拓宽杂交水稻特别是两系杂交水稻不育系的应用范围，展现出广泛的应用前景。中国水稻研究所已在此方面取得了阶段性成果。另有报道将花粉特异表达的启动子 psl 与编码核糖核酸的芽孢杆菌 RNA 酶（barnase）基因连接在一起经基因枪转化，得到秋光和台北 309 两个粳稻转基因植株中有部分植株表现完全雄性不育性。

3.2　基因工程技术培育可恢复的植物雄性不育系

3.2.1　"单组分策略"产生条件型雄性不育系

（1）利用目的基因的特性或植物自身特性实现条件型雄性不育

利用目的产物行使功能的条件性，通过给予不同的条件实现植物育性的转变。白喉毒素 A 链对细胞具有毒性，而且其活性受温度调节。Franqois 将编码白喉毒素 A 链的多肽基因融合到拟南芥的绒毡层专一性启动子上并转化到拟南芥中。因为该多肽是温度敏感性的，在 18 ℃时该基因表达的蛋白有活性，其专一性破坏了绒毡层的发育而影响到花粉的成熟，使得转基因植株表现为雄性全部败育，雌蕊正常；而在 26 ℃时，白喉毒素 A 链失活，转基因植物的花粉发育正常，均为可育。利用目的基因行使功能的条件性，可方便地实现转基因植株育性的转变。在实际应用时，可以采用温度特定的温室培育，或者选择合适的自然环境，在育种基地种植。借助植株自身特性和目的产物的互作，可以实现条件型雄性不育。

（2）利用条件致死基因与相应底物的互作实现条件型雄性不育

有些基因的产物在行使其功能时需要有某些物质做底物。来源于细菌的 *PehA* 基因可编码一种水解酶，能将无毒的丙三基草甘膦水解为甘油和草甘膦，草甘膦是一种除草剂，通过抑制芳香族氨基酸的合成而对细胞产生毒性。利用绒毡层特异启动子在拟南芥中表达 *PehA* 基因，植株生长发育正常。向发育中的植株花芽喷洒一定浓度丙三基草甘膦时，*PehA* 基因表达的水解酶发挥作用产生足量的草甘膦，可致使绒毡层细胞受到破坏而导致花粉几乎全部败育。植株自交结实不育度 95% 左右。所以在转基因植株合适的发育时期，可以通过是施加适量的底物，实现具有正常育性植株的花粉败育。

（3）利用诱导型基因表达系统实现条件型雄性不育

诱导型基因表达系统中所用的启动子是诱导表达的，只有满足启动子表达所需的某种条件才会启动其驱动基因的表达。这些诱导条件可以是化学物质，也可以是自然环境。对于化学诱导表达系统，一般需要两个转录单位组成，第一个转录单位一般由组成型启动子转录一个对化学诱导剂敏感的转录因子，第二个转录单位含有多个能结合转录因子的位点与一个基本植物启动子（如 CaMV35S）组成的嵌合型启动子，其后为目的基因。不同化学诱导剂激活或抑制第一个转录单位中对诱导剂敏感的转录因子的表达，从而调控第二个转录单位中目的基因的表达。目前应用于植物的诱导表达系统有四环素诱导表达系统和类固醇激活系统，具体包含以糖皮质激素为受体的类固醇激活系统，以雌激素为受体的类固醇诱导系统，基于糖皮质激素受体、四环素抑制因子构建的双重控制系统，以蜕皮激素为受体的杀虫剂诱导表达系统，基于酵母 ACEl 转录因子的铜制剂诱导系统等，在应用中具有各自的优势和局限性。

（4）营养缺陷型雄性不育系的研制及育性恢复

在花药和花粉发育全过程中，需要有许多基因特异的时空表达，从而实现各种酶、激素、氨基酸、脂类等各种营养组分的供给。这些物质合成中的许多关键基因已经被克隆，如果利用花药或花粉特异表达启动子及反义技术或 RNAi 技术关闭或降低目的基因的表达，会引起花粉发育所需物质合成的受阻，导致花粉败育。

生物体中大多数突变都是隐性的，如果这种突变会抑制或破坏某一正常的功能，就称之为显性抑制或显性负性作用（Dominant negative effect）。它具体是指某些信号传导蛋白突变后不仅自身无功能，还能抑制或阻断同一细胞内野生型信号传导蛋白的作用。具有显性负性作用的突变体被称为显性负性突变体。产生这种现象的机制或许不止一种，目前了解得较清楚的是突变型蛋白和相关蛋白形成无功能的二聚体或多聚体，野生型蛋白功能被抑制。利用显性负性突变体的方法也可抑制特定基因的功能。谷氨酰胺是植物小孢子发育过程中必需的组分。谷氨酰胺合成酶（Glutamine synthetase）可在 ATP 作用下催化谷氨酸变为谷氨酰胺，在氮代谢中行使重要作用。有两种同工酶：细胞质中的 GS1 和叶绿体中的 GS2，两者的表达调节与植物的雄性生殖发育密切相关。利用显性负性突变体的策略在特定组织部位抑制谷氨酰胺合成酶的活性，具体方案是将异常的谷氨酸盐合成酶 GS1 和 GS2 分别与绒毡层特异启动子 TA-29 融合，其中 GS2 的 C 端活性域和 N 端叶绿体导肽信号已被删除，gs1 基因中引入了两个点突变。两种重组载体分别转化烟草，初代的转基因烟草中正常的谷氨酰胺合成酶活性明显降低，花粉在第一次有丝分裂时便败育，导致雄性不育。向雄性不育植株喷洒谷氨酰胺或将其花粉于含谷氨酰胺的培养基上培育至成熟，再与母本植株授粉，均可恢复植株的育性。通过体外培养花粉粒和组织培养可以实现该类花粉的染色体加倍，得到纯合的转基因不育植株。解决不育植株的自我繁殖问题。

3.2.2 "双组分策略"研制雄性不育系及其恢复系

（1）"RNA 酶/RNA 酶抑制因子"系统的应用

Hartley 最早（1989 年）发现了解淀粉芽孢杆菌的"RNA 酶/RNA 酶抑制因子"防御系统（Bamase/Barstar 系统）。根据这一原理 Mariani 等将烟草花药绒毡层特异启动子 TA29 与解淀粉芽孢杆菌的 barnase 核糖核酸酶结合，用根癌农杆菌介导法导入烟草和油菜，获得的转基因植物花药因受 Bamase 破坏而表现出花粉败育，但雌蕊正常。曹必好等将含有 TA-barnase 和除草剂抗性基因 basta 的载体转化菜心也成功获得了雄性不育植株。转基因株系表现为无花粉或花粉全部不育。保持系（未转化植株）与不育株杂交后，在杂交后代子叶期喷洒 10 mg/L 的除草剂 PPT 可以完全杀死可育株，利用其他菜心品种为父本与不育株进行杂交，可获得生长势和产量方面有优势的 F_1。Mariani 等又将 TA29 与 Bamase 的抑制基因结合，构成嵌合基因导入油菜下胚轴，获得了育性正常的转基因植株。将其与 TA29、barnase 不育株杂交，得到了同时含 TA29、bamase/TA29、barstar 的 F_1 种子。由于 barstar 与 barnase 基因同时在 F_1 的绒毡层中表达，形成了稳定的 Barnase/Barstar 复合物，使 barnase 基因失去了活性，所以 F_1 植株育性正常，实现了育性恢复。Ray 等利用 Barnase/Barstar 互作的原理在印度芥菜中成功实现了转基因品系制种杂交种。当然也可以通过正常植株对工程雄性不育系授粉，其后代将分离出可育、不育两种类型，采用特定的方法选留不育类型，即可保持工程雄性不育系。目前通用的办法是，在构建不育基因表达载体时，将不育基因与抗除草剂基因串联在一起转化植株，这样在获得的转基因植株中，雄性不育性将与抗除草剂性状紧密连锁；当用正常植株对这种工程雄性不育系授粉后，对其后代施用除草剂即可选择性地杀死不抗除草剂的可育株，保留不育株。拜耳作物科学公司利用该系统已成功获得转基因油菜雄性不育系（转核酸水解酶 barnase 基因和抗草胺膦 bar 基因）和恢复系（barstar 基因和抗草胺膦 bar 基因），并在加拿大首先实现油菜品种杂种化。

（2）基因沉默技术和抑制基因沉默技术途径

一段 DNA 结合域或某转录因子与特定的抑制域相融合构成的嵌合抑制子能够显性抑制目的基因的表达，这种嵌合抑制子策略已逐渐用于抑制基因的表达。在植物中，Ⅱ类乙烯反应元件结合因子（Ethylene—responsive element – binding factor，ERE）等转录抑制子中含有 EAR（ERF – associated amphiphilic repression）motif。这个仅含有 12 个氨基酸短肽的 EAR motif，与转录激活子融合成嵌合抑制子后在拟南芥瞬时表达系统中会表现出强烈的显性抑制作用。抑制报告基因的表达，即使激活子中包含强激活域。将 EAR motif 与不同的转录因子相融合构成嵌合抑制子，在植株水平实现了抑制目标基因的表达，这种简单有效的嵌合抑制子沉默系统（Chimeric rep. ressor silencing technology，CRES-T）可将转录因子或目标基因转变为抑制子，克服了目的基因的冗余性、能高效的诱导产生显性抑制表型。Li 等通过 CRES-T 方法抑制了拟南芥中影响绒毡层发育的转录因子 AtMYB103 的功能，导致花粉完全败育。利用绒毡层强启动子表达 AtMYB103 的拟南芥作为恢复系，它提供的花粉可以与不育系植株产生 F_1 代，且 F_1 育性正常。该系统应用于生产实践时，实现不育系的自繁可借助上面提及的方法，即依靠选择标记基因从 F_1 的自交后代中分离筛选不育植株或者借助诱导型启动子调控不育基因的表达。这种依赖嵌合抑制子及其恢复基因构建的不育系和恢复系可用于三系法杂交制种，该策略也具有良好的应用前景。

（3）胞质基因与核基因互作策略

现在利用基因工程的手段，已可获得细胞质雄性不育系（CMS）及其恢复系，得到条件型的雄性不育。Wang 等将表达细胞毒性肽的异常的线粒体基因 orfl9 与线粒体信号导肽相连接，在 CaMV 35S 启动子驱动下在正常的粳稻品种中表达，导致雄性半不育。两个育性恢复基因 Rf/a 和 Rf/b 可分别通过内切核酸酶作用抑制 ORF79 的产生和降解 B – atp6/orf79 mRNA 复合体而消除 orf79 的毒性作用。所以 Rfla 或 Rflb 转化株可作为恢复系。虽然这种方法获得的雄性不育性不彻底，且整个过程还在实验阶段，但利用细胞质雄性不育基因与控制育性恢复的核基因之间的互作，为将来的研究奠定了基础，并指明了一个新的研究方向。

（4）核基因互作策略

早在 1989 年 Mariani 等就报道，用专一性启动子在绒毡层特异表达来自细菌的胞外核糖核酸酶 Bamase 可以破坏绒毡层细胞，导致雄性不育性。Burgess 等将这种单组分的致死系统演化成了双组分的遗传不育系统，即利用基因互作产生专一性的毒蛋白。Burgess 等将 Bamase 分为两个没有活性的多肽片段，分别构建到含花药特异启动子的表达载体中。当两个片段分别在植株中表达时，植株花粉正常。当两个亲本杂交时，这两个多肽片段由于结构部分互补而结合，获得了核糖核酸酶活性。该活性可以破坏绒毡层细胞，使花粉发育过程受阻而败育，但雌蕊正常。这种双组分不育系统可也用于其他植物，将两个转基因亲本杂交即可获得不育系，具备正常花粉的同类植物均可作为其恢复系。

（5）位点特异性重组系统的应用

位点特异性重组技术是通过对 DNA 的特定序列进行准确切割和重新连接，从而在基因或染色体水平上对目的基因进行修饰（介导基因之间的易位、倒位、删除、插入和定点整合）从而实现对生物的遗传改造。该系统有很多种，如 Cre/lox 系统，FLP – FRT 系统，R – RS 系统以及 I – SceI 系统。目前已广泛用于研究，其中使用最多的是 Cre/lox 系统。王勇等将 cre 基因与花粉特异启动子构建成嵌合基因，同时将阻遏片段置于 lox 位点之间，其后连有细胞毒素基因 barnase，也以花粉启动子驱动，分别转化具有优良农艺性状的农作物。这样所得到的两种转基因作物都为可育，但当两者杂交后，Cre 重组酶特异地识别 lox 位点而删除位点间片段，细胞毒素基因行使功能致使 F_1 代花粉败育。该方法实现了雄性不育杂交 F_1 代的制种。利用同样原理 Bayer 等成功获得了雄性不育的转基因烟草和育性正常的 F_1 代。Cao 等在茄子中实现了不育植株的育性恢复。Yuan 等设计了一种新的诱导型 Cre/lox 系统，并在转基因烟草中进行了验证。该系统中重组酶基因 *cre* 在玉米乙酰苯胺类化合物诱导启动子（In5 – 2）的控制下表达。在诱导剂的作用下，位于同向 lox 位点之间的选择标记基因和重组酶基因会被删除，删除效率可达 94%。该系统只使用一个载体，克服了二次转化系统带来的问题。对于应用于条件型雄性不育植株的培育具有很强的优势。

第三节　分子标记技术的应用

生物技术的发展给作物遗传育种研究带来了巨大的变化，DNA 分子标记技术的应用是其中最显著的变化之一，由于分子标记相对于经典遗传研究中的形态性状具有大的优越性，其应用日广泛。许多以前不能进行的研究，如环境因素的影响，数量性状的多重效应等等，在分子标记的帮助下已经开展研究。同时分子标记直接应用于辅助选择育种的研究，在育种过程中利用分子标记技术进行鉴定、检测，帮助亲本选择和亲本种质资源的选育，成为分子育种这门新兴学科中的重要组成部分。

1　常用的分子标记方法

认识生物个体之间 DNA 序列的差异可以作为标记并用于作图的研究始于 1980 年，在随后的十多年里，由于研究的迅速扩大，现在的 DNA 标记技术方法已不下十种，不同的方法有各自不同的特点。不过，常用的方法为下面几种：

1.1　限制性片段长度多态性

限制性片段长度多态性（Restriction Fragment Length Polymorphism），简称 RFLP。这是最早出现的方法，现在依然是使用最普遍的 DNA 标记。RFLP 是一种共显性标记，在分离群体中纯合体可以与杂合体分开，因而提供标记座位完全的遗传信息。RFLP 分析所需的 DNA 量较大，而且膜做好以后可反复杂交几十次。另外，RFLP 非常稳定，多种农作物的 RFLP 分子遗传图谱已经建立，因而利用 RFLP 图谱对未知基因进行定位比较方便。但 RFLP 检测步骤较多，周期长，特别是只要检测少数几个探针时成本较高，用作探针的 DNA 克隆的制备保存与发放也很不方便。另外，检测中要用到放射性同位素。

1.2　PCR 扩增子长度多态性

PCR 扩增子长度多态性（Amplicon Length Polymorphism），简称 ALP。随机扩增的多态性 DNA（Random Amplified Polymorphism DNA，简称 RAPD），随机引物 PCR 扩增（Arbitrary Primed PCR，简称 AP – PCR）和 DNA 扩增指纹分析（DNA Amplified Fingerprinting，简称 DAF）相似，都是以随机引物 PCR 为基础，可合称为 ALP。该技术有时称为 AFLP（扩增片段长度多态性，Amplified Fragment length Polymorphism），由于与另一种已申请专利的 DNA 标记技术同名，现在倾向于称为 ALP。

RAPD 和 AC – PCR 分别由 Williams 等及 Welsh 和 McClelland 于 1990 年提出，分别用

之于遗传作图和基因指纹分析，两者其实是同一种方法。与一般的 PCR 扩增相比 RAPD 和 AP–PCR 采用随机设计的单个引物。现在常用的引物为 10 个核苷酸的 DNA 序列（一般特异性 PCR 的引物在 20 个核苷酸以上），扩增时退火温度降至 35 ℃ 左右（特异的 PCR 为 55 ℃ 以上）以利引物与模板结合。这种方法通常可检测到 5~9 条带。DAF 所用引物更短（5 个核苷酸以上），产物以聚丙烯酰胺凝胶电泳分离后银染观察。DAF 可产生更多的 DNA 扩增片段，单个反应能获得更多信息。

ALP 是一种显性标记，分离群体中纯合体和杂合体须通过后代分析才能区别。不过 ALP 技术使用仪器简单，实验步骤少，速度快。由于反应以 PCR 扩增为基础，所需 DNA 的量极微。这种方法应用很广，发展很快。目前，ALP 的准确性与可重复性渐渐得到肯定，且可通过转换为特异性 PCR 扩增的方法得到提高。利用 RAPD 的方法还发展了一种 DNA 混合近等基因池分离分析方法（Bulked Segregant Analysis，简称 BSA）将具有某一相同基因型的个体 DNA（10 个左右）等比混合，形成一对 DNA 近等基因池（相当于经典遗传学中的近等基因系）。BSA 对农艺性状的定位和遗传图谱的饱和等研究极为有用。

1.3　特异性扩增子多态性

特异性扩增子多态性（Specific Amplicon Polymorphism），简称 SAP。RAPD 标记的基础是随机 PCR 扩增，每次扩增产生多个片段，不利于结果的考查和试验的重复；RFLP 的基础是 Southern 转移，实验步骤多，不利于应用。将其转换成 SAP 可以解决这些缺点。

在 RAPD 和 RFLP 分析中找到多态性 DNA 片段以后，将该片段两端测序，根据所测 DNA 序列重新设计双引物进行特异性 PCR 扩增。这种标记方法称为序列特异性扩增区（Sequence–characterized Amplified Region，简称 SCAR）。SCAR 在不同个体之间可能表现为存在/假缺失，为显性标记，也可能表现为扩增片段长度的差异，为共显性标记。

将 RFLP 转换为 SCAR 时，由于多态性 RFLP DNA 片段难以克隆，两端测序困难，而且因 DNA 片段一般较大，PCR 扩增效率低，因此一般将 RFLP 探针两端测序，合成引物，扩增的是探针本身。然后用多种内切酶酶解扩增产物，产生的多态性称为酶切扩增多态性序列（Cleaved Amplified Polymorphic Sequence，简称 CAPS）。在水稻中有近 350 个 RFLP 标记两端已经测序，从而转化成 STS 座位（Sequence Tagged Site）。由于仅在探针片段以内的多态性才有可能检测到，因此用这两种方法多态水平较低。有人将 15 个 RFLP 探针转换成特异 PCR 扩增，检测 40 个水稻品种，只有 6 对引物能检测到多态性，经 9 个内切酶作用，总共有 13 对引物能检测到多态性。

1.4　微卫星 DNA

微卫星 DNA 重复序列（Microsatellite Repeats）也称简单串联重复序列（Simple Sequence Repeat，简称 SSR）或简短串联重复序列多态性（Short Tandem Repeat Polymorphism，简称为 STRP）。这是基因组中二核苷酶、三核苷酶或四核苷酶的简单串联重复，由于重复的次数不同而产生多态性，其检测常采用 PCR 扩增。

与 RFLP 标记相比，微卫星 DNA 在基因组中非常丰富，多态性比 RFLP 显著增高。1992 年，Wu 和 Tanksley 在 20 个水稻品种中检测到微卫星等位基因达 11 个，而一般 RFLP 小于 4 个。据推断，微卫星等位基因在水稻基因组中分布比较均一，是一种较为理想的新兴 DNA 标记，但要构建一张完整的微卫星图谱，工作量大，费用也非常高。

1.5 小卫星 DNA

小卫星 DNA 重复序列（Minisatellite Repeats）作为分子标记，最早由 Jeffery 等和 Nakamura 等提出，后者也称之为数目可变串联重复序列（Variable Number of Tandem Repeat，简称VNTR）。小卫星 DNA 是一种重复 DNA 小序列，为 10 到几百核苷酸，在基因组中的拷贝从 10 到 10 000 不等，分散或成簇分布。多态性的产生是由于重复单位之间的不平衡交换，从而产生不同的等位基因，可通过分子杂交的方法进行检测。小卫星 DNA 多态性很高，但是探针缺乏，研究者得自己合成探针或利用人类基因组研究中获得的 DNA 片段与作物 DNA 杂交。以 Southern 转移为基础，实验周期较长。另有研究认为，小卫星 DNA 分布较为集中，限制了它的应用。

1.6 扩增片段长度多态性

扩增片段长度多态性（Amplification Fragment Length Polymorphism），简称 AFLP，是瑞士 Keygene 公司 Zabeau 和 Vos 发展的一种标记技术，在美国申请了专利。AFLP 先将 DNA 用内切酶降解，然后连上一接头，根据接头的核苷酸序列和酶切位点设计引物，即引物 = 接头 + 酶切位点 + 2～3 个核苷酸，进行特性 PCR 扩增。这种技术将 RAPD 的随机性与专一性扩增巧妙结合，通过选用不同的内切酶达到选择的目的，又称为选择性限制片段扩增标记（Selective Restriction Fragment Amplification，简称 SRFA）。AFLP 标记所检测的多态性是酶切位点的变化或酶切片段间 DNA 序列的插入与缺失，本质上与 RFLP 一致，但比 RFLP 要简单得多，而且可以通过控制引物随机核苷酸的种类和数目来控制选择不同的 DNA 片段，以及扩增 DNA 片段的数目，是一种极有希望的 DNA 标记技术。

1.7 单链构型多态性标记

单链构型多态性标记（Single – Strand Conformation Polymorphism），简称 SSCP。DNA 双螺旋结构经过变性，就成了单链 DNA。变性条件撤销以后，DNA 单链内部发生复性，形成不同的二级结构。不同的结构对 DNA 在凝胶中迁移速率影响很大。SSCP 就是根据这个原理设计。在许多情况下，SSCP 甚至可检测到单个碱基的差异，多态性水平很高。SSCP 操作非常方便，但是有的变异不易检测到，而且只能检测小片段 DNA（2 kb 以下），200 bp 以下效果最好。

1.8 变性梯度凝胶电泳

变性梯度凝胶电泳（Denaturing Gradient Gel Electrophoresis），简称 DGGE。DEEG 也适用于小 DNA 片段的检测，利用一个梯度变性胶来分离 DNA 片段。开始电泳时，DNA 在凝胶中的迁移速率仅与分子大小有关，而一旦到期达某一点，DNA 发生变性，两条单链分开形成分叉，大大降低了迁移速度。由于不同 DNA 片段变性条件不同，从而在凝胶上形成不同的泳带。从一个温度梯度作为变性条件代替 DGGE 中的变性剂梯度，同样可以达到相似的效果。这种方法称为温度梯度凝胶电泳（Temperature Gradient Gel Electrophoresis，简称 TGGE）。

2 DNA 标记在改良作物亲本材料中的应用

DNA 标记是一种工具，在作物亲本材料改良中应用。首先必须应用标记筛选不同亲本材料之间的多态性，以选择不同材料作亲本，或者构建分子遗传图谱，建立标记与农艺性状之间的紧密连锁。一旦这种连锁关系确立，就可以利用分子标记辅助选择，以达到间接选择的目的。DNA 分子标记在农作物亲本材料改良中，主要用于分子遗传图谱的构建、亲缘关系分析、农艺性状的定位和标记辅助选择等。

2.1　分子遗传图谱的构建

高密度分子图谱的建成为基因定位、物理图谱的构建和依据图谱的基因克隆（Map – based Gene Cloning）奠定基础。如水稻的 RFLP 图谱是最早构成的农作物分子图谱之一，并且有多种标记在图谱上得以定位。水稻的第一分子图谱由美国 Cornell 大学 Tanksley 实验室发表，目前该图谱已有标记 700 多个，其中绝大部分为 RFLP 标记，有 11 个微卫星标记，26 个克隆基因和 43 个表型性状。日本也发表了水稻分子图谱，由于水稻基因组计划（Rice Genome Project）的开展，日本的研究进展很快，现在的图谱已有 RFLP 和 RAPD 标记 1 100 个，平均图距离 1.34 cM。日本和美国的图谱是在不同的群体中构建的相互交换探针，将两个分子图谱整合。

2.2　亲缘关系分析

DNA 标记所检测的是作物基因组 DNA 水平差异，因而非常稳定、客观。在分子图谱的帮助下对品种之间的比较覆盖了整个基因组，大大提高了结果的可靠性。这种研究可用于品种资源的鉴定与保存，研究作物的起源与发展进化，有利于杂交亲本的选择等。

在水稻中，Wang 和 Tanksley 应用 10 个 RFLP 标记，对 70 个水稻品种进行了亲缘关系的分析。中国水稻研究所用 160 个 RFLP 标记对中国的部分广亲和品种进行 RFLP 检测，构建了亲缘关系树状图，并且从中筛选出一套用于水稻籼粳分类、鉴定的 RFLP 的核心探针。品种间多态性检测是选择适合亲本构建分离群体，以此为进行基因定位的基础。在杂交水稻的优势表现中，合适的亲本对杂种优势起决定性作用。可以应用 DNA 标记检测亲本的多态性，从而预测其杂种优势，获得可信的结果。同时在利用分子标记技术在鉴定真假杂交水稻方面也能获得可靠的结果。

2.3　农艺性状的定位

饱和分子图谱的构建，使基因定位的工作变得相对容易。基因定位可以在不同的分离群体中进行，如 F_2 群体、回交群体、加倍单倍体群体（DH 群体）、重组自交系群体（RI 群体）等，不同的群体有自己的特点（表 9 – 1）。

表 9 – 1　几种作图群体的特点

	F_2	BC_1	DH	RI
群体的形成	F_1 自交个体	向 F_1 回交后代	F_1 花培分化个体	F_2 个体的自交后代
性状评价对象	个体	个体	品系	品系
准确度	低	低	高	高
所需群体大小	大	大	小	小
是否永久群体	否	否	是	是
分离比率	1∶2∶1	1∶1	1∶1	1∶1
构建群体费用	低	低	低/中等	高
构建群体时间	少	少	少	多

在水稻中已经定位了多种重要农艺性状，包括抗稻瘟病基因、抗白叶枯病基因、抗白背飞虱基因、广亲和基因和光温敏雄性不育基因等。作物许多的经济性状为数量性状，这些性状受数量性状座位（QTL）的控制，而且环境条件对之有较大的影响。所以这些性状的定位比较困难，需要多地种植分离群体进行研究，才能获得可靠、完备的结果。Wang等在水稻一个重组自交系中鉴定了 10 个与稻瘟病部分抗性有关的 QTL。徐云碧、林鸿宣等对水稻有关形态及产量性状组成因子进行 QTL 分析。国际水稻研究所有一个 DH 群体，正拟在菲律宾、中国和泰国分别种植。

2.4 标记辅助选择

利用 DNA 标记辅助选择给传统的育种研究带来革命性的变化。利用分子标记间接连锁，首先要将目的基因进行精细定位。在不同的群体中，标记之间的遗传距离会有所变化，所以要在所研究的材料中根据发表的资料重新对基因进行定位，使目的基因的两侧各有至少一个标记，且标记与基因的遗传距离小于 5 cM，然后以标记的基因型来选择目的基因。

标记辅助选择的应用之一是有利基因的转移。为改善某一品种的某一性状，常用的方法是以此品种作轮回亲本，以具有目的性状基因的另一品种作供体，通过多次回交，将目的基因从供体亲本转入轮回亲本，从而使轮回亲本的基因型变得更理想。然而，在回交育种过程中随着有利基因的导入，与有利基因连锁的不利基因（或染色体片段）也会随之导入，成为连锁累赘。利用与目的基因紧密连锁的 DNA 标记，可以直接选择在目的基因附近发生重组的个体，从而避免或显著减少连锁累赘，提高选择效率。另一方面，标记也可用于对整个基因组的选择。每一次在选择目的基因的同时，要求基因组其余部分尽可能与有利的亲本（如回交育种中的轮回亲本）一致。可以基因组各染色体上选择多个标记，检测后代各标记的基因型，通过图解基因型选择具有最接近所希望基因型的个体。有研究表明，在一个个体数为 100 的群体中，以 100 个 RFLP 标记辅助选择，只要三代就可使后代的基因型回复到轮回亲本的 99.2%，而随机选择则需要 7 代才能达到，标记辅助选择大大缩短了育种时间。

分子标记的另一个应用是基因的累加。农作物有许多基因的表型相同，在这种情况下，经典遗传育种无法区别不同的基因，因而无法鉴定一个性状的产生是由于一个基因还是多个具有相同表型的基因的共同作用。采用 DNA 标记的方法，先在不同的亲本中将基因定位，然后通过杂交或回交将不同的基因转移到一个品种中，通过检测与不同基因连锁的标记的基因型来判断一个个体是否含有某一基因，以帮助选择。

倪西源、徐小栋用 2 个分别与 *Bnms8* 基因和 *Bnrf* 基因紧密连锁的分子标记 SEP7 和 EspSCl 辅助筛选临保系基因型。结果显示，利用标记辅助筛选出的 62 株目标基因型单株经测交验证有 57 株为真实临保系，准确率为 91.94%。国际水稻研究所已将抗稻瘟病基因 $Pi-1$，$Pi-2$ 和 $Pi-4$ 精细定位，并建成了分别具有这三基因的等基因系。准备通过两两杂交以获得含有所有这三个基因的新品系，考查这些基因累加以后的表现，以及 DNA 标记在育种研究中的有效性。同时对白叶枯病基因 $Xa-4$、$Xa-5$、$Xa-13$ 和 $Xa-21$，也在进行这类研究。

3 作物基因聚合分子育种

基因聚合分子育种就是在常规育种的基础上，通过分子生物学手段实现 2 个或 2 个以上基因整合到同一个体的育种方法。到目前为止，植物基因聚合分子育种主要包括两个方面的内容：其一，遗传转化基因聚合分子育种方法。该方法结合常规育种技术，运用农杆菌介导法、植物 DNA 病毒介导法、电激法、显微注射法、基因枪轰击法、花粉管通道法等基本的植物转化方法，采用不同策略将人工分离和修饰的 2 个或 2 个以上的基因导入受体植物，由于导入基因的表达，引起生物体的性状可遗传的修饰，从而培育具有特异目标性状的植物新品种。其二，分子标记辅助选择基因聚合分子育种方法。该方法通过成对杂交、回交、添加杂交、合成杂交、多父本混合授粉杂交等技术，将有利基因聚合到同一个基因组，在后代中通过分子标记选择含有多个目标基因的单株，再从中选出优良株系，以实现有利基因的聚合。

将分子标记技术与常规育种相结合，即分子标记辅助选择，进行作物多基因的聚合育种，该技术正引起育种领域广泛的重视。随着作物遗传图谱的不断饱和，以及越来越多的目标性状基因及 QTL 的定位，分子标记辅助多基因聚合正日益体现出巨大的优势和应用前景。目前利用分子标记辅助选择进行多基因聚合育种在大田作物中已有应用，如抗稻瘟病基因 *Pil*、*Piz* - 5 和 *Pita* 基因的聚合。分子标记辅助选择基因聚合，能同时有效地对多个抗性基因进行选择，并将之聚合于同一植株，以提高抗性，拓宽抗谱，达到持久抗性的目的。倪大虎等利用分子标记辅助选择，将广谱高抗稻瘟病的 *Pi*9（t）基因和全生育期高抗白叶枯病的 *Xa*21 或 *Xa*23 基因聚合到优良株系中，建立了含双抗或三抗基因重组自交系，获得了一批优良株系。分子标记辅助选择应用于基因聚合分子育种的基本要求：标记必须与目标性状共分离或紧密连锁，建立较大筛选群体，筛选技术具有重复性、简便低耗、安全高效。分子标记辅助选择应用于基因聚合育种有以下两个重要步骤：一是将多个供体亲本中与目标性状紧密连锁的基因导入受体亲本，并根据回交与否将其分为 3 大类：其一是不通过回交方式；其二是多个供体亲本先与受体回交；其三是多个供体亲本间先杂交后再与受体亲本回交。二是从亲本杂交后产生的分离世代，通过分子标记筛选出含有目标基因的纯系。根据亲本杂交后产生的分离世代，应用分子标记辅助聚合育种有 5 个基本策略，即利用 F_2 群体及衍生群体、回交群体、重组自交系群体、双单倍体群体及同时应用多种群体筛选聚合株系。

4　分子设计育种

分子设计育种是通过多种技术的集成与整合，对育种程序中的诸多因素进行模拟、筛选和优化，提出最佳的符合育种目标的基因型以及实现目标基因型的亲本选配和后代选择策略，以便提高作物育种中的预见性和育种效率，实现从传统的"经验育种"提高到定向、高效的"精确育种"的转化（图 9 - 3）。分子设计育种主要包含以下 3 个步骤：第一步，研究目标性状基因以及基因间的相互关系，即找基因（或生产品种的原材料），这一步骤包括构建遗传群体、筛选多态性标记、构建遗传连锁图谱、数量性状表型鉴定和遗传分析等内容；第二步，根据不同生态环境条件下的育种目标设计目标基因型，即找目标（或设计品种原型），这一步骤利用已经鉴定出的各种重要育种性状的基因信息，包括基因在染色体上的位置、遗传效应、基因到性状的生化网络和表达途径、基因之间的互作、基因与遗传背景和环境之间的互作等，模拟预测各种可能基因型的表现型，从中选择符合特定育种目标的基因型；第三步，选育目标基因型的途径分析，即找途径（或制定生产品种的育种方案）。

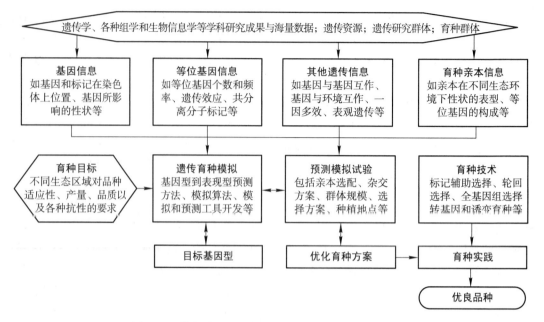

图 9-3　作物分子设计育种流程图（王健康等，2011）

在传统育种过程中，育种家潜意识地利用设计的方法组配亲本、估计后代种植规模、选择优良后代，Peleman 和 van derVoort 明确提出设计育种的概念，万建民和 Wang 等又进一步明确分子设计育种应当分三步进行：第一步，定位相关农艺性状的基因位点，评价这些位点的等位变异，确立不同位点基因间以及基因与环境间的相互关系；第二步，根据育种目标确定满足不同生态条件、不同育种需求的目标基因型；第三步，设计有效的育种方案、开展设计育种。分子设计育种从提出到现在只有几年时间，但已成为引领作物遗传改良的研究领域。设计育种的核心是建立以分子设计为目标的育种理论和技术体系，通过各种技术的集成与整合，在育种家进行田间试验之前，对育种程序中的各种因素进行模拟、筛选和优化，确立满足不同育种目标的基因型，根据具体育种目标设计品种蓝图，提出最佳的亲本选配和后代选择策略，结合育种实践培育出符合设计要求的农作物新品种，最终大幅度提高育种效率，实现从传统的"经验育种"到定向、高效的"精确育种"的转变。

我国水稻矮化育种和杂种优势利用已取得突破性成果，袁隆平、万建民等进一步提出超级稻育种目标，即构建理想株型、利用籼粳亚种间杂种优势、寻求水稻单产、品质和适应性的新突破，同时还指出将分子设计育种的知识和手段应用于超级稻育种，以在尽可能短的时间里培育出更多、更好的超级稻品种或杂交组合。Zhang 指出以往的大量研究已发现水稻抗病虫、氮和磷高效利用、抗旱和高产等种质材料，分离并鉴定出控制这些性状的重要基因。目前正通过标记辅助选择或遗传转化等手段逐步将这些优良基因导入优异品种的遗传背景中，在此基础上进一步提出"绿色超级稻"这一概念和育种目标，即培育抗多种病虫害、高养分利用效率、抗旱等特性，同时产量和品质又得到进一步改良的水稻品种，以大幅度减少农药、化肥和水资源的消耗，最后还设计了实现"绿色超级稻"这一目标的育种策略。

5　作物育种对 DNA 分子标记应用的展望

DNA 标记是在人类遗传学研究中逐步发展。农作物育种对分子标记的要求与人类遗传学研究大不相同。在人类对基因组研究中，要求分子标记具有极高的准确性、可信度、检测的样本数少，而每一次检测的价值都很高。

在作物分子育种中，检测的量非常大，有时一个群体可达几千至几万株，因而要求检测方法简单、快速、低费用，同时达到一定的准确度。要达到这些标准，必须实现检测过程的自动化。以 PCR 反应为基础的标记技术更有吸引力。国内已有不少单位能自己生产 TAQ DNA 合成酶，大大降低 PCR 反应费用。另外要实现早期检测以减少田间的劳力、物力。有人利用半粒种子以 PCR 扩增的方法检测基因型，所得结果与另半粒种子（带胚）发芽种植后，从叶片中提取 DNA 检测的结果一致。

一般来说，要使 DNA 标记技术在分子育种中广泛应用，必须实现以下过程的自动化，即 DNA 的提取与定量、PCR 的扩增反应、扩增产物分析以鉴定各个个体的基因型、数据分析与结果的输出。目前，PCR 扩增的自动化已基本实现，开始推向市场。

DNA 标记的应用，促进了遗传育种学的发展。Robertson 在 1985 年提出了控制同一性状的 QTL 和主基因可能为同一座位的不同等位基因的假说，Huang 等利用 DNA 标记研究了 5 个水稻群体，一共定位了 23 个 QTL 控制株高，其中有 8 个 QTL 至少为二个群体所共有。将这些 QTL 与水稻已经定位的 12 个半矮生性主基因作比较，发现所有这 12 个主基因的座位都在 QTL 所在区域附近，说明质量基因和 QTL 很可能只是同一座位的不同等位基因。

DNA 标记的应用，使远缘作物基因组的比较成为可能。由于 cDNA 序列的保守性较强，一种作物的 cDNA 与多种远缘作物的相对序列的同源性较高，就可以用非本作物的 cDNA 克隆构建基因图谱。如在现有水稻图谱中，至少有 112 个燕麦的 cDNA 标记，20 个大麦的 cDNA 标记和 2 个玉米的 cDNA 标记。同时，同一套覆盖完整水稻基因组的 cDNA 克隆，比较了水稻、玉米、小麦、大麦、燕麦、高粱和甘蔗的基因结构及进化中发生的变化，找出这些禾本科作物基因组的共同点，加速这些作物基因组的研究及 DNA 标记的应用。

利用 DNA 标记进行作物品种改良已取得了很大的进展，也还有许多问题急需解决：即将现有的标记转换为简便的 RAPD 标记和 SAP 标记；RAPD 和 SAP 标记饱和遗传图谱的构建；更多重要农艺性状基因的精细定位；实现检测过程的自动化；研究工作者观念的更新，分子生物学家和育种学家进一步的交流与合作等。

第四节　植物细胞工程技术的应用

细胞工程，是以细胞为基本单位，在体外条件下进行培养、繁殖或人为地使细胞的某些生物学特性按人们的意志发生改变，从而改良生物品种和创造新品种，加速动物或植物个体的繁殖，或获得某些有用的物质的过程。其中，细胞或组织培养是其核心技术。植物细胞工程是以细胞的全能性和体细胞分裂的均等性作为理论依据，在细胞水平上对植物进行操作的育种新技术。植物的细胞具有在发育上的全能性，即在适宜的条件下，一个植物细胞可形成一个完整的植株。植物细胞工程就是在植物细胞全能性的基础上，利用植物组织和细胞培养及其他遗传操作，对植物进行改良，选育优良性状的新品种，保存具有重要价值或濒于灭绝的植物种类，使资源的创新达到一个新的水平。

1 花药培养与单倍体育种

20世纪60年代以来，人工诱导单倍体的方法已有许多，其中应用较多、贡献最大的是花药培养诱导单倍体，这是诱导未成熟花粉改变正常的配子体发育途径转向雄核发育，再经胚胎发生而形成单倍体植物的方法。在农业上，有时对农作物种要通过多代自交，使之形成纯系，经选择后进行重组以获得对人类有用的基因型。由于花粉是单倍体细胞，因而利用杂种F_1和F_2的花药培养能产生较大量的单倍体或自然加倍成组合二倍体植株。花药培养技术在农作物育种中不仅可以大大缩短育种周期，而且有利于提高选择效率。因为单倍体只有1套染色体，不存在显性基因掩盖隐性基因的干扰，隐性基因可以得到充分表达，故花药培养与常规育种相结合就可大大提高选择效率。

我国学者在单倍体培养方面做了大量工作，通过花药培养技术，在水稻、小麦、烟草等主要农作物上获得了一大批优良品种，并在生产中推广应用。现在花药培养已成为一项重要的常规育种技术，但这一技术在育种中的潜力尚未充分发挥，主要是由于许多有意义的杂交亲本或组合还不能培养成功，或者诱导频率较低。

2 体细胞遗传变异的利用

自20世纪70年代系统研究了甘蔗的无性系变异后，育种学家们很关注这方面的进展。遗传变异既可由自然界的重组和突变产生，又可由许多理化因子所促进。在组织培养过程中，由于一系列的理化因子作用，使得外植体材料经过非自然的脱分化和再分化过程而有再生植株。在这一过程中，离体培养组织或细胞常常会发生远远高于自然界的突变率（可达50%以上）。这种由组织培养所引起的遗传变异，称为体细胞无性系变异或配子无性系变异。这种变异可以在大部分作物材料中出现，是获得有价值的遗传变异的可行途径之一，可用于修饰栽培品系的综合遗传性状或创造新的种质。体细胞无性系具有变异广泛，后代稳定快，并能基本保持原品种的优良特性的优点，在作物品种改良中得到了广泛应用。在作物育种，尤其是抗性育种中，可以利用体细胞突变拓宽变异范围，从中选择新类型。在进行组培时，可根据育种目标，在培养基中加入各种诱导变剂，使之产生特定的体细胞变异，为品种改良提供丰富的材料。利用这种做法，在小麦、番茄、水稻的抗病性和玉米的抗旱改良等方面均有成功的报道。

分离抗性突变体一般采用直接筛选法，即将大量细胞置于选择剂的影响下，野生型细胞将会受到抑制或杀死，而分离出抗性细胞。常用的选择剂有抗生素、病原、金属离子等。可以看出，用细胞代替植株进行筛选，可利用空间和时间的优势，提供有效的选择技术和大量筛选方法，对细胞水平表达的各种突变体，结合单细胞培养等技术，可得到常规育种中不易得到的遗传变异，创建新种质资源，而农作物由于其育种目标的多元性，使体细胞变异的应用前景更为广阔。

3 原生质体融合与体细胞杂交

在植物生物技术中，原生质体培养具有特殊意义，原生质体培养作为体细胞杂交和遗传转化的主要基础技术日益受到重视。植物原生质体是脱去细胞壁的一个由质膜包裹的裸露的植物细胞。同种植物组织可获得大量的在遗传上一致的原生质体群，而不同种植物的原生质体在诱导条件下可彼此融合，并接受外来信息，如细胞核、细胞器、DNA 片段等，目前这一方面的研究已成为生物工程中最活跃的领域之一。

自从 Cocking 第一次用酸解法大量分离出原生质体以来，已建立了从材料选择，经预处理、脱壁、原生质体分离、原生质体培养到愈伤组织和植株再生的一整套技术，共有100 多种植物的原生质体再生植株培养获得成功，包括许多重要经济作物如水稻、大豆、小麦、棉花和柑橘等。原生质体不仅可以诱导成植株，而且不同种间的原生质体可以相互融合，形成体细胞杂种，通过体细胞杂交，可以使 2 个杂合亲本不经减数分裂而进行无性结合。与有性杂交相比，体细胞融合大大拓展了可用于杂交的亲本的组合范围，从而能大大丰富现有的植物种质资源，即通过综合不同物种的遗传信息而产生新物种。目前，已获得了拟南芥油菜、蘑菇白菜等杂种。

另外，植物原生质体还可进行核移植、染色体转移、基因转移等遗传操作。为现有品种资源的创新提供了新途径，如通过将野生型的抗性基因转移到栽培型上，可创造出一个集杂种优势于一体的新品种（系）。具有活性的原生质体也为细胞杂交及各种遗传操作提供了理想的材料，无壁的原生质体之间在特定的条件下会发生融合形成杂种细胞，利用单倍体材料的原生质体融合可获得二倍体杂种，利用二倍体杂种又可获得多倍体。另外，无壁原生质体可以较容易地摄取外源的细胞核、染色体等，利用载体可将外源 DNA 引入原生质体，这种建立在原生质体培养系统上的遗传操作，给作物改良带来十分广阔的前景。

4　细胞工程技术在作物品种改良中的应用

随着农业科技进步，农业生产的不断发展与人类对农产品的日益增长的需要，必然要求育成更多高产、优质、多抗与用途多样化的农作物品种用于农业生产，尽可能地获得具有人们所期望的农艺性状的优良品种。将植物细胞工程技术作为常规育种技术的有益补充，在缩短育种年限，扩大变异范围，拓宽育种领域，打破种间杂交障碍，提高育种水平方面，植物细胞工程技术将起到愈来愈重要的作用有更为广阔的开发应用潜力。

4.1　组织培养在作物育种上的应用

组织培养一般是指在无菌条件下，将植物的组织与器官进行培养，使其在培养基上进行细胞分裂，愈伤组织的分化与生长发育，重新形成再生植株。组织培养主要采用愈伤组织培养、细胞悬浮液培养与原生质体培养三种方法。

在玉米组织培养的材料选择、体系构建、培养基配置、高效植株再生等方面，谢友菊、孙世孟等以玉米幼穗为材料，进行了建立悬浮细胞系及再生植株的研究。母秋华等对超甜玉米的花药及幼胚进行培养，成功获得再生植株，并首次用生物工程后代做桥梁亲本筛选出甜玉米纯系及高产杂交组合，同时证明了高培养力的材料作桥梁可提高诱导。张举仁建立起玉米体细胞无性系的成套技术，注重以骨干玉米自交系和单交种为主要试材，并通过细胞突变体筛选获得抗逆自交系等。

4.2　花粉培养在品种选育上的应用

花粉培养又称"单倍体育种"，是利用细胞全能性与可进行单性发育的原理，将花粉接种在培养基上进行离体培养。先培养成单倍体植株，再经染色体加倍，获得遗传性状相对稳定的纯合体，从中选育出遗传性状符合育种目标需求的优良单株，定向培育成新品种。由于细胞培养能缩短育种年限，加速育种进程，开辟了克服远缘杂种不育的新途径，已成为世界各国普遍采用的育种新技术。

中国的花培育种居世界领先地位，采用筛选出应用范围较广的 N6 培养基与马铃薯培养基，现已育成花粉植株的作物有 65 种。其中水稻、小麦、小黑麦、玉米、烟草、甘蔗、甜菜、茄子、杨树等 19 种作物、蔬菜、果树与林木的花粉植株为中国首先育成。通过花粉培养育成的作物新品种达 60 多个，其中由中国科学院作物育种栽培研究所育成的水稻花培品种中花 8 号、广东省植物研究所育成的水稻花培品种单籼 1 号，以及湖南省水稻所新育成的具有早熟、高产、抗病性能强的水稻花培品种湘花 1 号，北京市农科院育成的小麦花培品种京花 1 号，由中国科学院遗传所育成的小麦花培品种花培 1 号等都已在生产上大面积推广。

4.3 体细胞培养在亲本改良中的应用

体细胞培养是以种子发芽后的胚轴、子叶或植株的叶片、茎秆等体细胞进行培养，诱导愈伤组织、胚胎再生，形成胚状体后进而诱导形成再生植株。由于体细胞培养的再生植株群体中存在广泛的变异，很多有利的变异可以遗传，从中可以筛选出符合育种目标要求的种质材料。在体细胞培养过程中，可以采用各种培养方法对所培养的体细胞再生植株进行筛选。

有学者采用体细胞培养技术筛选出抗枯、黄萎病，耐盐、耐高温的棉花植株，可以从供试的 13 个陆地棉品种的下胚轴到体细胞的培养中全部获得不同发育阶段的胚状体，其中不少以形成有根、茎、叶分化的胚苗与试管苗。以芥菜型油菜为供试材料，通过子叶培养已获得黄籽、高含油量、早花、分枝增加的突变体，从甘蓝型子叶和下胚轴培养中已获得耐盐（1.25% NaCl）突变体，该突变体能够积累游离脯氨酸，生长发育良好，植株变短，千粒重增加，其耐盐性可通过种子传递。

4.4 原生质体培养在亲本改良上的应用

植物原生质体是指用特殊方法脱去细胞壁后裸露的有生活力的原生质体团。这种裸露的细胞原生质团，仍然具有细胞的全能性，在适宜的外界环境条件下，还可形成细胞壁，进行有丝分裂，形成愈伤组织再生植株。原生质体培养就是以这种裸露的细胞原生质体作为外植体进行离体培养。进行原生质体培养的主要目的，是实现远缘物种的体细胞杂交，外源 DNA 染色体或细胞器的导入，从而对受体植物进行遗传性状的改良。原生质体分离培养及再生的成功，为转移与导入外源 DNA、改良作物品质，提高产量，提供了一种创新的技术途径。

在日本已利用原生质体培养等技术培育成功水稻、马铃薯、蔬菜和果树新品种；美国已育成了抗除草剂的大豆、油菜和烟草新品种；我国已在粮、棉、豆类、蔬菜与药用植物在内的 40 多种农作物上获得原生质体培养的再生植株。中国科学院遗传所与植物所合作，以多秆、多穗青饲玉米品种为供试材料，采用液体浅层培养、看护培养和琼脂珠培养 3 种方法，并通过所建立的基因型筛选，愈伤组织诱导，继代培养和细胞悬浮培养的原生质体再生体系，培养成功中国首株玉米原生质体再生植株。

4.5 体细胞杂交技术在亲本改良中的应用

体细胞杂交技术育种是细胞生物学与植物分子遗传学相结合后发展起来的一项育种新技术。体细胞杂交又称"细胞融合",是指将两种不同植物的体细胞用酶分解法分别除去细胞壁,分离成裸露的原生质体,再使两种原生质体融合成杂种细胞,然后利用细胞的全能性在培养基上重新增生细胞壁,并进行细胞的分裂、分化与生长发育,再经诱导形成杂种植株,从中选优去劣,按育种目标要求定向培育出新品种,并有可能创造出新物种。该项技术具有以下优点:能够打破种间杂交障碍,扩大物种杂交范围,提高物种变异频率,缩短育种周期,提高育种效果,为农作物育种开辟了新的领域与创新的技术途径。

日本学者采用体细胞杂交技术,育成了甘蓝与白菜的体细胞杂交种;获得了水稻野生种与栽培种互相融合为结合子的体细胞杂种株,将野生稻的优良性状导入栽培稻,育成了能够抗病虫害、冷害、旱害与盐碱为害的水稻新品种;将 C3 植物水稻与 C4 植物稗的细胞与融合成功,将稗所具有的抗病虫、耐寒、抗旱、抗倒伏与高光合效率将优良性状的遗传基因导入水稻,选育成功"稻稗"新品种。中国学者通过拟南芥菜和白菜型油菜原生质体的融合,获得了自然界不存在的属间体细胞杂种——拟南芥油菜,采用 PEG(聚乙二醇)融合法,将甘蓝型油菜和新疆野生油菜叶肉原生质体的融合,获得 54 株融合杂种等。

(本章主编人:陈光辉 参编人:李志军 王 悦)

本章思考题

1. 植物细胞工程技术在哪些作物品种改良中得到应用?

2. 外源 DNA 导入技术在作物品种改良中具有哪些特点?

3. 花粉培养技术在育种上有何优越性?怎样利用花粉培养技术改良作物品种?

4. 什么是作物分子设计育种?分子设计育种主要有哪些步骤?

5. 基因工程技术培育可恢复的植物雄性不育系有哪些途径?

主要参考文献

1. 景润春,何予卿,黄青阳,等.水稻野败型细胞质雄性不育恢复基因的 ISSR 和 SSLP 标记分析.中国农业科学,2000,33(2):1-9

2. 袁丽,宋丁丁,高冠军,等.利用分子标记辅助选择和花药培养改良光温敏不育系 Y58S 的稻瘟病抗性.基因组学与应用生物学,2011,30(5):620-625

3. 程式华,庄杰云,曹立勇,等.超级杂交稻分子育种研究.中国水稻科学,2004,18(5):377-383

4. 李文滨,韩英鹏.大豆分子标记及辅助选择育种技术的发展.大豆科学,2009,28(5):917-924

5. 吴福彪.基因工程与植物的遗传改良.生物学通报,2010,45(5):7-10

6. 冯建成.分子标记辅助选择技术在水稻育种上的应用.中国农学通报,2006,22(2):43-47

7. 王玉锋,黄霁月,杨金水.基因工程培育可恢复的植物雄性不育系的研究进展.遗传,2011,33

（1）：40—47

8. 马和平，马彦军，李毅，等．利用生物技术进行种质改良的基本原理及主要应用技术．生物技术通讯，2005，16（1）：109－112

9. 何水林，郑金贵．农业生物技术在作物品质改良中的应用．福建农业大学学报，2000，29（3）：269－276

10. 王金艳，杨立国，李刚，等．农作物现代生物技术育种方法研究与评价．杂粮作物，2007，27（1）：25－27

11. 李艳红，胡丽华．浅谈转基因作物的研究进展．农业与技术，2010，30（1）：72－74

12. 沈亚欧，李淑君，林海建，等．通过转基因手段改善作物产量性状．农业生物技术学报，2011，19（4）：753－762

13. 孙希平，李润植，杨庆文．外源 DNA 导入植物的分子育种技术．安徽农业科学，2009，37（8）：3468－3470

14. 杨平，卢振宇．细胞工程技术在作物育种上的开发应用潜力．农业科技通讯，2011，（9）：104－107

15. 倪西源，徐小栋，黄吉祥，等．利用分子标记辅助选育油菜隐性上位互作核不育临保系．浙江大学学报（农业与生命科学版），2011，37（4）：407－412

16. 曾正明，况浩池，罗俊涛，等．分子标记辅助选择 $Pi9$（t）基因培育杂交稻抗稻瘟病恢复系．山西农业大学学报，2011，31（4）：338－342

17. 谢丽霞．植物组织培养在农业上的应用．垦殖与稻作，2006，（3）：70－72

18. 王建康，李慧慧，张学才，等．中国作物分子设计育种．作物学报，2011，37（2）：191－201

19. 黎裕，王建康，邱丽娟，等．中国作物分子育种现状与发展前景．作物学报，2010，36（9）：1425－1430

20. 万建民．作物分子设计育种．作物学报，2006，32（3）：455－462

21. 徐小万，雷建军，罗少波，等．作物基因聚合分子育种．植物遗传资源学报，2010，11（3）：364－368

22. 曾大力，钱前．利用分子生物学鉴别真、假杂交稻的研究．中国农业科学，1999，32（2）：93－97

23. 周光宇，翁坚．农业分子育种——授粉后外源 DNA 导入植物的技术．中国农业科学，1988，21（3）：1－6

24. 章善庆，童汉华．利用 bar 基因导入恢复系提高杂交稻纯度的尝试．中国农业科学，1998，31（6）：33－37

25. 钱前，陈洪．真假杂交水稻 II 优 63 的 RAPD 鉴定．中国水稻科学，1996，10（4）：241－242

26. 陈立云．两系法杂交水稻的理论与技术．上海：上海科学技术出版社，2001

27. 周光宇，陈善葆，黄骏骐．农业分子育种研究进展．北京：中国农业科技出版社，1993

28. 马建刚．基因工程学原理．西安：西安交通大学出版社，2001

29. 李志勇．细胞工程学．北京：高等教育出版社，2008

植物杂种优势原理与利用